十三五
住房城乡建设部土建类学科专业“十三五”规划教材
高校建筑学专业规划推荐教材

URBAN ENVIRONMENT PHYSICS

城市环境物理

刘加平　等编著

中国建筑工业出版社

图书在版编目（CIP）数据

城市环境物理/刘加平等编著. —北京：中国建筑工业出版社，2010.9（2024.1重印）
住房城乡建设部土建类学科专业“十三五”规划教材
高校建筑学专业规划推荐教材
ISBN 978-7-112-12492-3

Ⅰ.城… Ⅱ.刘… Ⅲ.城市环境-环境物理学 Ⅳ.X21

中国版本图书馆CIP数据核字（2010）第188292号

为了更好地支持相应课程的教学，我们向采用本书作为教材的教师提供课件，有需要者可与出版社联系。
建工书院：http://edu.cabplink.com
邮箱：jckj@cabp.com.cn　　电话：（010）58337285

责任编辑：陈　桦
责任设计：张　虹
责任校对：王金珠　姜小莲

住房城乡建设部土建类学科专业“十三五”规划教材
高校建筑学专业规划推荐教材
城市环境物理
URBAN ENVIRONMENT PHYSICS
刘加平　等编著
*
中国建筑工业出版社出版、发行（北京海淀三里河路9号）
各地新华书店、建筑书店经销
北京锋尚制版有限公司制版
建工社（河北）印刷有限公司印刷
*
开本：787×1092毫米　1/16　印张：18¼　插页：16　字数：474千字
2011年4月第一版　2024年1月第九次印刷
定价：**46.00**元（赠教师课件）
ISBN 978-7-112-12492-3
（19781）

Preface

前言

城市是人类聚居生活的高级形态，是一个国家或地区的政治、经济和文化中心。城市化程度是人类社会和文明进步的重要标志，人们期望“城市，让生活更美好”。

城市中建筑物与人群的高密度聚集，能源和资源的高强度消耗，在城市空间形成了特殊的城市室外物理环境——城市热环境、城市风环境、城市声环境、城市光环境等，其既有别于自然状态下的气候环境，也不同于建筑室内物理环境。城市物理环境的性态在很大程度上受制于人类活动、建筑物的密度和类型，反过来，城市物理环境又强烈地作用于城市建筑物，不但影响着建筑室内物理环境的优劣，还决定着建筑物的能耗特性和空气质量。

因此，作为城市规划师、建筑师和城市建设的管理人员，有必要理解城市物理环境的形成机理，掌握控制和改善城市物理环境的途径。为此，近20年来，国内很多高校陆续开设了“城市环境生态学”、“建筑生态环境”和“城市环境工程学”等相关课程。西安建筑科技大学自20世纪80年代开始，一直在建筑学和城市规划专业设置“城市物理环境”课程。经过多年的教学和研究实践，逐步形成了适合于城市规划和建筑学专业的城市物理环境知识体系，曾于1993年编著出版了《城市环境物理》教材（油印版）。10多年来，该书一直作为国内多个高校建筑学和城市规划专业的本科教材使用。作者及多位同事在近十多年的教学研究过程中，深刻体会到规划设计类专业对这类课程教材内容的需求，同时，在科研与对外交流过程中，所在的研究团队也获得了许多城市环境物理领域的研究成果，感到有必要重新撰写一部《城市环境物理》，既可以作为高校教材，供建筑学、城市规划、总图设计及相关专业本科生和研究生学习，亦可供有关教师、建筑师、规划类工程师等技术人员参考，以便为创造良好城市物理环境提供理论依据。

城市环境物理是建筑学和城市规划学的重要组成部分，主要论述城市空间形态和布局、城市物理环境、建筑室内物理环境及建筑能耗的耦合关系和相互作用机理，讲述如何在城市规划、小区规划及建筑组团设计中，合理运用规划和设计手段，创造健康适宜的城市物理环境，实现节能和低碳城市的目标。“城市环境物理”与“建筑物理”互为补充，前者关注的是城市室外物理环境设计，而后者则以创造室内物理环境为重点，二者的结合，共同体现了城市规划与建筑设计学科的技术科学属性。

本书包括三个部分的内容。首先讲述了城市环境物理基础知识以及人类活动与城市环境之间的互动关系；再从城市热环境、城市湿环境、城市风环境、城市大气环境、城市光环境、城市声环境六个方面，简述了城市环境的物理特征和变化规律，进而详细介绍了通过规划设计手段改善城市物理环境的策略和方法；最后论述了如何顺应城市固有的地域气候特点来调节城市物理环境以及城市环境质量评价的体系与方法。基本的思路是，在介绍城市环境物理基本知识的基础上，从城市规划设计人员的角度，针对人与城市物理环境的关系进行分析，就城市环境的特征及形成机理进行论述，阐述通过规划设计手段来改善城市物理环境、减小城市灾害的策略和方法。

本书的撰写工作分工如下：本人拟定编写大纲并撰写第 1~3 章和第 10 章，东华大学钟珂撰写第 4 和第 5 章，长安大学赵敬源撰写第 6~9 章。

限于作者的学识、科学水平及所涉及内容的广泛性，书中的叙述、引述和介绍难免存在不当或挂一漏万之处，敬请读者批评指正。

西安建筑科技大学

刘加平

2010 年 10 月于西安

Contents

目录

第 1 章　城市环境物理基础 \ 1
1.1　环境科学与城市环境物理 \ 1
1.2　生态学与城市生态系统 \ 7
1.3　我国生态环境建设规划 \ 11
1.4　能量的传输与度量 \ 16
1.5　太阳辐射 \ 23

第 2 章　人与城市物理环境 \ 30
2.1　城市环境中人的行为方式 \ 30
2.2　城市物理环境的变迁与城市公害 \ 34
2.3　人类为获得良好城市物理环境的努力 \ 40

第 3 章　城市热环境 \ 48
3.1　城市热平衡 \ 48
3.2　城市热岛效应 \ 55
3.3　绿化对城市热环境的影响 \ 66
3.4　住区热环境 \ 78
3.5　合理运用太阳能改善住区热环境 \ 86
3.6　建筑布局形成的局部气流对住区热环境的改善作用 \ 94

第 4 章　城市湿环境 \ 99
4.1　湿空气的基本概念 \ 99
4.2　城市的水分平衡与潜热交换量 \ 103
4.3　城市储水能力与生态地面 \ 107
4.4　城市湿环境的自然调和 \ 110

第 5 章　城市风环境 \ 117
5.1　大气边界层物理特性 \ 117
5.2　边界层沿纵向风速分布 \ 128
5.3　风向分布与规划设计 \ 131
5.4　局地环流与规划设计 \ 134
5.5　建筑物附近的气流分布 \ 138
5.6　建筑规划中的自然通风设计 \ 150
5.7　城市热环境特征对气流的影响 \ 155
5.8　市区风环境 \ 161

第 6 章　城市大气环境 \ 165
6.1　城市大气污染 \ 165
6.2　大气污染对环境的影响 \ 174
6.3　大气环境标准 \ 176
6.4　大气污染物的传输与扩散 \ 180
6.5　控制大气环境污染的规划设计原则 \ 187
6.6　建筑物附近的空气污染特征 \ 198
6.7　城市交通干道内的污染特征 \ 205

第 7 章　城市光环境 \ 219
7.1　光环境基础 \ 219
7.2　城市光环境控制的原则与途径 \ 224
7.3　城市光污染的危害及防治 \ 237

第 8 章　城市声环境 \ 243
8.1　噪声及其计量 \ 243
8.2　噪声评价 \ 252
8.3　噪声危害及控制标准 \ 255
8.4　噪声控制的原则与途径 \ 257
8.5　城市声环境的规划与设计 \ 261

第 9 章　利用气候信息改善城市环境 \ 271
9.1　城市气候环境图集 \ 271
9.2　盆地城市——旭川市气候分析图应用简介 \ 277
9.3　高密度城市——大阪市气候分析图应用简介 \ 285

第 10 章　城市环境质量评价 \ 293
10.1　环境质量评价 \ 293
10.2　建设项目环境影响评价 \ 295
10.3　环境影响评价实例 \ 297
10.4　建筑寿命周期评价方法 \ 304

主要参考文献 \ 312

第 1 章　城市环境物理基础

1.1　环境科学与城市环境物理

1.1.1　环境

人类和其生存环境是对立统一的结合体。人类离不开环境，同时又在与环境的不断相互作用中得以生存和发展。

环境（Environment）是一含义极其广泛的概念。广义上说，环境是指某一中心或主体周围对该中心或主体有影响的自然因素和社会因素的总和。通常情况下，在未指明该环境的主体时，其主体是人类或特定的人群。例如，室内环境，其主体是房间的使用者；城市环境，其主体是全体城市居民；当讨论全球二氧化碳温室效应对气候的影响时，其主体显然是指全人类。

按流行的观点，通常将人类赖以生存的环境分为三部分，第一部分是所谓的自然环境。自然环境是人类赖以生存的基础，它包括地球上的大气、水体、土地、森林、草原以及太阳辐射等等。自然环境是地球演变进化过程中自然形成的客观因素，这些因素在地表上的不同分布，影响着不同区域居民的生活习惯和进化过程。第二部分是所谓的人工环境，它是指经人们改造后的自然环境，通常包括房屋、桥梁、道路以及城市等。人工环境亦对人类的生存繁衍有着重要的影响。第三部分是指社会环境，它包含的主要是精神因素，如政治、法律、宗教、风俗习惯等，这部分内容不属于本书的讨论范畴。

1.1.2　建筑科学中常见的几类物理环境

（1）室内热环境　室内热环境是指建筑空间内影响人体热感觉和热舒适的物理因素。这些因素包括室内空气温度、相对湿度、室内气流速度及室内各表面的平均辐射温度。温度是影响人体舒适的基本量，温度高，人感觉热；温度低，人感觉冷。室内空气相对湿度影响人体的蒸发散热，气流速度影响人体的对流散热和蒸发散热，而平均辐射温度影响人体的辐射散热。只有四项因素合理组合才会使房间的使用者感到热舒适，建筑热工学就是让建筑师和土建工程师在了解基本理论的基础上，掌握通过建筑保温设计、防热设计、防潮设计创造良好室内热环境的方法。而采暖与空调的目的也在于通过设备的方法来创造舒适的室内热环境。

（2）室内声环境　室内声环境是指室内空间通过人耳对人体感觉产生作用的声场分布，良好的室内声环境是建筑空间环境的重要组成部分。

声音是人体正常生活所必需的，但在不同场合对声音的要求是不同的，当人们休息时不需要声音（或不允许声音超过一定强度），而在文体娱乐时则需要声音且满足一定的强度要求。描述室内声环境的物理量主要有背景噪声级和混响时间；对普通工业与民用建筑，其室内的背景噪声要低，即外围护结构要有较好的隔声性能；而对一些特殊类建筑，如影剧院、音乐厅、录音棚、演播室等，除了满足一般建筑要求外，还应有合适的室内混响时间和优美的音质和音色。创造良好的室内声环境可以通过规划与设计以及施工的手段来达到，这部分属建筑声学的范畴。

（3）室内光环境　室内光环境，从物理意义上，是指室内空间的光场分布；这里的光是指可见光，其波长为 0.35~0.7μm。可见光是人们工作、学习、生活不可缺少的。在人类进化过程中，人眼对太阳光线中的可见光部分感觉最为灵敏和舒适，因而在建筑设计中应尽量利用自然光；当在夜间或阴雨天室内照度不够时，需要用人工照明来补充，以创造适度均匀的室内光照环境。建筑光学的目的就在于给建筑师提供创造良好室内环境的理论和方法。

（4）城市热湿环境　城市热湿环境是近十几年才出现的新的物理概念。其主要含义是指城市区域（城市覆盖层内）空气的温度分布和湿度分布。大天气系统的温湿度分布属于气候学的范畴。随着城市化的高速发展，城市区域的温湿度分布表现出与郊区农村越来越多的不同，出现所谓的城市热污染，直接影响城市区域建筑物室内热环境，这就需要城市规划工作者、建筑设计工作者通过学习专门的知识来了解城市区域的热湿环境，并利用规划设计手段，创造良好的城市热湿环境。

（5）城市风环境　城市风环境是指城市区域内的风速风向分布。城市化后，市区内大量的建筑、构筑物使得城市成为一立体化的下垫面层，其内的风速与风向分布已完全不同于大天气系统。了解城市风环境知识的目的在于使与城市建筑有关的科技和管理工作者掌握如何利用规划与设计手段、在充分利用风力降温排污的同时，减少城市风害以及由风引起的污染。

（6）城市大气环境　城市大气环境是地球表面大气环境的一个特殊部分。通常所谓的大气污染，主要是指城市化后引起的区域性大气环境污染。研究大气环境，是为了搞清楚大气污染的程度以及污染物在大气中的迁移、扩散及存在形态的规律，并掌握如何通过规划和设计减轻和消除城市区域的大气污染。

（7）城市声环境　按现今的观点，城市声环境与城市区域的噪声分布几乎是同义语。所谓噪声，就是人们不喜欢的声音，它是一个既绝对又相对的概念。从绝对意义上讲，像飞机、汽车、工厂机器等发出的声音，对所有的人来说，都是令人讨厌的。相对的含义在于，有些声音对一部分人是需要的，而对另一部分人是不需要的。例如，舞厅需要有节奏很强的音响效果，这对舞迷们是最好的满足。但对附近看书学习或休息的人们来说却是极大的干扰。噪声的这种特殊性，就需要城市规划、小区规划、交通规划、建筑设计等科技工作者利用合理的规划和设计来减弱噪声对人们工作、生活和学习的影响。现代经济高速发展，大量人口流向大城市，使得城市区域的绝对噪声污染和相对噪声干扰越来越严重，迫切需要有关的科技工作者进行噪声控制。

常见的环境概念还含有城市光环境、城市电磁环境等，在此不再赘述。至于室内视觉环境、心理环境等，因超出物理环境范畴，请参考其他有关书籍。

1.1.3 环境的自净机能

远在人类出现之前，由于火山爆发、洪水泛滥、地震等自然现象，会给某一自然环境带来很多“异物”（原来没有的东西）。随着人类社会的发展，工农业、交通运输业、居民生活等向自然环境中大量排放各种污染物。但是，环境有一种机能，即在一定程度上，借助于一系列物理、化学、生物过程，被异物污染的环境都有清除异物恢复原状的能力，这就是环境的自净作用。

大气、水体、土壤等都有一定的自净能力。大气的自净能力有以下几方面：

（1）通过风力，将烟尘等输送到高空远处，在空间扩散稀释，降低烟尘浓度。

（2）借助于重力作用，混入大气的颗粒异物，徐徐下沉，降落地面。

（3）由于雨水的冲洗作用，将空气中的污染物带到地面。这种自净作用，当然与雨水大小有关。而且在 SO_2 污染严重地区，雨水虽使大气达到自净，但地面却会受到“酸雨”的危害。

（4）植物的光合作用，降低空气中的 CO_2 等气体浓度，补充氧气。

水体（水域）的自净作用主要有：

（1）通过水的湍流扩散作用，使进入水体的污染物得到稀释。

（2）由于重力或冲撞、吸附作用，固体污染物在水体中沉降析出，使污染浓度降低。

（3）进入水中的有机质异物，则因微生物等的分解作用，或使之变为无害物，或降低其浓度，这就是所谓“生物净化”作用。

（4）水体还有化学性自净能力，即可将某些污染物氧化、还原成无害物，从而使环境净化。

自净作用是环境的调节机能，但任何环境的自净能力都具有一定的限度，不同环境的自净能力也不同。风大的地区，其空气自净能力比风小的地区为大。长江的自净能力比黄河大，因为长江流量大，水流急，稀释能力强。在同一条河流中，各个河段的自净能力也不同。在同一城市中，建筑密度大的区域风速小，空气自净能力就相应较小。

环境对异物的可容纳量称为“环境容量”或“环境负荷能力”。如果

污染异物不超过环境容量，就能通过自净作用而恢复到原有的环境状况。反之，如异物超过环境容量，虽然各种自净作用总会使污染有所减轻，但已不能使环境恢复到原有正常状况，从而使环境恶化。

1.1.4 环境科学

环境科学，顾名思义，是研究环境的科学，是研究人类和环境相互关系的科学。其任务是研究人类社会经济活动引起人类环境系统变化的规律，及其对人类健康和社会发展的影响，探索调节、控制环境问题的有效途径和方法，求得人类与环境的协调发展。

环境科学是一门综合性很强的学科，涉及自然科学和社会科学的广泛领域。从目前来看，环境科学的主要研究课题有：

（1）探索全球范围内人类和环境相互作用及其发展规律　环境总是不断地演化，并且随时随地都在发生变异。在人类改造自然的活动中，为使环境有利于人类的方向发展，就必须了解环境变化的过程，包括它的基本特性、结构形式和演化机理等。

（2）协调人类的生产和消费与自然生态之间的关系　人类的生产和消费一方面从环境中获取资源，另一方面又向环境排放废物。废物参与自然界的物质循环，影响环境的质量。人类生产和消费系统中物质及其能量的迁移、转化过程是异常复杂的，但最终必须使它们在输入和输出之间保持平衡。这个平衡包括两项内容：一是排入环境的废弃物不能超过环境净化能力，避免环境污染；二是从环境中获取可更新资源不能超过它的再生或增殖能力，以保证永续利用，而从环境中获取不可更新资源，要做到合理开发和利用，避免资源枯竭。因此，必须把发展经济和保护环境作为两个不可偏废的目标纳入经济社会长远规划，把有关经济社会的决策同生态学的要求配合起来，以求得人类和环境的协调发展。

（3）查明环境变化对人类生存的影响　环境变化是由物理的、化学的、生物学的和社会的因素，以及它们的相互作用引起的。森林资源减少、土地沙漠化、野生动植物的灭绝等环境退化现象，不仅会降低社会生产能力，而且可能带来频繁的自然灾害，毁坏人类的生存环境。因此，必须研究污染物在环境中的物理、化学过程，在生态系统中的迁移、转化机理，以及进入人体后产生的各种作用，包括致畸、致癌和致突变等作用；研究环境退化同物质循环之间的关系，从而为制定各项环境标准、控制污染物的排放量、限制造成环境退化的活动等提供可靠依据。

（4）研究区域环境综合防治的技术和管理措施　引起环境问题的因素很多，实践证明，需要运用多种工程技术措施和管理手段，从区域环境的整体上调节和控制人类与环境的相互关系和相互作用，应用系统工程分析方法寻求解决环境问题的最优方案。

近10年来随着人们对环境问题的进一步认识，环境科学的研究方法有了较大的转变。一是注意从整体上剖析环境问题。20世纪70年代发达国家对于环境问题大都是按环境要素分别加以研究的。结果往往是顾此失彼，成本昂贵而未彻底解决问题。例如对于 SO_2 排放问题，最初许多国家花费了大投资，严格控制电站等企业向大气中排放 SO_2，而忽视了硫元素是人体和农作物的基本组成元素之一，很多生物在生长过程中需要空气中含有一定浓度的 SO_2。所以，从整体上来说，对于 SO_2 的排放应有一定的标准而不是越少越好。二是注意研究全球性的问题。例如，全球性的 CO_2 温室效应，臭氧层的破坏等等。三是注意扩大生存学原理的应用范围。在工业建设中研究推广生态工艺，在农业建设中发展生态农业，在环境建筑中充分利用自然生态系统的净化机能。这些新的研究动向使得环境科学的发展更加迅速，更加系统化。

从发展角度来看，环境科学已由最初的单一环境保护科学发展到目前尚未十分定型的庞大的科学体系。所谓尚未十分定型，是指这门学科到现在为止还没有形成其区别于其他学科的独特的理论与方法，作为学科体系还在成型中。所谓庞大的学科体系，是指这门学科横跨地学、生物学、化学、物理学、医学、农学、工程学、数学以及社会科学等几乎所有科学领域的边缘。对这众多的分支学科，根据国际学术界较普遍的观点，将环境科学内容划分为以下三方面：

（1）基础环境学　主要有环境数学、环境物理学、环境化学、环境地学、环境生物学等，这些都是从原有老学科发展、充实而来的新的分支学科。

（2）应用环境学　内容极为广泛，并在不断发展。现在已成体系的有环境工程学、环境生态学、环境医学、大气环境学、城市环境物理学。

（3）环境管理学　主要包括环境法学、环境经济学、环境规划学、环境管理学等。

1.1.5　城市环境物理学

城市环境物理学是介于环境科学与建筑科学之间的一门学际课程，是建筑科学中的一门分支学科。城市环境物理学是利用物理学的一些基本原理，分析城市环境内部各因素的运动变化规律和存在形态，阐述如何利用规划设计手段改善日益恶化的城市热湿环境、光环境、声环境、风环境和大气环境等。

城市环境物理学，目的是给建筑师和规划工程师提供创造良好的室外物理环境和城市物理环境的基本知识和方法。因此，它是建筑学专业和规划类专业的专业基础课之一。它与“建筑物理学”的区别在于：前者重视的是室外物理环境，而后者重视的是室内物理环境，因而可以说城市环境物理学与建筑物理学是姊妹课程。而城市环境物理学与环境工程学的区别又在于，前者主要涉及创造良好物理环境的规划和设计理论，而后者涉及的主要是工程技术手段。以控制城市大气污染为例，前者的主要任务是如何利用风速、风向等气象参数，合理布置、选择城市用地以控制市区大气污染浓度低于控制标准。而后者的主要任务是如何利用

设备的手段（如除尘器等）来减弱污染物的排放量，控制城市的大气污染，从短期和长远的眼光来看，两种方法是互相弥补、缺一不可的。

到目前为止，城市环境物理学尚处在年青阶段，基本理论尚待深化，研究方法必须充实和完善，规划与设计手段还要继续开拓、摸索和实践，不过该学科具有青春活力，受到越来越多的科技工作者和管理工作者的重视，正快速向前发展。

1.1.6 环境问题及我国的政策

1）通常将环境问题分为两类

（1）第一类环境问题：也称原生环境问题，是由于自然界固有的不平衡性所造成的对人类环境的破坏。例如，地震、火山爆发、台风、海啸等，这类环境问题随着科学技术的发展，人们会逐步控制，减小其危害。

（2）第二类环境问题：也称次生环境问题，是由于人们社会经济活动所造成对环境的破坏，这类环境问题是人们在创造高速发展经济时的副产物。

人们对次生环境问题的认识，经历了由片面到全面、由局部到全球的发展过程。自18世纪产业革命以来，工业迅速发展，城市人口日益集中，对能源和其他资源的消耗量剧增。随之而来的是向大气中排放大量的有害气体和烟尘，向江河湖海排放大量的废水和向城市区域排放大量的固体废弃物，引起局部的自然环境要素发生变异。像伦敦烟雾事件、洛杉矶光化学烟雾事件等，均属此类问题。随着对环境问题的重视和环境结构研究的深入，人们逐渐认识到环境问题是全球性的问题。保护环境应从保护大气、水体、土壤、自然资源等基本要素做起，即保护人类赖以生存的地球。这就要求把经济发展和环境保护结合起来，实行区域环境综合规划，以保证生态相对平衡。

发达国家的环境污染问题出现较早，治理也较早，经过30多年的努力，取得了较好的效果，环境污染基本上得到了控制。我国是发展中国家，工农业生产都处于较落后的状态，一直到20世纪60年代末，还没有认识到我国环境问题的严重性。其实，我国自然资源破坏和环境污染已到了相当严重的地步：近几年森林面积每年净减15万hm^2；新中国建立以来由于滥垦滥牧造成的土地沙化面积近670万hm^2。全国水土流失比较严重的面积估计有150万km^2，约占国土面积的1/6，每年冲走的土壤估计有50亿t，带走的氮、磷、钾元素约4000万t，比我国一年的化肥产量还多。地下水超采，造成地面水硬度增高和水位下降，水源枯竭的情况。江河湖海等地表水受到不容忽视的污染。据1979年对82条河流（河段）监测资料统计，其中有45条河流（河段）受到污染，特别是一些城市附近的河流，基本上成为污水沟。全国200多万个工业企业一年中向大气排放的污染物约5000万t，其中SO_2就有约1800万t，使得城市区域大气质量严重恶化，大部分城市大气中污染物超过国家标准。噪声污染同样也很严重，北京、上海、天津等城市中心区的交通噪声等超过纽约、伦敦和东京等都市的闹市区。

2）我国的政策

从 1973 年开始，我国陆续颁布了一系列有关环境保护的法律和规定，至今已有百种左右；其中与规划设计有关的有《中华人民共和国环境保护法》、《建设项目环境保护设计规定》、《工业企业厂界噪声标准》（GB 12348—90）、《城市区域环境噪声标准》（GB 3096—93）、《大气环境质量标准》（GB 3095—82）、《工业企业设计卫生标准》（TJ 36—79）等。这些法规是建筑设计、城市规划、总图设计等专业技术人员所必须了解的，有些条款还必须牢记，如"在新建、改建和扩建工程，必须提出对环境影响的报告书，经环境保护部门和其他有关部门审查批准后才能进行设计"；"防止污染和其他公害的设施，必须与主体工程同时设计、同时施工、同时投产"等。

1.2　生态学与城市生态系统

环境科学研究"人类－环境"系统的发生和发展、调节和控制以及利用和改造，但"人类－环境"系统不是从来就有的，在 45 亿年以前，地球上不但没有人类，而且也没有生物。地球经历了化学进化阶段、生物进化阶段以后，才出现了人类，生物和人类都是地球发展到一定阶段的产物。生物的进化阶段，形成了生物与其环境的对立统一关系；人类社会的出现，形成了人类与其生存环境的对立统一关系。环境是一个复杂的系统，生物和人类都是环境发展到一定阶段出现的生命系统，生命系统与环境系统在特定空间组成了具有一定结构和功能的生命系统，它既包括自然生态系统，也包括人工生态系统。生态系统既是生态学的研究中心，也是研究环境、研究环境科学的基础。

1.2.1　生物圈

生物圈是指地球表面全部有机体及其相互作用的生存环境的总称。它的范围大体上是从海平面以下约 11km 的深度到其上约 10km 高空的空间。生物圈是一个广阔的生命活动的舞台，在其中活跃的生物大约有：动物 216 万种，植物 34 万种，微生物 4 万种。生物圈中最活跃的成员是人类。

通常将生物圈分为三部分：

一是气圈，其厚度大致为 10km 左右，占大气总厚度的极小部分，基本上处于大气对流层之间。根据气象学，对流层中水蒸气和尘埃含量较高，风、云、雨、雪、雾等天然现象，都发生在这一层大气中。所以气圈对生物的生存关系最为密切，而气圈受地面各种活动的影响也最明显。气圈还是地表的保护层。因愈接近地表空气密度愈大，它能有效地

防止或减少流星和宇宙废弃物等对地球的危害，减弱太阳光线中的紫外辐射，吸收和储存地表的长波辐射热，使生物圈保持适当的气温。

二是水圈。水是生物生存的主要条件之一。地表的70%左右是水，总水量约13.6亿km^3，其中97%是海水，其余3%是地表水，包括湖水、河水、地下水及冰川和积雪等。生物体中离不开水分，一般植物体中含水41%~60%，人体与动物体中含水80%左右。

三是岩石圈。是指近地表面的土壤和岩石层。由于地球表面有山有海等，故这一层厚度很不均匀。岩石圈是人类及生物的栖息之地，是生物生存和发展的基本条件。

1.2.2 生态系统

在一定的空间里，生物与环境之间，生物与生物之间，互相依赖互相制约，并以某种方式进行物质和能量的交换。把这种一定空间中的生物与环境的结合体，叫生态系统。

一个完整的生态系统一般应由下列四部分组成：

（1）生产者　绿色植物通过光合作用将水和大气中CO_2合成碳水化合物、蛋白质、脂质等有机化合物，实现太阳的动能转换为可贮存的化学能形式，供自身及其他生物用作能源。因此，这些生产者也称自养者。此外有些细菌也能利用化学能将无机物转化为有机物，也可称为生产者。

（2）消费者　动物和非绿色植物。依靠绿色植物或以绿色植物为能源的其他生物为生，也称为他养者。按所处食物链中地位可分为食草动物（一级消费者）、食肉动物（以食草动物为食，称二级消费者），以二级消费者为食的动物称为三级消费者，等等。复杂的食物关系可形成食物网。

（3）分解者（还原者）　主要为土壤和地表中的微生物，包括大多数细菌、真菌。它们将有机物分解为简单无机化合物，供生产者及本身再利用，此外还有些细菌能将无机物转变为植物可利用的营养，也可归入分解者一类。分解者具有十分重要的生态意义，甚至有时成为控制因素。

（4）非生命物质　指各种无机物、无生命有机物和自然因素，构成生态系统的自然营养物理环境。物理环境包括气候、土、地质、水温、氢离子浓度等。

由上述可知，从植物到动物伴随物质转移的同时，产生能量流动，即每个生态系统中发生物质的循环流动（营养流或物质流）及能量流动。除了上述两种基本流动外，生物还应有信息流动，也是为适应环境所必须的。

1.2.3 生态平衡

如上所述，生态系统包括有生命和非生命的多种组分。生态系统内部各组分之间，在一段时间内，在一定的条件下，保持着自然的、暂时的、相对的动态平衡关系，将这种相对稳定的平衡关系称为生态平衡。

控制生态系统稳定平衡的原因是生态系统内部具有“正反馈”与“负反馈”的调节功能。例如，所有物种都有一种本能，在一个无限制的环境中，连续地以指数形式增长，即物种的种群是具有潜势的“正反馈”作用，如资源的减少、生长率降低以及生理和肌体变化等。同样，整个生态系统的各组分之间的关系受正负反馈作用的控制，自我调节，使整个系统保持相对的稳定。如果生态系统内部失去负反馈作用，将会出现生态危机。例如澳大利亚原来并没有兔子，后来从欧洲引进了兔子，引进后由于没有天敌予以适当限制，致使兔子大量繁殖，在短短的时间内，繁殖的数量相当惊人，遍布数千万亩田野，在草原上每年以 90km 的速度向外蔓延。该地区原来长满的青草和灌木，全被吃光，再不能放牧牛羊。田野一片光秃，土壤无植物保护而被雨水侵蚀，造成生态系统的破坏。澳大利亚政府曾鼓励大量捕杀，但不见效果，最后不得不引进一种兔子的传染病，使兔群大量死亡，总算将兔子的生态危机控制住了。我国大连等地的“蛇岛”变成“鼠岛”也属类似现象。

在一定条件下，人类具有调节和控制生态平衡的能力，并使其朝着有利于人类社会生存的方向发展。人类可以通过大面积植树造林调节自然生态系统中的组分结构来改善气候；也可以兴修水利、大面积灌溉以促进绿色植物的生长。然而近代的人为活动，更多的是使生态平衡遭到严重破坏。乱砍滥伐森林，毁草造田，在湖泊屯土造田等都曾造成极严重的后果，受到大自然的惩罚。

1.2.4　闭合系统与开放系统

关于生态系统的分类有多种。按生态系统内部能量和物质的传递过程，可将生态系统分为两种：

（1）闭合系统：只有能量传递无物质传递；

（2）开放系统：有能量和物质两种传递。

自然界中绝对的孤立系统是没有的。例如热量的隔绝只是相对的，而重力、电磁场力等的作用更难完全摆脱。但有时这种影响很微小，则可近似看作一个孤立系统。因此，实际上只存在闭合和开放两种系统。

环境科学认为一个系统如果与周围环境没有相互作用时，称为闭合系统。但实际上只有把整个宇宙看作一个系统时，才是真正的闭合系统。不过许多系统可忽略环境的作用，近似看作闭合系统。生物圈就是一个近似的闭合系统，内部的能量不管产生什么样的变化，仍保留在系统内，某些变量可重新分布，但仍离不开生物圈。

一个宇宙飞船也是闭合系统，任何热损失或从外部输入的热量可忽略不计。但飞船开始发射时并不闭合，只有进入轨道后才是闭合的。这是人工微型生物圈的重要特性。

与周围环境相互作用的系统称为开放系统。如果将开放系统包括环境在内一起研究，则可变成闭合系统。

人体是一个开放系统，从环境中摄取食物和氧，向环境排放热量和物质。一个工厂或城市也是开放系统，与外界相互作用十分强烈。

1.2.5 城市生态系统

城市生态系统是一个人类生态系统，人类是城市生态系统中的生命系统，城市环境系统包括生物和非生物两个方面（既有自然环境也有人工环境），生命系统和环境系统在城市这个特定的空间组合为城市生态系统。从图 1-1 可以看出城市生态系统是经过人类改造过的自然生态系统，其结构和功能已经发生了本质的变化，与自然生态系统相比具有以下特点：

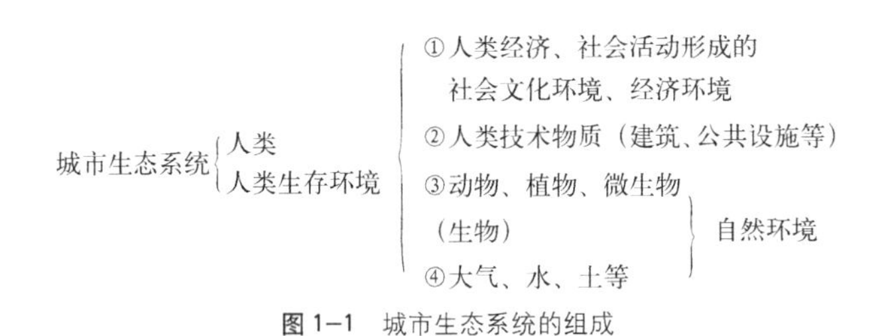

图 1-1 城市生态系统的组成

（1）改变了生态系统的主体。图 1-1 中的自然环境部分大体相当于原来的自然生态系统，在没有形成城市的时期，主要是生物与其生存环境组成的生态系统，生物是生态系统的主体。随着私有制及国家的出现，特别是工商业、交通运输的发展，出现了非农业人口大量聚居、经济活动集中的城市。城市不但使原有自然生态系统的结构和组成发生了剧烈的变化（如：绿地锐减，动物的种类和数量大为减少，大气、水等环境的物理、化学特征也发生了明显的变化），而且大量的人工技术物质（建筑物、道路、公用设施等）完全改变了原有生态系统的形态结构（或称物理结构），人类的经济活动和人类自身再生产成为影响生态系统的决定性因素，人类成为城市生态系统的主体。

（2）城市生态系统是不独立和不完全的生态系统（或称非自律系统）。处于良性循环的自然生态系统，其形态结构和营养结构比较协调，只要输入太阳能，依靠系统内部的物质循环、能量交换和信息传递，就可以维持各种生物的生存，并能保持生物生存环境的良好质量，使生态系统能够持续发展（称为自律系统）。城市生态系统则不然，系统内部生产者有机体与消费者有机体相比数量显著不足，大量的能量与物质，需要从其他生态系统（如农业生态系统、海洋生态系统等）人为地输入。所以，它是“不独立和不完全的生态系统”。实践证明，一个依靠外部输入能量、物质的生态系统，在系统内部经过生产消费和生活消费所排出的废物，也要依靠人为技术手段处理或向其他生态系统输出（排放），利用其他生态系统的自净能力，才能消除其不良影响。

因此，城市生态系统的能量交换与物质循环是一个开放式的生态系统（图 1–2）。

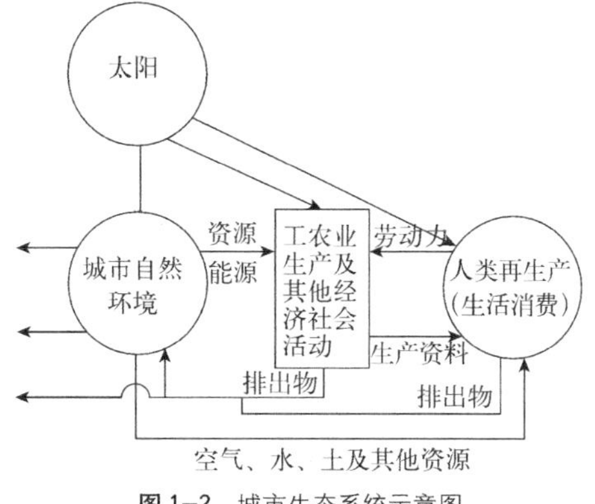

图 1–2　城市生态系统示意图

（3）城市生态系统与自然生态系统的结构和功能大小不相同，主要表现在：

①形态结构（或物理结构）。主要受人工建筑物及其布局，道路和物质输送系统、土地利用状况等人类因素的影响。不论是垂直分布或水平分布主要都是人为形成的。

②营养结构。不但改变了原自然生态系统中各营养级的比例关系，而且也不同于自然生态系统的营养关系，在食物（营养）的输入、加工、传递过程中，人为因素也起着主要作用。

③物质流、能量流、信息流在“人类 – 人类经济社会活动中自然活动 – 自然环境（包括生物）”所组成的复合系统中运动。物质、能量、信息的总量大大超过原自然生态系统，人类的经济社会活动起着决定性作用。城市生态系统的调节机能能否与环境的关系相协调；生态规律与经济规律是否统一，体现在城市发展计划中，经济社会结构的设计是否合理。

④城市生态系统是一个不稳定的生态系统。因受外界控制因素过多，一旦一个环节产生不正常波动，将会使整个系统产生紊乱。

1.3　我国生态环境建设规划

生态环境是人类生存和发展的基本条件，是经济、社会发展的基础。保护和建设好生态环境，实现可持续发展，是我国现代化建设中必须始终坚持的一项基本方针，也是把我国现代化建设事业全面推进的重大战略部署。为此，国家制定了具有长期指导作用的全国生态环境建设规划，并纳入国民经济和社会发展计划。

1.3.1　我国生态环境建设概况

中华人民共和国成立以来，我国各族人民为改善生态环境作出了巨大努力，取得了很大成绩，并积累了大量宝贵的经验。特别是改革开放以来，国家先后实施“三北”防护林、长江中上游防护林、沿海防护林等一系列林业生态工程，开展黄河、长江等七大流域水土流失综合治理，加大荒漠化治理力度，推广旱作节水农业技术，加强草原和生态农业建设，使我国的生态环境建设进入了新的发展阶段。王如松等人指出，截止 20

世纪末，全国累计治理水土流失面积67万km^2，修梯田、建坝地、治沙造田1067万hm^2，人工造林保存面积3425万hm^2，飞播造林2533万hm^2，封山育林3404万hm^2，森林覆盖率提高到13.92%。建成50个生态农业示范县和2000多个生态农业示范点，人工种草和改良草地保留面积1482万hm^2。在生态环境建设方面作出的各种努力正在并将继续对国民经济和社会可持续发展产生积极的影响。但是，应当清醒地看到，我国自然生态环境仍很脆弱，生态环境恶化的趋势还没有遏制住，主要表现在：

（1）水土流失日趋严重。全国水土流失面积367万km^2，约占国土面积的38%。近年来，很多地区水土流失面积、侵蚀强度、危害程度呈加剧的趋势，全国平均每年新增水土流失面积1万km^2。

（2）荒漠化土地面积不断扩大。全国荒漠化土地面积已达262万km^2，并且每年还以2460km^2的速度扩展。

（3）大面积的森林被砍伐，天然植被遭到破坏，大大降低其防风固沙、蓄水保土、涵养水源、净化空气、保护生物多样性等生态功能。毁林开垦、陡坡种植、围湖造田等加重了自然灾害造成的损失。

（4）草地退化、沙化和碱化（以下简称“三化”）面积逐年增加。全国已有“三化”草地面积1.35亿hm^2，约占草地总面积的1/3，并且每年还在以200万hm^2的速度增加。一些地区为了短期利益，不合理开垦草原，加剧土地的荒漠化。

（5）生物多样性受到严重破坏。我国已有15%~20%的动植物种类受到威胁，高于世界10%~15%的平均水平。

日益恶化的生态环境，给我国经济和社会带来极大危害，严重影响可持续发展。一是加剧贫困程度。目前，全国农村贫困人口90%以上生活在生态环境比较恶劣的地区。恶劣的生态环境是当地群众贫困的主要根源。二是加剧经济和社会发展的压力。我国人多地少，土地后备资源匮乏，如果不能有效地控制水土流失和土地荒漠化，将严重影响我国的可持续发展。三是加剧自然灾害的发生。由于降雨量减少和水土流失等原因，黄河河道淤积越来越严重，加之超量用水，断流时间越来越长，长此下去，黄河有可能成为间歇性河流；由于不合理开发，长江流域植被减少，土壤流失，崩塌、泥石流等灾害频繁发生，泥沙量逐年增加，威胁中下游地区经济和社会发展。全国每年因干旱、洪涝等各种自然灾害造成的损失呈大幅度增长之势。

1.3.2 生态环境建设的指导思想和目标

我国生态环境建设的指导思想是：调动全社会各方面的力量，坚持从我国的国情出发，遵循自然规律和经济规律，紧紧围绕我国生态环境面临的突出矛盾和问题，以改善生态环境、提高人民生活质量、实现可持续发展为目标，以科技为先导，以重点地区治理开发为突破口，把生态环境建设与经济发展紧密结合起来，处理好长远与当前、全局与局部的关系，促进生态效益、经济效益与社会效益的协调统一。

我国生态环境建设遵循的基本原则是：坚持统筹规划，突出重点，量力而行，分步实施，优先抓好对全国有广泛影响的重点区域和重点工程，力争在短时期内有所突破；坚持按客观规律办事，从实际出发，因地制宜，讲求实效，采取生物措施、工程措施与农艺措施相结合，各种治理措施科学配置，发挥综合治理效益；坚持依法保护和治理生态环境，依靠科技进步加快建设进程，建立法律法规保障体系和科技支撑体系，使生态环境的保护和建设法制化，工程的设计、施工和管理科学化；坚持以预防为主，治理与保护、建设与管理并重，除害和兴利并举，实行“边建设、边保护”，使各项生态环境建设工程发挥长期效益。

我国生态环境建设的总体目标是：用大约 50 年左右的时间，动员和组织全国人民，依靠科学技术，加强对现有天然林及野生动植物资源的保护，大力开展植树种草，治理水土流失，防治荒漠化，建设生态农业，改善生产和生活条件，加强综合治理力度，完成一批对改善全国生态环境有重要影响的工程，扭转生态环境恶化的势头。力争到 21 世纪中叶，使全国适宜治理的水土流失地区基本得到整治，适宜绿化的土地植树种草，“三化”草地基本得到恢复，建立起比较完善的生态环境预防监测和保护体系。

1.3.3　全国生态环境建设总体布局

我国地域辽阔，区域差异大，生态系统类型多样。东部地区，地势低平，气候湿润，雨热同季，经济比较发达，生态环境相对较好。西部地区，降雨稀少，干旱高寒，经济欠发达，生态环境恶劣，林草植被一旦遭受破坏，极难恢复。中部地区，处于东部平原和西部高原的过渡地带，地形复杂，生态环境脆弱，长期以来由于资源过度利用，自然生产力遭到破坏，水土流失和土地荒漠化问题最为严重，是生态环境治理的重点区域。参照全国土地、农业、林业、水土保持、自然保护区等规划和区划，将全国生态环境建设划分为八个类型区域。

（1）黄河上中游地区。本区域包括晋、陕、蒙、甘、宁、青、豫的大部或部分地区。生态环境问题最为严峻的是黄土高原地区，总面积约 64 万 km^2，是世界上面积最大的黄土覆盖地区，气候干旱，植被稀疏，水土流失十分严重，水土流失面积约占总面积的 70%，是黄河泥沙的主要来源地。这一地区土地和光热资源丰富，但水资源缺乏，农业生产结构单一，广种薄收，产量长期低而不稳。

生态环境建设的主攻方向是：以小流域为治理单元，以县为基本单位，以修建水平梯田和沟坝地等基本农田为突破口，综合运用工程措施、生物措施和耕作措施治理水土流失，尽可能做到泥不出沟。陡坡地退耕，还草还林，实行草、灌木、乔木结合，恢复和增加植被。在对黄河危害最大的砒砂岩地区大力营造沙棘水土保持林，减少粗沙流失危害。大力

发展雨水集流节水灌溉，推广普及旱作农业技术。

（2）长江上中游地区。本区域包括川、黔、滇、渝、鄂、湘、赣、青、甘、陕、豫的大部或部分地区，总面积 170 万 km^2，水土流失面积 55 万 km^2。该区域山多山高平坝少，生态环境复杂多样，水资源充沛，但保水保土能力差，土地分布零星，人均耕地较少，且旱地坡耕地多。长期以来，上游地区由于受不合理的耕作、草地过度放牧和森林大量采伐等影响，水土流失日益严重，土层日趋瘠薄；滇、黔等石质山区降雨量和降雨强度大，滑坡、泥石流灾害频繁。中游地区因毁林毁草开垦种地，水土流失严重，造成江河湖库泥沙淤积，加上不合理的围湖造田，加剧洪涝灾害的发生。

生态环境建设的主攻方向是：以改造坡耕地为中心，开展小流域和山系综合治理，恢复和扩大林草植被，控制水土流失。保护天然林资源，支持重点林区调整结构，停止天然林砍伐，林业工人转向营林管护。营造水土保持林、水源涵养林和人工草地。有计划有步骤地使 25° 以上的陡坡耕地退耕还林（果）还草，25° 以下的坡地改修梯田。合理开发利用水土资源、草地资源、农村能源和其他自然资源，禁止滥垦乱伐，过度利用，坚决控制人为的水土流失。

（3）“三北”风沙综合防治区。本区域包括东北西部、华北北部、西北大部干旱地区。这一地区风沙面积大，多为沙漠和戈壁，适宜治理的荒漠化面积为 31 万 km^2。由于自然条件恶劣，干旱多风，植被稀少，草地“三化”严重，生态环境十分脆弱。

生态环境建设的主攻方向是：在沙漠边缘地区，采取综合措施，大力增加沙区林草植被，控制荒漠化扩大趋势。以“三北”风沙线为主干，以大中城市、厂矿、工程项目周围为重点，因地制宜兴修各种水利设施，推广旱作节水技术，禁止毁林毁草开荒，采取植物固沙、沙障固沙、引水拉沙造田、建立农田保护网、改良风沙农田、改造沙漠滩地、人工垫土、绿肥改土、普及节能技术和开发可再生能源等各种有效措施，减轻风沙危害。因地制宜，积极发展沙产业。

（4）南方丘陵红壤区。本区域包括闽、赣、桂、粤、琼、湘、鄂、皖、苏、浙、沪的全部或部分地区，总面积约 120 万 km^2，水土流失面积约 34 万 km^2。土壤类型中红壤占一半以上，广泛分布在海拔 500m 以下的丘陵岗地，以湘赣红盆地最为典型。由于森林过度砍伐，毁林毁草开垦，植被遭到破坏，水土流失加剧，泥沙下泄淤积江河湖泊。区域内的沿海地区处于海陆交替、气候突变地带，极易遭受台风、海啸、洪涝等自然灾害的危害。

生态环境建设的主攻方向是：生物措施和工程措施并举，加大封山育林和退耕还林力度，大力改造坡耕地，恢复林草植被，提高植被覆盖率。山丘顶部通过封育治理或人工种植，发展水源涵养林、用材林和经济林，减少地表径流，防止土壤侵蚀。坡耕地实现梯田化，配置坡面截水沟、蓄水沟等小型排蓄工程。沿海地区大力造林绿化，建设农田林网，减轻台风等自然灾害造成的损失。

（5）北方土石山区。本区域包括京、津、冀、鲁、豫、晋的部分地区及苏、皖的淮北地区，总面积约 44 万 km^2，水土流失面积约 21 万 km^2。部分地区山高坡陡，土层浅薄，水源涵养能力低，暴雨后经常出现突发性山洪，冲毁村庄道路，埋压农田，淤塞河道；黄泛区风沙土较多，极易受风蚀、水蚀危害；东部滨海地带土壤盐碱化、沙化明显。

生态环境建设的主攻方向是：加快石质山地造林绿化步伐，积极开展缓坡整修梯田，建设基本农田，发展旱作节水农业，提高单位面积产量。多林种配置开发荒山荒坡，合理利用沟滩造田，陡坡地退耕造林种草，修建拦沙坝等。

（6）东北黑土漫岗区。本区域包括黑、吉、辽大部及内蒙古东部地区，总面积近 100 万 km^2，水土流失面积约 42 万 km^2。这一地区是我国重要的商品粮和木材生产基地。区内天然林与湿地资源分布集中，土地以黑土、黑钙土、暗草甸土为主，是世界三大黑土带之一。由于地面坡度缓而长，表土疏松，极易造成水土流失，损坏耕地，降低地力；加之本区森林资源严重过伐，湿地遭到破坏，干旱、洪涝灾害频繁发生。

生态环境建设的主攻方向是：停止天然林砍伐。保护天然草地和湿地资源。完善三江平原和松辽平原农田林网。综合治理水土流失，减少缓坡面和耕地冲刷。

（7）青藏高原冻融区。本区域面积约 176 万 km^2，其中水力、风力侵蚀面积 22 万 km^2，冻融侵蚀面积 104 万 km^2。该区域绝大部分是海拔 3000m 以上的高寒地带，土壤侵蚀以冻融侵蚀为主。人口稀少，牧场广阔，东部及东南部有大片林区，自然生态系统保存较为完整，但天然植被一旦破坏将难以恢复。

生态环境建设的主攻方向是：以保护现有的自然生态系统为主，加强天然草场、长江黄河源头水源涵养林和原始森林的保护，防止不合理开发。

（8）草原区。我国是草资源大国，天然草原分布广阔，总面积约 3.9 亿 hm^2，占国土面积 41.7% 以上，主要分布在蒙、新、青、川、甘、藏等地区，是我国生态环境的重要屏障。长期以来，受人口增长、气候干旱和鼠虫灾害的影响，特别是超载放牧和滥垦乱挖，使江河水系源头和上中游地区的草地“三化”加剧，有些地方已无草可用、无牧可放。

生态环境建设的主攻方向是：保护好现有林草植被，大力开展人工种草和改良草场（种），配套建设水利设施和草地防护林网，加强草原鼠虫灾防治，提高草场的载畜能力。禁止草原开荒种地。实行围栏、封育和轮牧，搞好草畜产品加工配套。

1.3.4　我国生态环境建设的政策法规

为保证生态环境建设计划的有效实施，我国政府已出台了一系列的法规，如《环境保护法》、《土地管理法》、《森林法》、《水法》、《水土保持法》、

《草原法》、《野生动物保护法》等法律。同时提出了一些控制监督措施，如要求各级政府和有关部门在研究制定经济发展规划时，要统筹考虑生态环境建设；在经济开发和项目建设时，严格执行生态环境有关法律法规，在项目设计中充分考虑对周围生态环境的影响，并提出相应评估报告，安排相应的建设内容；工程验收时，要同时检查生态环境措施的落实情况。严格控制在生态环境脆弱的地区开垦土地，不允许以任何借口毁坏林地、草地，污染水资源，浪费土地，违法者要追究责任。对生态环境敏感区域要分级设立重点预防监督区。对不适宜生产和生活的地区，要作出规划，实行异地开发和安置，减轻对环境的压力等。

1.4 能量的传输与度量

1.4.1 城市内部能量传递与转化原理

1）能量、热量、温度

能量是世间万物运动生长的源泉，不论是机械运动、生物发展，还是信息交换，地球演变，气候变化，都离不开能量。能量有多种形式，包括电磁能、机械能、生物内能、热能等等。在一个闭合系统内，能量不断地流动、转化，由一种形式转化为另一种形式。但不论怎样转化，其总量是守恒的，这是热力学的基本原理。

热能是各种能量形式中“品位”最低的一种能量形式。而通常所谓的热量是指某个系统与环境间由于温差引起的能量传递的度量。在能量其他形式转化过程中，大约仅有10%左右以做功方式转化为重力势能，而90%转化为热量散发到大气中，日光灯也只能将40%左右的电能转化为光能，其余转化为热能等等。但当用电能或化学能转化热能时，其效率则可达100%。在环境科学中，当考虑到能量消耗时，认为其最终将以热量形式散发在地表大气中。

热量的计量单位为焦耳（J）或千焦耳（kJ）。

温度是物体分子热运动平均动能的量度。一物体获得热量愈多，其内部分子热运动就愈激烈，其温度愈高；反之愈低。

空气冷热程度叫做气温，实质上气温是空气分子平均动能大小的表现。当空气获得热量时，它的分子平均动能增加，气温也就升高；反之，当空气失去热量而冷却时，它的分子平均动能减少，气温也随之降低。

我国对温度计量常以摄氏温标表示。气象台站一般所指的气温，是离地面1.5m高处百叶箱中的空气温度，它基本上反映了一个地区的气候特征。

在科研与工作上有时以热力学温标表示，其与摄氏温标的换算为：

热力学温度（K）≈273+摄氏温度（℃）。

2）热传递

热力学第二定律告诉我们，凡是有温差的地方，就有热量的传递。

热传递方式有四种，即导热、对流、辐射、相变。通常将前三种称为显热交换，即由于热量的转换使得物体的温度发生变化（升高或降低），但物体的相态（固态、液态、气态）不发生变化；将后一种称为潜热交换，即在热量传递过程中，物体的温度不变而物体的相态由一种形式转化为另一种形式。

（1）导热　导热是依靠物体质点的直接接触来传递能量。在气体中，这种能量的转移是在气体的分子碰撞时完成的。与气体相比，在液体中，分子间的距离靠得较近，分子间碰撞的机会较多、较强，这就是液体比气体导热能力强的原因。在绝缘的固体中，导热通过原子运动而引起的晶格振动来实现；在金属及导体中，自由电子的直线运动对导热起主要作用。热传导的特点是，在过程进展中物体的各部分并不发生明显的宏观位移。

导热是在不透明和无气体的固体中热能传递的唯一方式。只要物体中存在温差，热能就会自动地由高温处向低温处传递。导热过程可分为稳态导热和非稳态导热两大类。在稳态导热过程中，物体中每一处的温度都是不随时间变化的，因此，物体中的温度场只是空间坐标的函数，即 $T=f(x, y, z)$。在非稳态导热过程中，物体中各处的温度不仅是空间坐标的函数，还是时间的函数，即 $T=f(x, y, z, t)$。

大量实验表明，导热的速率 Q（W）是和温度梯度及热流通过的截面积 A（m^2）成比例的，可表示为：

$$Q \propto A(\partial T/\partial n) \tag{1-1}$$

式中　$\partial T/\partial n$ 为温度梯度，它表示朝着温度增加的方向，温度沿等温面法线的变化率。

显然，即使在相同的截面 A 及相同的温度梯度情况下，对于不同的物体，导热速率 Q 也不会一样。对于各向同性的物体，上式可写成

$$Q=-A\lambda(\partial T/\partial n) \tag{1-2}$$

式中的比例系数 λ 称为物体的导热系数，其单位是 $W/(m \cdot K)$，表示物质的属性，上式称为傅立叶定律，事实上也是导热系数 λ 的定义式。前已述及，单位面积的热能传递速率称为热流密度。（1–2）式若用热流密度 q（W/m^2）来表示，有

$$q=Q_k/A=-\lambda(\partial T/\partial n) \tag{1-3}$$

式中负号的意义系根据热力学第二定律，在没有外加能量的情况下，热能总是从高温处传至低温处。为此，沿热能传递方向，温度总是下降，也即温度梯度 $\partial T/\partial n$ 是负值。由于（1–2）式及（1–3）式的右端有负号，就使 Q 和 q 为正值，满足了热力学第二定律的要求。

在一维情况下，（1–3）式成为

$$q=-\lambda(dT/dx) \tag{1-4}$$

利用上述各式可以求解一些简单热传导问题，更多的请看相关参考书。

（2）对流传热　对流传热是由于流体各部分发生宏观相对位移而引

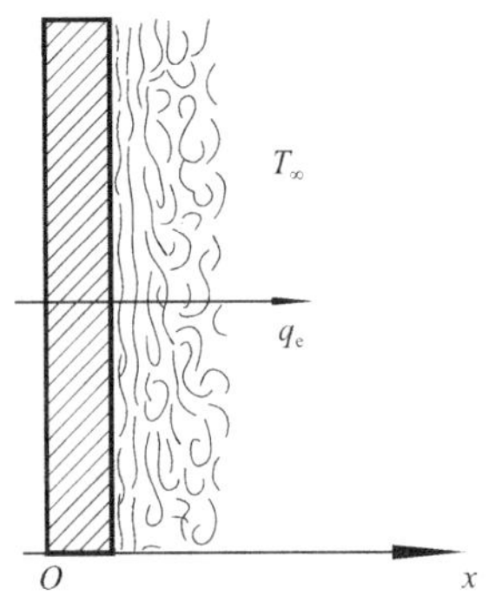

图 1–3　固气表面上对流换热

起的热能传递。这种传热方式主要是依靠流体分子的随机运动和流体的宏观运动实现的。

工程上遇到的对流传热分两类：一类是纯粹的对流传热，它发生于流体内部，因各部分互相掺合而引起热能转移。例如，我们在冷水池中加入部分热水，这时冷水池中便发生对流热交换。另一类是所谓对流换热，它发生于固气（或固液）两相的表面上，其换热过程中包含着导热过程。假定固体表面温度高于气体，由于摩擦力的作用，在紧贴固体壁面处有一平行于固体壁面流动的气体薄层，叫层流边界层，在垂直壁面方向上的热量传递形式主要是导热。在层流边界以外才有明显的气体宏观位移（图 1–3）。

若流体的运动是依靠外力（风、泵和风机等）实现的，称为受迫对流；若流体的运动是由流体中因密度不同而产生的浮升力所引起的，则称为自然对流。值得注意的是在有些情况下会同时存在受迫对流和自然对流。另外，由于自然对流，流体中因纯导热而引起的传热现象是很少见的。

不论是自然对流还是受迫对流，流体的流动状态及热物理性质对对流传热的速率起着非常重要的作用。

对流传热的速率可用牛顿冷却定律计算，即：

$$q_c=\alpha_c\,(T_s-T_\infty) \qquad (1\text{–}5)$$

式中　q_c——单位面积的对流传热速率，常简称为对流热流密度，W/m^2；

T_s，T_∞——分别为固体壁面和流体的温度，K；

α_c——流体与固体壁面之间的对流换热系数,简称换热系数,$W/(m^2\cdot K)$。

初看起来，计算对流传热速率似乎很简单，其实并非如此。由于对流换热系数 α_c 和流体的流动状态、流体的物理性质，固体壁的几何形状及壁面的粗糙度等因素有关。因而确定 α_c 是十分复杂的。实际上，对流换热的主要内容，就在于研究怎样用分析方法或实验手段来确定各种情况下的对流换热系数 α_c。

典型的对流换热系数 α_c 的量级和近似值　　**表 1–1**

工作流体及换热方式	α_c [$W/(m^2\cdot K)$]
空气、自然对流	6~30
过热蒸汽或空气，受迫对流	30~300
油、受迫对流	60~1800
水，受迫对流	300~600
水，沸腾	3000~60000
蒸汽，凝结	6000~120000

（3）辐射传热　辐射是指具有一定温度物体以电磁波方式发射的辐

射能。辐射传热的特点是，物体的部分热能转变成电磁波——辐射能向外发射，当它碰到其他物体时，又被后者部分吸收而重新转变成热能。所有物体，只要其温度高于绝对零度，总能发射电磁波；与此同时，也吸收来自外界的辐射能。与传导和对流不同，辐射能的传播即使在真空中也可进行，到达地面的太阳辐射就是一例。辐射的传播可用基于量子的理论来讨论。根据这种理论，辐射能被认为是由称之为光子或量子的载能质点传播的。利用电磁波理论，可很好地解释辐射在介质中的传播以及它投射在第二种介质表面上时与后者所发生的相互作用。但是，物体发出的辐射能的光谱分布及气体的辐射性质只能基于量子理论才能说明。

绝对温度为 T_k 的物体，其发射电磁波的中心波长由维恩（Wien）位移定律确定：

$$\lambda^*=2898/T \qquad (\mu m) \tag{1-6}$$

例如太阳表面温度约为 6000K，按上式，其中心波长 $\lambda^*=0.48\mu m$；对于常温 300K，则 $\lambda^* \approx 10\mu m$。通常将 $\lambda^*>3\mu m$ 的电磁辐射称为长波辐射，而 $\lambda^*<3\mu m$ 的称为短波辐射。

每一物体同时又都能吸收外来的电磁波。把这种物体的热能先转化为电磁能发射出去，再被另一物体吸收又转化成为热能的过程叫辐射换热。

热力学第三定律告诉我们绝对零度是达不到的。因此，一切物体，不论温度高低，都在不停地向外辐射；辐射换热量的大小，是参与辐射换热的物体相互辐射、相互吸收的结果。当温度不同时，高温物体传给低温物体的能量，大于低温物体传给高温物体的能量：当温度相同时，净辐射换热量为零，是因为各物体之间吸收与辐射值相等，但辐射与吸收的物理过程一直在进行。

在传热学中，把能将外来辐射全部反射的物体叫做完全白体（简称白体），凡能全部吸收的叫做绝对黑体（简称黑体），能全部透过的则称为完全透热体或热的透明体。但是在自然界中，没有理论上所定义的白体、黑体和完全透热体。自然界中的大部分物体，如建筑物表面等，其辐射特性具有与黑体相似，且对每一波长的辐射本领 E_λ 与同温度同波长黑体 $E_{\lambda b}$ 的比值为一常数，这个常数称为物体的黑度 ε，把这种物体称为“灰体”。多数建筑材料都可近似地看作灰体。实际当中还有许多物体，只能吸收和发射某些波长的辐射，或对不同波长其吸收和发射性能不同，把这种物体称为选择性辐射体。

（4）蒸发和冷凝　蒸发和冷凝都属于相变过程。当物体由液态变为气态时，要从环境中吸收热量；当由气态恢复为液态时，又要向环境中释放热量，将这种由于相变引起的热量转移叫潜热交换。利用潜热交换来维持物体恒温是自然界的一个基本法则。地球表面水分在气温高时蒸发相对加快，而在低时冷凝加速、蒸发减慢，是地球表面维持温度在较

小范围内波动的基本因素。

3）质传递

质量传递与热传递的本质区别在于质量在传递过程中是微观粒子和热运动同时发生位移，而热传递仅仅是热运动的转移，其相同点在于都是在一位势力的作用下发生宏观运动。根据物理过程的不同，将质传递分为两种：

（1）分子扩散　分子扩散是由于微观粒子的相互碰撞引起质量转移。这种过程在固、液、气三态中都有发生，其物理过程由裴克扩散定律描述，即：

$$m=-D(dC/dx) \tag{1-7}$$

式中　m——单位时间内流经单位面积的质量，$kg/(m^2 \cdot s)$；

D——质扩散系数，m^2/s；

C——单位体积质量浓度，kg/m^3。

（2）紊流扩散　紊流扩散发生在流体之中，它是由于流体的宏观位移引起的质量扩散。常见的烟气扩散、水中污染物扩散均属于这类。紊流扩散的计算相当繁杂，常采用简化方法，详见以后章节和参考书。

1.4.2　城市的能源供应系统

能源是支撑居民生活和企业经营活动不可缺少的资源，我们使用的能源几乎都来自于化石燃料。从世界现在所确定的埋藏量来推测化石燃料的可开采年数的话，石油大约可开采 40 年、天然气可开采 60 年、煤炭可开采 230 年。在这种情况下，当务之急应该考虑的是能源的稳定供应和有效利用，同时从保护地球环境的层面上，考虑城市能源供应系统的方式。以下首先对大规模集中式能源供应系统的电力和燃气供应加以说明。

（1）城市电力供应设施

电力是离我们身边最近的能源之一。空调、取暖器（电热器）、照明设备以及各种家电（冰箱、电视、电脑等）等都要通过使用电力才能工作。电力供应设施大致分为 3 部分，包括发电厂“电力供应部门”以及将电力输送到住宅、大楼、工厂等的“送电部门”和“配电部门”（见图 1–4）。

火力发电厂是以石油、煤炭、液化天然气（LNG）等为燃料，将锅炉燃烧的热能变换成水蒸气驱动涡轮机转动，带动发电机发电。核电厂的发电原理也和火力发电厂一样，但它不是燃烧化石燃料，而是利用铀发生核裂变时所释放出的热能来制造蒸汽。水力发电站是建水库拦截水流，利用从高处流向低处的落差的水能使水轮机转动带动发电机发电。

为了减少地球温室气体中的 CO_2，火力发电厂生产的 CO_2 就成为一大问题，为此，使用天然气的组合循环发电等高效率发电方式的发电厂正在建设之中。此外，核电虽然不会产生 CO_2 气体，但是对其放射性废弃物的处理也是非常棘手的问题。与以上二者相比较，水力发电是最清

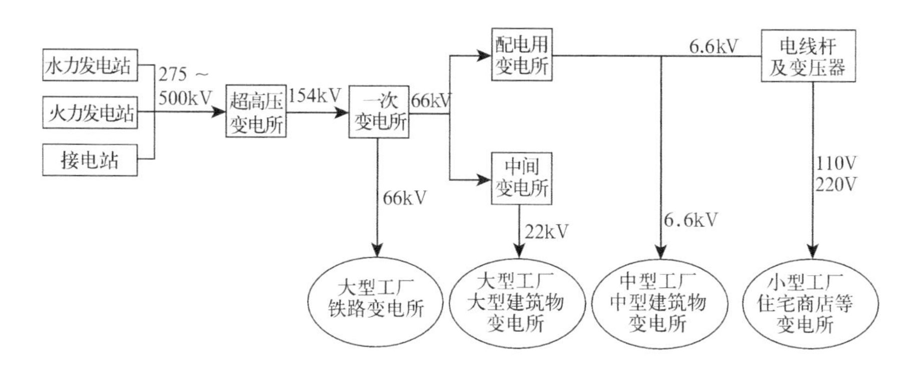

图1–4　电力供应系统的组成

洁的发电方式，但水库建设有可能破坏自然环境，那么，怎样开发出让居住在城市里的人们毫无愧疚地使用电力呢？这些都是城市物理环境学上非常重要的课题。

一般来说发电厂都远离城市而建，因此从发电厂到城市中心需要输电设施。郊外会设置高度为45~80m的铁塔等输电设备，它们之间拉着输电线。发电厂输出的电压，最初是275~500kV的高压，送往超高压变电站，然后以154kV输送到一级变电站，之后再以66kV送往配电站。像这样高压电通过变电站逐渐降低电压输送，这是因为在输电时，电力会变成热量一点一点的散失，而电压越高则散失量就越少的缘故。

从一级变电站的66kV输送到配电所的电力变压成6.6kV，一部分供应给中等规模的大楼和工厂，一部分送往电线杆上的变压器，变压成110V或者220V之后提供给各个建筑物。所以说城市景观上极不雅观的布满街道的电线杆，也是与远处的发电厂相连的电力供应设施的组成部分。

（2）城市燃气供应设施

城市燃气有很多种类，从城市燃气的燃料上分为液化天然气（LNG）和液化石油气（LPG）等。燃气的供应设施大致分2部分。制造燃气的部门叫“燃气工厂”，将燃气输送到住宅、大楼、工厂等叫“管道供应部门”（见图1–5）。

城市燃气的主要原料LNG是在天然气生产国经低温冷却到零下162℃的超低温，液化后（体积变为1/600）通过轮船运到使用地。为安全起见将其附带有臭味，经高压管道的主干线输出。

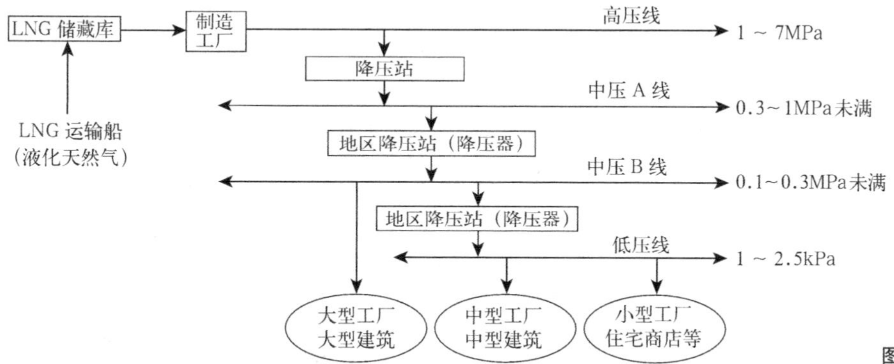

图1–5　城市燃气系统的构成

从燃气工厂通过高压管道输送出来的燃气经过几次减压，就可以提供给各种建筑物使用。燃气有高压、中压、低压三种管道，高压管道为1~7MPa，中压A管道为0.3~1MPa以下，低压B管道为0.1~0.3MPa以下。到达家庭的低压管道为1~2.5kPa，而大型工厂及高层大厦是由中压管道供应燃气。

降压器（governor）是相当于电力的变压器的装置。从高压向中压降压的是通过"降压站（governorstation）"实现的，从中压向低压降压则通过"地区降压站（降斥器）"实现。

1.4.3 新能源的利用

为保障日常的生活、经济活动以及城市发展等，我们每天都在使用大量的能源。能源以石油、煤炭、天然气、核能、水能等各种形态存在，其中大部分的能源属于化石燃料。目前由于化石燃料的大量消耗，造成了严重的环境问题。首先让人担心的是能源的枯竭问题，这是由于化石燃料在地球上是有限的资源。其次，由于化石燃料的燃烧带来了CO_2、硫化合物及氮氧化物的排放，成为地球变暖以及酸雨等地球环境问题的原因。为此，人们想通过替换以石油为代表的化石燃料，渴望得到清洁的、半永久性的能源，我们把这种总称为替代型能源，也叫做新能源。新能源的种类大致分三类。

第一类是大自然赋予我们的阳光、太阳能、风力、水力、地热等自然能源，也可以说是能再生的能源。太阳能是地球能源的起源，是能够再生的，照射到地表的太阳的能量是巨大的，相当于全世界的一次能源消耗量的1100倍左右，即太阳1h20min正常程度的照射量就能满足全世界1年的能源使用量。

第二类新能源是利用垃圾焚烧时产生的废热进行发电或者向某地区供热，这就是再利用型能源。

第三类新能源的代表是热电联产系统以及燃料电池，是高效利用化石燃料的节能系统。为了提高化石燃料的利用率，同样针对二次能源消费来看，可以减少化石燃料的消耗。新能源的利用是实现良好城市物理环境的有效措施之一，然而目前新能源利用占全球一次能源的年总供应量的比率不足1%，其原因在于引进的成本比较昂贵以及还存在着社会环境不配套等问题。在此，针对最早所引进的太阳能和近年来推行的风力发电的特征作如下说明：

（1）太阳能发电和太阳热利用　日本的太阳能发电板的生产能力处于世界第一位。虽然太阳能发电的最大问题是成本问题，但是随着生产规模的扩大，生产效率的提高，设备的价格也逐年在降低。能源回收期（energy payback time，即生产设备所需的能源，通过发电需要多少年才能回收）正逐渐缩短，目前已经降到1至2年的程度。在住宅屋顶上放置太阳能发电板，安装费由政府实施补助，以及电力公司购买剩余电力的制度等，可以使太阳能发电的应用实例逐渐增加。

（2）风力发电　风力发电在自然能源当中是最具成本竞争力的，一般认为适合风力发电的地点，其年平均风速应为 6m/s 以上。据说风电大国丹麦在适合建风力发电的地方几乎都在搞，甚至正在展开在海上建风力发电的海洋型发电规划。风力发电设备的高性能化和低成本化，主要是通过风车的大型化或大量的配备发展起来的。现在，主流设备的能力为 1000~2000kW 级别。随着风力发电大规模化，也逐渐产生了地区内的相互之间的融洽的新问题。例如，由于大规模风力发电的建设对以珍稀鸟类为主的生态系统的影响以及担心自然景观被破坏等原因，有时不得不迫使当地居民需要作出二者选一的决定。

这样从全局观念出发，既要确保地区自身的可持续发展的能源，又要保护区域内的地方环境，使人们处于两难的境地，因此合理的建筑规划与布局就显得尤为重要。

1.5　太阳辐射

辐射是宇宙能量传输与交换的主要方式。太阳能经辐射给地球表面上提供了能量，是地球上能量的唯一原始来源。太阳辐射能经过化学转换（主要是光合作用）、光电转换、光热转换，供地表生物生存与发展。

太阳辐射又影响着近地表面的天气状况。常见的气候现象，如风、云、雨、雪、寒冷与炎热等，均与太阳辐射强度分布与变化有关，至于城市及功能小区的局部热湿环境、风环境和大气环境等，也受到太阳辐射的直接影响。创造良好的城市物理环境必须了解有关太阳辐射的基本知识。

1.5.1　太阳常数和光谱

（1）太阳常数　太阳是一个炽热的气体球，它以电磁波辐射形式向地球不断发送能量，其波长从 0.1μm 的 X 射线，到波长达 100m 的无线电波。由于太阳本身的这一特点，以及太阳与地球之间的几何关系，使得在地球大气层外与太阳光线垂直面上的太阳辐射强度几乎是定值，太阳常数就是由此得来。

各月大气层外边界处太阳辐射强度　　表 1-2

月份	1	2	3	4	5	6	7	8	9	10	11	12
kcal(m²·h)	1208	1200	1185	1165	1148	1133	1126	1132	1145	1162	1181	1198
W/m²	1405	1394	1378	1353	1334	1316	1308	1315	1330	1350	1372	1392

太阳常数是指太阳与地球之间为年平均距离时，地球大气层上边界处，垂直于阳光射线表面上，单位面积时间内来自太阳的辐射能量，以

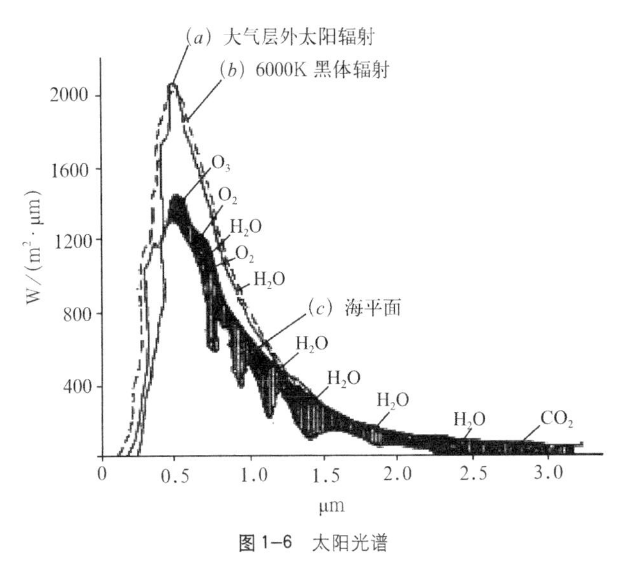

图 1–6　太阳光谱

符号 I_0 表示。根据 Thekackara 通过飞机、火箭和人造卫星的观测得出，太阳常数为 1353W/m² [1164kcal/ (m² · h)]。但是，由于太阳与地球之间的距离逐日在变化，地球大气层上边界处垂直于太阳光射线表面上的太阳辐射强度也会随之变化，1 月 1 日最大，7 月 1 日最小，相差约 7%，参见表 1–2。计算太阳辐射时，按月份采取不同的数值，其精度完全可以满足要求。

（2）太阳光谱　图 1–6 中曲线（a）为地球大气层外的太阳光谱，它接近于 6000K 的黑体辐射光谱。太阳常数与太阳辐射光谱的关系可用下式表示：

$$I_0=\int_0^\infty E(\lambda)\cdot d\lambda \qquad (1-8)$$

式中　I_0——太阳常数，W/m²；

λ——辐射波长，μm；

$E(\lambda)$——太阳辐射频谱强度，W/ (m² · μm)。

以光谱形式发射出太阳辐射能，通过厚厚的大气层，光谱分布发生了不少变化，见图 1–6 中的曲线（c）。太阳光谱中的 X 射线及其他一些超短波辐射线，通过电离层时，会被氧、氮及其他大气成分强烈地吸收；大部分紫外线（波长为 0.29~0.38μm）被臭氧所吸收；至于波长超过 2.5μm 的射线，在大气层外的辐射强度本来就很低，再加上大气层中的二氧化碳和水蒸气对它们有强烈吸收作用，能达到地面上的能量微乎其微。这样，只有波长为 0.38~0.76μm 之间的可见光部分，才可能比较完整地到达地面。因此认为，地面上所接受的太阳辐射属于短波辐射。从地面利用太阳能的观点来说，只考虑波长为 0.28~ 2.5μm 的射线就可以了。

1.5.2　太阳在空间的位置

对于地表球表面上某点来说，太阳的空间位置可用太阳高度角和太阳方位角确定，如图 1–7 所示。

（1）太阳高度角　太阳高度角 h 是地球表面上某点和太阳的连线与地面之间的交角，可用下式计算：

$$\sin h=\sin\varphi\sin\delta+\cos\varphi\cos\delta\cos\omega \qquad (1-9)$$

式中　φ——当地纬度；

δ——赤纬角；

ω——太阳时角。

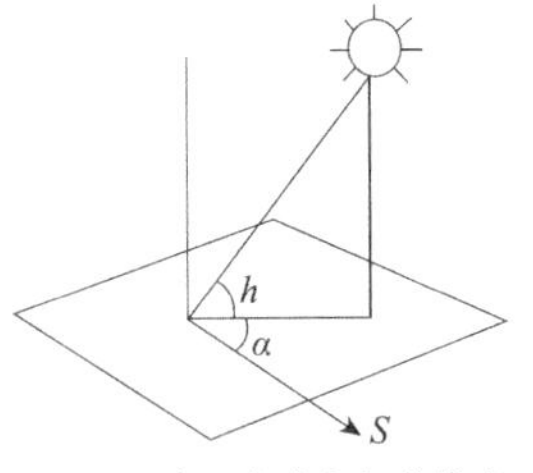

图 1–7　太阳高度角与方位角

从公式可看出，太阳高度角随地区、季节和每日时刻的不同而改变。

（2）太阳方位角　太阳方位角 α 是太阳至地面上某给定点连线在地面上的投影与南向（当地子午线）的夹角。太阳偏东时为负，偏西时为正。

太阳方位角的计算公式为：

$$\sin\alpha=\cos\delta\sin\omega/\cos h \quad (1-10)$$

当采用此公式计算出的 sinα 大于 1，或 sinα 的绝对值较小时，应改用下式计算：

$$\cos\alpha=(\sin h\sin\varphi-\sin\delta)/\cos h\cos\varphi \quad (1-11)$$

当采用此式计算时，太阳方位角 α 的正负，要根据时角 ω 来确定。

（3）太阳时角的确定　不同地区的太阳时角是不同的。对于纬度为 L 的地区标准时间 H_s 时的太阳时角可简单由下式求得：

$$\omega=H_s\times15+(L-L_s)-180 \quad (1-12)$$

式中　H_s——该地区的标准时间，h；

L、L_s——该地区的经度和标准时间位置的经度。

1.5.3　地球表面上的太阳辐射

1）太阳辐射在大气层中的衰减　阳光经过大气层，其强度按指数规律衰减，也就是说，每经过 dx 距离的衰减梯度与本身辐射强度成正比，即

$$-\frac{dI_x}{dx}=KI_0 \quad (1-13)$$

解此式可得：$I_x=I_0\exp(-Kx)$

式中　I_x——距离大气层上边界 x 处，在与阳光射线相垂直的表面上（即太阳法线方向）太阳直射强度，W/m^2，参见图 1–8；

K——比例常数，单位为 m^{-1}。从公式（1–13）可以明显看出，K 值越大，辐射强度的衰减就越迅速，因此 K 值也称消光系数，其值大小与大气成分、云量多少等有关，影响因素比较复杂；

x——光线穿过大气的距离。

太阳位于天顶时，光线穿过大气的距离 x 等于 l，于是到达地面的法向太阳直射强度为

$$I_l=I_0\exp(-Kl)$$

或写为：

$$\frac{I_l}{I_0}=p=\exp(-Kl) \quad (1-14)$$

式中　p——大气透明率或大气透明系数，是衡量大气透明程度的标志，p 值越接近 1，表明大气越清澈，阳光通过大气层时被吸收去的能量越少。

2）晴天地球表面的太阳辐射强度　透过大气层到达地面的太阳辐射中，一部分是方向未经改变的，即普通所谓“太阳直线辐射”；另一部分由于被气体分子、液体或固体颗粒反射，到达地球表面时并无特定方向时，被称为“太阳散射辐射”。

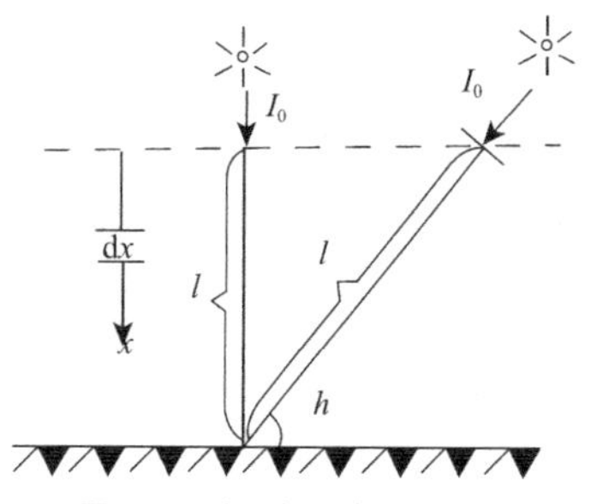

图 1–8　太阳辐射衰减示意图

直射辐射和散射辐射的总和，称为太阳总辐射或简称太阳辐射。

（1）太阳直射辐射强度

任意平面上得到的太阳直射强度，与阳光对该平面的入射角有关，其所接受的太阳直射强度 I_{Dt} 为：

$$I_{Dt}=I_{DN}\cos i \tag{1-15}$$

式中 I_{DN}——法向太阳辐射强度，W/m^2；

i——入射角（太阳光线与照射表面法线的夹角）。

对于水平面，$i+h=90°$，则

$$I_{DH}=I_{DN}\sin h \tag{1-16}$$

h 为太阳高度角，即在水平面时，太阳入射角与太阳高度角互为余角。

（2）太阳散射辐射

建筑围护结构外表面从空中所接收的散射辐射包括三项，即天空散热辐射，地面反射辐射和大气长波辐射。天空散射辐射是主要项。

①天空散射辐射　天空散射辐射是阳光经过大气层时，由于大气中的薄雾和少量尘埃等，使光线向各个方向反射和绕射，形成一个由整个天穹所照射的散乱光。因此天空散射辐射也是短波辐射。多云天气，散射辐射增多，而直射辐射则成比例地降低。

②地面反射辐射　太阳光线射到地面上以后，其中一部分被地面所反射，由于一般地面和地面上的物体形状各异，可以认为地面是纯粹的散射面。这样，各个方向的反射就构成由中短波组成的另一种散射辐射。一般认为水平面是接收不到地面反射辐射的，对于垂直面，$\theta=90°$，其所获的地面反射辐射强度 I_{RV} 为：

$$I_{RV}=\frac{1}{2}\rho_Q I_{SH} \tag{1-17}$$

式中 I_{SH}——水平面所接收的太阳总辐射强度；

ρ_Q——地面的平均反射率。

从北京、武汉等 8 个城市气象台 1961~1970 年 6 至 9 月的 10 年实测资料得出 ρ_Q 等于 0.174~0.219。但是，由于气象台是在草地面上观测得到的 ρ_Q 值，而一般工厂或城市并非全部草地。对混凝土路面来说，反射率 ρ_Q 可达 0.33~0.37，故一般城市地面反射率可近似取 0.2，有雪时取 0.7，这些数值对了解地面对太阳辐射吸收情况是很有用的。

③大气长波辐射　阳光透过大气层到达地面的途中，其中一部分（约 10%）被大气中的水蒸气和二氧化碳所吸收，同时，它们还吸收来自地面的反射辐射，使其具有一定温度而会向地面进行长波辐射，这种辐射称为大气长波辐射。其辐射强度 I_B 按黑体辐射的四次方定律计算，即：

$$I_B=C_b\left(\frac{T_s}{100}\right)^4\varphi \quad (W/m^2) \tag{1-18}$$

式中 C_b——黑体的辐射常数，为 $5.67W/m^2\cdot K^4$；

φ——接受辐射的表面对天空的角系数，对于屋顶平面可取为 1，对于垂直壁面可取为 0.5；

T_s——天空当量温度，K，可借助于所谓天空当量辐射率 ε_s，求得：

ε_s 的定义式为：

$$\varepsilon_s=\left(\frac{T_s}{T_a}\right)^4 \tag{1-19}$$

式中　T_a——室外空气黑球温度，K。

天空的当量辐射率计算式有许多，一般常用 Brunt 方程计算，即

$$\varepsilon_s = 0.51 + 0.208\sqrt{e_a} \tag{1-20}$$

式中　e_a——空气中的水蒸气分压力，单位为 kPa。

这样，大气长波辐度计算式可改写为：

$$I_B = C_b\left(\frac{T_s}{100}\right)^4 \cdot (0.51 + 0.208\sqrt{e_a})\varphi \ (\mathrm{W/m^2}) \tag{1-21}$$

天空当量温度则为：

$$T_s = \sqrt[4]{0.51+0.208\sqrt{e_a}}\cdot T_a \tag{1-22}$$

（3）太阳总辐射强度

地球上任何一个地方，任意一种倾斜面上，获得的太阳总辐射强度 $I_{s\theta}$ 等于该倾斜表面上所接收的直射辐射强度和散射强度的总和。但是，在给出的太阳总辐射强度的数据时，散射辐射一般只计算其中天空散射强度一项，即

$$I_{s\theta}=I_{D\theta}+I_{d\theta} \tag{1-23}$$

式中　$I_{s\theta}$——太阳总辐射强度。

1.5.4　地表物体对太阳辐射的吸收和反射

如图 1-9 所示，辐射热量 Q 投射到物体表面上时，其中一部分 Q_ρ 被物体表面反射，一部分 Q_α 在进入表面以后被物体吸收，其余部分 Q_τ 则透过物体。根据能量守恒定律：

$$Q=Q_\rho+Q_\alpha+Q_\tau \ \text{或}\ \frac{Q_\tau}{Q}+\frac{Q_\alpha}{Q}+\frac{Q_\rho}{Q}=1 \tag{1-24}$$

即　$\rho+a+\tau=1$

式中各部分能量之比：

$\frac{Q_\rho}{Q}$，$\frac{Q_\alpha}{Q}$，$\frac{Q_\tau}{Q}$称为反射率、吸收率和透射率，分别用符号 ρ，α，τ 表示。

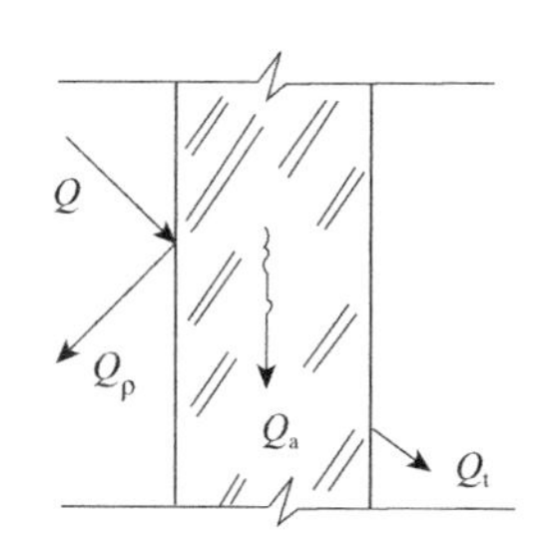

图 1-9　吸收、反射和透射示意图

全透明体 τ=1，白体 ρ=1，黑体 α=1。这些绝对情况在生活中极少遇到，实际常用的工程材料大都为半透明体和不透明体。如玻璃等属于半透明体，其反射率、吸收率和透过率都介于 0~1 之间。其他一些材料，如金属、砖石等等，则属于不透明体，这是因为透入这些材料的辐射能在很短距离（小于 1mm）内就会部被吸收，并转化为热能，使物体温度升高。因此，不透明体的透过率 τ=0。这样，对于不透明物体来说，公式（1-24）

可简化为：

$$\alpha+\rho=1 \quad (1-25)$$

但应注意，对一般物体来说，在不同波长的辐射下，其反射率、吸收率和透过率并非常数。如玻璃，对太阳光射线的中短波辐射来说，它是个半透明体，而对长波热辐射则几乎是不透明体。雪对可见光来说近乎白体，而对长波辐射则是灰体。

对于不透明体来说，其吸收率也并非常数，它取决于两个方面条件：不透明物体自身的状况，如物性、温度及表面状况（表面的颜色，光洁度）；入射线的波长和入射角。

因此，在选用物体的吸收率时，一定要全面考虑这些因素，特别要注意如下两个问题：

（1）长波辐射　长波辐射（亦称辐射）是指大部分能量处于 0.76~20μm 波段的红外辐射，如大气长波辐射，建筑围护结构表面的辐射以及房间照明设备的辐射等。对于热辐射，不透明物体可近似当作灰体处理，也就是说它们的吸收率与辐射能的波长几乎无关，物体表面的颜色对它们的影响也很小。根据基尔霍尔定律，在热平衡条件下可以得出，实际物体的吸收率等于同温度下该物体的黑度，即 $\alpha=\varepsilon$。常用材料表面的法向黑度见表 1–3。

常用材料表面的法向黑度　　表 1–3

材料类别	温度（℃）	黑度 ε	材料类别	温度（℃）	黑度 ε
镀锌薄钢板	38	0.23	玻璃	38	0.94
光滑表面钢板	20	0.82	木材	20	0.8~0.92
磨光的钢	20	0.03	油毛毡	20	0.93
氧化的铜	50	0.6~0.7	抹灰的墙面	20	0.94
磨光的黄铜	38	0.05	烟	20~400	0.95~0.97
无光泽的黄铜	38	0.22	钢炉炉渣	0~1000	0.7~0.97
石棉纸	40~400	0.93~0.94	各种颜色油漆	1000	0.92~0.96
耐火砖	500~1000	0.8~0.9	雪	0	0.8
红砖（粗面）	20	0.88~0.93	水（厚度大于 0.1mm）	0~100	0.96

（2）短波辐射　太阳辐射中 0.38~0.76μm 波段的可见光约占总辐射能量的 46%。物体表面的颜色对可见光的吸收具有强烈的选择性。例如，砖墙表面刷白粉时吸收率为 0.48，刷黑色颜料时吸收率为 0.9 以上。一些材料对太阳辐射的法向吸收率见表 1–4。但必须注意，物体在可见光辐射下，其黑度并不等于吸收率。

建筑围护结构外表面对太阳短波辐射吸收率　　表 1-4

材料类别	颜色	吸收率	材料类别	颜色	吸收率
石棉水泥板	浅	0.72~0.87	红砖墙	红	0.7~0.77
镀锌薄钢板	灰黑	0.87	硅酸盐砖墙	青灰	0.45
拉毛水泥面墙	米黄	0.65	混凝土砌块	灰	0.65
水磨石	浅灰	0.68	混凝土墙	暗灰	0.73
外粉刷	浅	0.40	红褐陶瓦屋面	红褐	0.65~0.74
灰瓦屋面	浅灰	0.52	小豆石屋面保护层	浅黑	0.65
水泥屋面	浅灰	0.74	白石子屋面		0.62
水泥瓦屋面	暗灰	0.69	油毛毡屋面		0.86

1.5.5 建筑物外表面热平衡

建筑围护结构的外表面除与室外空气发生热交换外，还会受到太阳辐射的作用，其中包括太阳直射辐射、天空散热辐射，地面反射辐射以及大气长波辐射和来自地面的长波辐射。如图 1-10 所示，这些因素同时对围护结构外表面产生影响，其外表面的热平衡可用下式表示：

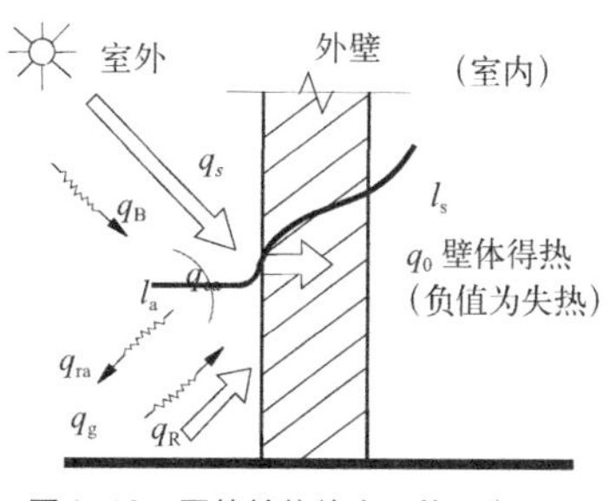

图 1-10 围护结构外表面热平衡关系

$$q_s+q_R+q_B+q_S=q_0+q_{ca}+q_{ra} \tag{1-26}$$

式中 q_s——围护结构外表面所吸收的太阳辐射热量，W/m^2；

q_R——围护结构外表面所吸收的地面反射辐射热量，W/m^2；

q_B——围护结构外表面所吸收的大气长波辐射热量，W/m^2；

q_S——围护结构所吸收的地面热辐射，W/m^2；

q_0——围护结构外表面向壁体内侧传热量，W/m^2；

q_{ca}——围护结构外表面与周围空气进行的对流换热量，W/m^2；

q_{ra}——围护结构外表面向周围环境的辐射散热量，W/m^2。

第2章 人与城市物理环境

人口向城市的集中和市区面积的扩大，伴随着土地利用的转变和能源消耗的增长，形成了一种城市所特有的环境，同时也带来了各种各样的城市问题，也就是所谓的城市化社会的来临。因此，为了改善城市环境，必须考虑调整城市的规模或结构。

为了能够从环境这一侧面对我们生活和工作的城市进行再认识，本章通过人与城市物理环境的相互关系，提出了为创造新的城市环境所应该注意的问题。

2.1 城市环境中人的行为方式

2.1.1 人与自然的相互关系

随着科学技术的发展，风、霜、雨、雪等纯自然因素已不再是左右建筑形态的绝对因素。人类凭借发达的科学技术可以在各种环境条件下建造理想中的建筑，并使其达到令人舒适的效果。

但另一方面由于技术而产生了相应的副作用，即对自然环境的污染和破坏。19世纪以后随着工业革命的行进和科学技术的巨大进步，人类对自然生态的破坏更为严重，我们必须正确地对待人同自然的关系，学会认识我们对自然界的惯常行程的干涉所引起的比较近或比较远的影响。

近年来，国内外学者围绕可持续发展问题，围绕绿色建筑问题对自然观进行了多方面的探讨，提出了“生态自然观”、“系统自然观”、“人文自然观”、“人道主义自然观”、“有机自然观”等概念。尽管人们见仁见智，提出的观点不尽相同，但也形成了一些共识，这些共识可以作为人与自然相互关系的理论基础。

“自然界”不仅包括“天然的自然”，还应当包括“人工的自然”和“社会的自然”，这三大领域的各种事物之间的动态的、非线性的相互作用和影响，使世界呈现为一个不可机械分割的有机整体。环境问题，归根结底是一个“人工自然”与“天然自然”的相互关系问题。建筑是“人工自然”的重要组成部分，只有从整体性出发，科学地认识和处理建筑与“天然自然”、建筑与社会和人的相互关系，才有可能使城市建筑物理环境走向可持续发展的道路。

在人与自然的关系上，有以下三个观点值得注意：第一是人与自然的统一。人是大自然长期进化的产物，是自然界的一部分。第二是自然与人的对立。自然界起初是作为一种完全异己的、有无限威力和不可制服的力量与人们对立，不仅在古代，而且在近现代，大自然不仅不会自发地满足人类衣食住行的需要，而且也常会出现完全异己的和有无限威力的自然灾害。第三是人与自然的对立。人作为主体能动地认识自然、变革自然，并在改造自然的进程中把自己从动物界中提升出来。这三个观点是密切联系、不可只执一端的。建设绿色建筑应当辩证地把握人与自然之间的既对立又统一的关系。一方面要充分发挥建筑师的主观能动性，创造性地运用科学和艺术手段利用和改造自然环境，建造符合现代人生存需要的居住环境。如果看不到人与自然之间的矛盾、冲突，否定人类改造自然的合理性，那么人类就只能倒退到穴居野处的原始状况。另一方面，建筑师在处理人与自然的关系时，又不能只讲“斗争”，不讲“合作”、“和谐”。

作为人类生产和生活的一部分，城市物理环境建设的目的就在于为人类创造适宜的居住环境，其中既包括人工环境，也应包括自然环境。自觉地把人类与自然和谐共处的关系体现在人工环境与自然环境的有机结合上，尊重并充分体现环境资源的价值，这种价值一方面体现在环境对社会经济发展的支撑和服务作用上，另一方面也体现在其自身的存在价值上。具体来讲，建筑、城市和园林的规划设计，不仅要考虑环境在创造景观方面的作用，更要重视环境在保持地区生态平衡方面的作用，有意识地在人工环境中增加自然的因素，如进行绿色建筑、可持续发展的城市建筑物理的试验与实践等；不仅重视对建筑、城市等实体空间的建设，也要重视对绿色空间的建设，即“大地园林化”建设，包括人工环境之中的休闲用地、公园绿地和小面积的农业用地、自然保护区和生态绿地等，自觉追求人工环境与自然环境齐头并进；不仅要改善以往人工环境建设对自然环境造成的污染和其他不良影响，还要对未来建设活动可能对生态环境产生的影响进行评价，并且在规划设计中采取各种技术手段，如材料使用遵循 3R 原则［3R 原则（the rules of 3R）是减量化（reducing），再利用（reusing）和再循环（recycling）三种原则的简称］。尽可能地将这些影响降低到最低限度，尽可能地减少对资源的消耗。

对此，《中国 21 世纪议程》提出：“人类住区发展的目标是通过政府部门和立法机构制定并实施促进人类住区持续发展的政策法规、发展战略、规划和行动计划，动员所有的社会团体和全体民众积极参与，建设成规划布局合理、配套设备齐全、有利工作、方便生活、住区环境清洁、优美、安静、居住条件舒适的人类住区。”在生态文明的新时期，人类应站在可持续发展的高度，正确平衡人对自然的权利和义务，使人类由牺牲环境为代价换来的“黑色文明”转变为以建立人与自然和谐发展为特征的“绿色文明”。

2.1.2　城市生活与自然环境的关系

自古以来，城市和城市内外的自然环境以各种形式保持着千丝万缕

的联系。所以城市自然环境的丧失意味着水面和绿地等能控制气候功能的丧失，同时也丧失了城市生活与自然环境相互融洽的关系。

过去，城市或村落必定被它腹地的自然环境所包围着。例如，对于依山居住的居民来说，山林除了木材以外，还是柴草或木炭等能源的供应地，也是水源地。同时，山林经过林业等的栽培加工，还维持了一定的植被生长环境。

城市近郊的农田里，以居民的排泄物作为肥料，种植蔬菜和谷物，再提供给市民食用。河流和港口担负着城市物流的任务，在河口周围宽阔的海岸和近海处，能捕获到丰富的鱼类和贝类。这种城市与其腹地的自然关系是物质循环的条件。

日本江户东京湾的海苔养殖一直持续到20世纪60年代，从江户东京市内排出的生活废水成为海苔的养分，而江户东京市民靠食用这些海苔又保持了江户湾的清澈。但如果对这些海苔放任不管的话，就会成为河底淤泥的来源。

有限度的城市生活不仅不会破坏自然的良性循环，更能保持该地区特有的平衡。当然，过去与现代的城市规模是完全不同的，虽然不能像过去那样原封不动地再现城市与自然环境的紧密关系，但是我们更应该注重保持这种与自然环境相协调的状况。

2.1.3　城市物理环境与人的行为方式

人类创造了城市，聚集并生活在城市里。城市物理环境与城市的规模和结构有很大关系，同时也受到城市内人的行为方式的重要影响。

1）为满足人体热舒适而对应的行为方式

随着科学技术的发展，人们对建筑的要求不再局限于挡风避雨，为使热舒适也有较高的要求，为此建筑供冷和供热的能耗逐步成为建筑总能耗不可忽略的部分。如何减少因满足人体室内热舒适而造成的能源消耗和空气污染？显然采用地区集中供冷和供热是非常重要的因素。

引进地区集中供冷供热可以实现能源的有效利用，河水、海水等自然能源、垃圾焚烧排热等城市排热、热电联产的排热等未利用能源都可以被灵活使用。由于规模大，不仅容易引进高效率的热源系统，而且由于热源的集中，也易于运行管理的高效率化，因此地区集中供冷供热能够有效地利用能源。

此外通过有效地利用能源，便于引进高新技术来减少污染物质的排放，也可以大幅度削减造成地球温室效应的CO_2排放量，同时还可以削减大气污染物质NO_X和SO_2等的排放量。从便于对排热进行管理的角度来看，集中供热和供冷对防止城市热岛效应也是有效的。另外对提高城市生活的环境质量也有一定作用。例如，由于不需要单独设置冷冻机、锅炉等热源设备，可以有效地利用空间，美化城市景观。

集中供热和供冷系统在欧美国家已有上百年的历史，不同国家和地区的主要热源不尽相同。像在北欧及德国，城市内的发电站排放的低品位热能；在巴黎，垃圾排热成为主要热源等，虽然各具特征，但都是建设在大规模的供热网络的基础上的。赫尔辛基市的广域供热网络中，总长度约为 25km 的被称之为实用隧道建在地下 50m 的坚固岩石内，通过供应及处理设施用的隧道，从郊外的热电联产发电厂向市中心供热，暖气设备和热水器所需的 90% 以上的热都是依靠它来供应的。此外，离哥本哈根市区 30km 以外的郊外地方都有供热管道连接。

2）交通需求导致的行为特征

在世界很多城镇和城市，空气质量差的主要原因是汽车尾气排放。虽然随着城市规模的扩大，空气污染问题会愈来愈严重，但并没有明显的证据表明仅仅是扩大城市规模就能导致空气质量恶化。相反，交通系统的性质、土地利用的模式和城市的空间布局更为关键，因为这些特征会影响到人们的出行距离、使用的交通方式，从而影响到城市的交通流量和交通污染物的排放量。

在推动和实施减少汽车排放政策方面，城市规划人员能发挥关键作用。据估计，洛杉矶市三分之二的城市空间是为汽车服务的。传统上城市规划是将住所与工作地点分开，这反映出许多工作地点曾经是主要污染源，所以将住所与工作地点分开可以减少污染对人体健康的影响。然而，这种做法却增加了人们上下班需要走的距离，导致燃料消耗增加，交通拥挤，空气质量恶化。今天，许多城市的工作地点已经不再十分污染了，起码看起来污染已经不是很严重了，所以也就没有必要再将住所与工作地点分开了。将大型娱乐设施和购物中心安排在城市边缘甚至城外的政策也造成了人们对汽车的依赖。改变这种做法，将这些设施安排在人们不开车就很容易到达的市区或郊区的中心地带，形成“紧凑型城市”将有助于减少汽车尾气排放量。英国政府估计，减少人们乘车出行需求的政策在今后 20 年里能将空气污染和燃料消耗减少 15%。

3）信息基础设施对人的行为方式的影响

在追求减轻各种环境负荷及构筑循环型经济系统时，信息基础设施能够对改善城市物理环境作出巨大的贡献。在家办公（tele-work）的普及、智能交通系统（ITS）的实用化能够有效地减少汽车尾气的排放。所谓在家办公是指利用信息通信技术，不受地点和时间的限制从事工作的意思。通过在家中或者在自家周边的办公场所工作，减少了人们平均出行距离和外出时间，它作为解决环境问题及改变大城市上下班所带来的交通拥挤的社会问题的方法之一，正在引起人们的关注。

信息工程基础设施配套给予了城市空间及生活方式的影响。以往，常需要利用交通手段通过外出才能办成的很多事，现在被通信手段所代替，不用出门就能办到了。特别在北京、上海等大城市，通常上下班要花费很长时间，如能最大限度地利用信息工程基础设施，在家办公，可显著减轻上下班和人员流动的负担。如果在家办公能够得到普及的话，

对减轻交通基础设施的压力和降低环境负荷都有很大的意义。另一方面，网络和移动电活的广泛利用，人们为了增加面对面的交流，也会增加交通量。因此，也有人指出信息基础设施的普及对于交通量的增加与减少是一把双刃剑。

2.2 城市物理环境的变迁与城市公害

2.2.1 城市规模的变化

城市是人口集中并聚集着、支撑着人们生活劳动所需设施的场所，因此城市是以居住目的为主的各种建筑物所构成，并形成了其特有的物理环境。在以工厂为中心的城市，随着工业的高速发展，从防止公害的角度来考虑，许多城市不得不将工厂用地与住宅用地分离开来。在市郊的住宅区和工业开发区以惊人速度建设起来的同时，权利关系错综复杂的城市中心地区原封不动地被保留下来。近郊的山村成了市郊住宅区，良田变成了工厂用地。根据现代城市规划的原则，城市实施了将土地利用按用途进行分类的原则，即工业区内不允许建造住宅，而住宅区内完全禁止工业设施的进入。这种土地利用限制制度，虽然便于公害的集中处理，保持居住地的良好环境，但其结果却造成了城市内出现了二个彼此有距离感的区域，即纯生产区域和纯消费区域，而它们之间的往来需要依靠公交干线连接。但是随着工厂的大型化,住宅用地也随之不断扩大，加上郊外别墅住宅的普及，使城市变得无规划地扩大。

沿海或临江的城市在靠近港口的地区，其工业非常发达。在经济高速成长时期，由于港口附近的土地不够用，因此需要建设很长的连接住宅区与工业地带的公共交通路线。例如在日本，由于工业的飞速发展，位于东京湾的临海工业区，对港湾设施、火力发电站、工业用水等基础设施进行了大量投资，成为日本现代化工业的示范模式，随后发展到从大阪湾到伊势湾，接着是从九州的博多湾到北海道的苫小牧，日本列岛如同起初是牵引一节的“火车头型”到后来转换到各地都有站点的“电动列车型”一样，整个日本变成了一个巨大的工业列岛。随之而来就出现了新兴产业城市和工业发展城市，接下来就不断诞生了以企业为中心的城镇。

由于工厂不断集中在首都圈和各大城市，结果造成了地方人口向这些城市的大量涌入，使得城市变得越来越庞大。为此，许多国家制定了工厂向地方分散的综合开发规划政策；随后出现了发达国家的工厂向人口众多、劳动力便宜的发展中国家转移，其结果造成了除了特殊性很强的硬件产业之外，留在发达国家国内的大部分是高科技含量很高的产业，如软件产业，因此带来了发达国家新的产业结构的转换。例如，东京汇集了世界农业和水产业等第一产业和以加工制造业为中心的第二产业，并通过大量收集产业信息形成了以管理业务为中心的办公和商业活动的第三产业基地。而像东京这样的信息聚集地又吸引了来自世界各国的人们，使其成为汇集信息的“24 小时信息城市”、“知识密集型城市”。城市的结构随着产业结构的变化而不断变迁。

以日本城市的发展变迁为例，在 20 世纪后半叶，日本采用近代城市的规划方法，在城市中心规划商业办公区，在郊外临海地区规划工业区，在山脚下建设住宅区，各区域之间通过放射性道路和铁道连接，这样造成了大城市郊区无计划、无秩序地向农村扩展。日本东京的生活圈扩大到了 100km，人们为了上下班、上下学、购物等日常生活，在这巨大的空间来往穿梭，在生活功能方面根本就没有考虑到城市物理环境。

从建筑物平均高度来看，日本从明治维新之后算起，如果将 30 年当作一个时代来定义的话，1900 年以前的第一时代，日本的建筑物的平均高度为 3m，相当一层平房的高度。到了 1900 年以后的第二时代，建筑物的平均高度达到 10m，出现了钢筋混凝土结构的建筑。第三时代的 1930 年，在美国已经能建造超过 300m 的纽约帝国大厦，在日本也建成了 30m 高的“丸大厦”。当进入 1990 年的第五时代，日本诞生了高度为 300m 的三菱标志高塔。每过 30 年，建筑高度是以对数级的尺度增长。就拿东京来举例，随着建筑物在垂直方向不断向高空和地下伸展，城市自身的范围也在水平方向从 3、10、30、100km 的扩大，毫无限制地像巨无霸一般地膨胀起来。

如图 2-1 所示，城市的兴衰、企业的兴盛和败落都伴随着其是否具

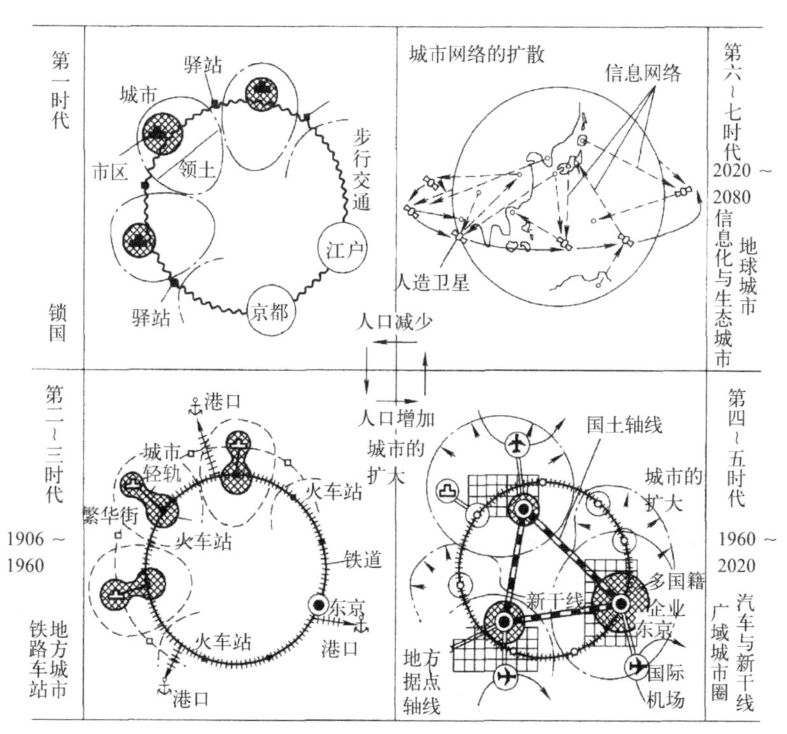

图 2-1 日本的城市结构的变化

有完备的交通网络或国际机场等城市基础设施的配套。而造船、钢铁、汽车这些以重工业产业为中心的第三代城市，与以电子工业等轻薄短小产品在全球销售的第四代城市相比时就相形见绌了。日本通过将重工业的大型工业区与全国主干道轴心和基础配套设施网络相连接，进行了全列岛的改造，追求规模化经济，使之成为世界上繁荣的工业国家的同时，在大气污染和水质污浊等环境污染方面给地球环境也带来了巨大的负面影响。

2.2.2　城市化带来的城市公害

当一个国家在工业上得到了长足发展，主要表现为在沿海地区填海造地、在平原地区占用大量耕地，集中建设工业开发区。由于产业用能源消耗量的急剧增加，导致污染物质的排放量也随之增大，经济的高速发展带来了环境的急剧恶化，形成产业型公害。据报道，日本大气污染最明显的时期，邻近工业区的小学校内的窗户因臭气熏天，每天都得紧闭着。严重的环境污染给居民健康带来了极大的危害。水俣病、新潟水俣病、痛痛病、四日市哮喘等四大产业型公害病成为重大的社会问题。

随着经济的进一步发展，大城市规模扩大，土地成本提高促进了工业向地方的分散。由于 1973 年和 1979 年的两次石油危机，发达国家和地区的经济从高速增长阶段转向稳步发展的阶段。随着产业部门推行节能措施，产业结构逐渐向服务业转化，由此抑制了产业部门能源消耗量的增加。产业部门的能源消耗比例在逐渐减少，而随着家电产品的普及和汽车运输的增加，与国民生活有关的民生部门和运输部门的能源消耗比例在不断增加。

于是，由人口向城市集中所带来的环境问题逐渐代替了产业型公害，并逐渐引起人们的重视。同时伴随着人们的日常生活活动和商业办公活动的增加，则出现了“城市型公害”。城市型公害主要表现在大气污染、水质污浊、噪声、振动、地基下沉、废弃物、日照和水源不足、绿地和水面等自然环境的减少、地震和火灾等发生的危险性增加、交通堵塞等方面。

当今的环境问题已由产业型公害向城市型公害转化，同时又进一步向全球环境问题方向变化。产业型公害是以企业排出污染物质使企业周围的居民受到损害的形式出现，谁是加害者，谁是受害者很容易区分。产业型公害的受害虽很严重，但受到影响的地区大多是有限的，而且产生公害问题的环境因素也比较单一，不是大气污染就是水质污染。

与产业型公害相比，城市型公害是城市活动本身以相互影响的形式出现的。就像一个人，站在驾驶者的立场上是排放废气，站在步行者的立场上是受废气排放的影响，难以明确区分是加害者还是被害者。人们随时都会受到身边的各种城市型公害的影响，而且受影响的地区已经远远超出了以往的范围，扩大到了整个城市，其所带来的环境因素也越来越复杂。更可怕的是地球环境问题的影响已超越了国境，涉及全球范围，已成为威胁人类生存的严重问题。

城市型公害以及全球环境问题，已经不属于一个企业对周边居民造成的产业型公害的范畴，因为城市的居民或者从事企业活动的每个人既是加害者又是被害者。只有深刻理解这一特征，才能采取有效的防范措施。

由于大型城市的城市型公害严重，人们对人口过度集中的大城市所产生的弊病不断地提出批评，认为其原因在于城市的高人口密度。当然，以纽约、东京和上海等为首的大城市对地球环境影响的绝对量是巨大的，但大城市能够容纳众多的人口，如果对地球环境的影响以人口比率，即每人所带来的影响量来计算的话，那么城市人口密度的高低对地球环境的影响大小就能很清楚地表现出来。

2.2.3　人口密度对二氧化碳排放量和能源负荷的影响

尾岛俊雄等人从日本 47 个城市圈中抽出各城市实际的市区范围来进行对比。同时，将各城市圈的 CO_2 排放量作为对地球环境影响的指标。基于这些数据分别列出各城市圈每平方米面积的 CO_2 排放量和每一个人的 CO_2 排放量，如图 2–2（*a*）和图 2–2（*b*）所示。

从图 2–2（*a*）中可以看到，城市圈的人口密度越高，每平方米面积的 CO_2 排放量就越大。东京大城市圈与其他城市圈相比较，单位面积 CO_2 的排放量就很大。但是，如图 2–2（*b*）所示，若计算每一个人的 CO_2 排放量的话，就会得到与城市圈人口密度与 CO_2 排放量的大小关系成反比的结果。城市圈的人口密度越高，则每一个人的 CO_2 排放量就越小。事实上人口密度最高的东京大城市圈的每一个人的 CO_2 排放量为最小。

也就是说，以每一个人的 CO_2 排放量来衡量的话，高密度的城市比低密度的城市对全球环境的影响要小。这是因为低密度的城市向水平方

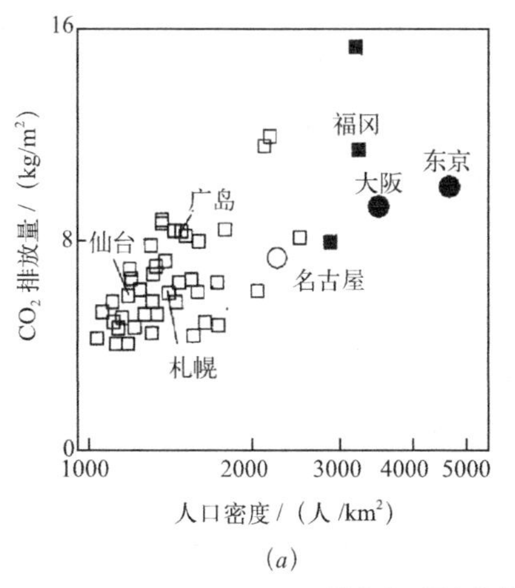

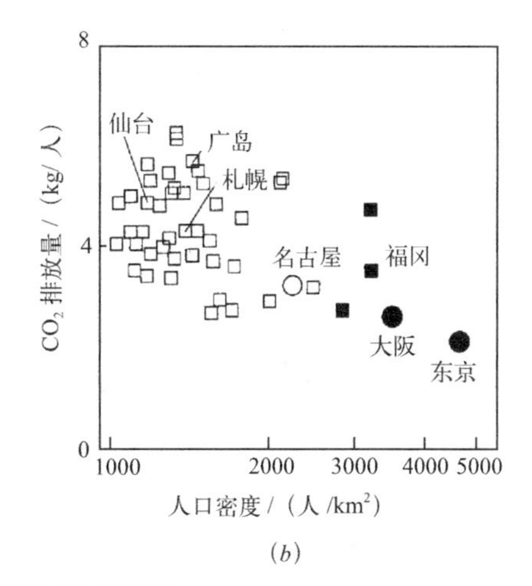

图 2–2　日本各城市的 CO_2 排放量

（*a*）每平方米面积的 CO_2 排放量；（*b*）每一个人的 CO_2 排放量

向伸展，会增加能源的消费；同时，低密度的城市由于铁路型公共交通设施没有得到良好的配备，造成了不得不依赖汽车交通的状况。可以认为是由于这些原因的相互关联，产生了这样的差别。

高密度化、大型化的城市虽然由于其高密度使得每一个人对地球环境的影响小，但是如前所述，这种城市由于人口密度高，很容易引起城市型公害的发生。可以说，高密度的大城市是处在一种“对地球和善，对人类苛刻”的境地。反过来，低密度的城市虽然城市型公害的发生比较少，但这种城市每个人对地球环境的影响大。因此，根据这一事实探讨如何改善城市物理环境是必不可少的。

随着城市人口高度集中，易出现在夏季用电高峰时，电力供应越来越紧张的情况，城市基础设施也会承担过大的负担。随着空调、供暖设备等的普及，夏季和冬季的能源消耗量每年都在不断增加，形成了用电负荷的高峰期。其结果造成了能源供应系统负荷的增加，最终导致使用的不经济性。一旦该系统发生崩溃，城市功能将处于完全停止状态。为了避免这种事态的发生，需要控制能源消耗的高峰值。

有效解决这个问题的一个办法就是在夏季和冬季，将城市人口分散到避暑地或疗养地等郊外地方。即随着地区环境条件的变化，人们会自然产生随季节移动居住的想法，因此就需要对这些地区进行配套。根据季节来迁徙自身的住处是人类天生的智慧，如游牧民所代表的居住智慧一样。有文献指出，为了培养几个城市轮换居住的思想，首先需要改变人们的意识，促使物流发达，充实通信网络的配套。假如采取夏季的城市与冬季的城市这种两个城市政策的话，这样即使某大城市发生大地震，另一个城市也能作为第二个避难地点发挥其城市功能。

2.2.4 城市防灾与减灾

也许有人会认为，只要推进防灾对策，灾害就会逐渐地消失，但是，一般随着城市化的发展，又会发生新的灾害迫使人们去解决，因此灾害是永远不会消失的。随着人口密度的增加，建筑物的高层化、高密度化的推进，就会造成宽敞空间的逐渐消失。当灾害发生时应急措施也变得困难起来。正因为如此，在建设城市环境时，需要考虑到灾害也是同时存在的，以其不可避免作为前提，如何减轻灾害所造成的损失的对策就显得尤为重要。

城市环境的建设规划方面，其基本点在于确保开放的空间和空间的宽敞度，引入绿地、水源等自然环境要素。例如日本阪神—淡路大地震发生时，开放空间、庭院树木、矮树篱笆、街道树木、公园绿地等都起到了防止火灾蔓延、建筑物倒塌和地基受损的效果，附近的河水和井水成为消防用水和生活用水的重要水源，开放空间成为避难场所和临时的住宅用地等。所以，空间的宽敞，自然环境要素不仅具有对日常环境的调节作用和让人们心境平静的作用，同时也起到防止灾害的作用。

此外，由于灾害是突发性的，什么时候发生难以预测，特别像地震。数十年或数百年才遭受一次大规模的灾害。因此针对这种灾害，就要考虑人的危机管理意识等软环境方面的问题，以及设备投资和维护管理等经济方面的问题，进而需要事先采取特别的防灾措施。能够确保充分的安全性的确很困难，因此当灾害发生时，尽量借助可以发挥其日常功能的用品及对防灾起作用的物品等，重要的是在把为灾害发生时而设计的防灾设备能够在日常生活中也得到灵活应用上下功夫。从这一观点来看，在创建城市物理环境过程中，引进开放性空间以及自然环境等，可以在多方面提高环境质量。城市多方位防灾体系如下：

1）防灾绿地的规划建设

城市住区，要结合城市绿化面积指标，规划建设一定面积的绿地，平时作为观赏草坪，美化城市市容环境，发生灾害时，可作为避难场地。在草坪的周边应设饮用水源，并预设发生灾害时能够迅速对外通信的电话线路。

除市中心地带需集中规划建设绿地之外，城市道路旁的绿化带、河流两岸的绿化带等，均可作为防灾时的避难地带。而且，这些绿化地带是居民日常生活所熟知的，对于防灾避难将会起到重要作用。

应当指出的是，在城市绿地周边的建筑，应具有较高的抗震及防火性能，周边建筑的倒塌及火灾不得导致绿地上避难人群受到伤害。

2）绿色住区的交通路网建设

为了在发生灾害时能够顺利进行抢险救灾活动，使救灾队伍和物资尽快送到灾害现场，最大限度地减少灾害造成的损失. 应尽可能使绿色住区的交通道路形成网状结构，并使之满足消防车等救灾车辆的使用要求。

3）规划建设“陆、海、空”防灾场所

如上所述，为了防止灾害造成重大损失，绿色住区应规划建设防灾集散场地。在城市，集散场地可由绿地、公园、中小学活动场地以及城市广场等形成，在农村，可由农田代替。

为了保障在灾害发生时救灾队伍及物资的及时救援与供给，绿色住区应规划建设满足直升机起降的停机坪。设在超高层建筑（100m 以上）顶上的直升机停机坪，只满足火灾及水灾情况下直升机的起降，但在地震灾害时，直升机将不宜在超高层建筑上起降，故在地面规划建设直升机停机坪，是十分必要的。沿海、沿江城市还应修建由水路进行救灾抢险的码头及相应设施。

总之，有条件时，应尽可能地形成“陆、海、空”防灾体系，以便在发生灾害时多方位实施救助。

4）加强生命线工程的建设

城市供水、供电、救灾、通信、燃气等系统是与居民生活息息相关的系统的防灾规划建设，对于绿色住区的防灾安全是十分重要的。

（1）在城市市政设施建设中，推广抗震防灾性能好的“共同沟”设施。“共同沟”是发达国家在20世纪80年代初期开始推广的市政设施的新技术。在共同沟内，集中了给水排水、热力、通信、电力、燃气等管网。这些管网集中设计，一次同时施工，并用计算机系统进行自动化管理，不仅能节约城市市政工程建设资金、减少重复建设，而且各类管网进入地下，震害小，安全性高。我国的大中城市有条件时应推广实施。

（2）各种管线的耐震措施。在生命线工程中，必须确保各种管线的耐震措施。如供水管线、燃气管线等在垂直交接处应采用柔性接头连接，以保障管线在地震时相对运动的安全性。应保障灾害时饮用水的供给，并可减少地震次生灾害，即火灾及爆炸事故。电力线路及通信线路应有相应的耐震措施，以确保发生灾害时重点部位能源及通信线路的畅通；各种管线应具有可替换性，以便灾后修复。

（3）加强利用太阳能、地热能、风能等非常规、自然能源设施的建设。这些能源具有设备小、分散、质轻等优点，受地震等灾害的破坏、影响较小，在正常情况下，可节约常规能源，在灾害情况下，可替代常规能源，为绿色住区保障最低限度的能源供给。

5）绿色住区的防火

绿色住区一般使用可重复利用、防火性能较差的材料，如木材、竹材以及塑料等的再生制品，耐火等级低，易发生“火烧连营”之灾。因此，绿色住区必须做好防火设计。

首先，在绿色住区的规划设计中，要留足防火间距。防火间距主要是为了防止建筑物之间的火灾蔓延，同时形成消防通道。防火间距内的地带可作为绿化草坪，火灾时可用作救火场地。防火间距可与日照间距结合设置。

其次，对可燃建筑进行防火处理。如以木材、竹材为主体的建筑，可用防火涂料涂刷，提高其防火性能；当受经济条件限制时，可用水泥砂浆甚至泥浆等作抹灰处理，也可以提高耐火性能。

再次，城市住区内，推广使用火灾自动报警系统。火灾自动报警系统有感烟报警、感温报警和红外线报警等系统，要根据建筑的用途及使用性质，选择合适的系统。此外，对于天然气、城市煤气等具有燃烧和爆炸危险的设施，应采用专用的燃气泄漏自动报警系统，以策安全。

最后，绿色建筑区内，要按照国家防火规范规划、建设消防水源及室内外消火栓系统，以便发生火灾时，消防队伍救火使用。我国发生的大量的火灾事故说明，是否规划建设充足的消防水源，对于减少火灾损火、保护人民生命财产，具有重要的作用。

2.3 人类为获得良好城市物理环境的努力

自人类为自己的生存开始从事最简单的营造活动时起，对理想化聚居方式的探求就开始萌生，从最初极其简单的构想到以后比较系统、完整的理论与实践，不同时期的理想化聚居构想差异甚大。尽管这些构想或简单或复杂，或幼稚或成熟，它们的共同之处则在于这些构想集中体现了对人、建筑、自然、社会本身及其相互关系最完美的企求，通过对它们的了解，我们可以把握人类建筑观念的转变轨迹，认识建筑沿着怎样的发展规律演进到今天绿色建筑的提出。

2.3.1　建筑模式与自然关系的探索

古代希腊时期，建筑师坚信，人体规律、数、最美的形状都同宇宙规律互通，具有永恒性和普遍性。当人体规律、纯几何形状在营造活动中被采用时，就会具备一种还未能全部揭示，但却客观存在的合理性及美感。

文艺复兴时期的建筑是西方理性主义建筑的开端，帕拉第奥（A·Palladio）、维尼奥拉（Vignola）等人对建筑的形制、形式、构图因素进行了规律性的探求，与古希腊、古罗马时期相比，建筑处理更加深入、细致，新的柱式组合方式、新的形式构成法则、整数比例体系等等不断被总结归纳出来。他们努力促使建筑形制更加成熟，建筑形式更加规范，建筑构图更加完美，这些因素与文艺复兴时期卓越的建造技术一起，使西方传统的理想建筑准则“坚固、实用、美观”在更高的水准上显现出来。

19 世纪初，以聚居方式实现理想社会的构想，被更多的人关注，一些人开始尝试建立一种在物质及精神上都趋于理想化的模式。

19 世纪末，霍华德（E·Howard）提出了“田园城市”这种抗拒工业社会恶性膨胀的构想，这是一次以聚居方式抵御生存环境恶化的重要尝试。“田园城市”的理论基础是城市与乡村相结合的观点，霍华德用溶解城市的方法，为被人口激增、空气污染、噪声污染、交通阻塞等所困扰的城市注入乡村健康、安静、消耗供给相平衡的因素，霍华德强调城市规模要适度，要能够为居民提供健康的生活工作环境，并拥有足够的农业用地。“田园城市”的构想标志着人与自然关系的思考产生了对西方传统建筑准则的冲击。20 世纪初，赖特提出广亩城市的构想，其目的之一是寻求劳动与消费的平衡，避免出现单纯的消费城市，让美国人一人拥有一亩土地，并在这块土地上生活、居住的“广亩城市”构想与“田园城市”构想有异曲同工之处。

然而，由于工业文明给人类带来了前所未有的财富，并从物质、精神诸方面展示了自己的威力，这使得更多的人确信工业文明的进步性，并由此产生了对人工技术的崇拜。工业技术的成就使许多人滋生出战胜自然的雄心，建筑师相信利用人工技术可以建造理想的聚居环境。1968 年富勒（Fuller）提出了一个被弗兰姆普敦（K·Frampton）称之为无情的都市之肺的构想，他设想用一个透明的巨大圆顶遮盖纽约最繁华的曼哈顿中心区，这个穹顶的作用是使曼哈顿城市中心的运转不受自然界及其

周围环境的“干扰”。这种技术至上的做法，其目的是为人类提供一个安全、舒适的生活环境，但自然在这种构想中成为敌对因素，是被隔离排除的对象，建筑成为分离人与自然的工具。与富勒的巨型穹顶相近，赫伦（R.Herron）提出了“行走城市”的构想，赫伦用金属构架及能行走的机腿来构成城市的基本单元，人们在这些可行走的城市细胞中生活与工作，在人工技术产品的庇护下，躲避自然，躲避社会。库克（P·Cook）提出的“插入式城市”是以超大型的工程结构为基础，将太空舱式的生活空间插入其中。使用者可以在急骤变化并充满危机的现实中“无忧无虑”地生活在这个“巨巢”之中。以库克、赫伦等人为代表的建筑电信派（Archigram）极端崇尚人工技术，他们对现代城市及建筑快速的发展变化进行了积极的思考，然而提出的设想方案却带有明显的技术至上的色彩，在这些构想中技术成为挑战自然的武器，反映出依附于工业文明的建筑观的特征。

20 世纪 70 年代初，随着工业社会种种矛盾的不断加剧，人们逐渐对它巨大的破坏力产生了恐惧与厌恶情绪。能源危机、环境污染、生态破坏等一系列现象使人类感到赖以生存的地球出现了深刻的危机。不见停息的局部战争、各国都难以应付的难民潮、居高不下的失业率、货币动荡、吸毒、犯罪、道德沦丧，面对这些问题，一个疑问越来越清晰而强烈地显现出来，人类的发展是否还可能这样不加控制地延续下去?

1972 年，联合国人类环境会议通过了《斯德哥尔摩宣言》，提出人与自然、人工环境与自然环境保持协调的原则，1987 年，联合国与世界环境发展委员会向全世界提出了可持续发展的观点，1992 年，在巴西召开的世界首脑会议形成了《21 世纪议程》等全球性行动纲领。建筑领域自 20 世纪下半叶起，也在努力寻求能体现出人、建筑、自然、社会更加和谐的方式。绿色建筑从绿色技术到单体的绿色建筑物以至绿色建筑体系逐渐地发展起来。城市物理环境等方面受到了越来越多的关注。

2.3.2 有关创建良好城市物理环境的法规

通过城市物理环境基础理论和体系以及政策和制度保障，力图构建生态上可持续发展的城市环境时，摆在我们面前的一个更大的任务就是如何通过法律、法规调整当前城市规划和建筑设计的理念与做法，从而把建筑业引上“绿色”之道。

现阶段，我国还没有以“可持续发展的城市物理环境”命名的法律、法规，也没有专门的关于绿色建筑的规章和条例，更没有在相关法律、法规中使用“绿色建筑”这个特定名词。但现已颁布的法律、法规，其内容已涉及可持续发展城市物理环境问题。

我国宪法第 9 条规定：“国家保障自然资源的合理利用，保护珍贵的动物和植物，禁止任何组织或者个人用任何手段侵占或破坏自然资源。”此规定与可持续发展建筑环境倡导的与自然资源共生、建筑节能思想是一致的。宪法第 26 条规定：“国家保护和改善生活环境和生态环境，防治污染和其他公害。国家组织和鼓励植树造林，保护林木。”这一规定与良好城市物理环境在满足人们对建筑需要的前提下，必须考虑生态问题，以及城市中要求绿化布置与周边绿化体系形成系统化、网络化关系的思想相一致。

我国宪法的这些规定以根本大法的形式确立了实现良好城市物理环境的法律保障，也为其他法律法规的制定奠定了立法的法律基础。

我国《建筑法》和其他相关法规中也针对城市的可持续发展建设环境做了相应的规定。首先是 1997 年 11 月 1 日第八届全国人民代表大会常务委员会第 28 次会议通过并颁布的，自 1998 年 3 月 1 日起施行的《中华人民共和国建筑法》。《建筑法》以“加强对建筑活动的监督管理，维护建筑市场秩序，保证建筑工程质量和安全，促进建筑业健康发展”为立法目的，调整建筑活动过程所产生的法律关系，维护建筑业正常秩序。其中，第 4 条：“国家扶持建筑业的发展，支持建筑科学技术研究，提高房屋建筑设计水平，鼓励节约能源和保护环境，提倡采用先进技术、先进设备、先进工艺、新型建筑材料和现代管理方式。”第 5 条：“从事建筑活动，应当遵守法律、法规，不得损害社会公共利益和他人的合法权益。”第 41 条：“建筑施工企业应当遵守有关环境保护和安全生产的法律、法规规定，采取控制和处理施工现场的各种粉尘、废气、废水、固体废物以及噪声、振动对环境的污染和危害的措施”等都是可持续发展建筑行为必须遵守的。

此外与建筑有关的法律，主要有：

（1）《环境保护法》。良好城市物理环境非常重视环境保护，把环境保护作为积极追求实现的最基本的目的之一。《环境保护法》确立了环境保护与经济建设、社会发展相协调的原则，以达到生态、经济、社会的持续发展。同时，《环境保护法》要求所有的单位和个人在进行各种开发、建设、生产、经营等活动之前就要考虑其行为对环境的影响，并采取措施，把污染和破坏程度降至最低，以求得经济效益和环境效益的统一。该法对法律保护的客体规定得非常广泛具体，包括大气、水、海洋、土地、矿藏、森林、草原、野生动物、自然遗迹、自然保护区、风景名胜区、城市和农村等。因而，《环境保护法》直接成为绿色城市物理环境的法律保障。如第 13 条：“建设污染环境的项目，必须遵守国家有关建设项目环境保护管理的规定。建设项目的环境影响报告书，必须对建设项目产生的污染和对环境的影响作出评价，规定防治措施，经项目主管部门预审并依照规定的程序报环境保护行政主管部门批准。环境影响报告书经批准后，计划部门方可批准建设项目设计任务书。”第 26 条：“建设项目中防治污染的设施，必须与主体工程同时设计、同时施工、同时投产使用。防治污染的设施必须经原审批环境影响报告书的环境保护行政主管部门验收合格后，该建设项目方可投入生产或者使用。”这些规定也都是绿色建设行为要遵守的。

城市物理环境的规划、设计、施工，都在遵循着保护环境的原则。对当前的建筑项目，如果能按现有法律、法规从事，则是向可持续发展方向的迈进。因而，在城市物理环境保护法律规范未明确产生之前，以《环境保护法》为主的环境保护法律规范是城市规划行为的主要法律依据。

（2）关于自然资源的法律。我国实行开发和保护相结合的制度。国家为防止生态平衡遭到破坏，要求在开发利用自然资源过程中既考虑经济效益又考虑生态效益，建设活动不能以牺牲和破坏生态为代价，要节约自然资源和保护自然资源。自然资源方面的法律主要是：

《土地管理法》，该法是为加强土地管理，保护、开发土地资源，合理利用土地，切实保护耕地，促进社会经济的可持续发展，根据宪法制定的。该法第 3 条规定："十分珍惜、合理利用土地和切实保护耕地是我国的基本国策。各级人民政府应当采取措施，全面规划，严格管理，保护、开发土地资源，制止非法占用土地的行为。"第 4 条规定："严格限制农用地转为建设用地，控制建设用地总量，对耕地实行特殊保护。"第 19 条第 4 款规定："保护和改善生态环境，保障土地的可持续利用"等。这些规定为今后城市规划建筑选址、占地面积、人类对居住面积的要求，从法律上作了一定的限制和要求。

（3）《城乡规划法》、《村庄和集镇规划建设管理条例》、《建筑基准法》等。

《城乡规划法》第 1 条规定："为了加强城乡规划管理，协调城乡空间布局，改善人居环境，促进城乡经济社会全面协调可持续发展，制定本法"。第 4 条规定："制定和实施城乡规划，应当遵循城乡统筹、合理布局、节约土地、集约发展和先规划后建设的原则，改善生态环境，促进资源、能源节约和合理利用，保护耕地等自然资源和历史文化遗产，保持地方特色、民族特色和传统风貌，防止污染和其他公害，并符合区域人口发展、国防建设、防灾减灾和公共卫生、公共安全的需要。"第 30 条规定："城市新区的开发和建设，应当合理确定建设规模和时序，充分利用现有市政基础设施和公共服务设施，严格保护自然资源和生态环境，体现地方特色"。

《村庄和集镇规划建设管理条例》第 9 条第 3 款规定："合理用地，节约用地，各项建设应当相对集中，充分利用原有建设用地，新建、扩建工程及住宅应当尽量不占用耕地和林地。"第 5 款："保护和改善生态环境，防治污染和其他公害，加强绿化和村容镇貌、环境卫生建设。"第 7 条："国家鼓励村庄、集镇规划建设管理的科学研究，推广先进技术，提倡在村庄和集镇建设中，综合当地特点，采取新工艺、新材料、新结构。"第 22 条："建筑设计应当贯彻适用、经济、安全和美观的原则，符合国家和地方有关节约资源、抗御灾害的规定，保持地方特色和民族风格，并注意与周围环境相协调。农村居民住宅设计应当符合紧凑、合理、卫生和安全的要求。"第 25 条："施工单位应当确保施工质量，按照有关技术规定施工，不得使用不符合工程质量要求的建筑材料和建筑构件。"

这两部法为城市、村庄和集镇的规划和建筑设计提供了重要的法律依据。

国务院常务会议通过的《全国生态环境建设规划》要求“各级政府和有关部门在研究制定经济发展规划时，要统筹考虑生态环境建设；在经济开发和项目建设时，严格执行生态环境有关法律法规，在项目设计中充分考虑对周围环境的影响，并提出相应的评估报告，安排相应的建设内容；工程验收时，要同时检查生态环境措施的落实情况。严格控制在生态环境脆弱的地区开垦土地，不允许以任何借口毁坏林地草地、污染水资源、浪费土地，违法者要追究责任。”

有关法规还有《中国 21 世纪议程》、《建设工程质量管理条例》、《建设项目选址规划管理办法》、《建筑市场管理规定》、《基本建设设计工作管理暂行办法》、《城市建设节约能源管理实施细则》等。

2.3.3 有利于环境可持续发展的建筑类型

在 20 世纪现代建筑的发展过程中，一些建筑师已经开始探索和创作了许多具有地域文化特征、与自然关系融洽的优秀作品，如北欧地方性建筑以及有机建筑论的实践。从 20 世纪 60 年代起，世界范围内众多的建筑界有识之士开展了多方面的实践与探索，为营造良好城市物理环境提供了大量有价值的经验，为建立可持续建筑体系奠定了基础。

（1）节能节地建筑

节能节地建筑设计思想的出发点是力争节约能量和物质资源，实现一定程度的物质材料的循环。如循环利用生活废弃物质；采用“适当技术”，如应用太阳能技术和沼气。发展节能节地建筑预示着人类将不断利用新科技手段，充分利用洁净、安全、永存的太阳能及其他新能源，取代终将枯竭的常规能源，并以美观的形象、适宜的密度、地上地下和海上陆地相结合的建筑群为人们创造美好的生活空间和环境。

（2）生土建筑（掩土建筑，覆土建筑）

20 世纪 70 年代兴起的生土建筑研究的内容和特点是利用覆土来改善建筑的热工性能，以达到节约能源的目的。澳大利亚的建筑师西德尼·巴格斯（S · Baggs）、英格兰建筑师阿瑟 · 昆姆比（A · Quarmby）、美国建筑师麦尔科姆 · 威尔斯（M · Wells）以及位于美国明尼苏达州的地下空间中心为代表的设计者进行了一些独特的、非常节约能源的生土建筑设计实践。威尔斯在名为《温和的建筑》一书中指出：由于人类破坏和城市化的发展，建筑师越来越多地毁坏了自己的家园。为此他提倡使用可再生能源的建筑，并大力推广生土建筑设计，把如何将生土建筑与更为充分地利用可再生资源等联系起来作为研究的重点。

（3）生物建筑

戴维 · 皮尔森（D · Pearson）在《自然住宅手册》中指出：同健康的建筑相关的最先进的运动是生物建筑运动。生物建筑所要表现的不仅是

源于歌德的人文主义哲学及对自然的热爱，同时还力图表达鲁道夫 · 斯坦纳（R · Steiner）对于整体健康的研究成果。生物建筑从整体的角度看待人与建筑的关系，进而研究建筑学的问题，将建筑视为活的有机体，而建筑的外围护结构被比拟为皮肤，就像人类的皮肤一样，提供各种生存所必需的功能：如保护生命、隔绝外界恶劣环境、呼吸、排泄、挥发、调节以及交流。倡导生物建筑的目的在于强调设计应该以适宜人类的物质生活和精神需要为目的。同时建筑的构造、色彩、气味以及辅助功能必须同居住者和环境相和谐。建筑物建成后，室内外各种物质能量的交换依赖具有渗透性的“皮肤”来进行，以便维护一种健康的适宜居住的室内温度。

（4）自维持住宅

自维持住宅（Autonomousthouse）的设计研究自 20 世纪 60 年代开始。布兰达 · 威尔和罗伯特 · 威尔（Brenda and Robort Vale）认为自维持住宅是除了接受邻近自然环境的输入以外，完全独立维持其运作的住宅。它具有的特点是：住宅并不与煤气、上下水、电力等市政管网连接，而是利用太阳、风和雨水维护自身运作，处置各种随之产生的废弃物，甚至食物也要自给。如果用生态系统观点进行解释，自维持住宅的设计就是力图将住宅构成一种类似封闭的生态系统，维持自身的能量和物质材料的循环。

（5）结合气候的建筑

20 世纪 20、30 年代以来，人们对生物圈的科学理解越来越深入。生物学家指出，除了人类以外，没有其他生物能在几乎所有的地球气温带生活。这就向建筑师提出了如何设计适应各种气候的建筑的要求。到了 40、50 年代，气候和地域条件成了影响设计的重要因素。

1963 年，V · 奥戈亚（Olgyay）所著的《设计结合气候：建筑地方主义的生物气候研究》一书概括了 60 年代以来建筑设计与气候、地域关系的各种成果，提出了“生物气候地方主义”的设计理论和方法，将满足人类的生物舒适感作为设计的出发点，注重研究气候、地域和人类生物感觉之间的关系。20 世纪 80 年代以来，B·占沃尼（Givoni）在其《人·气候 · 建筑》一书中，对奥戈亚的生物气候方法内容提出了改进。

奥戈业和吉沃尼提出的方法没有本质的差别，都是从人体生物气候舒适性出发分析气候条件，进而确定可能的设计策略，只不过各自采用的生物气候舒适标准存在差异。实际的生物舒适感应该与特定的气候和地域条件结合起来考察，应该充分兼顾建筑师可能采用的各种被动式制冷或供暖设计策略。不同地域的众多建筑师也在持续进行适应特定气候条件的建筑探索。例如印度建筑师 C · 柯里亚结合自己的设计实践，提出“形式追随气候”的设计概念。另一位卓有成就的建筑师是埃及的哈桑·法希（H · Fathy），为了说明气候对各种传统建筑形式的影响，法希研究了屋顶随不同气候地域而产生的变化，认为这是气候造成建筑形式不同的一个主要体现。

（6）高科技建筑（重视新技术和节能的建筑）

自技术建筑的一个特点是利用计算机和信息技术的发展使固定的建筑外围护结构形成相对于气候可自我调整的围合结构，成为建筑的皮肤，可以进行呼吸，控制建筑系统与外界生态系统环境能量和物质的交换，增强建筑适应持续发展变化的外部生态系统环境的能力，并达到节能的目的。

高技术建筑的另一个特点是对建筑的灵活性和持久性的关注。罗杰斯甚至将“灵活、持久、节能”视为建筑的三要素，他认为，“一座易于改造的建筑才会拥有更长的使用寿命和更高的使用效率。从社会学和生态角度讲，一项具有良好灵活性的设计延展了社会生活的可持续性。”

（7）生态建筑

生态建筑的称谓自 20 世纪 60 年代以来就已经存在，但是目前还没有完全统一的生态建筑理论或者被普遍接受的生态建筑的概念和定义。所以除“生态建筑”的称谓外，许多大量被使用的称谓是“注重生态的建筑”、“有生态意识的建筑”等。

目前，生态建筑通常划分为两大类型，一类是像托马斯·赫尔佐格这样的城市类型，其特点是关注利用技术含量高的适宜技术，侧重于技术的精确性和高效性，通过精心设计的建筑细部，提高对能源和资源的利用效率，减少不可再生资源的耗费，保护生态环境；另一类型则被称为乡村类型，其特点是采用较低技术含量的适宜技术，侧重对传统地方技术的改进来达到保护原有的生态环境的目标。

第 3 章　城市热环境

3.1　城市热平衡

城市（或城镇、工业小区）是具有特殊性质的立体化下垫面层，局部大气成分发生变化，其热量收支平衡关系与郊区农村显著不同。在市区这个立体化下垫面层中，详细分析计算是相当复杂的。为简单起见，将城市划分为城市边界层和城市覆盖层两部分，如图 3-1 所示。城市覆盖层可看作一城市“建筑物一空气系统”，其热量平衡方程为：

$$Q_s=Q_n+Q_F+Q_H+Q_E \quad (3-1)$$

式中　Q_n——覆盖层内净辐射得热量；

Q_F——覆盖层内人为热释放量；

Q_H——覆盖层大气显热交换量；

Q_E——覆盖层内的潜热交换量（得热为正，失热为负）；

Q_s——下垫面层贮热量。

3.1.1　城市覆盖层净辐射得热量

净辐射得热量由下式中各量确定

$$Q_n=I_{SH}（1-\rho）+I_B \cdot \alpha-I_E \quad (3-2)$$

式中　I_{SH}——太阳总辐射强度，W/m^2；

ρ——城市覆盖层表面对太阳辐射的反射系数；

I_B——天空大气长波辐射强度，W/m^2；

α——城乡覆盖层表面对长波辐射吸收系数；

I_E——城乡覆盖层表面长波辐射强度，W/m^2。

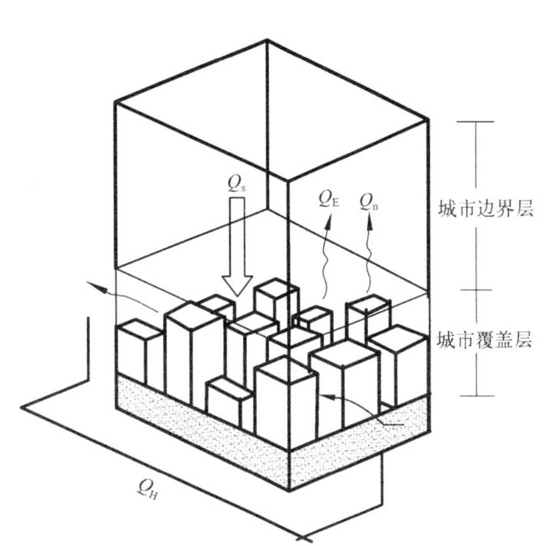

图 3-1　城市边界层与城市覆盖层

下面定性讨论上式中各层与郊区的差异。

1）太阳直接辐射量减少，散射辐射量增加，总辐射量减弱

城市大气中由于污染物浓度比郊区大，大气透明度远比郊区为小(郊区大气透明系数接近 1)，使得城市中的直接辐射量减小。而散射辐射量的强弱与大气中的气溶胶、烟尘等粒子的尘雾成正比关系，故城市中的散射辐射比郊区强。

城市中直接辐射减少的程度较大，散射辐射却比郊区为多，但它增加的量尚不能补偿直接辐射的损失，所以城市中的太阳总辐射比郊区少。

关于城市和郊区的太阳辐射的实测对比资料很多。上海 1973 年冬季比 1958 年冬季平均直接辐射强度约减少了 10.2%，散射辐射增加了约 14.1%，而总辐射则减少 6.3%。英国各大城市的平均直接辐射强度比郊区削弱 38%，而散热辐射增加了 135%，但城市总辐射仅相当于郊区的总辐射的 82%。

以上讨论的是城市区域太阳辐射的一般情况。但在出现大风条件、雨过天晴的一段时间内，城市中太阳总辐射量与郊区相差并不大。

2）城市覆盖层表面对太阳辐射的反射系数小于郊区

到达下垫面层表面的太阳总辐射不能全部被吸收，其中一部分被反射回大气层中。定义

$$\rho=I_\rho/I_{SH} \quad (3-3)$$

式中　ρ——为城市下垫面层对太阳辐射的平均反射系数；

I_ρ——为反射辐射；

I_{SH}——为到达下垫面层表面的太阳总辐射。

ρ 的大小取决于下面两个因素；

（1）各个不同性质下垫面的反射率（α）

城市道路和建筑物因其所用材料和颜色不同，其反射率很不一致。为了与郊区相比较，可参看表 3–1 和表 3–2。

城市下垫面的辐射性质　　表 3–1

表面	反射率 α	发射率 ε	表面	反射率 α	发射率 ε
1. 道路			4. 窗	0.10~0.16	0.13~0.28
沥青	0.05~0.20	0.95	清洁玻璃		
2. 墙壁			天顶角	0.08	0.87~0.94
混凝土	0.01~0.35	0.71~0.90	小于 40		
砖	0.20~0.40	0.90~0.92	天顶角	0.09~0.52	0.87~0.92
石	0.20~0.35	0.85~0.95	40~80		
木材		0.90	5. 涂漆		
3. 屋顶			白色、白涂料	0.50~0.90	0.85~0.95
柏油和砾石	0.08~0.18	0.92	红、棕、绿色	0.20~0.35	0.85~0.95
瓦片	0.10~035	0.90	黑色	0.02~0.15	0.90~0.95
石板瓦	0.10	0.90	6. 城市区域 *		
茅草屋顶	0.15~0.20		范围	0.10~0.27	0.85~0.91
波纹铁	0.10~0.16		平均	0.15	

* 指中纬度无积雪城市

国外有人曾利用低空飞行观测城市和郊区的地面反射率，指出城市和郊区的反射率有明显的差异。这种差异随季节而不同，特别是在高纬度冬季差别更大。这主要是由于郊区积雪面积广，且不易污染，新雪的

反射率甚大（见表 3–2）。城市中因热岛效应，温度高，积雪易融化，又因积雪经常被扫除，雪面易污染等原因，所以这时地面的反射率城市与郊区相差较大。城市地面反射率要比郊区小 10%~30%。

郊区下垫面的辐射性质　　表 3–2

表面	特征	反射率 α	发射率 ε
土壤	黑湿	0.05~0.40	0.90~0.98
沙漠	淡、干	0.20~0.45	0.8~0.91
草	长（1.0m）		0.90~0.95
农作物	短（0.02m）	0.16~0.26	0.90~0.99
苔原		0.18~0.25	
果园		0.15~0.20	
森林	落叶	0.15	0.97
落叶树	有叶	0.20	0.98
		0.05~0.15	0.97~0.99
针叶树	天顶角小时	0.03~0.10	0.92~0.97
水	天顶角大时	0.10~0.0	0.92~0.97
	陈雪	0.40	0.82
雪	新雪	0.95	0.99
	海冰	0.30~0.45	0.92~0.97
冰	冰川	0.20~0.40	

（2）城市建筑物排列的几何形状对反射率的影响

郊区建筑物很少，一般可以把下面垫面视为水平面，其反射率主要视其地面性质而异。城市的建筑物高低不一，建筑密度又各不相同，城市的结构在外形和朝向上，要比郊区自然景观复杂得多，墙壁、屋顶、路面组成了极为复杂的反射面（见图 3–2、图 3–3）。经过多次反射，在受射面上吸收的次数必然增多，被反射掉的能量因此而减少，城市的反射率遂比郊区为小。

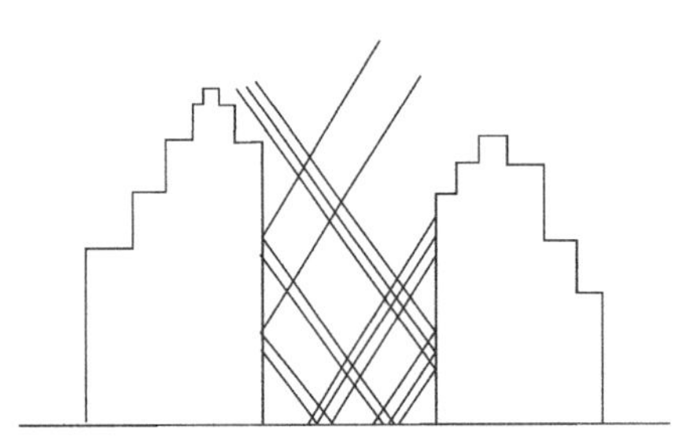
图 3–2　城市建筑物对太阳辐射的反射

图 3–3　郊区对太阳辐射的反射

如以 H 表示建筑物的高度，D 表示两座建筑物之间的间距，H/D 的比值愈大，太阳辐射反射的次数愈多，反射率愈小。建筑物的密度愈大。反射率也愈小。

城市内部各地区之间的反射率还因街道走向及太阳高度而异。上述情况主要指东西向街道而言。事实上城市内部街道走向不一，朝阳情况不同，反射率也因此而异。即使街道走向相同，由于建筑物的排列和高度不一，在不同的太阳高度角下，其反射率也是各不相同的。所以城市内部反射率由此而产生的地区差别更大。它因纬度、季节、一天中的时刻和具体的建筑物高度、密度、排列形状等而异，具体反射率的大小，要作具体分析。

根据上述分析可见，城市中到达地面的总辐射量比郊区小，但城市中反射亦比郊区小，地面实际吸收的太阳辐射、城市和郊区的差别并不甚大，但在雨过天晴或大风条件下，由于城市上空颗粒物浓度下降城市和乡村中到达下垫面的总辐射量相差不多，则城市实际吸收的太阳辐射比郊区要多。

3）城市覆盖层长波辐射热量交换损失小于郊区

下垫面层的长波辐射热量交换指两个方面：一是下垫面层上表面向天空以长波形式辐射散热；二是指大气以长波形式向下垫面层的逆辐射，二者的差值即为下垫面长波辐射热损失，城市区域与郊区自然特性的最大区别在于城市区域的下垫面层是立体化的和城市边界层覆盖层内的大气是受污染的。对于城市和郊区，这个值是不同的。

仅就单位面积的长波辐射平均强度值，城市区域因平均温度稍高，要大于郊区。城市区域的长波辐射在穿过城市覆盖层和边界层内大气时，有相当部分被大气中的部分气溶胶、CO_2 气体和水汽吸收，其结果是部分热量仍留在了覆盖层内；而市区因气溶胶和 CO_2 又比郊区多，其大气逆辐射值 Q_L 必然大于郊区。经过计算，城市中的大气逆辐射约比郊区大 1%~1.6%。日本学者根据在东京地区夜间 14 次的观测值进行对比，发现东京城区大气逆辐射比其郊区大 1%~10%。平均大 5.7%。他们还根据大量观测数据，应用 Nakagawa 的经验模式得出一个计算大气逆辐射的经验公式：

$$I_B=\sigma T^4[0.127+(-0.114-0.168y^2-0.173+0.603)\times(0.0000438e^3-0.001e^2+0.123e+0.05)^{0.107}]$$

式中　T 代表气温，e 代表水蒸气分压力，y 代表垂直温度梯度（K/m）。

通过观测和计算，仅就城市和郊区气温垂直结构（y）的差异这一项，已经使得城市的大气逆辐射比郊区大 4%。许多学者对城市和乡村气温垂直结构的差异，以及大气污染对大气逆辐射的影响作过多种模拟试验研究，结果证明城市大气污染对城市能量收支起着十分重要的作用。

在城市中由于有矗立的建筑物，使城市覆盖层的天穹可见度（Sky View Factor 简称 SVF）变小，地面长波向上辐射受到限制，而建筑物的

墙壁亦进行长波辐射，其中一部分的方向向下补充大气逆辐射，这就使得城市覆盖层通过长波辐射的交换，净失热量小于郊区。

综合上面讨论，城市区域的净辐射得热量要大于郊区，这是由城市区域立体化下垫面层及受污染的大气所决定的。

3.1.2 城市覆盖层内人为热释放量

人为热释放包括由人类社会生产活动和生活，以及生物新陈代谢所产生的热量。在城市中由于人口密度大，在工业生产、家庭炉灶和内燃机等燃烧化石燃料时所释放的人为热，空调及汽车摩托车等所排放的热量，远比郊区为大。这是城市热环境中一宗额外的热量收入。

辛辛那提夏季人为热排放的相对值 **表 3–3**

人为热源	全天热量所占百分比（%）	一天中各时刻所占的相对百分比（%）			
		08 时	13 时	20 时	夜间
固定源	66.6	71	64	71	41
移动源	33.1	69	45	25	12
人、畜新陈代谢	0.1	0.05	0.2	0.1	0.02
总值	100.0	140	110	97	53
热量（W/m^2）	25.9	36.4	28.7	25.9	14

由表 3–3 可见，人为热以固定源为主，其次为汽车、摩托车等移动源排放的热量。人类和牲畜的新陈代谢所释放的热量是微不足道的。泰景（Terjung）亦曾探讨过此项热量。他指出在具有 100 万人口及相应数量的家畜的城市中，其新陈代谢作用所产生的人为热约为 5.3×10^{15}J。就其所占整个城市人为热的总量来讲，当视城市中其他人为热源排放的具体情况而定，但至多只占 3%~4%，在大多情况下，仅占 1%。在计算城市热量收支时，这项热量可以忽略不计。不过在研究城市建筑小气候时，它还是需要考虑的一个必要项目。

人为热在城市热量平衡中究竟占有多大的重要性要看城市所在纬度、城市的规模、人口密度、每个人所消耗能量的水平、城市的性质以及区域气候条件等而定，并有明显的季节变化、日变化，在某些西方国家还有周变化，必须就具体城市进行具体分析，不能一概而论。世界上几个不同城市人为热的排放量见表 3–4。

由表 3–4 可见，人为热在热量平衡中所占的比重各个城市是很不一致的。它首先与纬度有关，像低纬度的新加坡和香港，人为热与净辐射相比是微不足道的，但中高纬度的曼哈顿、蒙特利尔和费尔班克斯等平均人为热要大于净辐射得热量。

不同城市人为热的排放量　　表 3–4

城市	纬度	人口（百万）	人口密度（人／km^2）	每人所用能量（$MJ \times 10^3$）	年份	时期	人为热（W/m^2）	净辐射（W/m^2）
费尔班克期	64	0.03	810	740	1965-1970	年平均	19	18
谢菲尔德		0.5	10.420	58	1952	年平均	19	56
西柏林		2.3	9.83	67	1967	年平均	21	57
温哥华		0.6	5.360	112	1970	年平均	19	57
						夏季	15	107
						冬季	23	6
布达佩斯	47	1.3	11.500	118	1970	年平均	43	46
						夏季	32	100
						冬季	51	-8
蒙特利尔	45	1.1	14.102	221	1961	年平均		52
						夏季	57	92
						冬季	153	13
曼哈顿						年平均	117	93
						夏季	40	
						冬季	198	
洛杉矶						年平均	21	108
香港						年平均	4	~ 110
新加坡						年平均	3	~ 110

必须指出，城市能源消耗随着城市工业发展，人口增加，居民生活现代化，每人每日消耗能量逐年增加。以上海为例，由 1965 年城市年用煤量 600 多万 t 增加到 1990 年约 3000 万 t，三类油（汽油、柴油和灯油）的总消耗量从 1975 年的 40 万 t 增加到 1990 年的近 100 万 t。日本家用能源消耗量由 1955 年每年消耗 4×10^4kJ，增加到 1973 年 8×10^4kJ。再就全世界而论，1970 年消耗的能量相当于燃烧 75 亿 t 煤，放出 7.5×10^{19}J（7.5×10^{16}kJ）热量，这些人为热像火炉一样直接增暖大气。这些能量的消耗又集中在大城市中。因此从远景来看，人为热在城市热量平衡中的地位将愈来愈显示其重要性。

3.1.3　城市覆盖层内潜热交换

城市“建筑物－空气系统”除了得到太阳净辐射热量和人类放热量外，其内部还有一内热源（或热汇）——潜热交换量。影响城市热环境的潜热交换量主要包括两个物理过程：一是水分的蒸发（或凝结）；二是冰面的升华（或凝华），下面分别讨论。

（1）蒸发（或凝结）潜热交换量可按下式计算：

$$Q_E=L \cdot E=(2400-2.4t)E \quad (3-4)$$

式中 Q_E——蒸发（或凝结）潜热交换量，J；

L——单位质量水分蒸发（或凝结）潜热量，J/g；

t——空气的温度，K；

E——蒸发（或凝结）量，g。

当水分进行蒸发时，由于跑出去的都是具有较大动能的水分子，使蒸发面温度降低，如果保持其温度不变，就必须自外界供给热量，这部分热量等于蒸发潜热（L）。由（3−4）式可见，L 随温度的增高而减小。不过在常温的范围内，L 的变化很小，一般取 L=2400J/g。当地面水蒸发时，每蒸发 1g 的水分转变为汽，下垫面要失去 2400J 的潜热。当空气中的水汽在地面凝结成露时，每凝结 1g 的露，空气要释放出 2400J 的热量给下垫面，这就是凝结潜热。在相同温度下，凝结潜热与蒸发潜热相等。

（2）在一定温度下，冰面也对应一定的饱和水蒸气分压力（P_S），当实际水汽压（P）小于 P_S 时，有从冰变为水蒸气的现象，这些由冰直接变为水汽的过程称为“升华”。在升华过程中也要消耗热量，这热量除了包含由水变为水汽所消耗的蒸发潜热外，还包含由冰融化为水时所消耗的融化潜热（316J/g），因此升华潜热 L_1=2400+316=2716J/g。与升华过程相反，水汽直接转变为冰的过程称为“凝华”过程。在同温度下，凝华潜热与升华潜热相等。地面的雪升华时要失去升华潜热。而当空气中的水汽直接在地面上凝华为霜时，地面将从空气得到潜热。

根据以上分析，城市中潜热交换量的大小主要取决于水分相变量的大小。城市中水分相变量大大小于郊区，潜热换量也大大小于郊区，主要原因如下：

（1）城市中不透水面积大，据美国芝加哥、洛杉矶等 10 个大城市统计，市内住宅、工厂和商店等建筑物占地约占全市总面积的 50%。人工铺设的道路约占全市总面积的 22.7%。这两者都是不透水的，它们合占全市总面积的 72.0%。我国上海市内不透水面积更高达 80.0% 以上。世界上的城市不透水面积大都超过 50%，在每次降雨之后，雨水很快地从阴沟和其他排水渠道流失（亦有一些城市建筑材料吸水性较强，则雨水流失较慢）。城市中的天然河流在雨后径流量要比郊区河流大得多。因此雨水滞留地面的时间短，地面水分蒸发量少，地面供给空气的潜热量就少。郊区土壤能够使雨水渗透并滞留在土壤间，缓缓蒸发，提供给空气的潜热量比城市多。

（2）降雪之后，城市中为了交通方便，要铲除积雪。又因城市温度比郊区高，积雪又易融化为水流失，所以城市雪面的升华作用很小，郊区温度较低，又不需铲除清扫，大片农田或森林、草地积雪时间比邻近的城镇长，融化慢，雪面的升华和雪水的蒸发都从大气中吸收了不少潜热。

（3）郊区有大片自然植被和人工种植的农作物。这些植物一方面可截留一定数量的降水，不使它很快就地变为径流流失，增加地面水分的渗透和蒸发；另一方面通过蒸腾作用，增加空气中的水汽和潜热。城市中除公园和行道树外，绿地面积小，植物的蒸腾作用远远不如郊区大。这又是一个使得城市中地 – 气间潜热交换小于郊区的重要原因。

3.1.4　城市覆盖层与外部大气显热交换

显热交换方式有三种。关于与地面热传导交换量，我们认为在城市与郊区基本相同。辐射热交换量已在净辐射得热量中考虑过了，所以这里仅考虑对流换热量，它也是影响城市热环境的主要换热方式。

城市覆盖层与外界大气对流热交换从机理上可分为两类：一是热力紊流引起向边界层的热空气扩散、城市四周冷空气来补充所产生的热量传递；传热量的大小与气温垂直梯度、城市下垫面的粗糙度等多项因素有关。在无风或小风速条件下，对于较大城市，热力紊流是城市热损失的主要方式。与郊区相比，城市下垫面的粗糙度要大得多，其热力紊流散热热量亦大于郊区。二是由于大天气系统风力引起机械紊流而产生的由城市向郊区的热量传递。形成机械紊流热量传递的基本条件是：大天气系统的风速足够大和市区与郊区空气温差大于零。对此，本章第二节还要与读者讨论。

3.1.5　城市下垫面层的净得热量 Q_S

由以上各项分析，得出城市“建筑物 – 空气系统”的净辐射得热量大于郊区、城市中人为释放热量远大于郊区，而城市中的相变吸热量又远远小于郊区，其综合效应的结果是城市中的净得热量大于郊区，由热平衡方程（3–1）知，这部分热量要以显热方式散失到郊区及边界层大气中。

3.2　城市热岛效应

3.2.1　城市热岛

城市热岛是随着城市化而同时出现的一种特殊的局部气温分布现象。城市市区气温高于郊区。愈接近市中心气温愈高，市区任一水平面的等温线图是如同海岛等高线一样的一族曲线。将气温分布的这种特殊现象称作城市热岛。

热岛效应的强弱以热岛强度 ΔT 来定量表示，即

$$热岛强度\ \Delta T = 市区气温（t_c）- 郊区气温（t_a） \qquad (3\text{-}5)$$

由于 t_c、t_a 是与时间 τ、市区人口密度 D、风速 V、降水量 p 等参数相关的函数，故：

$$\Delta T = f(\tau,\ p,\ D,\ v,\ A) \qquad (3\text{-}6)$$

式中　A 是其他相关因素。

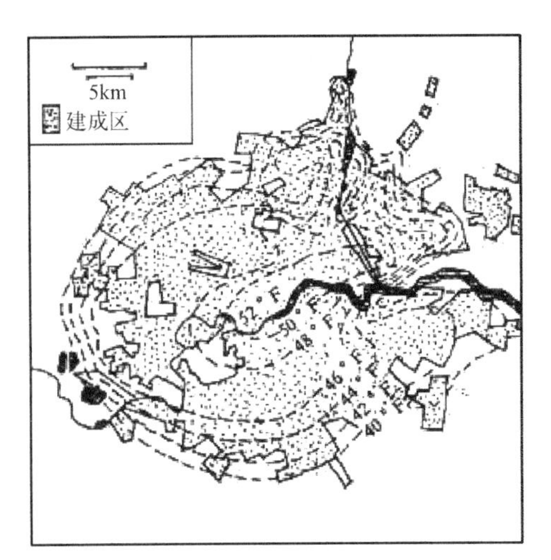

图 3–4　伦敦市 1959 年 5 月 14 日最低温度分布图

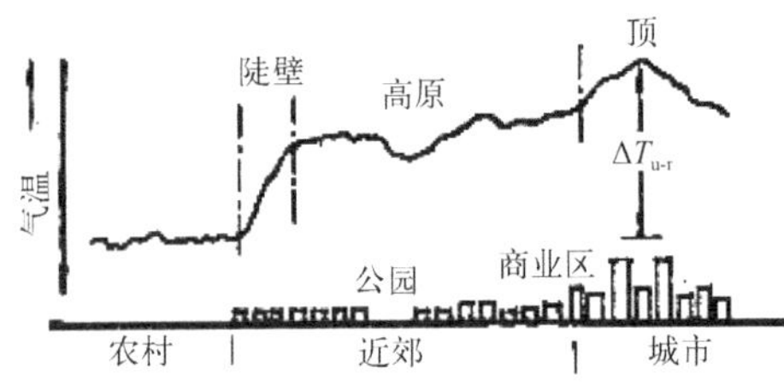

图 3–5　城市热岛温度剖面示意图

英国的钱德勒（Chandler）曾利用汽车流动观测资料绘制了 1959 年 5 月 14 日伦敦最低温度分布图(图 3–4)。当时伦敦在反气旋控制之下，天气晴朗无云，风力微弱。由图 3–4 可以看出，等温线的分布大致与城市轮廓平行，最高气温中心位于近市中心的建筑物密度最大的地区。在市中心高温区等温线分布还比较稀疏，可是在城市边缘，等温线密集，气温水平梯度很大。在郊外泰晤士河谷地带气温显得更低。这幅等温线图给人以“城市热岛”极其直观的感觉。

奥克曾根据他在北美加拿大多次观测城市热岛的实例，概括成一幅城市热岛气温剖面图，如图 3–5 所示。从图上很清楚地看出：由农村至城市边缘的近郊时，气温陡然升高，奥克称之为“陡崖”。到了市区气温梯度比较平缓，因城市下垫面性质的地区差异而稍有起伏，奥克称之为“高原”。到了市中心区人口密度和建筑密度以及人为热释放量最大的地点，则气温更高，奥克称之为“山峰”。此“山峰”与郊区农村的温差 ΔT_{u-r} 称为“热岛强度”。从这幅气温剖面图上，更可以形象化地显示城市气温高于四周郊区，“城市热岛”矗立在农村较低的“海洋”之上。

3.2.2　城市热岛的形成原因

现有的资料表明，世界上几乎所有的城市都有热岛效应出现，因此，热岛效应是城市化的必然产物。第一节我们讨论了城市与郊区得热量的差异，下面详细分析城市热岛的形成原因：

（1）城市的不断发展，建筑物密度、高度的不断增大，人工铺装的路面、广场越来越多，这个立体化的下垫面层能够比郊区吸收更多的太阳辐射能，它是形成热岛效应的基本条件。

（2）城市立体化下垫面比郊区自然下垫面层的热容量要大，白天城市的得热量贮存在下垫面层中的那一部分要比郊区为多，使得在日落后城市下垫面降温速度要比郊区小。在夜间，城市因有 Q_s 热量的补充，湍流显热交换的方向，仍然是地面提供热量给空气。郊区因地面冷却快，有接地逆温层出现，湍流的热交换的方向是空气向地面输送热量，这是城市热岛形成的另一重要原因。

（3）城市内部上空的污染覆盖层善于吸收地面长波辐射，特别是 CO_2 温室效应是形成城市热岛的主要因素之一。此外，城市下垫面有参差不齐的建筑物，在城市覆盖层内部街道“峡谷”中天穹可见度小，大大减少了地面长波辐射热的损失。

（4）城市人口的密集化，向大气中排放大量的人为热量（一个城市所输入的各种能量终以热量形成散发到大气中）。较多的人为热量进入大气，特别在冬季对中高纬度的城市影响很大，许多城市的热岛强度冷季比暖季大，星期一至星期五几天的热岛强度比星期日大，就是这个原因造成。

（5）城市中因不透水面积大，降水之后雨水很快从人工排水管道流失，地面蒸发量小，再加上植被面积比郊区农村小，蒸腾量少，城市下垫面消耗于蒸散的热量 Q_R 远较郊区为小。而通过系流输送给空气的显热 Q_H 却比郊区大，这对城市空气增温起着相当重要的作用。

（6）城市建筑物密度大，通风不良，不利于热量向外扩散，在大多数情况下，风速比郊区小。城市气温比郊区高，即使在日落后城市气温下降速度也往往比郊区小得多。这也说明热岛的形成还必须具备一定的外部条件，那就是天气必须稳定，气压梯度小，风速微弱或无风，天空晴朗无云或少云天气时，空气层结构比较稳定。

3.2.3　城市热岛的特征

（1）城市热岛是气温分布的一种特殊现象，其本质是城市气温高于郊区气温，热岛强度的强弱只与二者差值有关而与气温绝对值呈非线性相关，在城市气温高时并非热岛效应一定强，而在城市气温较低时则并非热岛效应一定弱。

（2）城市规模越大，人口越多，热岛现象越强。这是因为越是大城市，其下垫面立体化越严重；人口越多，则建筑及市政工程施工越多，而且工业、交通越发达，从而人为热释放多，下垫面层蓄热多，空气污染严重，城市气温相对越高。奥克曾提出最大热岛强度与城市人口之间的关系式如下：

$$\Delta T_{max}=a\lg D-b \tag{3-7}$$

式中　D 为人口密度，a 和 b 是由城市下垫面性质、经济发展水平、所处地理位置等所决定的参数。

对于一特定的城市，a、b 为常数。例如，在北美洲，$a\approx3.06$，$b\approx6.79$；而在欧洲，$a\approx2.01$，$b\approx4.06$。这是因为人口相同的城市，也可能在下垫面性质、人为热的数量、市区大气污染等方面相差较大。如一个城市绿化好，水面多、工厂少，而另一个则相反，虽然人口密度相同，实际 ΔT 也不会相同。

（3）各地区各季度的热岛强弱虽各不相同。不同地区的城市的热岛效应在各个季节的强弱变化是不同的。对于中高纬度地区，城市热岛强度的表现为：冬季最强、夏季较弱。春秋季介于冬夏之间。据观测，北京市 1971 年 1 月市区与郊区月平均气温差为 1.8℃。上海市 1955 年 11 月市区与郊区月平均气温差为 2.4℃，而 5 月平均温差仅为 0.1℃。面对于低纬度地区，城市热岛效应在各个季度相差不大，有人分析造成这种现象的原因是中高纬度的城市在冬季采暖释放大量人为热量，且这种人

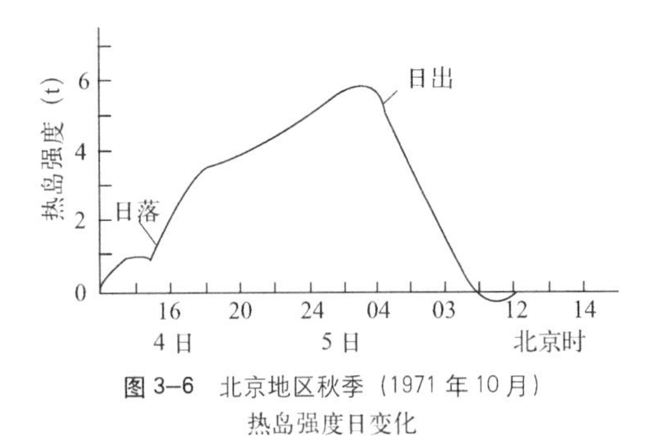

图 3-6　北京地区秋季（1971 年 10 月）热岛强度日变化

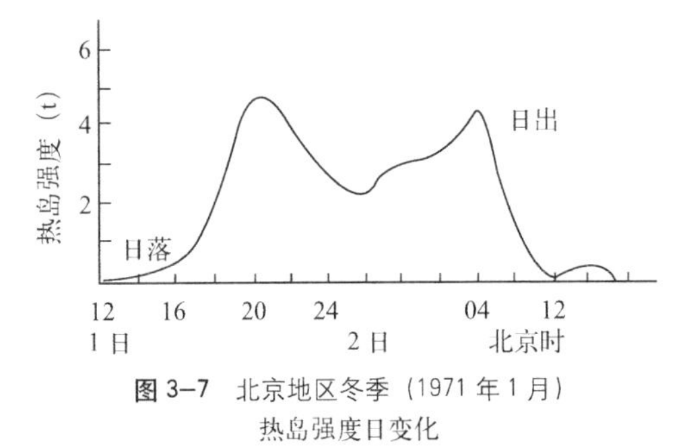

图 3-7　北京地区冬季（1971 年 1 月）热岛强度日变化

为热量是通过分散布置的小锅炉和家用锅炉释放到城市的大气中。

（4）白天热岛效应弱、晚间热岛效应强。造成这种现象的基本原因是城市与郊区下垫面层的单位面积热容量有差异。市区单位面积热容量较大，郊区较小。所以在白天吸收太阳辐射热及人为热过程中，尽管市区得热量大于郊区，但有相当部分热量贮存于下垫面层中，郊区下垫面层吸收贮存的热量则相对较小，这样造成郊区气温与市区气温递增速度几乎相同，二者的差值变小。在夜间，郊区天空较晴朗，长波辐射热容易散发，下垫面层贮热量减少，故气温递减速度很快；而市区则相反，故差值变大。图 3-6 和 3-7 是北京市秋冬两季两个典型的热岛强度日变化图，其中一个为单峰型，另一个为双峰型，但都表明夜间热岛强，白天热岛弱。

图 3-6 是以市中心某中学气象站地面气温减去郊区气温来代表北京地区秋季热岛强度日变化的例子。从 1971 年 10 月 4 日 16 时到 5 日 16 时的热岛强度逐时变化看来，也是夜间热岛强度要比白天大得多。总的变化趋势与上海有些相似。它在 17 时以后（比上海落后 1h 左右），热岛强度显著增大，18 时以后仍继续增大，但增大速度较平缓，到 5 时（比上海落后）左右，热岛强度达最大值，其值为 6℃左右。6 时日出以后，热岛强度迅速减小，中午前后达最低值（负值）。

图 3-7 是北京地区冬季热岛强度日变化的例子。图中绘出 1971 年 1 月 1 日 12 时到 2 日 15 时热岛强度逐时变化的曲线。可以看出，它的变化趋势与秋季有相似之处，也是在日落时的强度突然增大，但到 20 时达到最大值；以后又复下降，到夜间 2 时降至最低值；然后再缓慢上升，到 8 时达第二高峰，日出后突然下降。其强度的日变化是双峰型，而其峰强度分别为 5℃和 4.5℃。

（5）晴天无风时热岛强，阴天风大时热岛弱。表 3-5 所示北京大学张景哲先生等于 1981 年在北京地区测试结果的一部分。

不同天气对热岛的影响　　　　**表 3-5**

时刻	ΔT	天气状况
1 月 23 日 21 点	1.7℃	阴，风速 0.7 ~ 2.0m/s
1 月 30 日 21 点	6.9℃	晴，风速 0.0 ~ 1.0m/s

由表 3-5 可见，同在一个月份中的晚上 21 时，当为阴天且风速加大时，市区与郊区的温差只有 1.7℃；当为晴天且风速较小时，温差达到

6.9℃。其原因在于晴天时，城区立体化下垫面层才能发挥大量吸收贮存太阳辐射热能的机能，阴天时太阳能到达地面很少，当然就无法多吸收太阳辐射热。风小时空气较稳定，城区与郊区的机械紊流换热减弱，市区热空气不易扩散到郊区，当风速增大时，则机械紊流交换加剧。当风速大到一定数值时，城郊气温差别就不存在，这一风速值称为城市热岛的临界风速 U_{lim}。各个城市的临界风速的大小与城市规模有关。奥克根据他们的观测和搜集的资料，指出不同城市热岛的临界风速见表 3–6。即他们还总结出一个经验公式如下：

$$U_{lim}=3.41\lg m-11.6 \tag{3-8}$$

在上式中 U_{lim} 为城市热岛消失的临界风速。如果风速大于此临界值，因空气动力交换大，城市热岛就不会形成。m 为城市总人口数。他们根据大量资料计算，$\lg m$ 和 U_{lim} 的相关系数高达 0.97，佩特森根据公式 3–8 求出，当 $U_{lim}=0$ 时，城市人口只要有 2500 人，即有一定密度的建筑群，就可能产生城市热岛效应。

不同城市热岛消失的临界风速　　　　**表 3–6**

城市名称	作者	观测年份	城市人口	临界速度（m/s）
伦敦	钱德勒（1962）	1955~1968	18500000	12
蒙特利尔（加）	奥克等	1966~1968	2000000	11
不来梅（联邦德国）	麦（Mey）	1933	400000	8
汉密尔敦（加）	奥克等	1965~1966	300000	6~8
雷丁（英）	柏来（1956）	1951~1952	120000	4~7
熊谷（日）	瓦密拉	1956~1957	50000	5
帕洛—阿托（美国加州）	德克末斯	1951~1952	33000	3~5

根据周明煜等的研究，我国北京地区不同热岛消失的临界风速是不同的。冬季热岛强度最强，热岛消失的临界风速也最大，秋季热岛强度也很强，但比冬季要弱一些，因而热岛消失的临界风速也较大，但比冬季略小；夏季的热岛强度在四季中是最弱的，热岛消失的临界风速也是最小的。如果把城市热岛强度小于 0.5℃时的水平风速定为热岛消失的极限风速，可得表 3–6。

综上所述，城市热岛强度与城市规模和背景风速等诸多因素有关，计算热岛强度的简易模式，如图 3–8。萨默斯（Summers）曾提出简单计算热岛效应强度的方法，即根据城市的大小、城市表面向大气发散的显热量、城市外大气的温度梯度、风速，通过公式（3–9）可求得热岛效应强度：

$$T_{u-r}=\sqrt{\frac{2LH\Delta t/\Delta z}{c_p\rho U}} \tag{3-9}$$

式中　T_{u-r}——城市内外的温度差，℃；

H——地表向大气发散的热量，显热流，W / m^2；

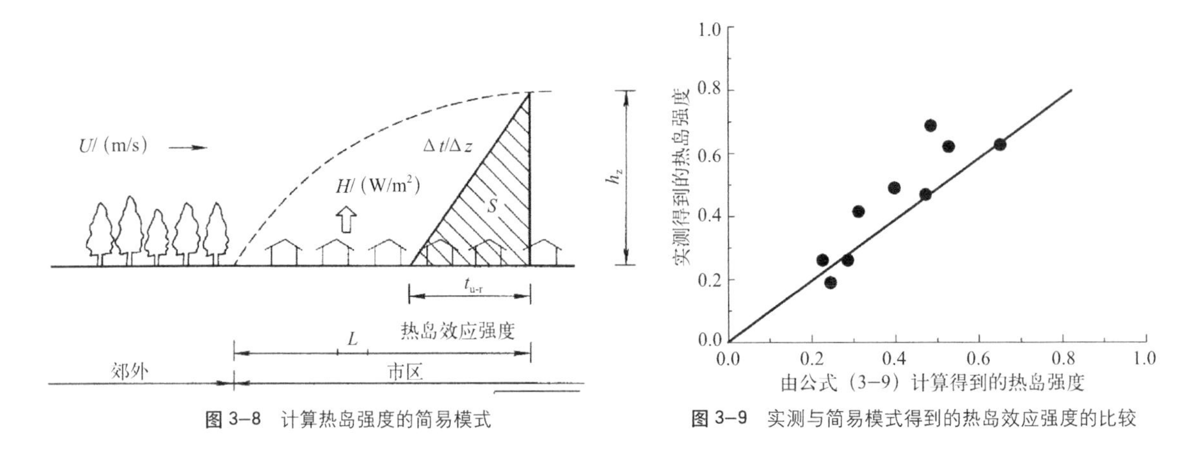

图 3−8 计算热岛强度的简易模式

图 3−9 实测与简易模式得到的热岛效应强度的比较

L——城市的大小，m；

Δt、Δz——城市外高度差为 Δzm 时的大气温度差 Δt（℃），二者之比为城市外大气温度梯度；

c_p——空气的比热容，J /（kg · ℃）；

ρ——空气的密度，kg / m^3；

U——城市外背景风速，m / s。

图 3−9 为伦敦市在大气稳定情况下的实测值和计算值的对比图，显然二者基本一致，因此可以说这种简易计算模式是合理的。但是，对于大气不稳定或者未在稳定的大气中形成的热岛效应的情况，这种简易计算就不适用了。另外随着计算机技术的发展，近年来，不仅是热岛效应，建筑物周围甚至广阔地域的气温分布还可以通过数值计算进行预测。

3.2.4 热岛对城市环境的影响

城市热岛效应的出现，使城市区域空气温度在一年中大部分时间里高于郊区，由此引起对整个城市环境的多方面影响，主要有下面几个方面：

（1）形成热岛环流

城市热岛在城市水平温度像一个温暖的“岛屿”，即一个气温高于郊区的暖区。因此，市区地面气压要比郊区气压稍低一些。如果没有大的天气系统的影响，或背景风速很弱的话，就会出现由周围郊区吹向市区的微风，称为热岛环流，或“乡村风”、“城市风”，如图 3−10 所示。

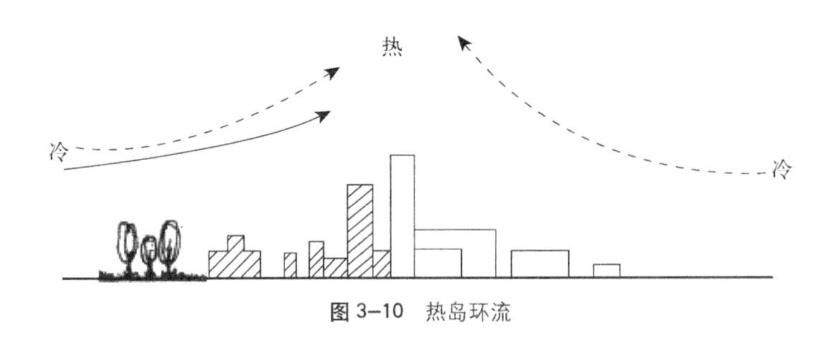

图 3−10 热岛环流

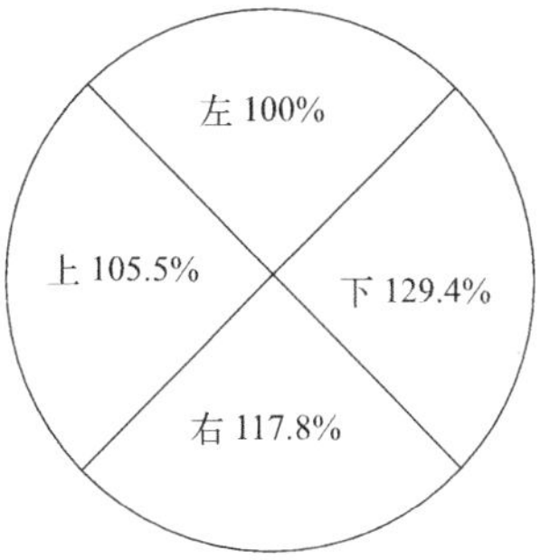

热岛环流是由市区与郊区气温差形成热压差而产生的局地风，故其风速一般都较小，如上海约为 1~3m/s，北京约为 1~2m/s。

热岛环流的出现，影响了整个城市风场的分布。在背景风速很弱的条件下，会将城市边缘地区工厂排放的污染物带进市区，使得愈靠近市中心区，污染浓度越高，加大了城市区域的大气污染。

左 100%
上 105.5%
下 129.4%
右 117.8%

图 3–11　城市对降水分布的影响

（2）影响城市区域的降水量和空气湿度

热岛效应的出现，加强了城市区域大气的热力对流，再加上城市大气中的许多污染物本身就是凝结核，使得城市区域的云量和降水量比郊区明显增多。1973 年弗兹格瑞德（Fitzgerald）等在低空飞行、对云微细的物理结构进行观测时发现，从美国圣路易斯城区的上风方向到下风方向云的凝结核数目增加 54%，空气的过饱和程度亦有所增加，出现 101% 相对湿度的区域，下风方向是上风方向的双倍。由于下风方向云的凝结核数目较多，它们吸水性能强，容易成云。章农（Changnon）在圣路易斯城区作了连续 5 年夏季 302 次降水记录，得出城市下风区的降水量比上风区大约 20%，如图 3–11 所示。

城市区域的降水量虽比郊区多，但市区空气的相对湿度却比郊区低。其原因除了市区大部分降水被排走、市区蒸发到空气中的水分少外，城市热岛效应（气温高于郊区）也是主要原因之一。表 3–7 是广州市区与郊区相对湿度的比较。是 1981 年 7 月实测的几个平均值。

广州市区与郊区相对湿度（%）　　**表 3–7**

日期	4	5	6	9	10	平均
市区	75	66	71	78	78	74
郊区	85	76	82	82	84	85

（3）酷热天气日数增多，寒冷天气日数减少

城市气温高于郊区引起市区一系列气候反常现象，一是夏季城市区域酷热天气日数（35.1~40.0℃）多于郊区；二是使得城市中的无霜期比郊区长；三是降低了城市的降雪频率和积雪时间；四是冬季寒冷天气日数（小于 −5.0℃）城市少于郊区，显得市区春来早，秋去晚。这种气候变化的结果使得冬季城市区域采暖热负荷减少，从某种意义上说节约了能量，但同时又使得夏季空调冷负荷增加，又多消耗了能量。

3.2.5　热岛对建筑热工设计的影响

1）对保温设计的影响

在纬度较高的地区，冬季的热岛效应强度远远高于夏季，因而应考

虑热岛效应对保温设计的影响。建筑保温设计的基准是《民用建筑热工设计规范》(以下简称规范)。《规范》对建筑外围护结构的保温设计，给出了3种方法。基本的方法是最小总热阻法，即外围护结构的总热阻不应小于下式所确定的热阻值：

$$R_{0,\min}=\frac{(t_i-t_e)\times n}{[\Delta t]}\times R_{if} \tag{3-10}$$

式中 t_i，$[\Delta T]$ 是由房间使用性质决定的参数；n 为考虑结构部位的温差修正系数；R_{if} 为围护结构内表面热转移阻，一般取常数；t_e 为冬季室外计算温度，随地点不同而查表取值。由式(3-10)，t_e 取值的准确程度，将影响外围护结构墙体热阻的大小。如果 t_e 取值偏低，则最小热阻 $R_{0,\min}$ 取值就偏于保守，外围护结构厚度值偏大，偏离的程度取决于 t_e 偏离实际值的程度。

按现行热工设计规范，t_e 是按围护结构的热惰性指标，分四级温度取值。取值的基准是冬季室外采暖计算温度 t_w 和累年最冷日平均温度 $t_{e,\min}$。不论采用何种统计计算方法，总是根据累年气象台站提供的气象资料进行统计、分析、计算的。而这些气象站资料一般情况下所代表的是某一城市、某一地区的“乡村”气候(或郊区气候)。亦即现行规范中所提供的冬季室外计算温度值，没有考虑热岛效应引起的温度升高，故城市中所做的热工设计，其结果是偏于保守的，但对节能有利。同样，热岛效应也将影响到其他保温设计措施。

2）对建筑防热设计的影响

建筑防热设计是建筑热工设计的一个主要方面。城市热岛效应使得城市气温高于郊区气温，这对夏季城市建筑防热设计提出更高的要求。这里仅就防热的两个主要措施作粗略地分析。

(1)外围护结构的隔热

隔热设计的主要途径是提高外围护结构的热阻。当围护结构热阻确定之后，夏季室外气温的升高，将使室内出现过热，这是因为热岛效应出现后，使得室外平均气温升高，每一时刻的瞬时气温亦升高。这对于夏季空调房间来说，室内得热量将增大，冷气温度亦升高。按线性叠加原理，意味着室内空气瞬时温度，平均温度、围护结构内表面温度都升高。特别是在高温季节，温度每升高1℃，都将使室内环境恶化许多。由此，热岛效应的出现对外围结构的隔热指标值要求严重，即外围结构需要有更大的衰减度，更长的延迟时间。

(2)关于外表面浅色处理

外表面浅色处理是现行夏季围护结构隔热的一项措施，其基本思想在于利用浅色表面对太阳短波辐射反射系数较大、吸收系数较小的特性，将到达外围护结构外表面的太阳辐射进行反射，降低该单体建筑的外表面温度，达到防热降温的目的。这个思想的前提是，将所考虑的单体建筑作为一个独立系统，该系统处于一个无限大恒温的空气层中，只要太阳辐射不直接加热围结构外表面，则可以认为对室内热环境无影响。

按城市气候学的观点来看，上述基本思想对于处于较小城镇、郊外或风速很大的市区的单体建筑，还是基本成立的。但对处于规模越来越大的现代化大都市中，则就不一定了。这是因为，太阳的短波辐射被一次反射后，又被周围建筑表面进行二次、三次反射。如前所述，最终从整个城市来看，反射系数是很小的。到达城市下垫面的太阳辐射能量几乎全部用于加热城市覆盖层（包括建筑物与空气），所以从整体来看，尽管每一建筑物都经过浅色处理，但不影响整个覆盖层内温度的升高，没有改善城市热环境。因为将到达外表面的太阳辐射热反射后加热市区空气，然后再向室内传热，因此起不到隔热的目的。

3）对建筑防潮设计的影响

建筑防潮设计的主要内容之一是防止围护结构内表面和内部结露（冷凝）。按稳态法设计计算的基本理论依据为：

$$W=(P_i-P_e)/\sum H_j=(P_i-P_e)/(\sum d_j/\mu_j) \tag{3-11}$$

式中　W——蒸汽渗透强度；

P_i——室内水蒸气分压力；

P_e——室外水蒸气分压力；

$H_j=d_j/\mu_j$——材料层蒸汽渗透阻；

d_j——材料层厚度；

μ_j——材料层的蒸汽渗透系数；

P_e——是由室外空气温度、相对湿度所确定的一个基本量。在相同温度下，P_e 随相对湿度的降低而减小，由此上式 W 值则增大。假定某单位建筑的外围护结构是按最小热阻进行设计，其热阻理论上能保证内表面不结露，那么由于热岛现象的出现，则使内表面实际上不结露的保证率大大提高，结露的可能性减小。

围护结构内部冷凝量的多寡，按内部冷凝检验判别方法，取决于实际水蒸气分压力线与饱和水蒸气分压力线的相交程度，如果某建筑外围护结构在设计参数选定条件下（按现行规范选取），有可能出现的内部凝结，但由于城市热岛的出现，则可能会使冷凝现象消失。这是因为：

（1）市区相对湿度的降低使得实际水蒸气分压力线图下降（即每一点的实际水蒸气分压力值减小）。

（2）市区温度升高使得饱和水蒸气分压力线图上升（即每一点温度高引起饱和水蒸气分压力值增大）。

3.2.6　控制城市热岛的措施

总的来说，城市热岛效应对城市环境的影响是害多利少，从城市建设和发展的角来看，应控制和减小日趋严重化的热岛现象，改善城市的热湿现象。

（1）严格控制城市规模

如前所述，城市规模越大，人口越多，热岛愈强。现有资料表明，

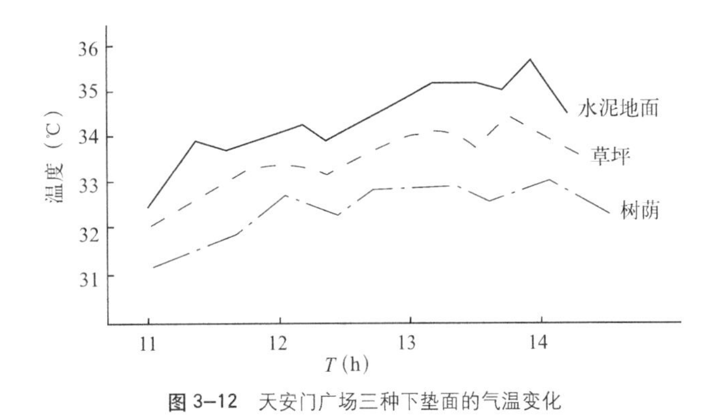

图 3–12　天安门广场三种下垫面的气温变化

我国城市热岛效应以上海、北京等城市的为最强。在改革开放的今天，城市基本建设加快，使得城市的规模越来越大，这就需要城市建设管理部门保持清醒的头脑，防止再犯一边建设一边污染的错误。

在控制城市规模的同时，还应防止城市人口密度和建筑物密度过高。局部的高密度会因大量消耗能源而释放高强度的人为热，加上其他形式净得热量，产生很强的局部地区热岛效应，恶化市区热环境。故在城市规划设计中，就尽量避免人口密度与建筑密度较高的功能区连片布置。

（2）保持城市区域有充足的蒸发面积

即在城市建设中，在城市中心区域规划出足够的水面和绿地，而且应该分布合理。我国的大多数城市的水面和绿地面积与发达国家城市相比比例很小，故更应注意城市蒸发面积的建设。大量观测资料表明，不同下垫面上空的气温有明显的差异，天安门广场就是一个很好的例证。天安门广场现有面积 40ha，其中水泥铺装面约占 80%，绿地只有 12%。对水泥地面、树荫、草坪三种不同下垫面在夏季白天所形成的微小气候，北京大学张景哲教授等于 1981 年 8 月 17 日进行了观测，结果如图 3–12 所示。

图 3–12 所示的是在下垫面 1m 高处的观测结果，从图中可以看出，水泥地面上方比有树荫草坪上方温度高出约 2.8℃。

为了说明在一般市区有无绿化对减弱热岛现象的影响，下面再引用杨士弘等 1981 年 7 月在广场观测的结果，见表 3–8、表 3–9、表 3–10、表 3–11 和表 3-12。表中数据表明，城市绿化对缓和热岛效应所造成的城市热湿环境恶化有十分重要的改善作用。

公园与公园的附近街道测点气温对比（℃）　　表 3–8

日期	测点	时间							平均	天气状况
		07	08	10	12	14	16	18		
7 月 4 日	流花湖公园	26.7	28.1	29.5	30.6	30.9	30.1	29.3	29.3	多云、偏东风 1~4m/s
	东风一路	26.7	28.2	30.0	31.5	31.7	30.8	30.1	29.9	
	差值	0	0.1	0.5	0.9	0.8	0.7	0.8	0.6	
7 月 6 日	流花湖公园	26.9	27.5	28.7	30.6	31.3	26.2	28.1	28.4	多云、东北风 2~4m/s
	东风一路	27.3	28.1	29.1	31.8	23.4	26.5	28.7	29.1	
	差值	0.4	0.6	0.4	1.2	1.1	0.3	0.6	0.7	

街道有树测点与附近街道无树测点气温对比（℃）　表 3–9

日期	测点	时间							平均	天气状况
		07	08	10	12	14	16	18		
7 月 4 日	街道有树 街道无树 差值	26.9 27.0 0.1	28.0 28.2 0.2	30.0 30.0 0	31.0 31.7 0.7	31.0 31.8 0.8	30.6 30.8 0.2	30.2 30.2 0.2	29.7 30.0 0.3	多云、偏东风 1~4m/s
7 月 6 日	街道有树 街道无树 差值	27.1 27.6 0.5	28.2 28.2 0	30.1 31.7 1.6	31.1 31.6 0.5	31.6 33.6 2.0	32.4 33.0 0.6	32.0 32.8 0.8	30.4 31.2 0.8	多云、东北风 2~5m/s

草地广场与附近水泥地面测点温度对比（℃）　表 3–10

测点	1981 年 7 月 9 日				天气状况
	08	14	18	平均	
海珠广场东侧草坪 海珠广场中央水泥地面 差值	27.4 27.7 0.3	27.6 28.9 1.3	28.8 28.9 1.1	27.9 28.8 0.9	多云转阴，东南风 2~5m / s，中午有短时小雨

草地与附近柏油马路气温对比（℃）　表 3–11

测点	1981 年 7 月 9 日				天气状况
	08	14	18	平均	
烈士陵园正门前草坪 东校场柏油马路 差值	27.2 27.5 0.3	30.8 32.4 1.6	28.8 30.1 1.3	28.9 30.0 1.1	多云转阴，东南风 1~3m / s，多云到阴，9 时半下 5min 小雨

1981 年 7 月 13 日后海、玉渊潭与附近沥青路面的气温（℃）　表 3–12

地点	时　间						
	8：00	10：00	12：00	14：00	16：00	18：00	20：00
后海	25.6	29.7	31.9	32.2	31.8	29.7	28.2
后海西侧路面	25.4	30.0	32.5	33.6	32.9	31.2	29.0
玉渊潭后湖	25.7	28.9	30.7	31.9	31.5	27.8	28.2
军博北空地路面	25.8	29.7	31.8	33.4	31.9	27.8	27.8

关于水面之所以能抑制夏季热岛的强度，是因为水体热容大，且蒸发能力强。当夏季地面增温时，水面温度低于地面温度，从而水面上空的气温低于地面上空气温。表 3–12 是张如一等 1981 年在北京实测的结果。

另外，在城市区域建设设计中，应当推行屋顶栽植、墙面立体绿化等设计措施。过去这些只是作为单体建筑的防暑降温措施。但从整个城市来看，它们是城市绿化建设的一部分，对改善城市的热环境起着良好的作用。中世纪罗马等石造城市中，人工水池和喷泉很多，不论当时人们是否意识到，它们都具备调节城市热环境的功能。

（3）合理使用人工铺装，使之不要超过功能所必须的面积

在城市区域，由于道路、桥梁等功能要求的需要，必须采用像水泥、沥青等人工铺装面。但长期以来，很多人盲目使用沥青、混凝土铺装各种路面、广场以至一个单位庭院的大部分地面铺上沥青、水泥面的现象，结果造成夏季严重干热。临潼骊山疗养区某大疗养院，由于休养人员最集中的中心庭院热得难忍，晚上也不能在院里乘凉。实际观测结果表明，建筑附近若使用大片水泥铺装地面，可以使得7月初地面上1.5m处14：00左右平均辐射温度达到50℃以上。

（4）加强市区的自然通风

狭窄的街道，建筑密集的里弄胡同不利于空气的流通，不利于市区的热空气散失到郊外，也不利于空气中污染物向城外扩散。因此，在城市新建、改建时，在总体规划中，要设计有一定数量和一定宽度的、走向与夏季盛行风向相近的街道，以加强市区与郊区之间机械紊流的热交换，使得城市的多余热量较快地转移到郊外。

3.3 绿化对城市热环境的影响

3.3.1 城市绿化的形式及作用

绿化泛指人们在科学、合理的前提下种植植物，以提高和改变基地和周围环境质量的行为。绿化包括国土绿化、城市绿化、四旁绿化和道路绿化等几方面，对改善生态环境和美化环境都有一定程度的作用。

绿化植被通过其叶片大量蒸腾水分而消耗城市中的辐射热，以及通过枝叶形成的浓荫阻挡太阳的直接辐射热和来自路面、墙面和相邻物体的反射热而产生的降温增湿效益，有效缓解城市的热岛和干岛效应，减少居民由于干热环境所引起多种疾病的发生，带来提高居民的健康水平、提高生活舒适度和生活质量的效益。

1）城市绿化的形式

城市绿地是城市绿化的主要表现形式，指以自然植被和人工植被为主要存在形态的城市用地。主要包括城市建设用地范围内用于绿化的土地和城市建设用地之外，对城市生态、景观、环境和居民休息起作用的绿化区域。根据其功能又可分为公共绿地、居住区绿地、单位附属绿地、防护绿地、生产绿地、风景林地。

在城市绿化中，建筑绿化也越来越得到重视。一般来说，建筑绿化的形式可分为垂直绿化和屋顶绿化两种。

垂直绿化又被称为立体绿化，就是在墙壁、阳台、窗台、屋顶、棚架等处栽种攀缘植物，充分利用空间以增加绿化覆盖率，达到减少阳光直射，降低温度，克服城市家庭绿化面积的不足，改善不良环境的目的。

屋顶绿化泛指在各类建筑物、构筑物、城围、桥梁等的屋顶、天台、露台、阳台或大型人工假山山体上进行造园，种植树木花卉的统称。它具有改善城市环境面貌，提高城市居民生活、工作环境质量，降低室内温度，增加空气湿度，缓解大气浮尘，净化空气，延长屋顶建材使用寿命，提高国土资源利用率等作用。

2）绿化对城市热环境的改善作用

众所周知，城市绿化是调节城市微气候的重要手段，对提高城市生态环境质量和改善城市热环境有着积极的作用。

（1）改善空气温、湿度

绿色植物能够吸收和遮挡太阳辐射，并借助自身的光合作用，将太阳能转化为化学能。同时其蒸腾作用也消耗了一部分太阳辐射，并吸收周围的一些热量，使空气温度下降，达到调节空气温度的目的。研究表明，单株树木一天内可蒸发450L水，转移了可提高空气温度的230000kcal的能量，相当于5个空调共同运作19个小时。综合国内外研究情况，绿化能使局部地区气温降低3~5℃，最大可降低12℃；相对湿度增加3%~12%，最大可增加到33%。在对居住区120个绿地进行降温试验中发现，高大的乔木蒸腾作用强，8m以上的大乔木降温可达2.8℃，可消耗太阳直接辐射能量的60%~75%，甚至达到90%。灌木类型可降温1.2℃，而草坪的降温仅为0.6℃。以乔木为主的绿地在高温天气下可平均降温2.5℃。

（2）降低热岛效应

热岛效应产生的主要原因一部分来自城市下垫面性质的改变，如绿地和水体的减少；另一部分来自城市生产、居民生活所排放的热量。除此之外，建筑物、城市道路白天吸热，晚上放热而阻碍最低层气温降低，以及高大建筑物对市郊气流的阻碍，使得城市与郊区不能够很好地进行热交换，进而导致温度较高，也是热岛效应产生的原因之一。

绿地对降低热岛效应的作用表现在，一方面由于绿地植物的蒸腾吸热作用，能够缓解城市空气升温幅度；另一方面，绿地近地面较低温度形成的下降气流，与周围区域较高温度形成的上升气流，发生空气对流，形成一个环流系统，促使区域温度降低。有学者在冬季用流动观察法，分别测试了西安白天和夜间城区280个测试点的温度值，并结合西安郊区的温度测试值，计算出西安冬季白天城区比郊区高2.5~4.0℃，晚上城区比郊区高5.5~6.0℃。表明了绿地对城市热岛效应具有明显的改善作用。

（3）防风通风

城市绿地中树木适当密植，可以增加防风的效果。绿地减低风速的效应随风速的增大而增加，这是因为风速大，枝叶的摆动和摩擦也大，同时气流穿过绿地时，受树木的阻截、摩擦和过筛作用，消耗了气流的能量。秋季绿地能减低风速70%~80%，静风时间长于非绿化区。冬季能降低风速20%，静风时间较未绿化地区长。

绿化植物能够降低下垫面的空气温度，与周围较高的空气温度形成温度差，引起局部空气流动，起到通风的作用。

3）绿化的其他功能

绿化在对生态环境改善方面作用众多，除了前面所描述的之外，还具备以下几项功能：

（1）固碳释氧

绿地植物可以利用光合作用来吸收二氧化碳，放出氧气，保持空气中二者的平衡。据统计，在植物生长季节，1ha 树林每天可吸收二氧化碳 1000kg，放出氧气 730kg，1ha 草地每天可吸收二氧化碳 900kg 以上，放出氧气 654kg。据科学家测算，绿地植物光合作用的固碳量相当于人口呼吸释放碳量的 1.7 倍，而绿地的放氧量相当于城市人口耗氧量的 1.9 倍。

植物在光合作用时能形成一种负氧离子，它能减少一些大气污染物质、氮氧化物和活性氧对人体的危害，同时净化空气。此外，负氧离子还具有促进人体新陈代谢，提高人体免疫能力，调节肌体功能平衡的作用。

（2）净化空气

某些植物能够稀释、分解、吸收和固定大气中的有毒有害气体，如二氧化硫、氟化氢、二氧化氮、氯气、臭氧、汞蒸气、铅蒸气、醛、醚、醇等，再通过光合作用形成有机物质，达到净化空气的目的。绿地植物还能利用其分泌的挥发性物质，杀死细菌、真菌和原生动物，减少有害病菌在空气中的含量，降低人们因吸入有害物质引起的发病率。

（3）吸滞尘埃

大气中除了有毒气体外，粉尘、灰尘等也是主要的污染物质。不利气象条件、土建施工、交通运输等都能产生大量的粉尘和灰尘。这些灰尘对建筑物、构筑物及相关材料会造成一定的腐蚀，遮蔽阳光阻碍植物的光合作用，还会损害人们的身心健康。

绿色植物对灰尘和粉尘具有阻挡、过滤和吸收的作用，能够减轻和有效防止大气被污染。据测定，草坪绿地中的含尘量比街道少 1/3~2/3，草地减尘的作用比裸地大 70 倍，因此，应考虑选择滞尘性能强的植物进行绿化。

（4）消除噪声

在人口密集的城市里，各种交通工具、建筑施工、工厂、商业和社会生活所带来的噪声会干扰人们的生活、工作，还会损害听力及引起其他疾病。噪声的理想值是 70dB，如果长期处于 90dB 以上的环境中，就会对人体产生不良影响。消灭噪音的最有效方法，就是将植物看作一种吸声材料，进行植树、栽花和种草。草坪基本上可以吸收和减弱 125~8000 赫兹的噪音，40m 宽的林带可以减低噪声 10~15dB，4m 左右宽的绿篱可减低噪声 6dB。因此，在对听闻有一定要求的区域均应采取绿化措施来减弱或消除噪声。

（5）环境保护

绿色植物的根系，可以净化水源，保护水质，减少土被雨水冲刷和侵蚀的程度，减少地表径流以及防止泥石流的形成。实验表明，在一定坡度和降雨量条件下，当植物的覆盖度分别为 100%、91%、60% 和 31% 时，土的侵蚀相应分别为 0%、11%、49% 和 100%。在城市，草坪植被不仅可防止地面被冲刷，而且使雨水流入地下管道时不附带泥沙，可有效避免因沉积而导致地下水道的堵塞。

3.3.2 绿化对城市热环境的影响

绿化是改善城市热环境最经济、最有效的手段之一，对这方面的研究早已引起了国内外很多学者的兴趣。目前的研究方法可以分为两类，一是计算机模拟研究；二是现场实测研究。计算机模拟的优势在于其可以将复杂的影响因素抽象化，通过数学模型表述为输入条件，增加了研究结果的普适性，减少了结果的随机性。但其本身也存在着严重的缺陷，最大的问题就是不考虑植物在光合作用下的吸热量以及某些生物特质，而这正是绿化比起其他环境改良手段所独有的优势，对这方面的忽略会使模拟结果产生一定的差异。实测研究可以较好的补充模拟研究的不足。它的优势在于准确全面，尤其是对模拟无法准确描述的生物特质方面，实测研究具有无可比拟的优势。

从目前实测结果和模拟结果的对比分析来看，从宏观角度，比如绿化形式的比较、绿量的比较等方面，两者的研究结论基本上是一致的；但从生物性方面，比如城市绿化树形的比较、树冠的比较等方面，模拟研究还无法深入，仍应以实测研究的结论作为参考依据。本节所取的数据及结论也依照此原则。

1）不同绿化形式的影响

我们以城市热环境的基本构成单元——街谷热环境为例，来比较不同绿化形式的影响。目前城市街谷内最常见的绿化形式有三种：乔木、灌木和草坪，利用模拟来比较它们对街谷热环境的改良程度。

（1）模拟工况

模拟工况见表 3–13，模拟街谷均为东西走向，高长比 1:9，高宽比 1:1，材料为浅色粉刷黏土砖外墙、碎石混凝土路面，具体物性参数见表 1，模拟地点选在西安，模拟所需气象参数取西安市气象台 2006 年 6 月 28 日的逐时气象数据，不考虑人为产热。

街谷数值试验界面物性设定 **表 3–13**

	蒸发率，$g/(cm^2 \cdot h)$	长波反射率，%	导热系数，$W/(m \cdot K)$	密度，kg/m^3	比热，$J/(kg \cdot K)$	短波反射率，%
外墙	0	0.9	0.81	1800	1050	0.6
路面	0	0.9	1.51	2300	920	0.35

除绿化形式变化外，街谷其余模拟条件均相同，在此基础上分别在街谷中植以草坪、灌木和树，均布置在靠近北侧建筑一边，树木取半球

形树冠，树冠半径设为 2m，具体参数如表 3-14 所示。（模拟所取叶面积指数 LAI 为北京林业大学对 37 种城市绿化常用植物叶面积指数实测平均值）。

街谷数值试验植物参数设定　　表 3-14

	尺寸（长 × 宽 × 高），m	LAI	离地高度，m	间距，m	中心距壁面，m
草	100×2×0.3	6	0	0	1
灌木	100×2×0.8	6	0	0	1
树	6（株）×（2）^{2}×2π/3	3	2	1.5	3

（2）模拟结果及其分析

模拟结果如图 3-13、图 3-14 和图 3-15 所示（图中每组左侧柱体示意街谷中心热环境数据，右侧柱体示意绿化位置热环境数据。篇幅所限只取部分典型时刻的数据对比）。从模拟结果可以看出，树木对街谷热环境的改善效果最好，以 12:00 为例，树冠下方 1.1m 高处湿黑球温度 WBGT 值比无绿化时降低了 3.67℃，标准有效温度 SET 值比无绿化时降低了 6.44℃，同时可以注意到街谷内气温比起无绿化时降幅很小，可见树木对热环境的改善主要是通过树冠对太阳辐射的遮挡所造成的。因此稀疏的点缀几颗树木只能使个别区域热环境有所改善，对环境整体的影响并不大，只有连接成排的行道树才能为行人提供舒适的户外区域。

三种绿化形式当中，草坪对热环境的改善作用强于灌木，由于灌木对气流的摩擦增大，使得气流速度降低，环境热舒适值有所提高，灌木上方 WBGT 值比草坪上方平均高 0.26℃，最大增幅 0.45℃，SET 值比草坪上方平均高 0.17℃，最大增幅 0.51℃。可见三种常见化形式之中，树木的改良作用最为明显，草坪次之，灌木最差（但树木必须达到一定的种植密度才可以达到满意的效果）。当然，草坪和灌木之间的差值远小于它们与树木之间的差值。

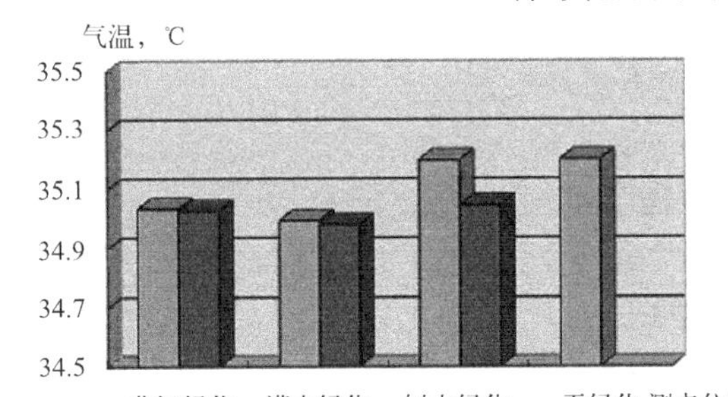

图 3-13　不同绿化形式 1.1m 高处气温分布（14：00）

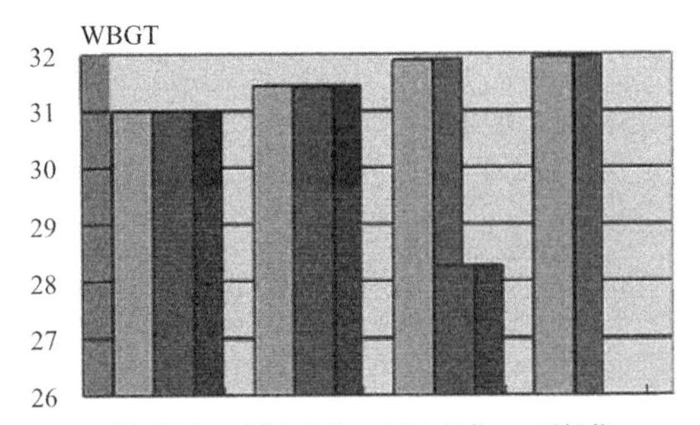

图 3-14　不同绿化形式下 1.1m 高处 WBGT 分布（12：00）

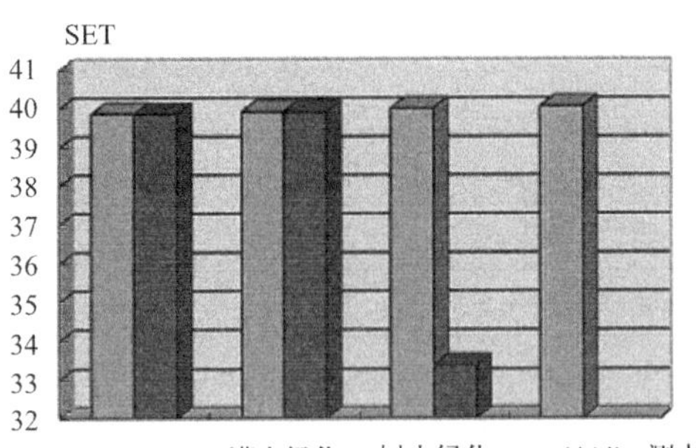

图 3-15　不同绿化形式下 1.1m 高处 SET 分布（14：00）

2）不同叶面积指数的影响

叶面积指数 LAI 是植物绿量的关键参数之一。它直接决定了植物的阳光穿透率，水分蒸腾能力、气流流动速率等方面的差异，进而对热环境产生明显的影响。

（1）模拟工况

根据目前城市绿化植物的大量实测，只有小于 14% 的植物叶面积指数 LAI ≥ $8m^2/m^2$，大多数植物的 LAI 都在 0~$7m^2/m^2$，因此取 LAI 分别为 1、3、5 三种工况来定量地进行模拟比较（详见表 3–15），除叶面积指数不同外，其余参数包括种植位置、树干高度、树株间距、树冠状完全一样，所有模拟工况均取半球形树冠，其余模条件均如 1 节中所述。

不同 LAI 数值试验算例说明　　表 3–15

	叶面积指数，LAI	树冠直径，m	离地高度，m	间距，m	中心距壁面，m
Case1	1	4	2	15	3
Case2	3	4	2	15	3
Case3	5	4	2	15	3

（2）模拟结果及其分析

模拟结果如图 3–16、图 3-17 所示。（图中每组左侧柱体示意街谷中心热环境数据，右侧柱体示意树冠下方热环境数据。篇幅所限只取部分典型时刻的数据对比）。从模拟结果可以看出，叶面积指数的变化对街谷热环境的影响十分明显，随着树木叶面积指数的增加，不仅其自身遮阳效果增加，使得树阴区域的气温、树荫区域的湿黑球温度 WBGT 和标准有效温度 SET 值也明显降低；而且，随着叶片面积的增多，蒸发带来的降温效果增加，使得街谷内其他部位的气温及热舒值也有了一定的降低，在模拟工况中，以 14 点为例，当 LAI 从 1 增加至 5 时，树荫区域的气温下降 1.01℃，树荫区域的湿黑球温度 WBGT 和标准有效温度 SET 值分别下降 3.5℃和 5.7℃，非树荫区域的气温也下降了 0.505℃，其他时段也可以得出同样的结论。

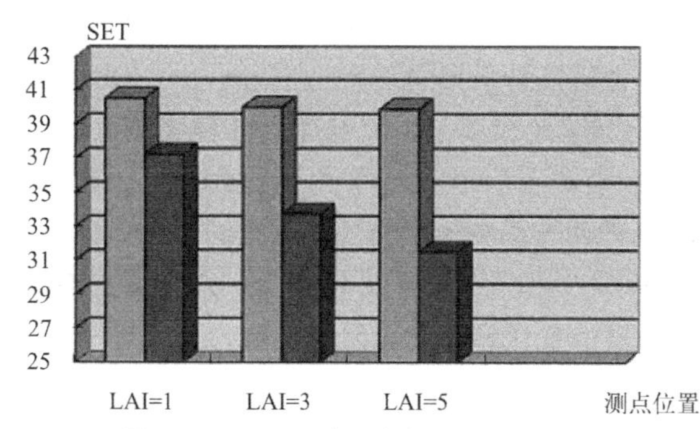

图 3–16　不同 LAI 街谷内 SET 分布（14：00）

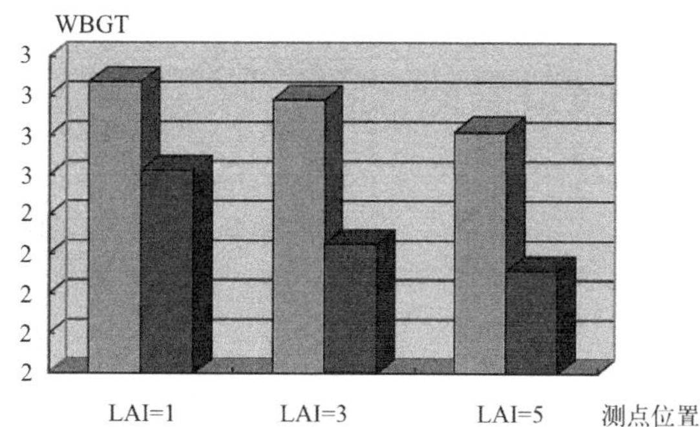

图 3–17　不同 LAI 街谷内 WBGT 分布（12：00）

值得特别指出的是，比较 LAI=1 和无绿化时的数据可以看出，LAI=1 时，街谷中非树荫区域的热环境不仅没有比无绿化时好转，反而还有所恶化，这点与开阔地带是不同的，因为树木的存在对街谷内气流速度造成阻碍，稀疏的叶片所带来的遮阳效果还抵不上其带来的不良影响。造成局部热环境质量反而有所降低。所以，树种的选择应至少保持叶面积密度 LAI ≥ 3，才可以对街谷热环境带来实质性的改善。

3.3.3 绿化对城市热环境影响的试验研究

在城市绿化树种生物物性对热环境影响的研究方面，现场实测数据具有更高的准确性。本节以西安市相关测试数据为例，来比较不同生物物性对城市热环境的影响。

1）测试概况

在城市绿化常用树种中选择了五种树木作为北方地区不同物性的城市绿化代表树种，详见表 3–16。测试地点位于西安市植物园苗圃基地（研究地 P1），远离城市中心，受城市热岛效应与环境污染的干扰较小，所测数据的准确性较高。并同时测试城市中心某校园开阔草坪作为相同下垫面无乔木遮挡的对比测点（研究地 P2）。

所选测试乔木物形表　　表 3–16

树种	类型	树高（m）	叶面积指数	胸径（m）	树形
法桐	乔木	11.34	3.48	0.57	圆柱形
雪松	乔木	11.21	2.80	0.57	圆锥形
垂柳	乔木	11.00	3.06	0.51	倒圆锥形
大叶女贞	小乔木	5.15	3.53	0.20	球形
樱花	小乔木	4.15	2.23	0.25	半球形

2）测试数据及分析

将实验得到的数据进行整理，按照所选测试乔木的树杆高度、LAI 值大小和树冠形状这三个方面进行分类，并两两比较。

首先，按树干高度的不同取比较项，本文选择高杆的法桐（H=11.34m）和低杆的大叶女贞（H=5.15m）的测试数据进行比较，这两项除了树干高度不同外，其他两方面的生物特性基本相同。

其次，按 LAI 值大小的不同取比较项，本文选择 LAI 值高的大叶女贞（LAI =3.53）和 LAI 值低的樱花（LAI =2.23）的测试数据进行比较，这两项除了 LAI 值不同外，其他两方面的生物特性基本相同。

最后，选择湿黑球温度 WBGT 作为热舒适评价指标，对各测试树种进行比较，重点分析其热舒适度的变化及其影响因素。

（1）不同树干高度的影响测试结果

如图 3–18、图 3–19 所示。从图中可以看出，在基本相同的外界环

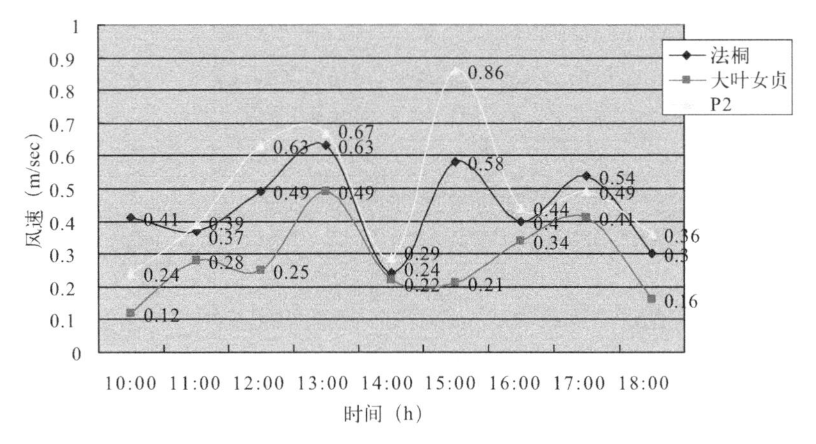

图 3-18　法桐、大叶女贞、P2 测点 1.1m 风速曲线

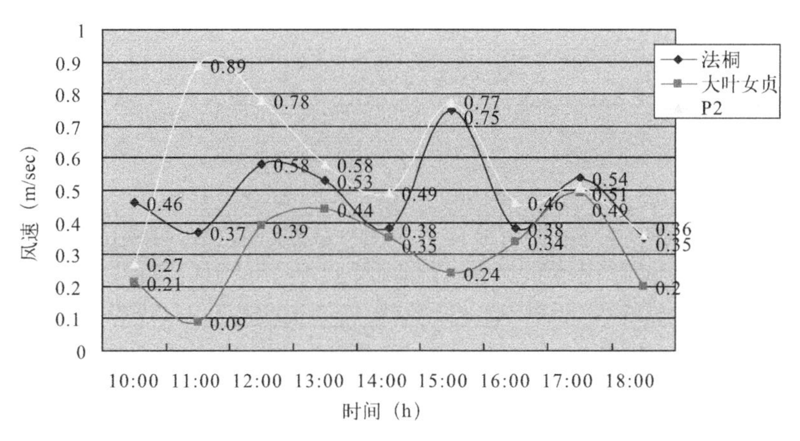

图 3-19　法桐、大叶女贞、P2 测点 1.8m 处风速曲线

境下，法桐周围的风速在大部分时间内要大于大叶女贞周围的风速，而研究地 P2 的风速高于法桐和大叶女贞。以 15 ：00 时最大风速值为例，1.1m 处法桐风速较大叶女贞高 176%，1.8m 处法桐风速较大叶女贞高 200%。将两者同研究地 P2 风速相比，1.1m 处法桐风速较其低 33%，大叶女贞低 76%；1.8m 处法桐风速较其低 3%，大叶女贞低 69%。在整个时间段内，1.1m 处 P2 的平均风速较法桐高 11%，较大叶女贞高 75%；1.8m 处 P2 的平均风速较法桐高 19%，较大叶女贞高 83%。由于 1.1m 至 1.8m 正处于人体日常户外活动区域内，这个范围内的风速变化对提高人体热舒适度有着重要的影响。

（2）不同叶面积指树数的影响

图 3-20~ 图 3-24 表示的是研究地 P2、樱花以及大叶女贞在 1.1m 和 1.8m 处各测点的空气温度及湿度值。测点 1 位于该高度树冠中心，测点 2 位于该高度树冠投射阴影边缘。由图中可知，在测试时间段内，研究地 P2 各测点的空气温度远高于樱花以及大叶女贞在 1.1m 和 1.8m 处各测点的空气温度，充分表明乔木具有良好的遮阳、降温作用。

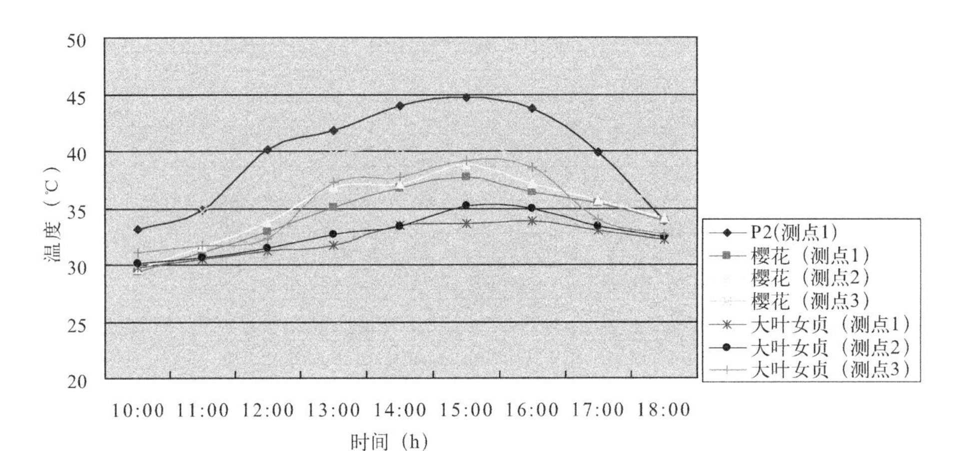

图 3–20 研究地 P2、樱花、大叶女贞 1.1m 处各测点温度变化曲线

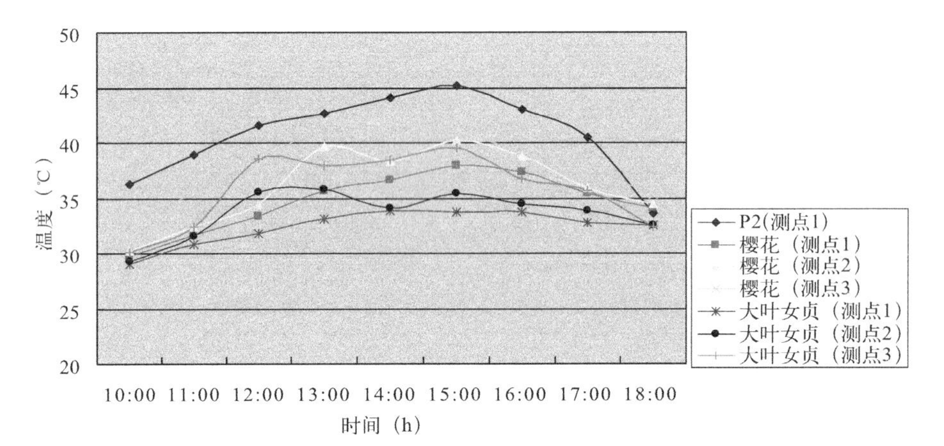

图 3–21 研究地 P2、樱花、大叶女贞 1.8m 处各测点温度变化曲线

樱花和大叶女贞各测点温度在水平方向的变化由内向外呈递增趋势，即树冠边缘的温度较高。在同一水平面上，大叶女贞各个测点的温度要低于樱花，这表明在树高和冠形基本相似的情况下，LAI 值大的乔木对温度的影响较大。

由图中还可以看出，湿度的变化趋势随温度的升高而降低，与温度成负相关。研究地 P2 各测点的湿度小于樱花和大叶女贞各测点的湿度，表明乔木在降温的同时，也增加了空气湿度。

图 3–21 表示的是研究地 P2、樱花、大叶女贞下方各测点太阳辐射量变化曲线表，由图中可知，研究地 P2 因为没有任何遮挡而直接获得太阳辐射，故其太阳辐射量高于樱花和大叶女贞。大叶女贞因其枝叶茂密，对太阳辐射的遮挡强于樱花，故测得太阳辐射量较小。

综上所述，樱花和大叶女贞的测点温度相对研究地 P2 的测点温度较低，湿度较高，验证了乔木对空气温、湿度的改善优于草坪的理论。对于单株乔木来说，树冠下方温度变化由下至上、由内至外逐渐升高，湿

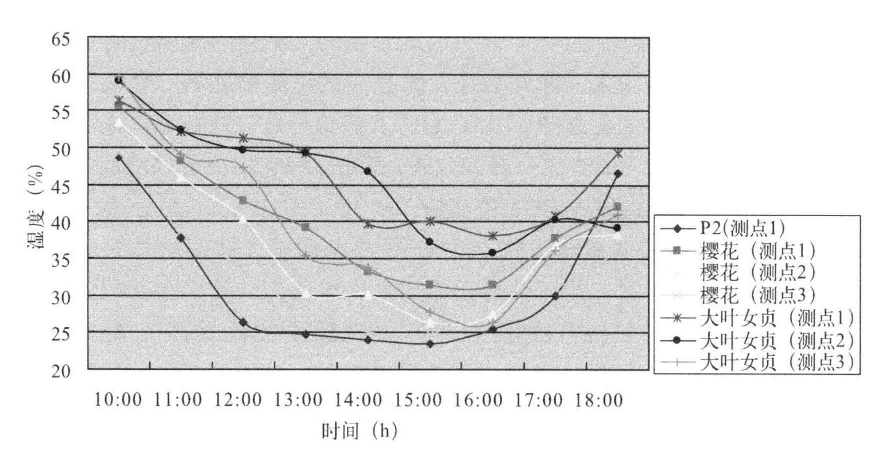

图 3-22　研究地 P2、樱花、大叶女贞 1.1m 处各测点湿度变化曲线

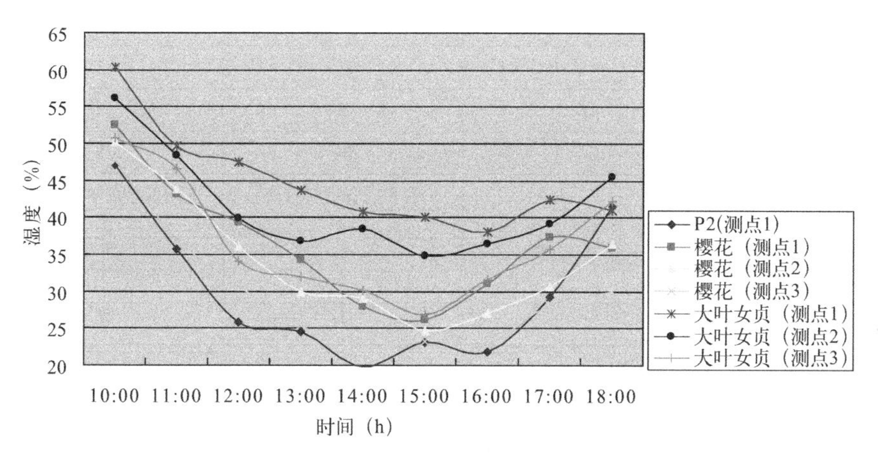

图 3-23　研究地 P2、樱花、大叶女贞 1.8m 处各测点湿度变化曲线

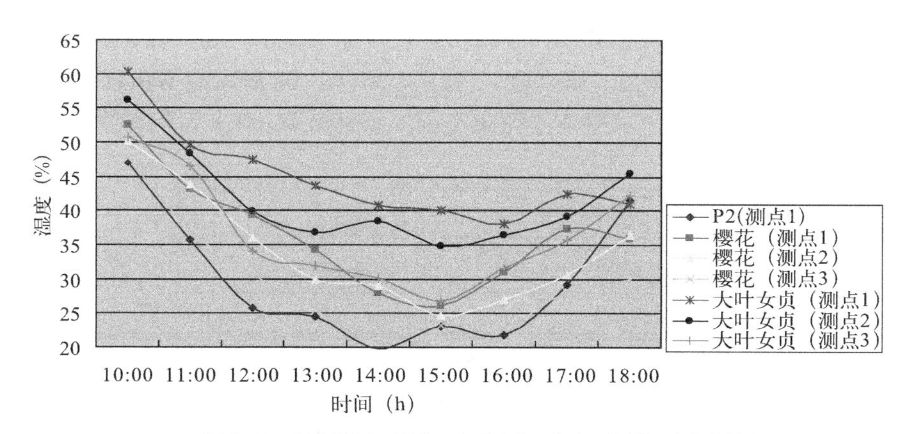

图 3-24　研究地 P2、樱花、大叶女贞下方太阳辐射量变化曲线表

度逐渐降低，因此人体上部的热感要强些。在树高和树形基本近似的前提下，LAI 值大的大叶女贞比 LAI 值小的樱花有更好的降温增湿作用，这是因为樱花叶面稀疏，透光性强，获得的太阳辐射量大，故温度较高，

湿度较小；而大叶女贞叶面密实、透光性弱，获得的太阳辐射量小，故温度较低，湿度较大。除此之外，大叶女贞还能够提供一个较为稳定的温度场，不会因为温度骤然变化而使人感到不适。所以，LAI 值大的树种在改善室外热环境方面有好的效果，在实际绿化中应更好地加以利用。

（3）湿黑球温度 WBGT 的比较

WBGT 指湿球黑球温度（℃），是综合评价人体接触作业环境热负荷的一个基本参量，用以评价人体的平均热负荷。美国国家职业安全和健康协会提出了热应力极限的标准，ISO 标准 7243 采用了 WBGT 作为热应力指标，其推荐的 WBGT 阈值见表 3–17。

ISO7243 推荐的 WBGT 阈值　　表 3–17

新陈代谢率 M（W/m²）	新陈代谢水平	WBGT 阈值（℃）			
		热适应差的人		热适应好的人	
$M < 117$	0	32		33	
$117 < M < 234$	1	29		30	
$234 < M < 360$	2	26		28	
		能否感觉空气流动		能否感觉空气流动	
		（不能）	（能）	（不能）	（能）
$360 < M < 468$	3	22	23	25	26
$M > 468$	4	18	20	23	25

根据本实验所测得的各项物理指标数据，通过计算公式得出研究地 P2、法桐、雪松、垂柳、樱花和大叶女贞在不同高度时的 WBGT 值，如图 3–25 和图 3–26 所示。

因为测试环境是夏季，故以代谢率 M 小于 117 W/m² 时的 WBGT 阈值 32~33℃为参考值。研究地 P2 在 13：00~16：00 时段的 WBGT 值超过了 33℃，即超过了人体安全限值范围，此时如果人体长时间曝露在太阳

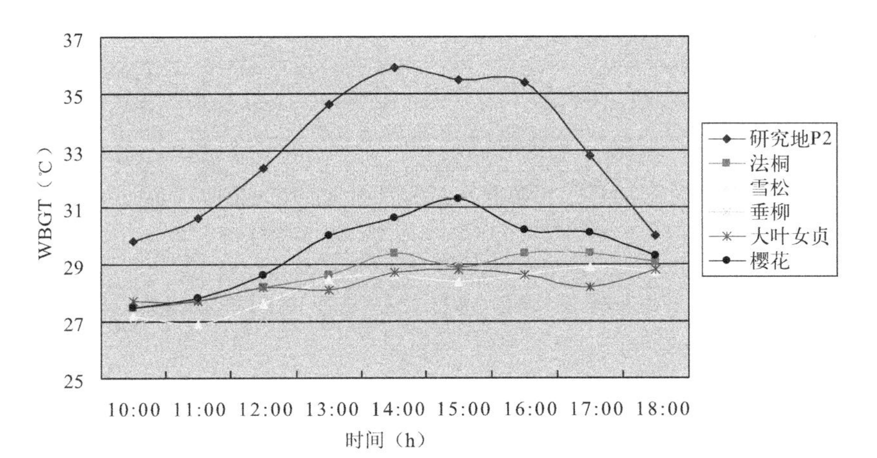

图 3–25　比较对象 1.1m 处测点 WBGT 曲线图

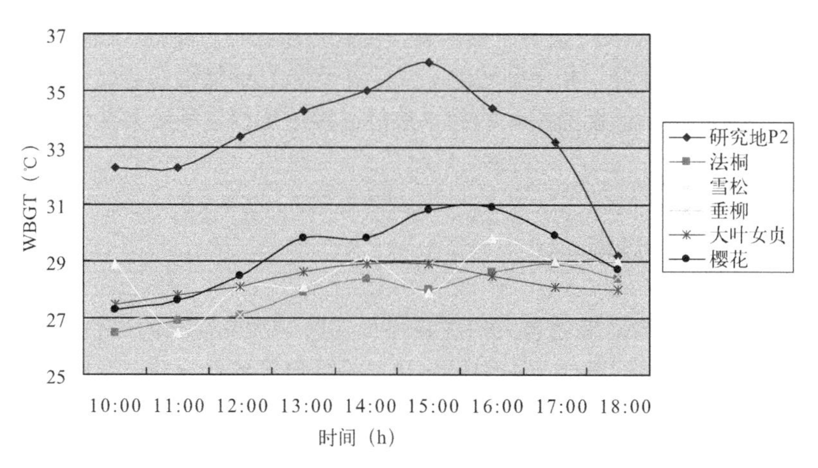

图 3–26 比较对象 1.8m 处测点 WBGT 曲线图

下则容易受到热损伤，需要采取适当的安全保护措施来避免。

其他测试对象法桐、雪松、垂柳、樱花和大叶女贞在实验测试时间段内测点 1 和测点 1′ 的 WBGT 值在 26~32℃之间，属于人体安全限值范围内，说明乔木能够改善人体的热舒适感。根据前面的数据表和曲线图分析可知，樱花在改善人体热舒适方面的效果较差，另外四种乔木的改善效果较好。可以看出温度对 WBGT 的影响较大，空气湿度随温度的改变而改变，风速的大小也能够改变空气温度，所以温度和风速是影响 WBGT 变化的主要因素。因此，在绿化时，考虑到乔木的遮阳、通风效果，尽量优先选择高大、LAI 指数较大的乔木。

（4）小结

在其他物理性能相近的情况下，不同高度的乔木对风速的影响不同。高杆乔木枝叶位置较高，对近地面的风速遮挡少，而低杆乔木枝叶位置较低，对近地面的风速遮挡多，因此高杆乔木对风速的影响程度较低杆乔木大。实验证实了高杆的法桐对风速的影响程度大于低杆的大叶女贞。太阳辐射得热是空气温度升高的主要原因，在其他物理性能相似的条件下，LAI 值高的乔木遮阳增湿的能力较强，对空气温度的影响程度要高于 LAI 值小的乔木。实验证实了 LAI 值高的大叶女贞对温度的影响程度较 LAI 值小的樱花大。研究地 P2 的空气温度最高，这也表明了草地的降温增湿效果没有乔木明显。

投影面积的大小能够反映出乔木对热环境影响的范围和持久性，通过实验的测量，可以看到冠形为倒圆锥的垂柳和冠形为圆柱形的法桐，其投影面积的平均值和峰值较其他乔木大，即对热环境的影响范围和累计效应要比其他乔木明显。

根据计算得到的 WBGT 值，对被测单株乔木进行热舒适评价。评价结果表明乔木在夏季能够给人带来舒适凉爽的感觉，能够降低夏季太阳辐射对人体的热损伤，对室外热环境的影响程度大于草地。其中，温度和风速是影响 WBGT 值的主要因素，由此可以知道，高杆、LAI 值大的乔木热舒适感较好，相反则较差。对于高度和 LAI 值相近且树冠形状不同的乔木来说，遮阴面积大的乔木热舒适感的加权累积效果要优于遮阴面积小的乔木。

3.4 住区热环境

住区建筑热环境涵盖人们在室外生活时切身感受到的如室外温度、湿度、太阳辐射、气流组织和绿化状况等微气候参数。其中温度作为人们感受居住环境好坏的重要特征参数，综合反映了如住区的太阳辐射及绿化状况等其他因素的作用，对评价住区周围热环境至关重要，也是影响人们在室内外生活质量的主要因素之一。所在地区的典型气象情况、住区建筑布局、下垫面材料、绿化等条件决定了小区不同位置小范围内的逐时微气候参数。

随着居住质量的提高，人们在追求生活品质的同时更多要考虑如何使自己更健康。住区设计是否以人为本，住区的硬环境与居住者的心理、生理需求吻合与否，将直接影响到人们的生活质量。住宅社区拥有了高品质的室内外人居环境，适宜的温湿度和较低的辐射不仅会给居民室外生活带来舒适与健康，同时也可通过传热、辐射、对流、自然通风等形式降低住宅围护结构在夏季的外表温度及室内气温，在提高居民室内外生活质量的同时，可有效地降低住宅的采暖空调能耗，降低对环境的污染，意义之重大毋庸置疑。

3.4.1 规划布局对小区热环境的影响

在建筑群集地区，小区不同位置的热环境受相邻位置的建筑材料、结构和布局、小区下垫面、绿化情况、水景设施以及交通和家用电器等人为排热因素的影响，可能会使局地气温出现热岛或冷岛、滞后或提前等现象。

为分析建筑小区内部热环境特征，通常采用数值模拟和实际观测相结合的方法。从以色列的 Swaid 和 Hoffman 于 1986 年对耶路撒冷三个建筑群的实验以及澳大利亚的 Elnahas 和 Williamson 1993 年对阿德莱德市阿德莱德大学北平台校区的两个“峡谷”的实验来看，利用 CTTC 模型预测的空气温度和测量的空气温度显示出了很好的吻合性。CTTC（Cluster Thermal Time Constant）集总参数模型将特定地点的温度视为几个独立过程温度效应的叠加，可用公式表示如下：

$$T_a(\tau)=T_0+\Delta T_{a,solar}+\Delta T_{NLWR} \quad (3-12)$$

这里 T_0 是局部空气温度变化的基准（背景）温度；$\Delta T_{a,solar}$ 是太阳辐射造成的空气温升，长波辐射造成 ΔT_{NLWR} 的空气温降。

林波荣、李莹、朱颖心等人利用 CTTC 模型计算了住区不同位置的建筑群空气温度。计算时需要输入相关的小区特征物理量，如建筑布局

图 3-27 某住宅小区整体鸟瞰及温度环境区域划分图

参数（如建筑间距、建筑高宽比、小区特征高度等参数）、小区户数、不同区域内风速及绿化率、人为热以及水景设施参数等。

图 3-27 为对北京某住宅小区进行热环境评价时的整体鸟瞰图以及温度环境区域划分图，表 3-18 给出了进行模拟计算时小区内各区域的主要数据。主要选择北京过去几十年间夏季某一代表日（如 7 月 16 日）的气象温度进行模拟和分析比较。计算时设为晴稳天气，小区主导风速为 2m/s，交通排热权重系数根据划分区域所处交通位置及小区户数权衡确定，家庭排热权重系数根据小区户数确定（以 500 户为 1），并参考饮食店铺的数量，水景布置权重系数根据有无水景，以及水景设施在划分区域里的所占面积比例确定。

某住宅小区不同位置的热环境计算工况说明　　表 3-18

	小区朝向	小区面积 S（m^2）	小区定型高度 H，m	小区建筑平均间距 W，m	小区户数	天空视角系数 SVF	小区主导风速（m/s）	水景布置权重系数	小区绿化率	交通排热权重系数	家庭排热权重系数
老区	南北	6000	18	28	200	0.65	2	0	0.25	0	0.5
S1	南北	19200	36	32	700	0.67	1.7	1	0.32	1	0.5
S2	南北	9200	36	32	700	0.64	2	0	0.2	0	1
W1	南北	9450	50	45	300	0.64	1.7	0	0.32	0	0.5
W2-1	南北	19950	45	70	600	0.69	1.7	1.5	0.34	1.5	0.5
W2-2	南北	7350	45	25	300	0.63	2	0	0.2	0	1
W2-3	南北	10500	42	50	250	0.65	2	0.5	0.32	0.5	1
W3-1	南北	12750	42	50	850	0.61	1.7	1	0.34	0.5	0.5
W3-2	南北	12750	42	50	850	0.61	2	0	0.2	0	1
E1	南北	5400	32	20	200	0.62	2	0	0.25	1	0.4
E2	南北	10500	38	50	550	0.63	1.5	0	0.32	0.5	1.1
E3	南北	9000	42	50	500	0.65	1.5	0	0.34	0.5	1
E4	南北	10000	38	40	600	0.61	1.5	0	0.32	0.5	1.2

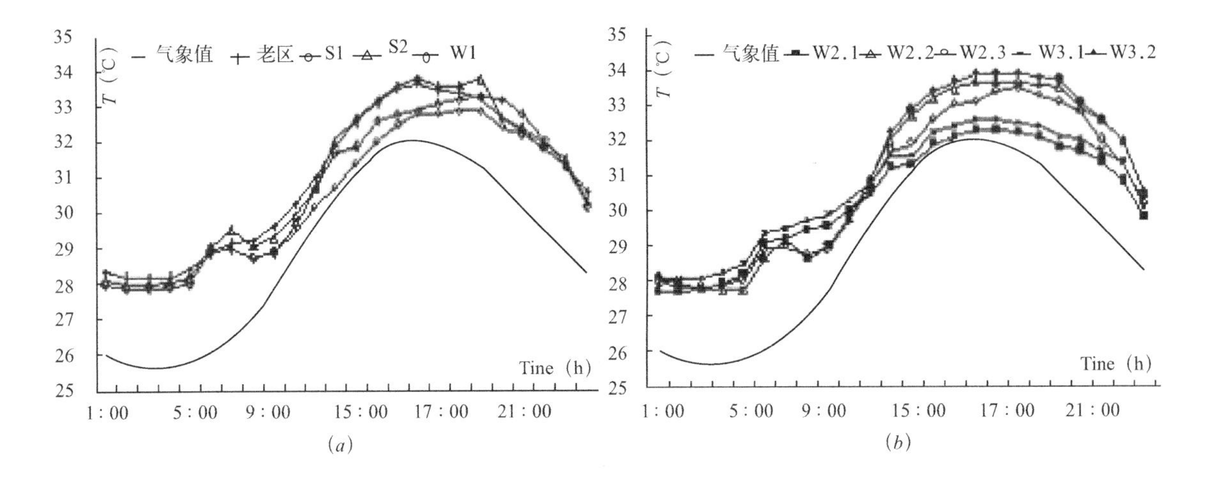

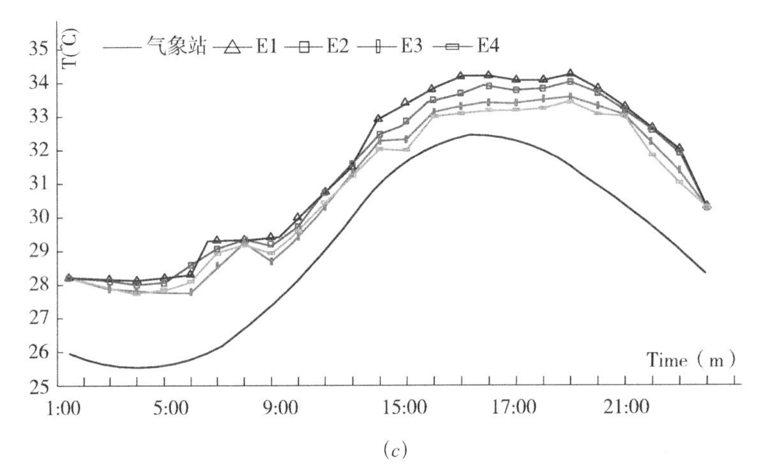

图 3–28 某住宅小区典型区域的温度测量结果（7 月 16 日）

所模拟小区内的温度结果如图 3–27 和图 3–28 所示。总的说，与气象站气温比较，小区内的气温出现了一定程度的热岛现象；且就一天的气温变化而言，热岛强度晚间较强，白天午间相对较弱。同时从下午 2、3 点钟以后，气温将持续地保持升高走势，直至晚上 8、9 点钟以后才逐渐回落。从图可以看出，尽管在夜间各区域的气温相差很小，但在白天各区的气温还是呈现出较大的差异。在小区中某些区域，如 W2–1、S2、W2–2、W3–2、E3 区等，由于建筑布局合理，建筑间距选择合适（天空视角系数较高而利于长波辐射冷却）；且室外的集中绿地多，小区绿化好，并或多或少地采用了人工水景布置，使得其与空气的热湿交换加强，有效地降低了空气的温度；人为热源相对较少等原因，在炎热夏季，这些区域内的住区温度环境相对比较适宜。而 S2、W2–2、W3–2、E1 等区域，由于比较接近交通公路，受交通车辆等人为热影响严重，并且由于其区域内的下垫面多为沥青水泥路面，绿化较少，无水景设施，因此其温度较高，热岛效应强烈，在早上、傍晚时温度持续出现突高的情况。

某住宅小区温度环境评价参数及结果　　　　表 3–19

	老区	S1 区	S2 区	W1 区	W2-1 区	W2-2 区	W2-3 区
日平均热岛强度（℃）	2	1.6	2	1.8	1.4	2.1	1.9
10:00~19:00 平均热岛强度(℃)	1.6	0.9	1.7	1.1	0.5	1.6	1.3
日最高温度（℃）	33.7	32.9	33.8	33.3	32.3	33.7	33.5
温度在 32℃以上的小时数 (h)	9	8	11	9	5	13	9
小区热环境评价星级	★★	★★★	★★	★★★	★★★★	★★	★★★
	W3-1 区	W3-2 区	E1 区	E2 区	E3 区	E4 区	
日平均热岛强度（℃）	1.7	2.1	2.0	1.8	1.7	1.8	
10:00~19:00 平均热岛强度(℃)	0.8	1.8	1.7	1.1	1.0	1.4	
日最高温度（℃）	32.6	33.9	33.8	33.1	33.0	33.5	
温度在 32℃以上的小时数（h）	8	12	11	8	8	10	
小区热环境评价星级	★★★	★★	★★	★★+	★★★	★★+	

为综合评价住区各区域的热环境状况，以 W2–1 区域的热环境为评价标准（定为 4 星级，星级高代表热环境好），分析其他区域的热环境质量。另外将小区气温和气象站气温的差值定义为小区热岛强度，小区内不同区域的热环境的评价结果如表 3–19 所示，表中数据显示，住区中各区域由于建筑布局，地面材质、水体分布等因素不同，热环境质量存在较大差别。显然，在综合考虑太阳辐射、绿化措施以及建筑住区布局等影响因素的基础上，通过合理规划小区建筑布局，可以避免温度过高的局部区域，改善整个住区热环境，提高住区居住质量。

3.4.2　建筑高度与间距对住区热环境的影响

住区建筑物之间形成的外部空间的长宽比和朝向对住区内能量的分布、热环境和气流的变化都有极大影响。研究室外热舒适性与建筑外部空间的几何形状的关系可以为住区规划提供依据。

Fazia Ali–Toudert 和 Helmut Mayer 针对图 3–29 列出的高宽比分别为 0.5、1、2 和 4 的各种情况，利用三维 ENVI 模型对街区内干热气候下的夏季热环境进行了数值模拟。模拟分析过程中考虑了影响热环境的各个因素，如气流、不断随时间变化的辐射、温度和湿度。图 3–29 所列建筑间距均为 8m，建筑物长度为高度的 6 倍。建筑高度根据所研究的高宽比而定。此外还模拟了东 - 西，南 - 北，东北 - 西南，西北 - 东南走向时街区的情况。

图 3–30 给出了东 - 西和南 - 北走向的街道内空气温度的逐时值。从图中可以看到 T_a 随着高宽比的增加而降低。比较两种走向街道 T_a 的区别，

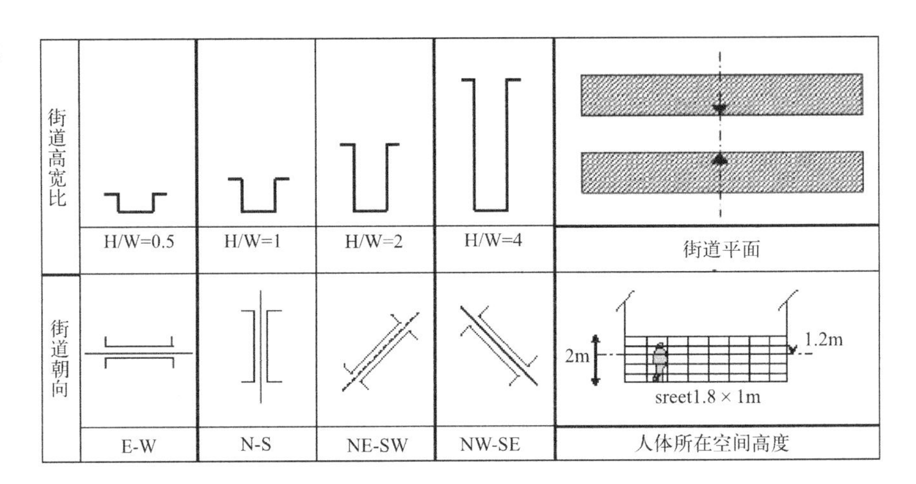

图 3–29 模拟研究的建筑情况

与 N–S 走向的街道相比 E–W 走向的街道温度稍微高一点。T_a 最大值根据街道走向不同其出现的时间也不同，E–W 走向的大概出现在 16 :00 左右，而 N–S 走向的街道出现的时间早一点。实际上 T_a 的升高主要由接受太阳辐射的时间而定，对于长宽比为 4 的街道来说，更容易看出来。所以与街道走向相比，T_a 对街道的长宽比更敏感。

夜间所有街区大致以同样的速度冷却下来，在 21 :00 时除了 H/W=4 的街道值为 34℃，其他街道的变化范围为 34.5℃ –35℃。

图 3–31 给出了 N–S 走向街道的平均短波辐射的逐时值，包括直射（s），散射（D）和总辐射量（G），G 和 S 随高宽比的增加而降低，但 D 随，H/W 的增加而增加，但 D 的最大值不会超过 250W/m^2。

如图 3–32 所示的 E–W 走向街道的短波辐射情况，可以看到 H/W=0.5、1 和 2 的街谷从 9：00 到 17：00 都被阳光照射，墙对街道造成的背阴区的作用很有限，所以比较大的 H/W 就变的很重要。H/W=4 的街谷在中午的时候街道处于阴影区，太阳辐射比较低，但早上和下午仍然被阳光照射。与 E–W 走向的街道相比，N–S 走向的街区（见图 4）受阳光照射的时间比较短，H/W 的值对改善环境就显的更加有意义。

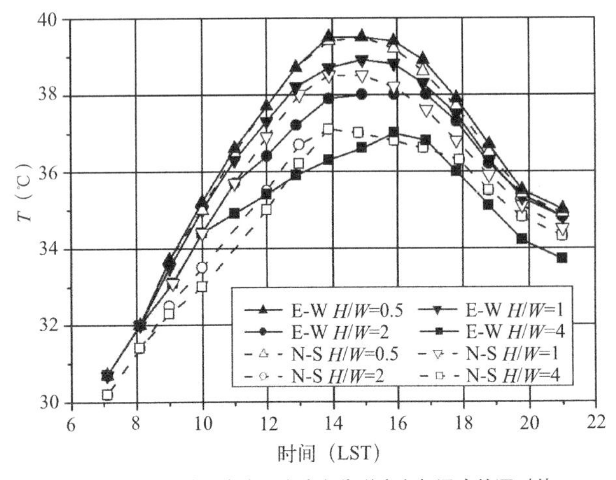

图 3–30 不同建筑高宽比和走向街道内空气温度的逐时值

图 3–33 给出了 H/W=2 的街谷内 1.2m 处平均辐射温度 T_{mrt} 与空气温度 T_a 之间的区别，可以看到 T_a 在街区内分布均匀，而 T_{mrt} 对建筑物的几何特性却很敏感，在阳光充足的情况下，平均辐射温度 T_{mrt} 与空气温度 T_a 之间的差值可以达到 40K，而背阴区只有 6~10K。

生理平衡温度 PET 是充分考虑到夏季室外太阳辐射对人体热舒适的重要影响作用的一个热舒适综合评价指标，PET 是建

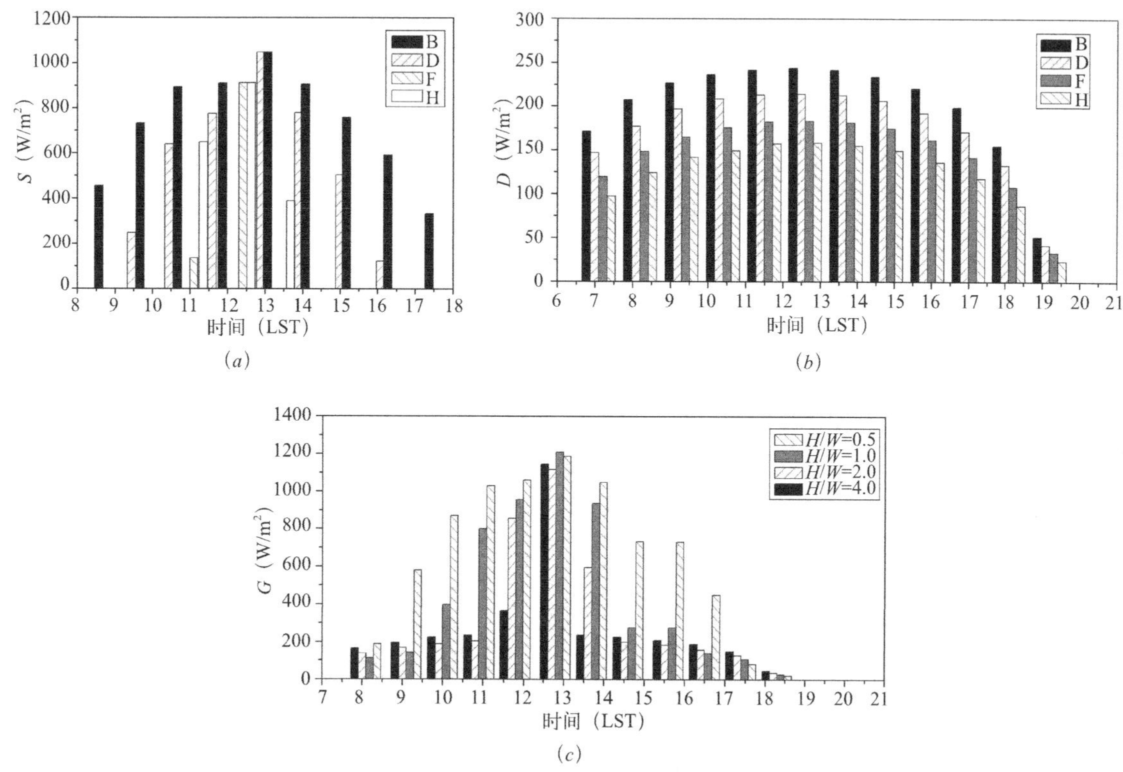

图 3–31　N–S 走向街道内不同建筑高宽比时平均短波辐射的逐时值

（*a*）直接短波辐射量；（*b*）散射短波辐射量；（*c*）总短波辐射量

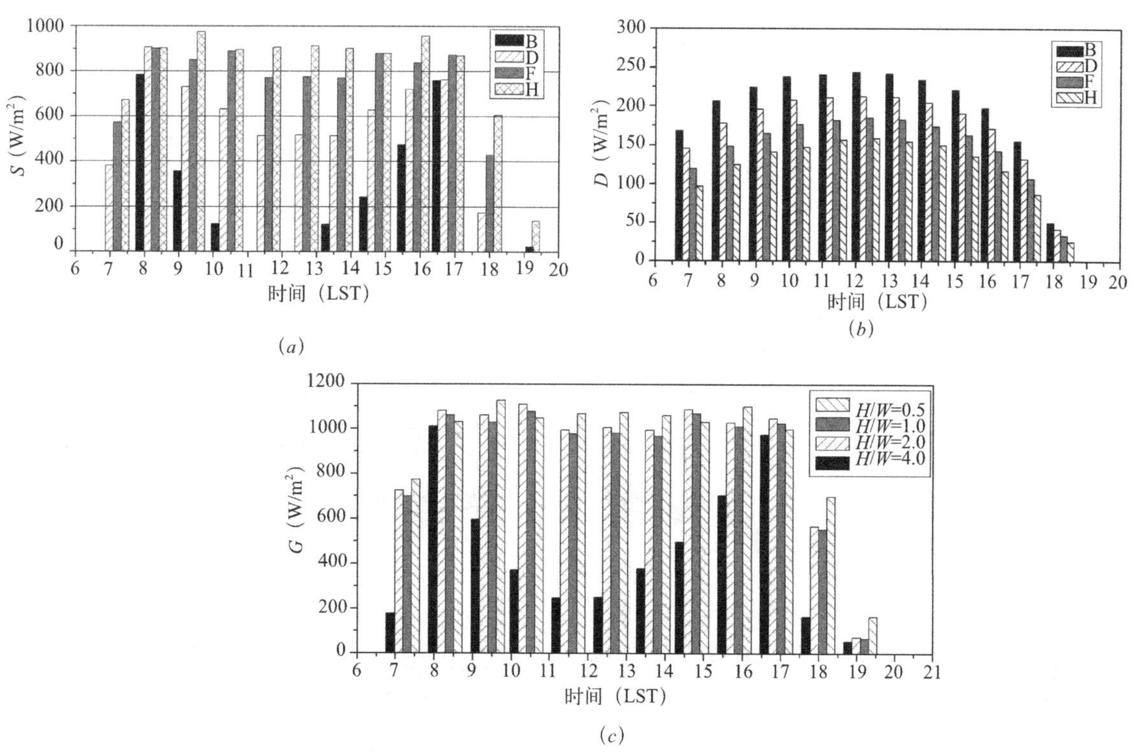

图 3–32　E–W 走向街道内不同建筑高宽比时平均短波辐射的逐时值

（*a*）直接短波辐射量；（*b*）散射短波辐射量；（*c*）总短波辐射量

图 3-33 H/W=2 的街谷内 1.2m 处平均辐射温度 T_{mrt} 与空气温度 T_a 分布情况

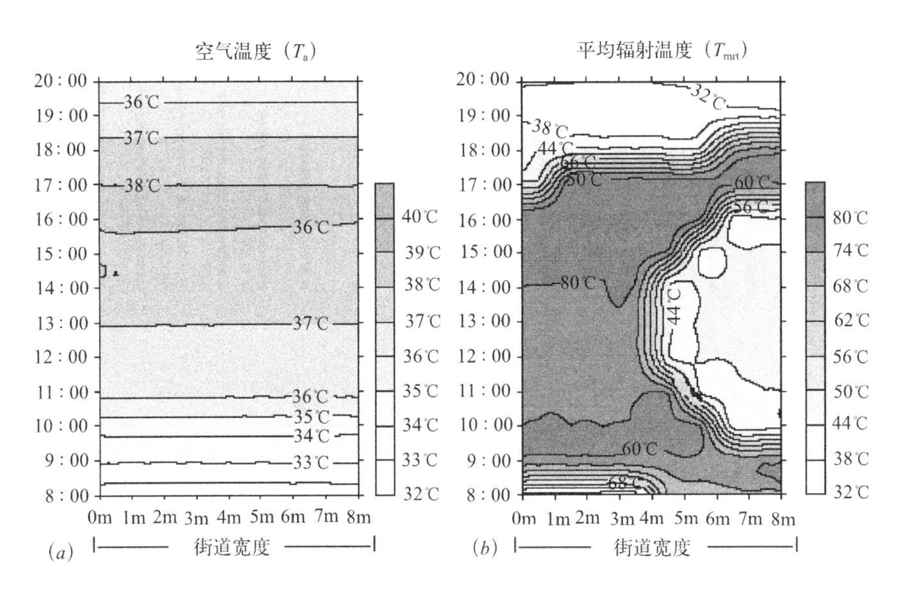

立在人体能量平衡的基础之上的，并考虑了人体对环境的调节能力的生理当量温度 PET，将 PET 作为室外人体热舒适的评价指标来分析建筑高度与间距对住区热环境的影响可以将太阳辐射对人体热感觉的强烈作用综合考虑到空气温度中去。

PET 定义为在典型的室内环境（$T_{mrt}=T_a$；VP=12KPa；v=0.1m/s）中，人体内部和表面温度与处于被考察的室外热环境时的情况系统时，人体的热平衡得以维持时的空气温度。PET 的单位是摄氏度，因此更便于设计者做设计时进行解释。

图 3-34（a）~（d）用 PET 表示了 E-W 走向的街道 H/W=0.5，1，2，4 时热感觉的分布情况，图 3-34（a）可以看出 PET 值比较大，且 H/W=0.5 的街区由于强烈的太阳辐射，一整天都处于不舒适状态，只在南面很小的地方从 11：00 到 15：00 处于背阴区，但 PET 达 42℃，最高值为 66℃，大概出现在 16：00 到 17：00 之间。而图 3-34（b）所示的 H/W=1

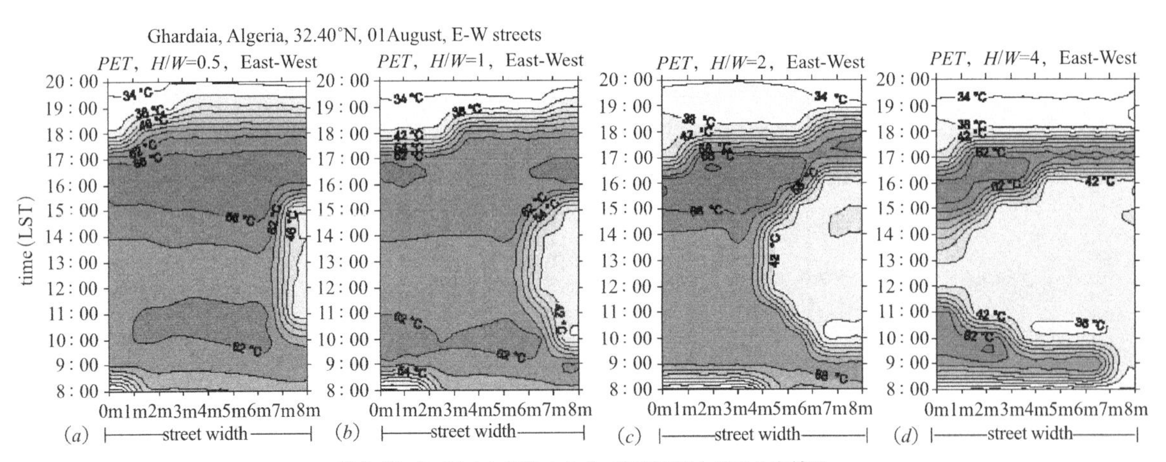

图 3-34 E-W 走向街谷内 1.2m 高度平面上 PET 分布情况
（a）H/W=0.5；（b）H/W=1；（c）H/W=2；（d）H/W=4

的街区背阴范围几乎与 *H*/*W* =0.5 一样，仅仅是延长了背阴区的持续时间。

图 3−34（*c*）所示的 *H*/*W* =2 的街道，一天的大部分的时间都被阳光照射，*PET* 值高于 60℃，最低值为 40℃。街区内的两边不会同时被太阳照射，行人可以选择在比较舒适的一边行走。图 3-34（*d*）所示的 *H*/*W* =4 比较深的街谷，其很大区域内的 *PET* 比较低（40℃左右），在 12∶00 到 13 ∶ 00 之间整个街道都处于背阴区，但一天中也会出现两次不舒适的时间段，从早上 8 ∶ 00 到 10 ∶ 00 和 16 ∶ 00 到 17 ∶ 00 之间，*PET* 最高值达 66℃。20 ∶ 00 时街道迅速冷却下来，*PET* 降至 34℃，冷却幅度与 *H*/*W*=2 街区相似，但冷却速度较快。

上述分析表明，*H*/*W* =2 成为街区热环境设计的临界点。在炎热地区，高宽比大于 2.0 可以使住区夏季热环境得到改善。

图 3−35（*a*）~（*d*）给出了 N−S 走向的四种不同几何形状的街谷的 *PET* 分布情况，与图 3−34 相比明显不同。街道内的 *PET* 比较低，墙对街道造成的背阴的效应也增强了。图 3-35（*a*）所示西面墙早上处于背阴区，8∶00 到 11∶00 之间 *PET* 值低于 40℃，从 14∶00 开始东面墙 *PET* 值也低于 40℃。而此时 E−W 走向的街道仍处于不舒适状态。图 3−35（*b*）所示 *H*/*W* =1，与 E−W 走向的街道相比，有很明显的改善，*PET*=60℃时所持续的时间仅有 3 个小时，10∶00 到 13∶00 出现在东面，12∶00 到 16∶00 出现在西面。街道西面直到 11∶00 时，*PET* 仍低于 40℃，14∶00 点以后街道的东面就出现背阴区，17∶00 以后整个街道都处于背阴区了。

图 3−35（*c*）所示 *H*/*W* =2 的街道，很明显他对室外夏季热环境有了很大的改善。*PET* 最高值降低了，出现过热的时间段也减少了，过热时间大概出现在正午，仅持续了 2 个小时。到 11 ∶ 00 时 *PET* 的值还不到 38℃。从 14 ∶ 00 以后街道逐渐出现阴影，*PET* 值小于 40℃。将 *H*/*W* 增加到 4 时，与 *H*/*W* =2 的街道相比稍微改善了街道的热环境，其

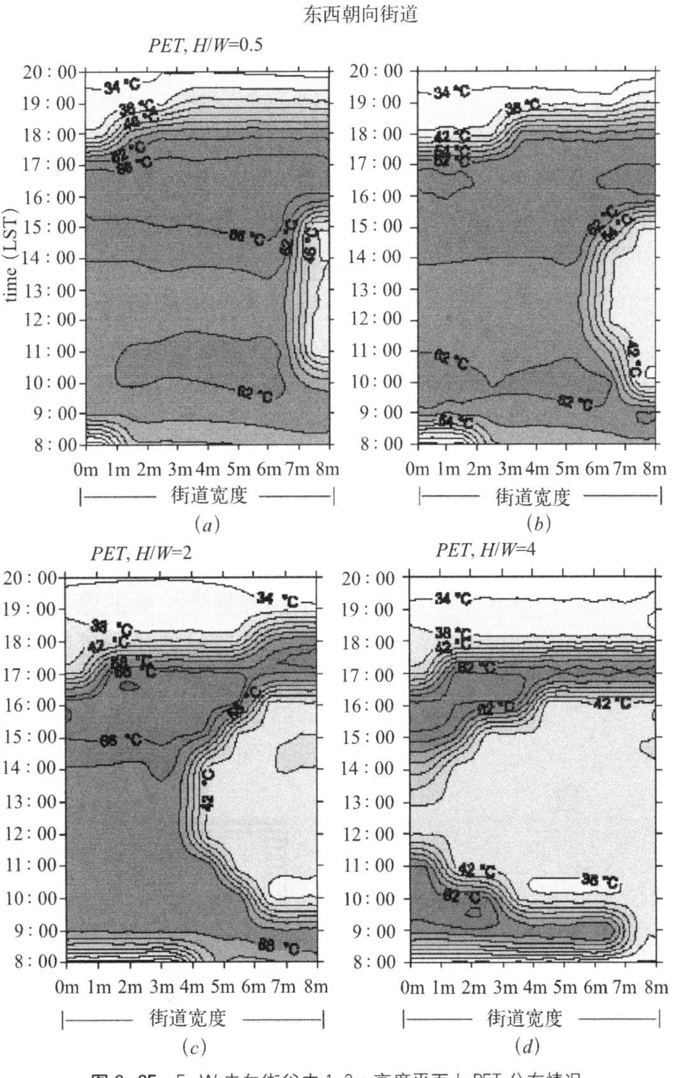

图 3−35　E−W 走向街谷内 1.2m 高度平面上 PET 分布情况
（*a*）*H*/*W*=0.5；（*b*）*H*/*W*=1；（*c*）*H*/*W*=2；（*d*）*H*/*W*=4

不舒适的时间仅仅有 1 个小时，出现在正午，*PET* 最高值大概为 54℃。

建筑物的布置情况不仅影响室外的气候也影响室内的气候，街区几何形状的确定既要考虑夏季热环境的舒适度，也需要满足降低冬季和夏季房间能耗的需求。以上主要分析了建筑室外夏季热环境的特征，实际设计中应结合当地气候特点选择适当的街区高宽比，以便在冬夏季节都能获得较舒适的住区热环境。另外，植物也可以作为改善街道热环境的一个措施，也可采用具有较高热属性的建筑材料，来减少建筑物表面的长波辐射，从而降低 *PET* 值和平均辐射温度。

3.5 合理运用太阳能改善住区热环境

在城市里，缺少露天场所。露天场所在气候和健康上都有重要的意义，城市规划者应该使得居民拥有更大限度地利用空间，并营造良好环境的户外活动空间。

室外自然环境如太阳、风、地表面及建筑物表面互相影响并组成了一个能量平衡体系。李先庭等人在图 3-36 中阐明了住宅微气候环境中的热量平衡关系。从图中可以看出该环境包括建筑物、地面和建筑周围的空气。总的来说，以下热传递现象是影响住区热环境的主要因素：

- 室外空气和建筑物表面及地面表面的对流换热；
- 辐射：包括太阳辐射、天空长波辐射和地面与建筑物表面之间的长波辐射；
- 建筑物表面和地面表面向建筑物内及地面下的热传导。

图 3-37 表示被标记为 1~7 号的 7 个测量点的温度随时间的变化曲线。所有这 7 个测量点分布在垂直于建筑物东面的一条直线上，每点间隔 0.6m。数字越大表示离墙面越远。图 3-37 记录了阴影线的移动过程。在这个过程中越来越多的测量点进入阴影区域。同时处于阴影区域或光照区域中的测量点之间的温度差异非常小，表明太阳辐射对建筑物表面和地面表面温度起着决定性的作用。通过阴影线的划分，各区域内建筑物表面和地面表面温度可认为一致，它们分别被称为“阴影区域”和“光照区域”。

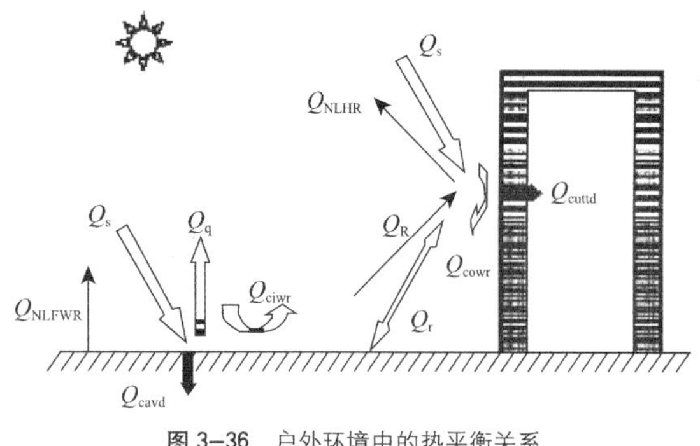

图 3-36　户外环境中的热平衡关系

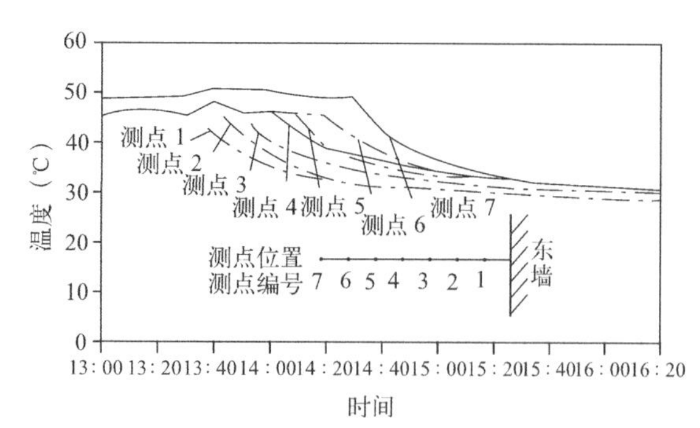

图 3-37　室外温度随时间的变化

"阴影区域"和"光照区域"的范围直接影响到住区热环境状况，通过建筑的合理布置，在冬夏季节实现"阴影区域"和"光照区域"的良好比例关系，可以在很大程度上改善住区热环境，并减小供暖与供冷负荷。

3.5.1　建筑尺寸对阴影区和日照区的影响作用

太阳在天空中的位置，如高度角和方位角，在建筑群中形成的阴影和光照区域面积对住区热环境有重要的影响。为合理利用太阳能改善住区热环境，就必须最大限度地减少住区在夏季受到的太阳照射同时在冬季允许最大的太阳辐射进入建筑小区和建筑物表面。适当的建筑布局形式可以使得住区热环境的人体热舒适性增强，并在冬天确保足够的光照使建筑物获得足够的热量，夏天提供足够的阴影遮蔽避免暴晒和减少空调房间冷负荷。

在诸多建筑物中，庭院式建筑具有可供人们活动的露天场所，比如可做操场供大家运动休闲等。因为庭院和其他露天场所与围护的楼房是紧密联系的，导致庭院等露天场所有时被楼房的阴影覆盖着，这就大幅度影响了露天场所的利用率。找出露天场所的尺寸特征与日照区和阴影区的关系，对于改善露天环境是很有益处的。

Ahmed S. Muhaisen 研究了改变庭院式建筑布局的比例对阴影和光照区域的影响效果。如图 3–38 所示，$R1$ 为庭院周长 P 和庭院高度 H 的比

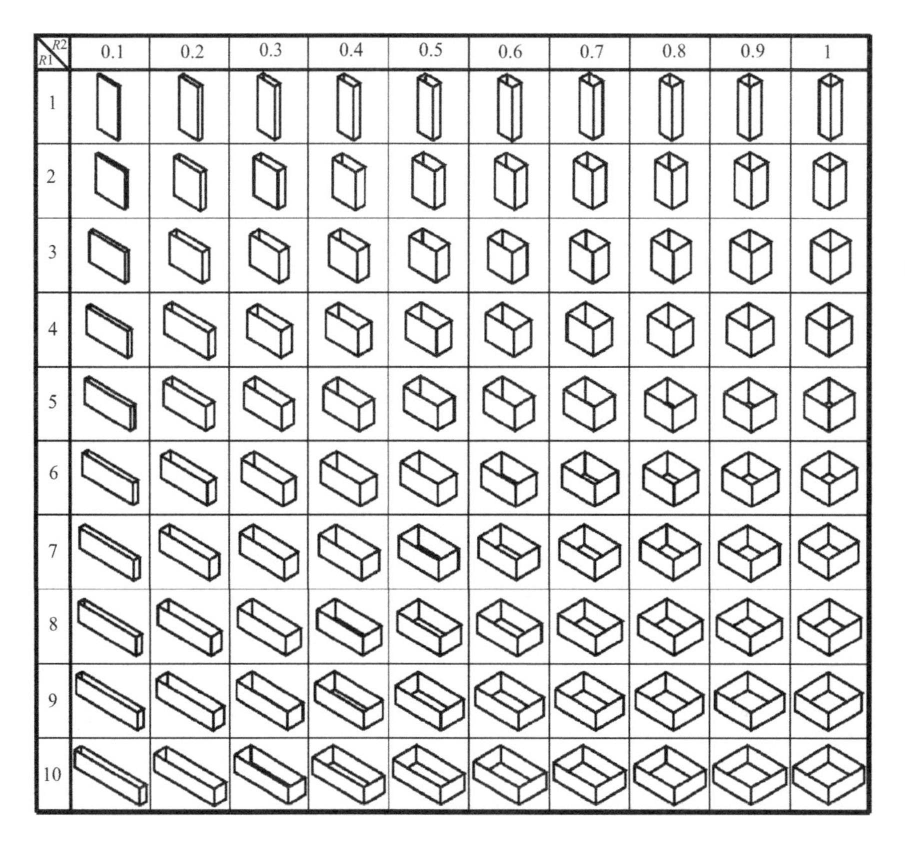

图 3–38　研究的矩形庭院形式

（P/H）。它介于 1 和 10 之间，$R2$ 为长方形天井宽度 W 与其长度 L 的比（W/L）介于 0.1 和 1 之间。

为分析研究不同气候特征下的日照情况，Ahmed S. Muhaisen 和 Mohamed B Gadi 选择了代表四种典型气候的城市，即吉隆坡（3° N，101° E，炎热潮湿），开罗（30° N，31° E，干热），罗马（41°N，12° E，温带），斯德哥尔摩（59°N，18° E，寒带）。分别研究在夏至日和冬至日庭院中的“阴影区域”和“光照区域”。这两天是极端情况，可以看作是全年可能发生的最坏的情况。

为了便于比较不同比例的庭院建筑在夏季形成阴影，冬天增加光照区域的综合效果，采用在墙上产生阴影面积（夏至日）或日照面积（冬至日）占墙体总面积的百分比作为比较指标。图 3–39 显示在所研究的四个城市中，夏季阴影区比率随 $R1$ 和 $R2$ 的变化曲线。显然，当 $R1$=1 变化到 $R1$=10 时，阴影面积在逐步减小。在 $R1$ 从 1 增加至 5 时，阴影区比率很快下降，随后 $R1$ 对阴影区比率的影响作用减小。$R2$ 值的影响作用效果不同于 $R1$，在开罗和罗马，当 $R2$ 从 0.1 变化到 1 时产生的墙阴影区比率相同，改变 $R2$ 对阴影区比率几乎没有影响，即使在斯德哥尔摩和吉隆坡，除了 $R2$=0.1 和 $R2$=0.2 的情况外，$R2$ 对阴影区比率的影响也不明显。

冬天的太阳辐射是需要设法争取的。图 3–40 表明庭院越浅，即 $R1$ 越大，所产生的光照区越大。与夏季不同，$R2$ 对日照区的影响非常显著。在开罗、罗马、斯德哥尔摩，无论 $R1$ 为任何取值，伴随着 $R2$ 取值的增加，日照面积明显增加。吉隆坡由于其地理位置靠近赤道，太阳高度角比较大，

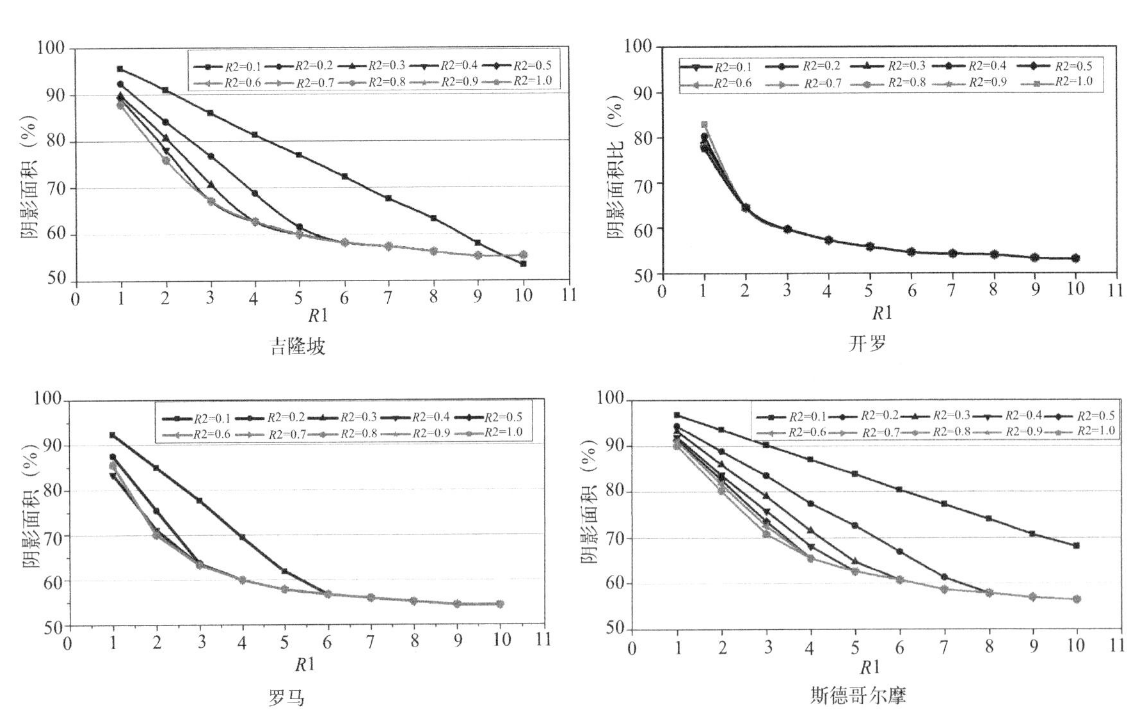

图 3–39　夏季阴影区比率随 $R1$ 和 $R2$ 的变化曲线

除了 $R2$ 值为 1 和 2 的情况外，$R2$ 的变化对光照区比率几乎没有任何影响。最大的光照区产生在 $R1=10$，$R2=0.1$ 时，此时四地区的日照面积分别是 37.55% 、44%、30.8% 和 5.6% ；最小的光照面积在 $R1=1$（庭院最深），$R2=0.1$（庭院天井最长的形式）时取得。这表明较浅的正方形庭院形式是最适合冬季的庭院式建筑。此外应该注意到，当 $R2$ 的取值超过 0.5 时，尽管 $R2$ 的取值很大，但导致光照区增加量是微不足道的，$R1$ 的取值接近于 10（浅水形式）的过程中，光照面积会不断增加，但当 $R1$ 的取值超过 5 时，光照区增加的幅度就不明显了。

在实际中不一定存在某个 $R1$ 和 $R2$，使得某建筑布局在夏天获得最大阴影面积，同时在冬季获得最大的光照面积。因此，对于某特定的气候地区，无论是夏季阴影需求和冬季日照要求，都应当进行适当的取舍，以确定建筑尺寸比例的适当范围，以便在夏季形成相对高的阴影区比率，同时在冬天产生相对大的光照面积。这需要根据当地气候特征和能耗组成情况，决定阴影和光照面积可以允许削减的最高百分比，依据不同建筑物尺度比例对应的阴影与日照区比率，来获得最佳的庭院比例。Ahmed S. Muhaisen 还给出了四种气候特征地区，不同庭院建筑比例，相

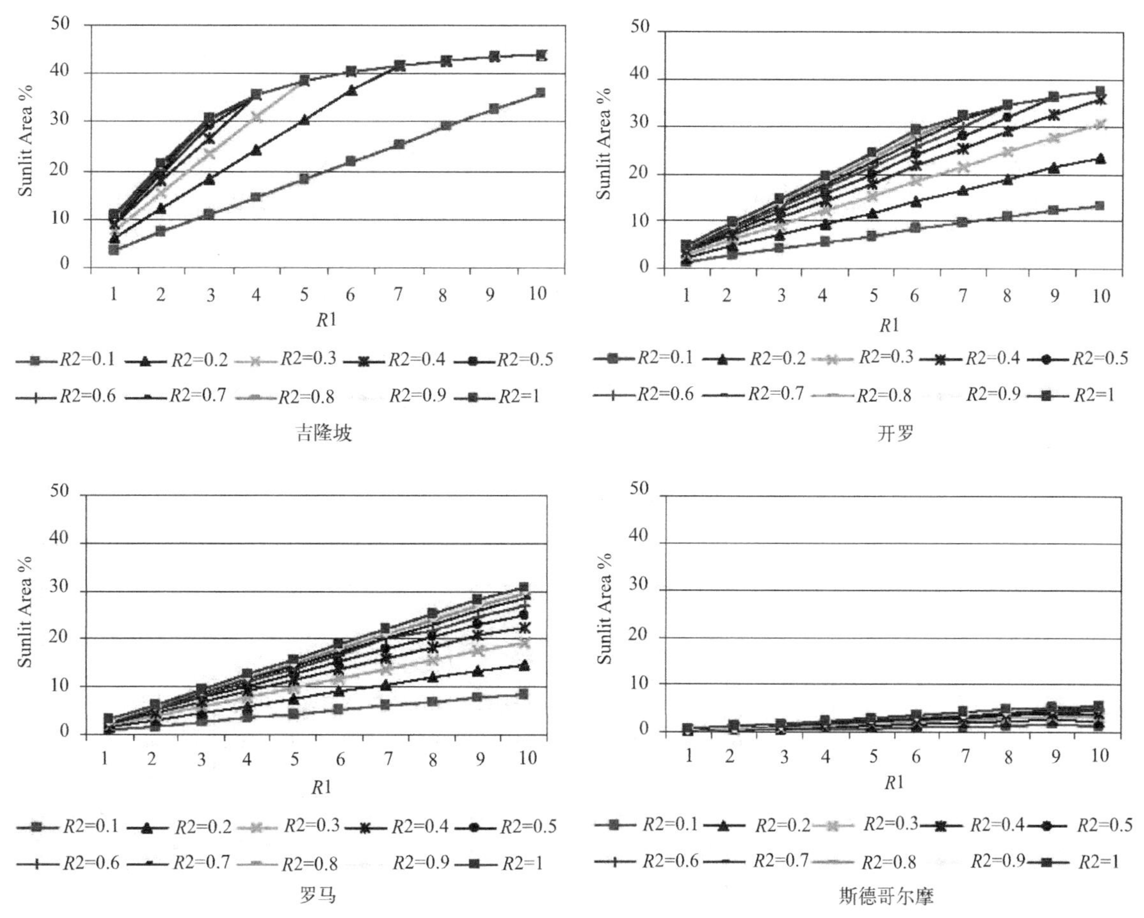

图 3–40　冬季日照区比率随 $R1$ 和 $R2$ 变化的曲线

对于最大阴影或光照面积的减少率，详细数据见表 3-20~ 表 3-23。

吉隆坡地区建筑墙体相对于最大阴影或光照面积的减少率　　表 3-20

R1	1		2		3		4		5		6		7		8		9		10	
R2	S	W	S	W	S	W	S	W	S	W	S	W	S	W	S	W	S	W	S	W
0.1	0	92	4.8	84	9.7	75	15	67	20	59	24	50	29	42	34	34	39	26	42	18
0.2	3	86	11	72	19	58	27	45	36	31	39	17	40	52	41	2.8	42	1	42	0
0.3	5	82	15	65	26	47	34	29	37	13	39	8.3	40	52	41	2.8	42	1	42	0
0.4	7	80	18	60	30	39	34	19	37	13	39	8.3	40	52	41	2.8	42	1	42	0
0.5	7	78	20	56	30	34	34	19	37	13	39	8.3	40	52	41	2.8	42	1	42	0
0.6	8	77	21	54	30	31	34	19	37	13	39	8.3	40	52	41	2.8	42	1	42	0
0.7	8	76	21	52	30	30	34	19	37	13	39	8.3	40	52	41	2.8	42	1	42	0
0.8	8	76	21	51	30	30	34	19	37	13	39	8.3	40	52	41	2.8	42	1	42	0
0.9	8	76	21	51	30	30	34	19	37	13	39	8.3	40	52	41	2.8	42	1	42	0
1	8	76	21	51	30	30	34	19	37	13	39	8.3	40	52	41	2.8	42	1	42	0

开罗地区建筑墙体相对于最大阴影或光照面积的减少率　　表 3-21

R1	1		2		3		4		5		6		7		8		9		10	
R2	S	W	S	W	S	W	S	W	S	W	S	W	S	W	S	W	S	W	S	W
0.1	5	96	22	93	28	89	31	85	32	82	34	78	34	74	35	70	36	67	36	64
0.2	5	94	22	87	28	81	31	75	32	68	34	62	34	56	35	49	36	43	36	37
0.3	5	92	22	84	28	75	31	67	32	59	34	50	34	42	35	34	36	26	36	18
0.4	4	90	22	81	28	71	31	61	32	52	34	42	34	32	35	23	36	13	36	4.3
0.5	3	89	22	79	28	68	31	57	32	46	34	36	34	25	35	14	36	3.5	36	0
0.6	3	89	22	77	28	65	31	54	32	43	34	31	34	19	35	8	36	3	36	0
0.7	2	88	22	76	28	64	31	52	32	40	34	27	34	15	35	7.5	36	3	36	0
0.8	1	87	22	75	28	62	31	50	32	37	34	25	34	13	35	7.5	36	3	36	0
0.9	1	87	22	74	28	61	31	49	32	36	34	23	34	13	35	7.5	36	3	36	0
1	0	87	22	74	28	61	31	48	32	35	34	21	34	13	35	7.5	36	3	36	0

罗马地区建筑墙体相对于最大阴影或光照面积的减少率　　表 3-22

R1	1		2		3		4		5		6		7		8		9		10	
R2	S	W	S	W	S	W	S	W	S	W	S	W	S	W	S	W	S	W	S	W
0.1	-8	97	0.5	94	9.4	91	18	89	27	86	34	83	35	80	36	77	36	75	36	73
0.2	-3	95	11	90	25	86	30	81	32	76	34	71	35	66	36	61	36	56	36	53
0.3	-0	94	17	87	26	81	30	75	32	68	34	62	35	56	36	49	36	43	36	38
0.4	1	93	18	85	26	78	30	70	32	63	34	55	35	48	36	41	36	33	36	27
0.5	1	92	18	84	26	75	30	67	32	59	34	50	35	42	36	34	36	26	36	19
0.6	1	91	18	82	26	73	30	64	32	56	34	47	35	34	36	29	36	20	36	12
0.7	1	91	18	81	26	72	30	63	32	53	34	44	35	34	36	25	36	16	36	7.5
0.8	1	90	18	81	26	71	30	61	32	51	34	42	35	32	36	22	36	12	36	3.9
0.9	0	90	18	80	26	70	30	60	32	50	34	40	35	30	36	20	36	10	36	1.1
1	0	90	18	80	26	69	30	59	32	49	34	39	35	28	36	18	36	8.1	36	0

斯德哥尔摩地区建筑墙体相对于最大阴影或光照面积的减少率　　表 3–23

R2 \ R1	1		2		3		4		5		6		7		8		9		10	
	S	*W*	*S*	*W*	*S*	*W*	*S*	*W*	*S*	*W*	*S*	*W*	*S*	*W*	*S*	*W*	*S*	*W*	*S*	*W*
0.1	0	97	3.4	94	6.8	91	10	88	13	86	17	82	20	80	24	77	27	74	30	77
0.2	2	95	8	90	14	86	19	80	25	76	31	70	36	65	40	61	41	55	42	57
0.3	4	93	11	88	18	81	26	74	33	68	38	61	39	55	40	48	41	41	42	41
0.4	5	92	13	84	22	77	29	69	35	62	38	54	39	47	40	39	41	31	42	30
0.5	6	91	15	84	24	74	32	66	35	58	38	49	39	40	40	32	41	23	42	21
0.6	6	92	16	81	26	72	32	63	35	54	38	45	39	36	40	27	41	18	42	14
0.7	7	90	17	81	27	71	32	61	35	52	38	42	39	32	40	22	41	13	42	9.3
0.8	7	90	17	80	27	69	32	60	35	49	38	40	39	29	40	19	41	9.3	42	5.8
0.9	7	90	17	80	27	68	32	59	35	49	38	38	39	28	40	17	41	6.6	42	2.8
1	7	89	17	80	27	69	32	58	35	47	38	36	39	26	40	16	41	4.5	42	0

吉隆坡，由于其地理位置靠近赤道，夏季和冬季的气候条件（包括可利用太阳辐射，湿度和室外空气温度）的差别通常是微不足道的，因此在夏季提供阴影和在冬季提供光照区域同样重要。要确保最大阴影或光照的面积减少量不超过 40%，建议的最佳建筑庭院比例范围为在表 3–19 中用阴影表示的部分，*R*1 的取值为 3~7，即中等深度的任何长宽比例（*R*2 值）的庭院，在夏季和冬季都可以被接受。

开罗的气候特点是，一年大部分时间为炎热干燥的夏季，冬天时间不超过 3 个月，但相对寒冷。在这样一种气候条件下，提供遮阳以减少建筑面上强烈的太阳辐射，并达到基本舒适的建筑室外微气候环境是最关键的。因此，夏季最高可接受的阴影区减少率定为 35%；冬季最高可接受日照区减少率调高至 50%，基本上实现一个有日照面积要求的冬季。表 3–20 中将推荐的庭院建筑比例用阴影重点突出。

处于温带气候的罗马，它的气候特点是有两种不同的季节：炎热的夏天和寒冷的冬天。最好的设计是能兼顾到冬夏两个季节的要求。因此，阴影或光照面积减少率均不应超过 40%。表 3–21 中用阴影突出了最佳庭院比例。

在气候寒冷的斯德哥尔摩，虽然风力条件是关键设计参数，应着重考虑，但充分利用太阳辐射也同样重要。尤其是在冬天气温骤降时，太阳辐射的天然补救优势非常重要。另外在漫长的冬季，太阳辐射对建筑的升温行为大大降低了供暖负荷。因此，表 3–22 所示各种最佳比率，是在保证冬季光照面积最高减少率不大于 40%，夏天阴影面积减少率可达到 50% 的前提下确定的。由于罗马和斯德哥尔摩太阳高度角小，两地的建筑庭院比例范围都是较浅的庭院形式，即很高的 *R*1 值和相对较高的 *R*2 值。

针对其他气候地区的庭院建筑尺寸的确定，可以根据当地太阳高度角具体确定。

3.5.2 庭院建筑的朝向对阴影和日照区的影响

由于在庭院内部的墙壁表面有一个 90° 方向的转变，有可能使某些墙壁日照时间较长，而有的墙壁完全被遮挡，这样会导致建筑物热行为明显偏离最佳效果。除了方位角外，太阳在天空中的位置因素也对每个墙面产生的阴影面积有显著的影响。因此，为确保形成与阳光最佳结合的庭院形式，最佳方位角被定义为，在夏季能够得到最高阴影面积，在冬季获得最大光照面积。

如图 3-41 所示为通过旋转庭院的朝向，来选择最佳方位角，从 0° 到 90° 更改庭院朝向，步幅为 10°，记录不同朝向庭院中阴影和光照的面积比例。图 3-42 表明，在所研究的四种气候地区，长轴方向沿东西轴线（即零方位角）时在夏天产生最低的阴影面积，随着方位角的增加，阴影面积不断增加。在开罗和吉隆坡得到最高阴影面积时，长轴已沿南北轴线；而在斯德哥尔摩和罗马，夏季出现最大阴影面积的角度分别为 60° 和 70°。结合冬季光照面积可得出庭院的最佳朝向，在开罗和罗马，最大光照面积与最大阴影面积产生在同一角度。在吉隆坡，最佳方位角位 30°（~40°），超过 30°（~40°）后的方位角后，继续加大方位角将减少光照面积。

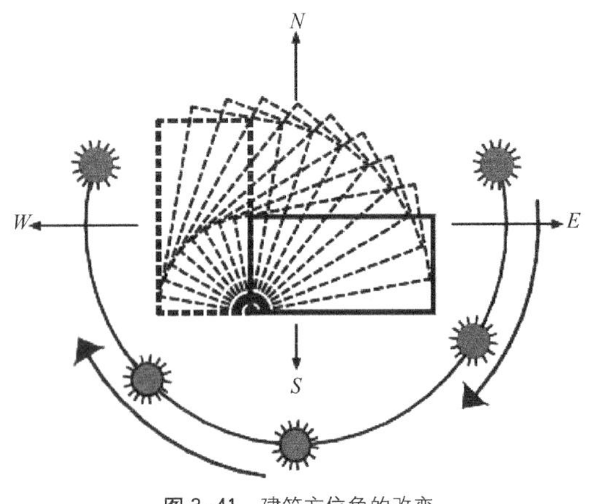

图 3-41 建筑方位角的改变

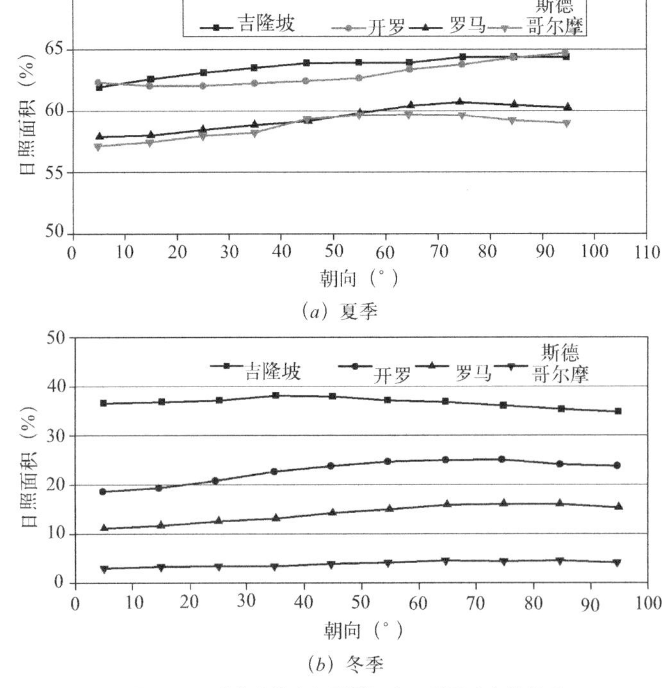

图 3-42 建筑方位角与阴影区和日照区比率的关系

3.5.3　太阳能利用（建筑布局）对空调和供暖系统能耗的影响

有很多方法可以用于提高建筑物对太阳热量的有效利用。如夏季利用改变建筑物外表面的颜色来减少对太阳光线的吸收、运用遮阳装置以及改进外部墙体和屋顶的热物性，这些都对空调房间的热量、冷量需求有较大程度影响。

为了研究不同的建筑布局对能量吸收的影响，Ahmed S. Muhaisen 和 Mohamed B Gadi 以罗马的气候特征为背景，通过改变庭院建筑的 *R*1、*R*2，分析影响空调房间能耗的各项因素。所调查的庭院建筑都是简单的立方体型，建筑物的内部空间所形成的内庭是南北、东西对称的，内部房间进深在四个方向上都是一样的，内部空间被看作是一个房间，不考虑内部隔墙的影响。所有建筑除了吸收的太阳辐射热量不同外，其他热要素都被认为是一定的。

图 3–43 为一年中不同 *R*1 时 *R*2 对建筑物所需冷热负荷的影响，可以看出庭院阴影区比率使负荷变化显著，*R*1 不论为任何值，*R*2 增大时，冷负荷都是逐渐增大的，但当 *R*1 大于 5 时这种变化趋势明显变小。冬季当庭院建筑的 *R*1、*R*2 值都大，即庭院较浅时，吸收到的太阳辐射量相当大，提高了建筑物的温度，随之热负荷减少，但庭院深度降低的同时，建筑物散热量增加，甚至会出现热损失要比得到的太阳能大得多的情况，此时热负荷依然会变大，并不能达到节能目的。

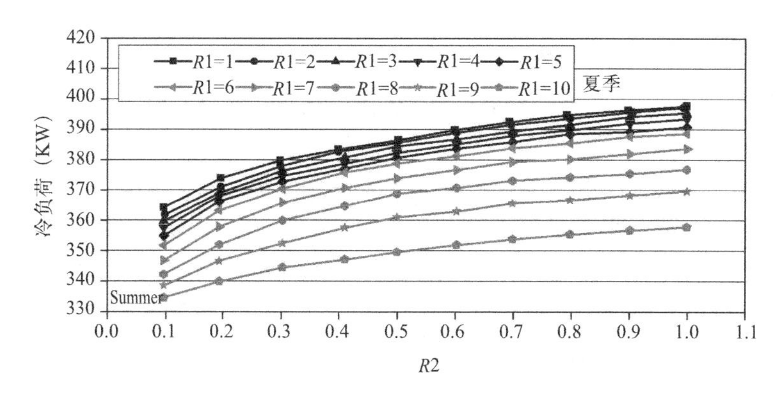

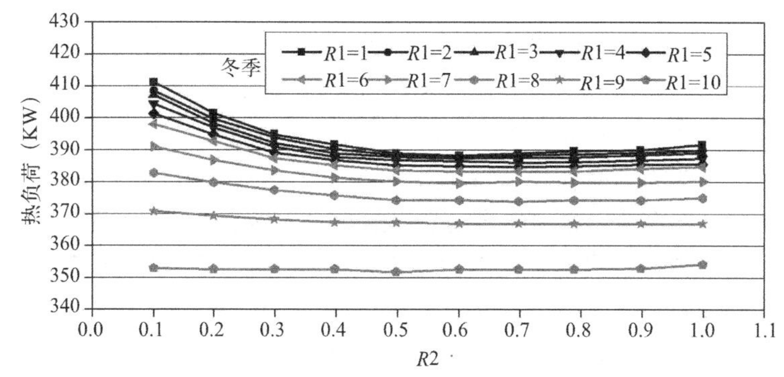

图 3–43　*R*1 和 *R*2 对建筑物全年冷热负荷的影响

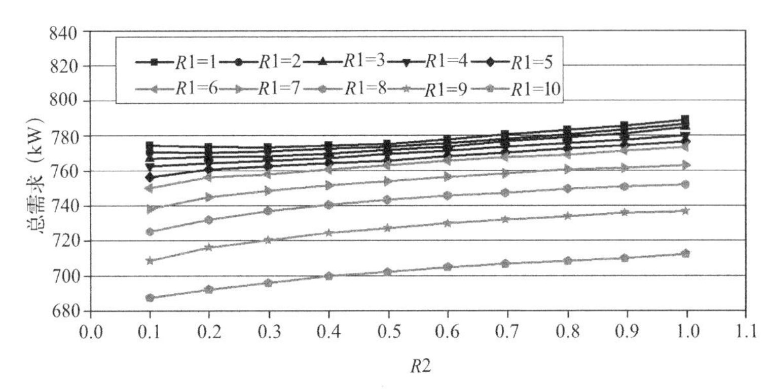

图 3-44 庭院形式对全年能耗的影响

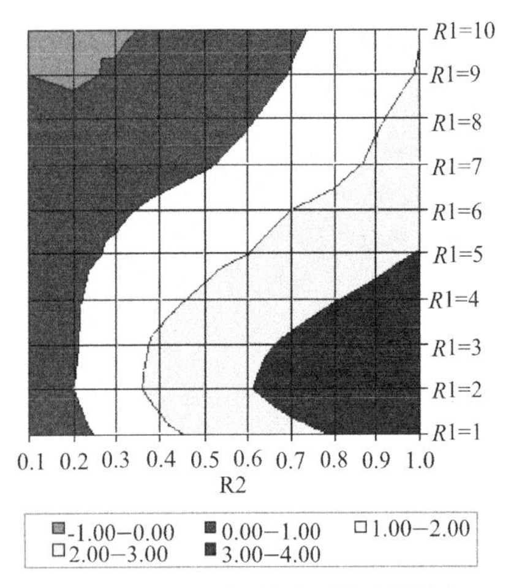

图 3-45 庭院比例对能耗增加率的影响

可以得出结论：温带气候区内，庭院建筑越深越长，冷负荷就越小，当 *R*2 值大于 0.4 时，冬季热负荷有望达到最小值。由图 3-43 可知，冬季改变庭院的设计长度对建筑物热负荷的影响很小。这表明在对庭院有效设计中，冬季主要考虑其深度，因为长度对其热量影响是微乎其微的。

为了寻找出一年中能量需求最小时庭院建筑物的最佳比例，可以将每一种情况下的冷、热负荷的总量绘制成图 3-44。在图 3-44 中可以看出无论 *R*1 取何值，当建筑形式趋于正方形时能量需求都会增大（*R*2 变大），当 *R*1 值越小（小于 5 时）这种变化趋势越显著，而当 *R*1 值为 5~10 时，这种变化趋势不明显。

由图 3-44 可知，带内庭的建筑物当 *R*1 为 1，*R*2 为 0.1 时为能耗最低，但这种建筑形式可能以建筑学角度来看不是很漂亮成功的。缘于对最佳比例的选择而不断改变庭院比例，从而形成了对能量需求的增加，能量增加的百分比如图 3-45 所示。图 3-45 表明庭院越浅、越趋于正方形，在温带气候区能量需求增加的百分数就越大，但是所增加的百分数并不显著，变化范围为 0%~4%。在其他气候区则需要根据当地气候特征具体分析。

3.6 建筑布局形成的局部气流对住区热环境的改善作用

3.6.1 建筑布局对小区气流的影响

对于室外的人体热舒适来说，距地面 2m 以下高度空间的风速分布是最重要的，而这个区域的流场受建筑布局的影响最大。尽管与郊区比，市区和建筑群内的风速较低，但会在建筑群，特别是高层建筑群内产生局部高速流动。

当风吹至高层建筑的墙面向下偏转时，将与水平方向的气流一起在建筑物侧面形成高速风和涡旋，在迎风面上形成下行气流，而在背风面上，气流上升。街道常成为风漏斗，把靠近两边墙面的风汇集在一起，造成近地面处的高速风，见图 3–46。这种风常在冬季低温时形成极不舒适的局部冷风，当背景风速较大时，甚至直接影响该处行人的行走，并造成极度寒冷的不舒适感。但在夏季时，较大的风速与建筑阴影构成了舒适的室外热环境。

图 3–46　高低层建筑群中的涡旋气流

从上述例子可以看到，建筑的布局对小区风环境有重要的影响，因此在建筑群的规划设计阶段就应该对这些问题进行认真的考虑，调整设计或者采取其他措施避免这种现象的出现。研究城市和建筑群风场的方法有利用风洞的物理模型实验方法和利用计算流体力学（CFD）的数值模拟方法。

图 3–47 给出的是利用 CFD 辅助建筑布局设计的实例（上方是北向）。在冬季以北风为主导风向、夏季以南风为主导风向的北方内陆城市设计一个多层建筑的住宅小区，要求达到冬季有效抑制小区内的风速，而夏季又能够保证不影响小区内建筑的自然通风。通过不断的调整，得到了图中的建筑布局。可以看到，北侧的连排小高层建筑有效地阻碍了冬季北风的侵入，抑制了小区内的风速；而在夏季，非连续的低层建筑为南风的通过留了空间，尽可能地保证了后排建筑的自然通风。

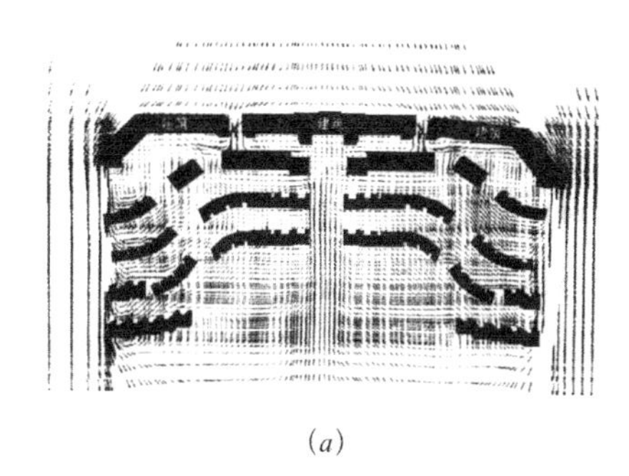
(*a*)

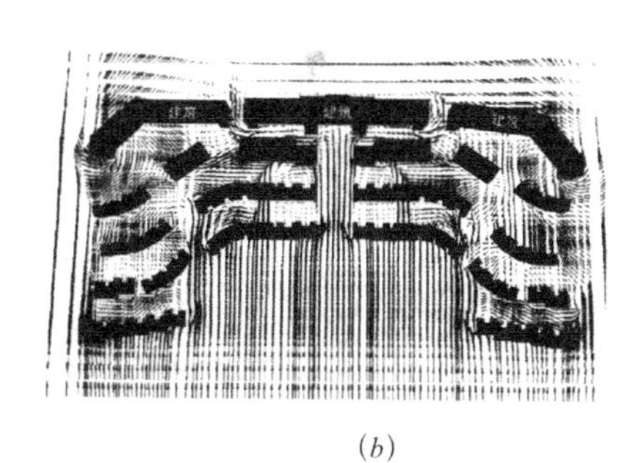
(*b*)

图 3–47　CFD 辅助建筑布局设计实例：风速场（箭头长短代表风速的高低）
(*a*) 冬季：有效地抑制了区内的风速；(*b*) 夏季：保证了区内的气流通畅

3.6.2　传统庭院建筑内的热环境

降低夏季庭院内温度相对较好的方式是将庭院设计成一个通风筒，将内部空气释放到大气中，那么庭院就可以看成是一个抽吸区域，促使庭院内外空气相通。图 3–48 所示为一面积为 230m^2 的矩形建筑形式，建筑物中有一个 3.7m×8.1m 的矩形庭院。在建筑中间设计一个庭院是传统建筑的一个主要特征。围护结构上有 4 个主要开口（即开口 Op1，Op2，Op3，Op4，如图 3–48 所示），使庭院与室外环境直接的接触，位于北边的开口 1，作为进入建筑的主要通道。该建筑物周围有高大的树木，建筑物附近的环境不受其他建筑物的影响。

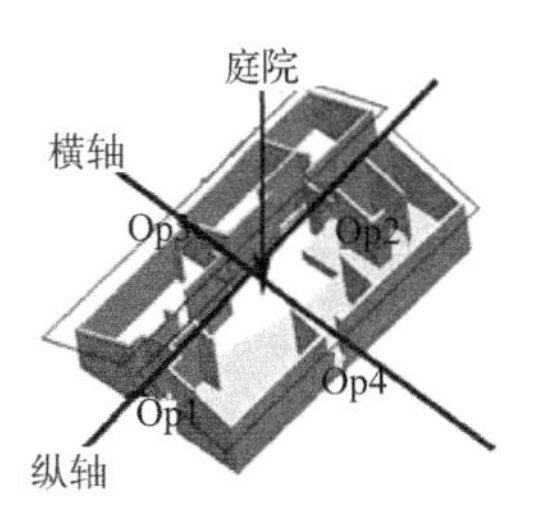

图 3–48　传统庭院建筑形式

为了研究通风对建筑热环境的影响，I·Rajapaksha 等人针对两种情况进行了对比研究。第一种情况下，日间外围护结构上的所有开口都保持关闭状态，建筑物只通过庭院顶部通风；第二种情况下，纵轴线上的两个开口在白天都开着，使白天气流通过开口 1 和开口 2 以及庭院顶部对庭院通风。两种情况下的夜间，均为开口 2 和中庭上部打开，而开口 1 处于关闭状态。

测量研究期间以及在研究的前几天天气都很稳定。外界环境的最高温度为 32.8℃，出现在 13：00~15：00 之间。而早上 4：00~7：00 时，外界温度最低为 25.5℃，日间湿度为 60%~70%，而晚上为 99%。主导风向为西南风向，白天在 5m 和 10m 高的地方平均风速分别为 1.2m/s 和 1.5m/s，夜间处于同一高度处的风几乎是静止的（0.2m/s）。

图 3−49 显示了上述两种开口通风情况下庭院内空气温度与周围环境温度随时间的变化曲线。由图可以看到，庭院内外部空气温度最高值出现的时间存在滞后现象，说明围护结构热惰性对庭院内空气温度有影响。两种情况下外部环境的气候条件（空气温度，风向，风速，湿度和降雨）都基本相同，但第二种情况庭院空气温度比第一种情况低很多，这显然与日间室内气流形式有关（两种情况下的唯一区别）。图 3−49 中不同高度处的温度值表明两种情况下，庭院在白天和晚上的气温都出现了分层现象。说明两种情况下从庭院顶部都可以获得热量。但第二种情

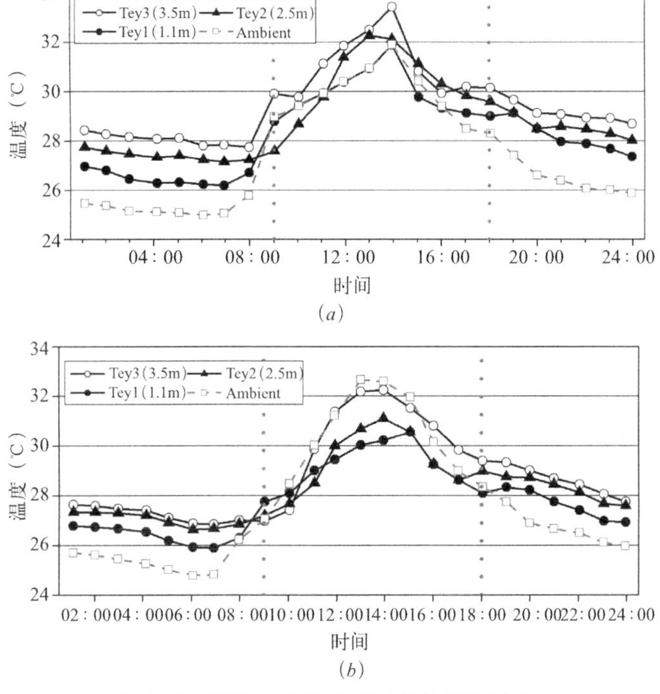

图 3−49 不同开口情况下庭院内气温的逐时变化

(a) 第一种情况；(b) 第二种情况

况下庭院不同高度处的气温明显低于第一种情况，使得第二种情况下因为逆向通风而使顶部开口获得热量的可能性大幅减小。

图 3–50 显示了庭院和围护结构的开口 1 和 2 附近区域的平均空气温度，可以看到在第二种情况下，在夜间温度的差别大于 1℃，夜间开口处温度较低，因为温度的不同而导致密度的差异，从而引起烟囱效应，烟囱效应可使通风加强，而在日间，庭院内温度低于建筑物围护结构的一些主要开口处的温度，可使开口处（开口 1，2）空气密度低于庭院内的空气密度，有效防止白天发生烟囱效应，减少外部热空气向庭院区域的流入量。在第一种情况中，夜间内外温差很小，热压通风不显著，白天开口温度低于庭院温度，会产生热压通风将外部热量引入庭院。两种情况下热压通风效果的差异在图 3–51 所示的风速变化曲线中也能看到，图中庭院内的风速为地面以上 1.1m 高度处的风速值。第二种情况中夜间庭院内空气流速值与室外静止空气形成了鲜明的对比，较高风速对提高人体热舒适性非常重要，特别是在夜间前几个小时，相对湿度较高的时候。

全球温度的升高以及对大量温室气体减少排放的要求，需要我们采用多种方法来改变室内气候，创造一个舒适的室内环境。夏季炎热气候下，建筑物内部过热一般是由于太阳通过建筑物围护结构和窗户的辐射。对于防止过热和室内气候改变来说，利用自然通风制冷被认为是合适的选择。因此，设计一些措施来优化自然通风，从而降低建筑物室内温度

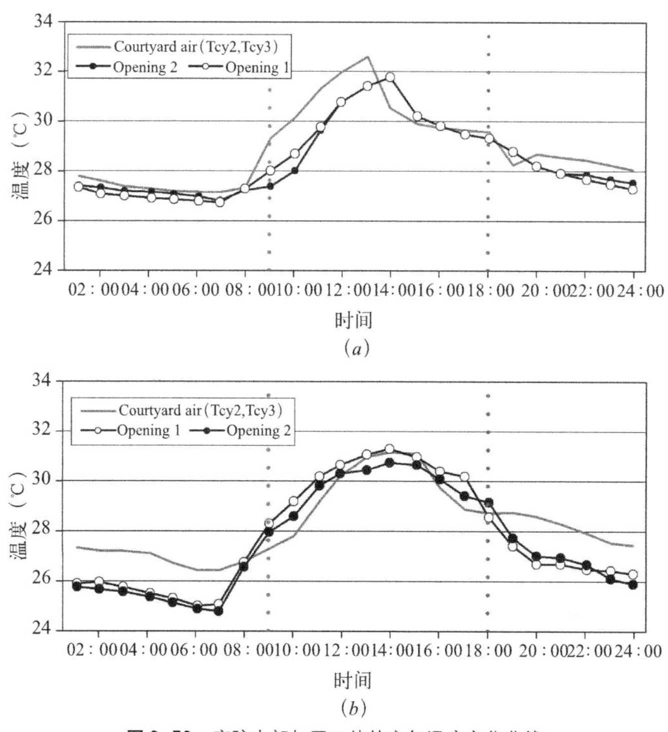

图 3–50　庭院内部与开口处的空气温度变化曲线
(a) 第一种情况；(b) 第二种情况

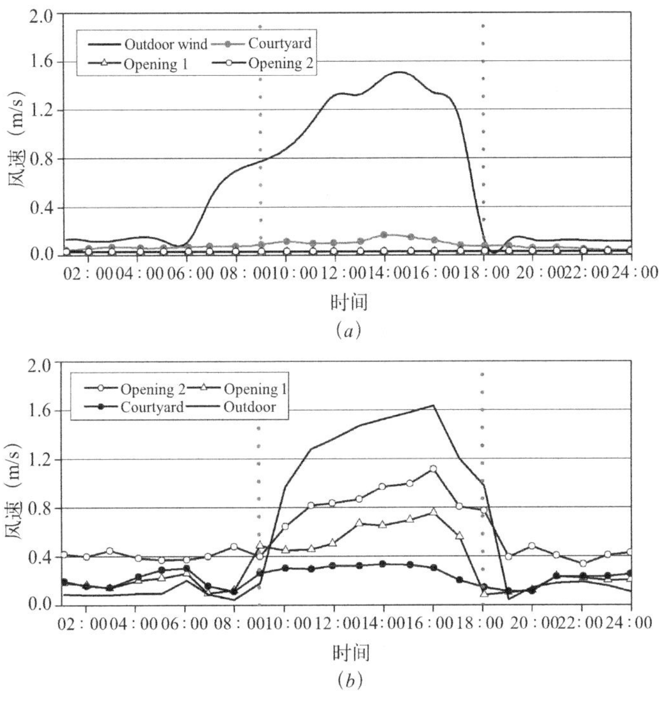

图 3–51 庭院内气流速度的逐时变化

(a) 第一种情况；(b) 第二种情况

是非常重要的。如在热湿气候下充分利用庭院住宅建筑群自然通风设计，可以作为一个改善热环境，减小建筑能耗的良好设计方案。

第4章 城市湿环境

城市内部由于下垫面透水性差，特别是大量人工铺设的不透水地面，以及很好的排水设施，使得降水很迅速地排出城市，不利于雨水和雪水渗透入地，使城市变得干燥、缺水、悬浮颗粒物浓度增大、夏天地面温度高等问题，因而使城市物理环境质量和舒适度大大降低。另外不透水地面最有害的是阻断了雨水对城市地下水资源的补充，使城市下降的地下水位难以回升。这样导致的城市地表干燥会影响城市中树木和其他植被的生长，使达到生态城市的要求越发困难。为了增大城市下垫面的蓄水能力和湿环境调节能力，改善城市物理环境质量，需要对城市湿环境特征和水分的蒸发冷却原理有所了解。

4.1 湿空气的基本概念

4.1.1 湿空气的组成

自然界的空气，都是干空气和水蒸气的混合物。凡是含有水蒸气的空气就是湿空气。湿空气的压力等于干空气的分压力和水蒸气分压力之和，即

$$P_W=P_d+P \tag{4-1}$$

式中 P_W——湿空气的压力，Pa；

P_d——干空气的分压力，Pa；

P——水蒸气的分压力，Pa。

空气中所含的水分愈多，空气的水蒸气分压力就愈大。在一定的温度和压力条件下，一定容积的干空气所能容纳的水蒸气量有一定的限度，也就是说湿空气中水蒸气的分压力有一个极限值。水蒸气含量达到极限值时的湿空气叫作“饱和”的，尚未达到极限值的湿空气称作“未饱和”的。

处于饱和状态的湿空气中水蒸气所呈现的压力，叫作“饱和蒸汽压”或“最大水蒸气分压力”，用符号 P_S 表示。未饱和空气的水蒸气分压力用 P 表示。

标准大气压力下，不同温度时的饱和蒸汽压 P_S 值列于表 4-1。P_S 值随温度升高而变大，这是因为在一定的大气压力下，湿空气的温度越高，其一定容积中所能容纳的水蒸气越多，因而水蒸气所呈现的压力也越大。

标准大气压时不同温度下的饱和水蒸气分压力 P_S（Pa） 表 4–1

a. 温度自 0℃至 −20℃（与冰面接触）

T（℃）	0.0	0.1	0.2	0.3	0.4	0.5	0.6	0.7	0.8	0.9
−0	611.6	605.3	601.3	595.9	590.6	586.6	581.3	576.0	572.0	566.6
−1	562.6	557.3	553.3	548.0	544.0	540.0	534.6	530.6	526.6	251.3
−2	517.3	513.3	509.3	504.0	500.0	496.0	492.0	488.0	484.0	480.0
−3	476.0	472.0	46.80	464.0	460.0	456.0	452.0	448.0	445.3	441.3
−4	437.3	433.3	249.3	426.6	422.6	418.6	416.0	412.0	408.0	405.3
−5	401.3	390.6	394.6	392.0	388.0	385.3	381.3	378.6	374.6	372.0
−6	368.0	365.3	362.6	358.6	356.0	353.3	349.3	346.6	344.0	341.3
−7	337.3	334.6	332.0	329.3	326.6	324.0	321.3	318.6	314.7	312.0
−8	309.3	306.6	304.0	301.3	298.6	296.0	293.3	292.0	289.3	286.6
−9	234.0	281.3	278.6	276.0	273.3	272.0	269.3	266.6	264.0	252.6
−10	260.0	257.3	254.6	253.3	250.6	248.0	246.6	244.0	241.3	240.0
−11	237.3	236.0	233.3	232.0	229.3	226.6	225.3	222.6	221.3	218.6
−12	217.3	216.0	213.3	212.0	209.3	208.0	205.3	204.0	202.6	200.0
−13	198.6	197.3	194.7	193.3	192.0	189.3	188.0	186.7	184.0	182.7
−14	181.3	180.0	177.3	176.0	171.7	173.3	172.0	169.3	168.0	166.7
−15	165.3	164.0	162.7	161.3	160.0	157.3	156.0	154.7	153.3	152.0
−16	150.7	149.3	148.0	146.7	145.3	144.0	142.7	141.3	140.0	138.7
−17	137.3	136.0	134.7	133.3	132.0	130.7	129.3	128.0	126.7	126.0
−18	125.3	124.0	122.7	121.3	120.9	118.7	117.3	116.6	116.0	114.7
−19	113.3	112.0	111.3	110.7	109.3	108.8	106.7	106.0	105.3	104.0
−20	102.7	102.0	101.3	100.0	99.3	98.7	97.3	96.0	95.3	94.7

b. 温度自 0~25℃（与水面接触）

T（℃）	0.0	0.1	0.2	0.3	0.4	0.5	0.6	0.7	0.8	0.9
0	610.6	615.9	619.9	623.9	629.3	633.3	638.6	642.6	647.9	651.9
1	657.3	661.3	666.6	670.6	675.9	681.3	685.3	690.6	695.9	699.9
2	705.3	710.6	715.9	721.3	726.6	730.6	735.9	741.3	746.6	751.9
3	757.3	762.6	767.9	773.3	779.9	785.3	790.6	791.7	801.3	807.9
4	813.3	818.6	823.9	830.6	835.3	842.6	847.9	853.3	859.9	866.6
5	871.9	878.6	883.9	890.6	897.3	902.6	909.3	915.9	921.9	927.9

续表

T(℃)	0.0	0.1	0.2	0.3	0.4	0.5	0.6	0.7	0.8	0.9
6	934.6	941.3	947.9	954.6	961.3	967.9	974.6	981.2	987.9	994.6
7	1001.2	1007.9	1014.6	1022.6	1029.2	1035.9	1043.9	1050.6	1057.2	1065.2
8	1071.9	1079.9	1086.5	1094.6	1101.2	1109.2	1117.2	1123.9	1131.9	1139.9
9	1147.9	1155.9	1162.6	1170.6	1178.6	1186.6	1194.6	1202.6	1210.6	1218.6
10	1227.9	1235.9	1243.9	1251.9	1259.9	1269.2	1277.2	1286.6	1294.6	1303.9
11	1311.9	1321.2	1329.2	1338.6	1347.9	1355.9	1365.2	1374.5	1383.9	1393.2
12	1401.2	1410.5	1419.9	1429.2	1438.5	1449.2	1458.5	1467.9	1477.2	1486.5
13	1497.2	1506.5	1517.2	1526.5	1537.2	1546.5	1557.2	1566.5	1577.2	1587.9
14	1597.2	1607.9	1618.5	1629.2	1639.9	1650.5	1661.2	1671.9	1682.5	1693.2
15	1703.9	1715.9	1726.5	1737.2	1749.2	1759.9	1771.8	1782.5	1794.5	1805.2
16	1817.2	1829.2	1841.2	1851.8	1863.8	1875.8	1887.8	1899.8	1911.8	1925.2
17	1937.2	1949.2	1961.2	1974.5	1986.5	1998.5	2011.8	2023.8	2037.2	2050.5
18	2062.5	2075.8	2089.2	2102.5	2115.8	2129.2	2142.5	2155.8	2169.1	2182.5
19	2195.8	2210.5	2223.8	2238.5	2251.8	2266.5	2279.8	2294.5	2309.1	2322.5
20	2337.1	2351.8	2366.5	2881.1	2395.8	2610.5	2425.1	2441.1	2455.8	2470.5
21	2486.5	2501.1	2517.1	2531.8	2547.8	25363.8	2579.8	2594.4	2610.4	2626.4
22	2642.4	2659.8	2675.8	2691.8	2707.8	2725.1	2741.1	2758.4	2774.4	2791.8
23	2809.1	2825.1	2842.1	2859.8	2877.1	2894.4	2911.8	2930.4	2947.7	2965.8
24	2983.7	3001.1	3019.7	3037.1	3055.7	3074.4	3091.7	3110.4	3129.1	3147.7
25	3167.7	3186.4	3205.1	3223.7	3243.7	3262.4	3282.4	3301.1	3321.1	3341.0

4.1.2　空气的湿度

每立方米的湿空气所含水蒸气的重量，称为空气的绝对湿度。绝对湿度一般用f（g/m^3）表示。饱和状态下的绝对湿度则用饱和蒸汽量f_{max}（g/m^3）表示。绝对湿度只能说明湿空气在某一温度条件下实际所含水蒸气的重量，不能直接说明湿空气的干、湿程度。如绝对湿度为153g/m^3，在温度18℃时，水蒸气含量已达最大值，也就是说已经是饱和空气了；但若空气的温度是30℃，却还是比较干燥的，因为30℃的饱和空气的水蒸气含量为301g/m^3。这种空气还有相当的吸收水分的能力。可见绝对湿度相同的两种空气，其干、湿程度未必相同。必须是相同温度条件下，才能根据绝对湿度的值来判断哪一种较为干燥或潮湿。这在应用上很不方便，因此，又引入相对湿度的概念。

相对湿度——一定温度，一定大气压力下，湿空气的绝对湿度f与同温同压下的饱和蒸汽量f_{max}的百分比，称为该空气的“相对湿度”。相对湿度一般用φ（%）表示。即

$$\varphi=\frac{f}{f_{max}}\times100\% \tag{4-2}$$

水蒸气的实际分压力P主要取决于空气的绝对湿度f，同时也与空气的绝对温度有关，一般用下列近似式表示：

$$P=0.461Tf \tag{4-3}$$

式中　f——与P对应的绝对湿度，g/m^3；

T——空气的热力学温度，K。

由上式可见，当气温一定时（T一定），水蒸气分压力随绝对湿度成正比例变化；当绝对湿度一定时（f一定），水蒸气分压力随绝对温度正比例变化。由于不同状况下的T值往往不同，P与f也就不成正比例（参见表4-1）。

但是，在建筑热工设计中，涉及的气温变化范围不大，变换成绝对温度后，其相对变化就更小。为方便起见，近似地认为P与f成正比例；同样，也认为P_S与f_{max}成正比例。这样，就可以用下式表示相对湿度：

$$\varphi=\frac{P}{P_S}\times100\% \tag{4-4}$$

式中　P——空气的实际水蒸气分压力，Pa；

P_S——同温下的饱和水蒸气分压力，Pa。

由于我们有不同温度下的P_S值的现成资料（表4-1），而且有好几种能直接快速测定空气相对湿度φ的仪器（例如干湿球湿度温度计），所以用式（4-4）就可方便地进行各种计算。

4.1.3　露点温度

在一定的温度和压力的条件下，湿度一定的空气中所含的水蒸气量是一定的，因而其实际蒸汽分压力P也是一定的。其所能容纳的最大蒸汽含量以及与之对应的最大水蒸气分压力P_S，也都是一定的。既然一定状态的湿空气的P和P_S都一定，当然，其相对湿度φ也就是一定的。

根据这种道理，设有一房间，如不改变室内空气中的水蒸气含量，只是用干法加热空气（如用电炉加热）使其升温，则P_S相应变大，亦即所能容纳的最大水蒸气含量随温度的升高而变大，但因是干法加热升温，在加热过程中既不增加也不减少水蒸气，也就是保持P值不变，相对湿度随之变小。

相反，如保持室内水蒸气分压力P不变，而只是使气温降低，则因P_S相应变小，相对湿度变大，温度下降越多，P_S就越小（参见表4-1），相对湿度越大。当温度降到某一特定值时，P_S小到与P值相等，相对湿度φ = 100%，本来是不饱和的空气，终于因室温下降而达到饱和状态，

这一特定温度称为该空气的“露点温度”。

露点温度通常用 t_d 表示，其物理意义就是空气中的水蒸气开始出现结露的温度。如果从露点温度往下继续降温，空气就容纳不了原有的水蒸气，而迫使其一部分凝结成水珠（露水）析出。冬天在寒冷地区的建筑物中，常常看到窗玻璃内表面上有很多露水，有的则结成很厚的霜，原因就在玻璃保温性能太低，其内表面温度远低于室内空气的露点温度，当室内较热的空气接触到很冷的玻璃表面时，就在表面上结成露水或冰霜。

4. 2　城市的水分平衡与潜热交换量

4.2.1　城市的水分平衡方程

城市建筑物、空气和地面系统的水分平衡方程为：

$$P+F+I=E+r+\Delta S+\Delta A \tag{4-5}$$

式中 P 为降水量；F 为由燃烧所产生的水分，I 为通过管道等供应城市的水分；E 为蒸发和蒸腾的总量，简称蒸散量，r 为径流量的变化，ΔS 为贮存在城市建筑物—空气—地面系统水分的变化，ΔA 为建筑物—空气—地面系统间平流的水分。其中贮存在城市建筑物—空气—地面系统水分对蒸散量 E 的影响较大，而蒸散量 E 又直接决定了城市湿环境。上述各量在城市和郊区的差异，除了影响城市的湿度分布外，还影响到城市的热量平衡，造成城市区域热气候与郊区的很多不同。

在（4–5）式各项中，城市与郊区都有明显的差别，城市的 P、F 和 I 三项都比郊区大。E 和 ΔS 都比郊区小，r 又比郊区大。由于所取的研究对象四周环境相同，ΔA 可忽略不计。（4–5）式所涉及的地下深处范围水分的交换可以忽略。城市中水分平衡与能量平衡关系十分密切，特别是表现在蒸散这一过程中。城市中由于下垫面不透水面积大，植被少，蒸散量远较郊区为小。

图 4–1 和图 4–2 分别为郊区和城市的水分平衡示意图。从图 4–1 和

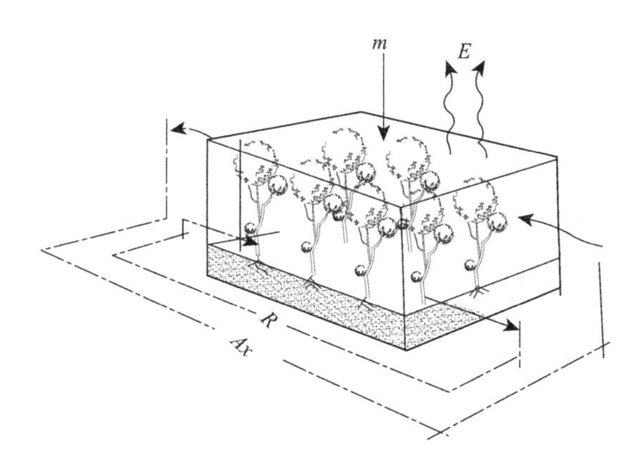

图 4–1　郊区土壤 – 植物 – 空气水分平衡示意图

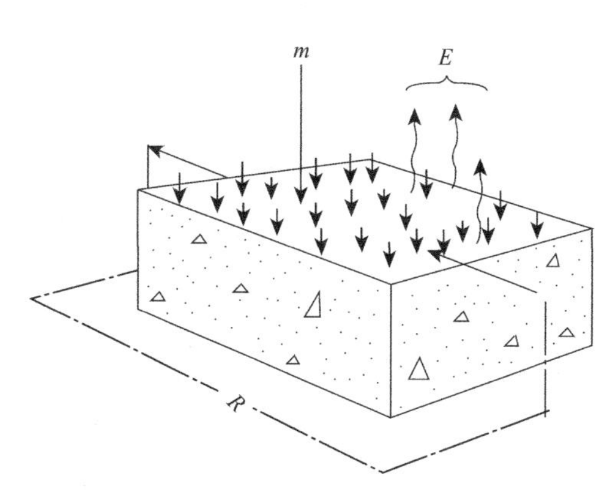

图 4–2　城市的水分平衡示意图

图 4–2 对比可以看到城市中由于建筑物密集不透水面积大，留存在下垫面中的量极少。而郊区土壤疏松，降雨后渗透至下垫面量大，又有大量植被可截留一部分降水，因此郊区在水分平衡中，下垫面水分贮存量 ΔS 要比市区大得多。

城市中不透水面积大，据美国芝加哥、洛杉矶等 10 个大城市统计，市内住宅，工厂和商店等建筑物占地约占全市总面积的 50%，人工铺设的道路约占全市总面积的 22.7%。这两者都是不透水的，它们合占全市总面积的 72.7%。我国上海城中心区不透水面积更高达 80% 以上。世界上的城市不透水面积大都在 50% 以上。在每次降雨之后，雨水很快从阴沟和其他排水管道流失（虽然亦有一些城市建筑材料吸水性较强，但毕竟是少数）。因此雨水滞留地面的时间短，地面水分蒸发量少。而郊区土壤能够使雨水渗透并滞留在土壤内，缓缓蒸发，提供给空气的潜热比城市多。

其次，在降雪之后，城市中为了交通方便，要铲除积雪。又因城市温度比郊区高，积雪又容易融化为水流失，所以城市雪面升华作用很小。郊区温度较低，又不需铲除清扫，大片农田、森林或草地积雪时间比邻近的城镇长，融化慢，雪面的升华和雪水的蒸发都向大气提供了不少潜热。此外，郊区有大片自然植被和人工种植的农作物。这些植物一方面可截留一定数量的降水，不使他很快地变为径流流失，增加地面水分的渗透和蒸发，另一方面通过蒸腾作用，增加空气中的水汽和潜热。城市中除公园和行道树外，绿地面积小，植物的蒸腾作用远不如郊区大。

如前所述城市下垫面的蒸发和蒸腾量都比郊区小。具体减少情况视实际不透水面积占下垫面的百分比、建筑物材料的透水性和市内植物覆盖率等而定。城市不透水面积所占的百分比一般可用下式表示：

$$I=aD^{b} \tag{4-6}$$

式中　I 表示不透水面积占城市下垫面面积的百分比，D 表示城市人口密度；a，b 分别表示决定于城市土地利用的两个常数。

人口密度是可以直接调查计算的。a，b 两个常数则是根据城市内部居民住宅面积、工商业建筑物面积，停车场、街道、公路及城市内树林、草地和菜地所占的面积等通过大量观测事实，用多元回归计算出来的。

4.2.2　城市中的地—气潜热交换

城市下垫面吸收了净辐射量 Q_f 和人为热 Q_h，一部分贮存在下垫面内部，其余的部分则通过湍流交换方式将显热（又称可感热 Sensible heat）输送给空气（当地面温度低于气温时亦可通过湍流交换从空气获得显热）。另一部分则通过蒸散（包括从湿润的地面蒸发和从地表植被蒸腾）下垫面的水分将潜热 Q_L（Latent heat）输送给空气（当地面有露水凝结时，则地面从空气获得潜热）。潜热 Q_L 由下式决定：

$$Q_L = -\rho LK \frac{\partial q}{\partial z} \tag{4-7}$$

式中　ρ——空气密度；

K——水分的湍流扩散系数；

$\frac{\partial q}{\partial z}$——大气含湿量的垂直梯度；

L——水的相变潜热。

城市中下垫面向空气潜热输送量的大小主要取决于下垫面可供蒸发的水分量的多少。由于上节所述原因，城市中可供蒸发的水分比郊区为少，其下垫面向大气提供的潜热 Q_L 因此小于郊区。城市下垫面的性质是复杂多样的。例如城内有水灌溉的草地和干燥的停车场，其表面可供蒸发的水分就大不相同。按（4−7）式得到的 Q_L 值就大不相同。表 4−2 所示为在正午时美国马里兰州的新兴城市哥伦比亚（Columbia）进行的观测，其结果由表可见，同在城区的草地和停车场上离地面 2m 高处的气温都是 24.7℃，但两者的地面温度却相差甚大。其能量平衡各分量中差别最大的是地—气潜热交换 Q_L 项。在草地上潜热交换值 Q_L 为 0.30cal/（cm^2·min），占当时太阳总辐射的 1/4。而在停车场上 Q_L 为零，其所接收的太阳总辐射，绝大部分用于地面长波辐射和下垫面贮存，其次为地—气显热交换量。

美国马里兰州哥伦比亚城停车场与草地
正午时辐射能量（W/m^2）平衡　　表 4−2

项目	气温 ℃	地表温度 ℃	太阳总辐射	大气逆辐射	地表辐射	潜热通量	显热通量	下垫面贮热量
草地	24.7	32.0	840	301	469	210	84	168
停车场	24.7	47.5	861	301	595	0	70	448

要了解整个城市下垫面的地—气显热交换量和地—气潜热交换量的情况，必须调查研究其城区内部各不同土地类型，分别测量或估算其地—气显热交换量和地—气潜热交换量值。在此基础上，再根据各种土地类型所占面积的百分比，加以计算才能得出该城市二者的总体情况。表 4−3 所示为美国圣路易斯城夏季晴日午间（10 时至 13 时）的能量平衡各分量所作过的全面研究的结果。

圣路易斯城市和郊区能量平衡各分量（W/m^2）　　表 4−3

区域	净辐射 Q_f	显热通量 Q_S	Q_S/Q_f	潜热通量 Q_L	Q_L/Q_f	Q_H/Q_L	下垫面贮热量 Q_t	Q_t/Q_n
城市	437	244	52%	115	24%	2.12	115	24%
郊区	464	171	37%	221	48%	0.77	85	18%

由此表可见，圣路易斯城市和郊区所接收的净辐射相差不大（郊区比城区多 27W/m^2），但在其他热量分配上却大不相同，城区显热通量占总净辐射的 52%，远比郊区为大，潜热通量仅占 24%，却比郊区小得多。其地—气显热交换量与地—气潜热交换量的比值为 2.12，而郊区只有 0.77。城区在下垫面中的贮热量 Q_t 亦大于郊区。在城、郊能量平衡中最大差别在城区，因其可供蒸发蒸腾的水分少，其蒸散所消耗的显热 Q_s 小，地—气显热交换量与地—气潜热交换量的比值显著大于郊区。

4.2.3　城市覆盖层内空气湿度

城市化后，城市区域空气的湿度表现出与郊区明显的不同，它影响着城市热环境乃至城市物理环境。

（1）城市空气绝对湿度

城市中由于下垫面性质的改变，建筑物和铺砌的坚实路面大多数是不透水层（有些建筑材料能够吸收一定量的降水，亦可变成蒸发面，但为数较少），降雨后雨水很快地流失，地面比较干燥，再加上植物覆盖面积小，蒸散量比较小，因此城市中的日平均绝对湿度比郊区小。可是由于城市和郊区绝对湿度日变化的形式不同，在绝对湿度分布图上，白天城市绝对湿度比郊区低，形成“干岛”；而在夜间一定时段内，城市绝对湿度反而比郊区大，形成“湿岛”。这种情况以夏季晴天比较明显。

（2）城市空气相对湿度

城市因平均绝对湿度比郊区小，气温又比郊区高，使得其相对湿度与郊区的差异比绝对湿度更为明显。郊区相对湿度在每日 24h 中，基本上都比市区大，差值高峰通常发生在夜间，最大值可达 10%~30%。尽管有时市区会形成绝对湿度“湿岛”，但因城市热岛效应，其相对湿度仍比郊区小。

城市空气绝对湿度的日变化、年变化基本上与空气湿度相同，这是因为湿度越高，蒸发愈强之故。但城市空气湿度的变化与气温变化则相反，也就是说，当气温最高时，相对湿度值往往最小；而当气温最低时，相对湿度则最大。

城市中由于下垫面性质的改变，建筑物和人工铺砌的坚实路面大多数为不透水层，降雨后雨水很快流失，地面比较干燥，再加上植物覆盖面积小，因此其自然蒸发蒸腾量比较小。下垫面粗糙度大，在白天空气层结较不稳定，其机械湍流和热力湍流都比较强，通过湍流向上输送的水汽量较多。这些因子导致城区的绝对湿度往往小于附近的郊区，形成“城市干岛”。这在植物生长茂盛的季节和白昼比较显著。

在夜晚郊区下垫面温度和近地面气温的下降速度比城区快，在风速小，空气层结稳定的情况下，有大量露水凝结，致使其近地面空气层中的水蒸气分压力锐减。城区因热岛效应，气温比郊区高，冷凝量远比郊区小，且有人为水汽量的补充。夜晚湍流强度又比白天减弱，由下向上输送的水汽量少。因此这时城市近地面空气层的水蒸气分压力反比郊区为大，形成“城市湿岛”。这种湿岛主要是由于夜间城、郊冷凝量不同而形成的，可称之为“凝露湿岛”。

从湿岛形成的原因来分析，除凝露湿岛外，还有结霜湿岛，雾天湿岛和雨天湿岛。其中以凝露湿岛为最常见。

由于城市干岛和湿岛形成的根本原因是地－气潜热交换与水分平衡，因此湿岛和干岛的形成与热岛效应和其他气象特征密切相关，往往是交替出现的。周淑贞等曾根据 1959 年 8 月 9 日至 11 日在上海市区和近郊 26 个测点的逐时气温和湿度观测资料进行分析，发现城区白天水汽压比郊区小得多，夜间因城区冷凝量少于郊区，水汽压高于郊区，出现干岛、湿岛昼夜交替的现象。近年她又继续对上海地区进行比较深入的研究，通过对 1984 年全年上海城 11 个气象站和郊区 10 个站的水蒸气分压力、相对湿度、气温、风速和云量等的普查，发现上海城市在水蒸气分压力的分布上，干岛、湿岛昼夜交替的现象很频繁。

城市干岛和湿岛效应是针对城市与郊区空气的绝对湿度而言的，由于城市热岛效应的存在，城市平均绝对湿度一般要比郊区小，气温又比郊区高，这就使得其相对湿度与郊区的差值比绝对湿度更为明显。特别是在城市热岛强度大的时间，其城市干岛效应更为突出。例如墨西哥城热岛强度以冷季夜间为最强，其城、郊相对湿度的差值也是在此时为最大。例如在 1969 年 2 月 23 日夜间（04 ~ 06 时、无云微风）墨西哥城中心相对湿度为 50%，而城区边缘却为 75%，两者相差达 25%。

4.3　城市储水能力与生态地面

4.3.1　城市水分平衡的特征

汇总已有研究结果，可知城市水分平衡与郊区有显著差异，且主要特征有三项。一是城市水分收入项大于郊区，由（4−5）式可知城市中水分收入项有降水（P），由燃烧产生的水分（F）（又可称人为水分）和由管道输送至城区内的水分（I）等三者。根据多数学者观测和研究证明，城市及其下风方向降水量一般比郊区多，城市年降水量比郊区大约多 5%~15%。

城市水分平衡的第二特征是城市下垫面蒸散量和水分贮存量比郊区小。城市下垫面与郊区不同，对水分平衡有关分量产生很大的影响。由图 4−3 可见城区植被面积小，建筑物和人工铺砌的道路、广场等不透水面积远比郊区大，降雨之后雨水很快从下水道中排泄，下垫面的蒸发和蒸腾量都比郊区小。具体减小情况当视实际不透水面积占下垫面面积的百分比，建筑物材料的透水性和城区植被覆盖率等而定。

Lull 曾根据他在美国东北部一个小流域的观测研究作过估算，当城市面积的 25% 为不透水面积时，全年蒸散量要减少 19%，若不透水面积

图 4–3　城市与郊区在有关水分平衡分量上的差异示意图

增加到 50%，年蒸散量要减少 38%；不透水面积增大到 75% 时，则年蒸散量要减少 59%。

城市下垫面善于贮存热量，却不善于贮存水分。由图 4–3 可见，城市中由于建筑物密集，大部分地表为不透水层覆盖，在降雨时向地下渗透量少，植被面积小，不能多截留雨水，让根部吸收，又有人工排水管道，很快流失，贮存在下垫面中的水量甚少。郊区植被多，土体疏松，雨水被植物吸收和向土体下层渗透量多，贮存的空间和贮存量远比城区为大。在郊区，这些贮存的水分可再转换为地下水，而城区则缺乏这种再转换的地下水。

城市中由于居民生活，工业和其他方面需要用水。这项用水量 I 通过管道输入城市。这又是城市中一项额外的水分收入（如果不考虑郊区的灌溉用水），这是郊区所没有的。I 的数量是可以直接观测到的。图 4–4 是美国加利福尼亚州一个小城镇（Creekside Acres）冬季和夏季按周日（星期日、星期一、……、星期六）平均的管道输送用水量 I（m^3/d/ 住宅）。从图上可以看出 I 的季节变化很显著，夏季城镇的用水量远较冬季为多。无论冬夏居民用水量的最高峰都出现在一天中的早晨和黄昏两段时间内。这仅是一个小城镇的用水量，在人口密集且工商业发达的大城市，这项通过人工管道送来的用水量则更可观。

要增加城区下垫面的蒸散量（F）和水分贮存量（ΔS）最好的方法是加强城市绿化，不少城市规划者还建议在人行道和停车场地用孔隙铺地方法，在水泥地面留有植草多孔条状隙地，种植耐压耐践踏的浅草（及时灌水修剪）。这样既使利交通又可有利于城区的水分平衡。

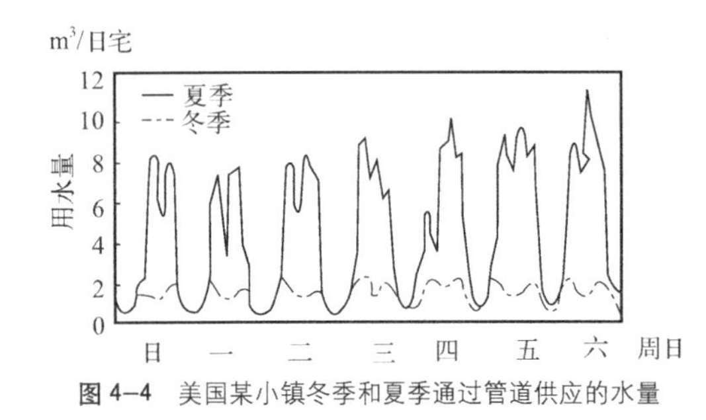

图 4–4　美国某小镇冬季和夏季通过管道供应的水量

城市水分平衡的第三特征是城市径流量比郊区大，雨后径流峰值比郊区高，出现时间比郊区早。城市下垫面水分收入项（P+F+I）比郊区多，而向空气蒸散量（E）和向下垫面内部的渗透贮存量（A_S）比郊区少，平流水分 ΔA 又忽略不计，则其径流量 r

必然要比郊区大得多，才能保持水分平衡。同一地区同样的降水量在其城市化之前，径流是缓慢的，径流峰值低，峰值出现时间迟，缓升缓降，如图 4–5 中虚线所示。当该地区城市化之后，由于地表不透水面积大，下渗水量极少，雨水迅速变为径流，洪流曲线急升急降，来势凶猛，如图 4–5 中实线曲线所示。因此，在雨季，不透水地面比率过高的城市比郊区更容易出现洪涝灾害。

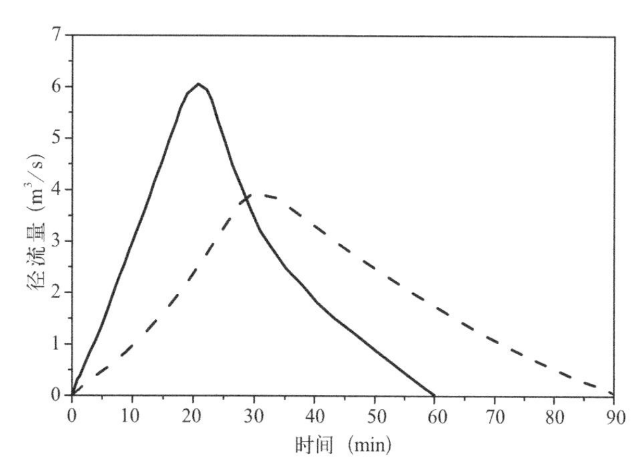

图 4–5　城市化对径流量的影响

4.3.2　铺设生态地面为城市增加水资源

城市大面积铺设不透水地面会带来的危害主要有三方面：一是不利于雨水和雪水渗透入地，二是会增加城市的热岛效应，三是会破坏城市的地面生态。这三方面的危害叠加起来，城市会变得干燥、缺水、空气质量差、夏天地面温度高，地面生态调节功能消失等问题，因而使城市的环境质量和舒适度大大降低。不透水地面最有害的是阻断了雨水对城市地下水资源的补充，使城市下降的地下水位难以回升。这样导致的城市地表干燥会影响城市中树木和其他植被的生长，使生态城市的目标更加难以实现。

生态城市修建的居民小区、公园、广场和人行道路都应尽量避免铺不透水地面，而提倡铺透气透水的生态地面。这种地面夏天的温度能比全硬化路面低好几度，因此能减少城市的燥热。而且，下雨后经透水路面保存下来的雨水可以慢慢蒸发出来，释放到空气中，增加城市的湿度和舒适感，也能滋养城市的各种绿色植物，因而能够大大减少城市的绿化用水。

城市中铺设透水地面的区域可以包括：

（1）人行道、步行街、自行车道、郊区道路和郊游步行路；

（2）露天停车场；

（3）房舍周边、庭院和街巷的地面；

（4）特殊车道和车房出车道；

（5）公共广场。

铺设生态地面的具体方法有以下几种：

（1）用透水性地砖铺路。砖是透水的，砖与砖之间的连接处由透水性填充材料拼接。适合于人行道、自行车道和步行街巷地面的铺设。

（2）用孔型混凝土砖铺设停车场和自行车存放地地面，砖孔中用腐殖质拌土填上，杂草生长于其中。这种地面有 40% 的绿化面积。

（3）用实心砖，但砖与砖之间留出一定空隙，空隙中是泥土，使天然的草能生长出来，这样的地面约有 35% 的绿化面积。适合于居民区、

公园和街头广场的地面；

（4）用细碎石或细鹅卵石铺路，地面仅由大小均匀的石子散落铺成。地面透水好，不长草。适于房舍周边、人行道边、居民区的小步行道、校园和公园的步行道路。

（5）用孔型砖加碎石来铺路，即：在带孔的地砖孔中撒入小卵石或碎石来铺地面。这种地面不生杂草，但可使雨水顺利渗透，而其地面的热反射大大低于全硬化地面。

4.4 城市湿环境的自然调和

4.4.1 城市湿环境的自然调和原理

人与自然环境共生的基本原则就是两者不能互为对方付出昂贵的代价。人与自然界的万物生灵本应该生活在和谐的环境下，但人类的贪婪打破了两者的平衡。如果能够正确地利用自然调和所产生的一系列效应，自我实现环境质量的改善，就可以相应减少人工能量的消耗。研究建筑环境的自然调和现象和技术，实际上也等于是在寻找建筑环境的后续能源。

人类聚居的城市物理环境，与自然气象环境之间持续着动态的自然调和作用。自然调和理论是支持人居环境可持续发展的重要理论之一，因为城市气候因子的自然调和作用将从根本上遏止城市化进程中的病态效应，如城市热岛效应、城市干岛与湿岛和城市浊岛等。

自然调和实际是自然环境中的能量存在形式的一种重构过程，自然调和效应则是这种重构过程后所发生的环境特征变异的现象。就城市湿环境而言，在自然的降水、太阳辐射热、长波辐射和自然风速等自然因素作用下，经过蒸发或冷凝、热质交换等过程，原湿环境 A 通过自然调和过程而变成了湿环境 B，其能量要素（如空气相对湿度和温度）重组改变成了新的形式。因此自然调和过程是能量形式的重构过程，它包括了环境气象要素之间及其与调和界面之间互为融合而发生的能量转换和重新构建。自然界中若干气象因素每时每刻都在自发地生成某些自然现象，这就是多因素同时积聚在某一场所自然调和后的效果，我们可以称之为自然调和效应，见图 4–6。

产生城市湿环境自然调和效应的条件有两个：一是具备完整的气象要素，二是必须要有调和界面。自然调和所需要的气象有完整性要求，可以概括为太阳辐射热、长波辐射、天然降水和自然风力等方面，其中最为重要的是天然降水。调和界面是气候能量发生形式转换的场所，一般就是蓄水表面，如建筑的外表、城市地表等。

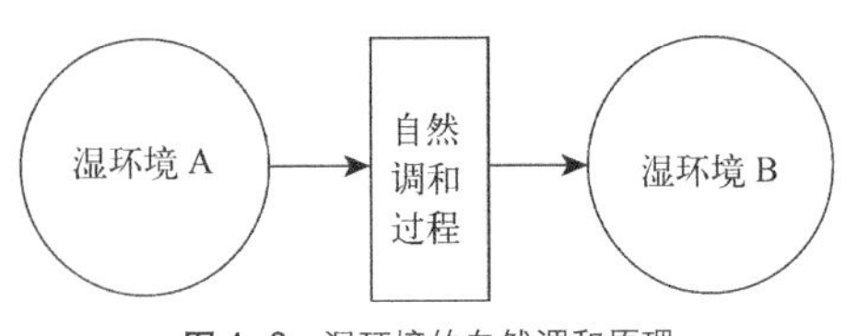

图 4–6　湿环境的自然调和原理

依照自然调和原理设计建筑和环境，可以产生建筑与环境的蒸发冷却效果，进而能够影响到城市环境的

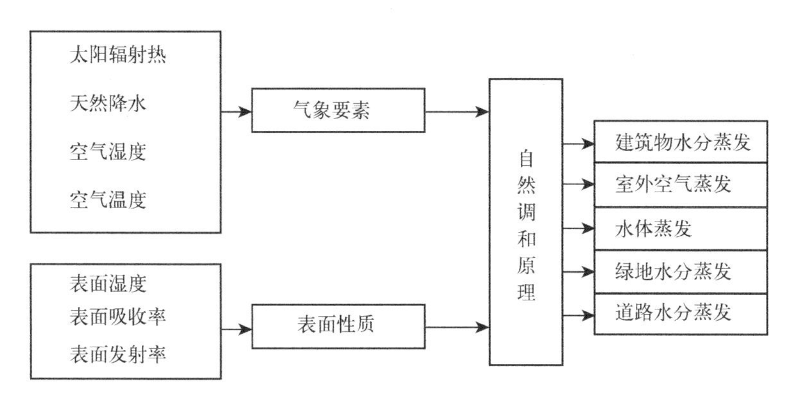

图 4–7 基于自然调和原理产生的蒸发冷却效应

能量消耗和改善湿环境质量，如图 4–7 所示。

合理地设计城市湿环境，主要是指通过改进城市地面道路的铺装材料，如有条件还应适当增大建筑外表面的贮水能力。使用多孔介质材料增大城市地表的蓄水能力，蓄存天然降水，减少城市径流，最终不仅可以削弱城市干岛、湿岛效应，还可以降低城市热岛强度。合理地设计建筑湿环境与热环境，主要是通过建筑围护结构合理选型和科学用材，使用可蓄水的构造或材料容留天然降水，利用水分蒸发，调节空气温度和湿度，既降低了建筑围护结构的温度，达到节能降耗的目的，也利用自然调和原理改善了城市湿环境。

图 4–8 所示是在广东沿海地区古代民居常用的“蚝壳墙”构造。所谓“蚝壳墙”，就是用蚝壳堆积砌墙。以蚝壳筑墙的做法最早应源于南北朝。广东地区流行吃蚝。蚝壳作为一种建筑材料，经济实用，古人因此就地取材，从海岸沙堤中掘出大量蚝壳，建造房子。由于突出的蚝壳错列堆砌，减小了表面对太阳辐射热的吸收，具有遮阳效果；同时，蚝壳表面具有细小的微孔，可以蓄存天然降雨，形成被动蒸发冷却。用这种方式构建的房屋，冬暖夏凉，而且不积雨水、不怕虫蛀，对周围的空气湿度也有调节作用。“蚝壳墙”可以说是最早利用自然调和原理的建筑形式。

图 4–8 广东沿海地区古代民居的蚝壳墙构造
(图片来自互联网：http：//blogger.Pcauto.com.cn / autoblog / personal? Name=yuger)

蒸发是液体表面产生的一种气化（相变）现象。蒸发过程需要的能量来自两个方向：气相一侧的能流和液相一侧的能流，如图 4–9 所示。如果把液相一侧的能流作为考察对象，把气相一侧的能流作为扰量，那么就可以定义被动蒸发和主动蒸发的概念。被动蒸发和主动蒸发的关键区别在于气相侧能流的性质：若 q、u 是由人工能源构成，q_e 则属于主动蒸发，如机械设备辅助的雾化（人工气流雾化加湿器、冷却塔）、热力

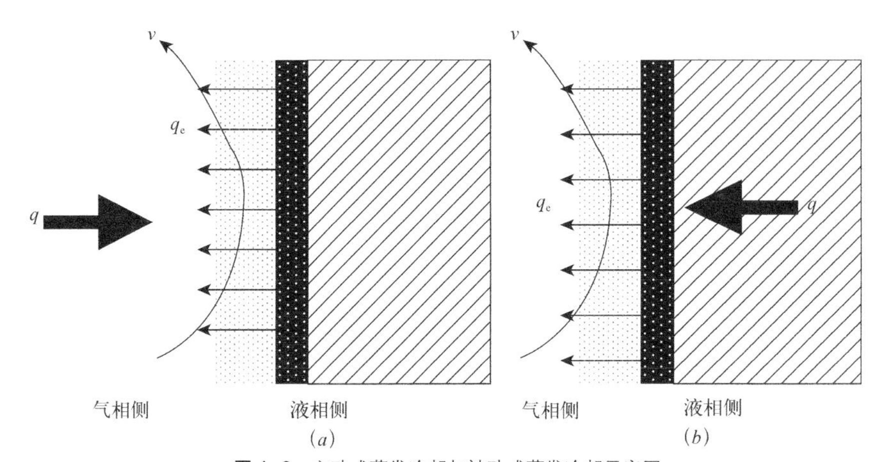

图 4–9 主动式蒸发冷却与被动式蒸发冷却示意图

(a) 被动式蒸发冷却消耗气相侧热能；(b) 主动式蒸发冷却消耗液相侧热能

设备冷却过程中的液体蒸发等。若 q、u 是由太阳辐射、风力等自然能源构成，q_e 则属于被动蒸发。

自然调和技术是在自然调和理论指导下的应用技术，面向提高建筑和城市物理环境的生态水平。当前需要突破的前沿课题有被动蒸发冷却用于城市住区非绿地的铺装材料的开发，调和效应的建筑外装材料的开发等。

4.4.2 水分蒸发的调和作用在建筑热湿环境中的作用

利用太阳能、风力等自然能源的水分蒸发问题，按蒸发机理可分为两类：一类是自由水表面的蒸发冷却问题，这类问题包括蓄水屋面、蓄水漂浮物、浅层蓄水、流动水膜及复杂的喷雾措施等，这些问题的共同机理可认为是由一个液体自由表面与空气介质直接接触时产生的热质交换过程；另一类则是多孔材料蓄水蒸发冷却问题，这类问题的机理十分复杂，一般认为它是在毛细作用为主的热湿耦合迁移机理作用下所完成的热质交换过程。

以往的建筑以黏土砖墙和瓦屋面为多，吸水性强，对雨水具有一定的蓄存作用。这些建筑外表面的水分蒸发作用对市区的湿环境可以起到一定的调节作用，对城市热环境和建筑内部热环境也有改善作用。

1959 年赵鸿佐在西安对房屋室内自然通风状况的吸水后瓦屋面进行了观测。结果表明，瓦屋顶表面的最高温度在干燥时高达 52℃，吸水湿润后急剧下降到 25℃，如图 4–10 所示。并且由于瓦的蓄水作用，在吸水停止后的一段时间内，瓦表面继续蒸发水分，使得瓦表面温度低于干燥瓦表面温度。因此，这类具有吸水性和蓄水能力的建筑材料可以有效补充城市地面的贮水能力，起到调节城市环境的作用。

然而，进入 20 世纪 90 年代以来，现代建筑围护结构形式发生了巨大的变化，透明或半透明的玻璃、聚碳酸酯板，以及热惰性小的塑料或

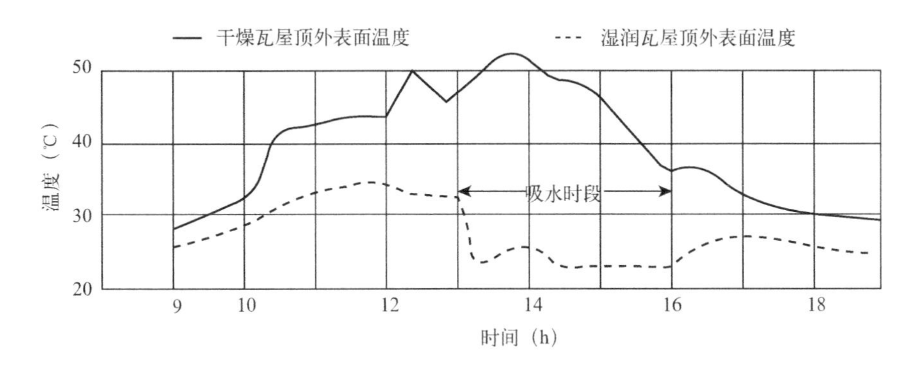

图 4–10　干燥瓦屋顶和吸水瓦屋顶外表面温度实测结果

金属扣板、保温夹心钢板（也叫彩钢板）等没有任何吸水性与蓄水性的现代建筑材料的大量出现，使得轻钢屋面厂房、玻璃光顶建筑、夹心钢板房的建造数量增多起来。这类建筑物由于热惰性差和强烈的温室效应，导致建筑热环境差和空调能耗的偏高，同时也使得城市可以调节环境的表面面积大幅度减小。于是引发人们从新的构造技术角度考虑炎热地区现代建筑应用水分蒸发降温的技术形式。

玻璃屋顶通常与钢结构组合，刚性的框架与玻璃之间不同的温度应力经常导致玻璃的温度破损，造成建筑围护结构的自然破坏。淋水降温是一种良好的降温手段，它既能保持良好的透明性又能够实现玻璃和钢骨架温度应力的降低，可谓一举两得。英国馆东立面瀑布墙（图 4–11）、上海世博会阿尔萨斯城市案例馆等都采用了这种措施。这种措施的本质仍然是一种基于淋水对流散热与蒸发散热原理的技术，但考虑到水资源的节约，在实际系统中考虑水的循环运行，水的蒸发耗散量依靠人工补水。

图 4–11　英国馆东立面瀑布墙和入口

图 4–12　阿尔萨斯城市案例馆

图 4–13　阿尔萨斯城市案例馆局部

在上述建筑中使用淋水装置，在实现建筑节能的同时，由于建筑表面水分蒸发表面增大，其水分蒸发量对城市湿环境，特别是建筑周围的局部湿环境的调节作用比较明显。

4.4.3　不同蒸发类型的水分蒸发量

以建筑围护结构外表面利用太阳能蒸发水分的问题，按蒸发机理可分为两类：一类是自由水表面的蒸发问题，这类问题包括蓄水屋面、蓄水漂浮物、浅层蓄水、流动水膜等，这些问题的共同机理可认为是由一个液体自由表面与空气介质直接接触时产生的热质交换过程；另一类则是多孔材料蓄水蒸发问题，这类问题的机理十分复杂，一般认为它是在毛细作用为主的热湿耦合迁移机理作用下所完成的热质交换过程。由于两种蒸发类型的水分蒸发机理不同，对应的水分蒸发量计算方法也不同。以下将从从水膜蒸发、多孔材料蓄水蒸发两类技术形式分别论述其水分蒸发情况。

（1）贴附水膜的水分蒸发量

现代建筑中透明材料的应用越来越多，大量的现代化建筑，特别是公共建筑在大量使用玻璃，追求现代意识的建筑师们创作出了数不胜数的大玻璃空间，也因此而挥霍了宝贵的能源，如美国加利福尼亚水晶教堂的圣玛丽体育中心，印第安纳州第一资源中心等都曾因空调能耗巨大而遭非难。这种高大的玻璃空间优化了室空间和光环境，但带来的恶化热环境造成空调能耗巨大的问题也十分严峻。

贴附在建筑外表面上的水膜，不仅通过自身的显热变化吸收表面热量，而且通过水本身的蒸发作用，以及水与表面的综合反射作用使得来自太阳的辐射热被有效地阻隔下来，同时水膜的蒸发量可以调节城市局部区域的湿环境。

图 4–14 所示为在不同的相对湿度条件下，流动水膜平均以 0.015m/s 的速度流经平屋面时，水膜本身带走的蒸发散热量 q 的变化情况。当相对湿度较低时，蒸发水分消耗了大量的气化潜热，使水温相对偏低，水膜能够带走的热量相对也就少了；相反，大气相对湿度较大时，蒸发消耗的气化潜热量大为降低，水温相对增大，于是水膜流动就能够携带较多的热量

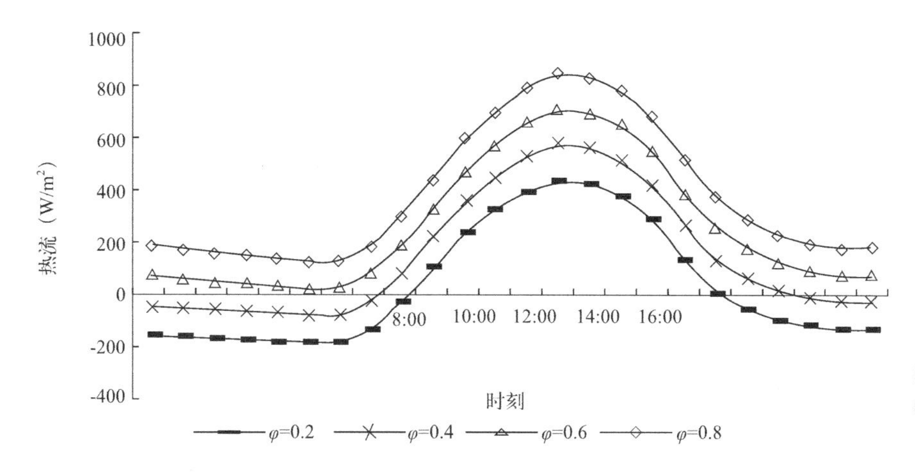

图 4-14 不同相对湿度时水膜带走的热量

离开屋面。可见，大气环境的相对湿度的高低对蒸发量影响很大。

研究结果还表明，随着水膜流速的增大，甚至在夏季某些时间段有可能出现室内热量流向室外的情况，并随水膜流速的增加，带走的室内热量增多。这主要是因为，当流速增加时，水膜接受的太阳辐射热以及与室外空气和围护结构外表面的热交换减少，从而降低了水膜平均温度和围护结构外表面温度，进而降低了围护结构内表面的温度。因此，从理论上分析，水膜流速越快，水膜入口与出口温度差越小。围扩结构内外表面温度越低，流入室内的热量越小。但当水膜流速大于 0.5m/s 后，再提高流速对降低水膜平均温度和减少流入室内的热量贡献并不明显。因此，在实际应用中没有必要无限提高水膜流速，需要根据数值计算结果以及提供水膜流动的能量来确定水膜的经济流速。

单位面积贴附水膜在单位时间内的水分蒸发量 m（kg（$m^2 \cdot s$））可以表示为：

$$m=h_e(p_w-\varphi p_a)/L \tag{4-8}$$

式中，p_w 为水膜温度下的饱和水蒸气分压力，Pa；p_a 为室外空气温度下的水蒸气分压力，Pa；φ 为空气相对湿度；L 为水的汽化潜热，kJ/kg；h_e 为蒸发换热系数，W/（m^2Pa），与水膜流速 u，风速 υ，大气压 B 和周围空气温度 t_a 等因素均有关，可以表示为：

$$h_e=\{6.0+4.2(\upsilon+u)\}(1713.44-1.6t_a)/\{B-\varphi(270t_a-3850)\} \tag{4-9}$$

（2）多孔构造蓄水表面的水分蒸发

将一层多孔材料铺设在建筑屋面等外表面上，如松散的砂层或加气混凝土层等，此层材料在人工淋水或天然降水以后蓄水。当受太阳辐射和室外热空气的换热作用时，材料层中的水分会逐渐迁移至材料层的上表面，蒸发带走大量的气化潜热，并向周围空气补充大量水蒸气。这一热湿传递过程不仅有效地遏制了太阳辐射或大气高温对屋面的不利作用，也利用水分蒸发量调节了城市湿环境。

含湿多孔体水分蒸发过程中的热湿迁移是典型的传热传质问题。水分在多孔材料内部的迁移是众多因素综合作用的结果，如液体扩散、毛

细流动、蒸发凝结、压力梯度、重力等。一般地，水分迁移蒸发的最终结果是达到环境条件下的材料平衡含湿量。置于大气自然环境中的含湿多孔材料层水分蒸发过程为：最初材料外表面上存在连续的水膜，这些水全部是非结合水，它们的行为如同没有固体存在那样。在给定的气象条件下，蒸发率与材料骨架或颗粒无关，基本上与自由液体表面的蒸发率相同。增加材料的表面粗糙度，可能会得到比光滑表面高的蒸发率。随着表面水膜蒸发过程的进行，表面含湿量减少。为了补充蒸发需要水分，材料内部的水分在各种传输机理的综合作用下被输送到表面，参与蒸发，以补充液膜的蒸发损失。对于多孔的松散体和多孔的固体来说，只要向表面供应水分的速度大于表面蒸发速度，则材料的蒸发面只发生在材料的表面。反之，则蒸发面要向材料层深处下潜。

单位面积多孔蓄水表面在单位时间内的水分蒸发量 m（kg/（$m^2\cdot s$））可以表示为：

$$m=(d_s-d_a)/\xi \qquad (4-10)$$

式中 d_s 和 d_a 为蓄水表面处空气和周围空气的含湿量，$kg/kg_{干}$；ξ 为绝热和中性条件下的空气动力学阻力值，$m^2\cdot s/kg$，可以由下式决定：

$$\xi=\frac{\{\ln(z/z_0)\}^2}{0.16\upsilon\rho(1-10R_t)} \qquad (4-11)$$

式中 z——参考高度，m，一般取距离地面 2m；

z_0——蓄水蒸发表面的粗糙度，m；

ρ——空气密度，kg/m^3；

v——周围空气掠过蓄水表面的风速，m/s；

R_t——表示大气稳定度的查理逊数，由下式决定：

$$R_t=\frac{9.81(z-z_0)(t_a-t_s)}{(t_a+273.16)\upsilon^2} \qquad (4-12)$$

式中 t_g，t_a——蓄水表面处的空气温度和周围空气的温度，℃。

第 5 章　城市风环境

风环境是近二十几年来提出的环境科学学术语。风不仅对整个城市环境有巨大影响，而且对室内环境和室内微气候有重大影响。风场分布与城市环境的关联主要表现在空气污染、自然通风、对流热交换、风荷载及城市风害等方面。

城市风场分布是复杂的。由于城市下垫面特殊，具有较高的粗糙度，热力紊流和机械紊流都比较强，再加上城市区域的热岛环流，因而不论在城市边界层或城市覆盖层，对盛行风向和风速都有一定影响，使得城市区域和郊区风场分布差异很大，直接影响到城市规划、小区规划、工业布局、厂址选择等工作。

城市风环境又与大气系统的风场分布密切相关，是在地区性风向和风速影响下形成的。因此，学习城市风环境知识又必须了解大气候下的风的特征。本章先从边界层的物理特性谈起，进而讨论边界层内的风场分布及规划设计的关系。

5.1　大气边界层物理特性

5.1.1　地球大气圈的结构

我们把随地球引力而旋转的大气层叫做大气圈。大气圈最外层的界限难确切地划定，但大气圈也不能认为是无限的。在地球场内受引力而旋转的气层高度可达 10000km，有的学者就以 10000km 的高度作为大气圈的最外层。在一般情况下，可以把地球表面到 1000~1400km 的气层作为大气圈的厚度。超出 1400km 以外，气体非常稀薄，就是宇宙空间了。

大气圈中的空气，分布不均匀，海平面上的空气最稠密。在近地大气层里，气体的密度随高度上升而迅速变稀，到了 40~1400km 的大气层里，空气渐渐稀薄。

根据大气圈中大气组成状况及大气在垂直高度上的温度变化而划分的大气圈层的结构，见图 5-1。

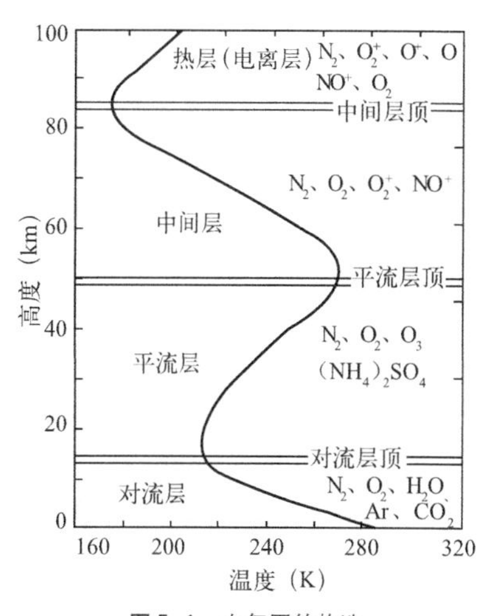

图 5-1　大气圈的构造

从地球表面向上，大约到 90km 高度，大气的主要成分氧和氮的组成比例几乎没有什么变化。具有这样特性的大气层，我们称为均质大气层（简称为均质层）。在均质层以上和外层空间的大气层（如热层），其气体的组成随高度有很大的变化，这个圈层我们称为非均质层。

在均质层中，根据气体的温度沿地球表面垂直方向的

变化分为对流层、平流层和中间层。对流层（Troposphere）是大气圈的最低一层，其厚度平均约 12km（两极薄、赤道厚）。这一层大气对人类的影响最大，通常所谓空气（大气）污染就是指这一层。对流层的特点是直接与水圈和岩石圈靠近。这一层的空气是对流的，引起对流的原因是由于岩石圈与水圈的表面被太阳晒热，或热辐射将下层空气烤热，冷热空气发生垂直的对流现象。还有，地面有海陆之分、昼夜之别，以及纬度高低之差，因而，不同地面的温度也有差别，这样就形成了水平方向的对流。归纳一下，对流可以是垂直的，也可以是水平的，其结果形成风力的搅混，空气就被混合得均匀了。因此近地空气层的化学成分大致是相同的。还应指出,空气与水圈和岩石圈（也叫地表）接触的另一内容，是水蒸气和尘埃、微生物等固态物质进入空气层，成为扬尘，飞沙的来源。水汽形成雨、雪、雹、霜、露、云、雾等一系列气象现象。现代大型飞机的巡航高度多为 10000~12000m，基本上是在对流层顶上，其目的也是为了避开气象因素的影响，以便做全天候飞行。

对流层上面是平流层(Stratosphere),其温度随高度的增加而上升，并且经常保持稳定。平流层中均匀分布着臭氧（O_3）,是地表的保护层，它吸收了太阳辐射中的大部分紫外辐射，使得地表的生物免遭紫外光线的伤害。再向上是中间层和电离层，其对地表几乎没有太大的直接影响。

5.1.2 大气边界层

从地球表面到 500~1000m 高的这一层空气一般叫做大气边界层，在城市区域上空则叫做城市边界层（Urban Boundary Layer）。大气边界层的厚度，并没有一个严格的界限，它只是一个定性的分层高度，在局部区域可延伸至 1500m 左右的高度，其厚度主要取决于地表粗糙度，在平原地区薄，在山区和市区较厚。这是因为在山区的高大山峰，在市区高大建筑物和构筑物使地表粗糙度变得很大，气流流动时受到地面的摩擦阻力较平原地区大。

从地面向上到 50~100m 这一层空气通常叫接地层（或近地面层）在城市区域叫做城市覆盖层（Urban Canopy），这一层内气温和风速、风向的变化都很复杂，是与人关系最密切的一层。城市边界层和城市覆盖层的几何尺度范围见图 5–2 所示。

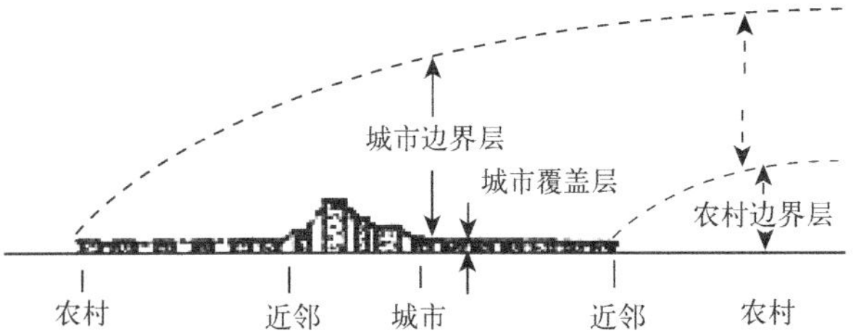

城市边界层
城市覆盖层
农村边界层
农村　近邻　城市　近邻　农村

图 5–2　城市大气分层示意图

5.1.3 边界层内气温的周期性变化

由于地球周而复始的运转，地表任一点接收的太阳辐射热量在按日周期性波动，使得边界层内各点的空气温度呈现周期性日变化和年变化。

（1）气温的日变化

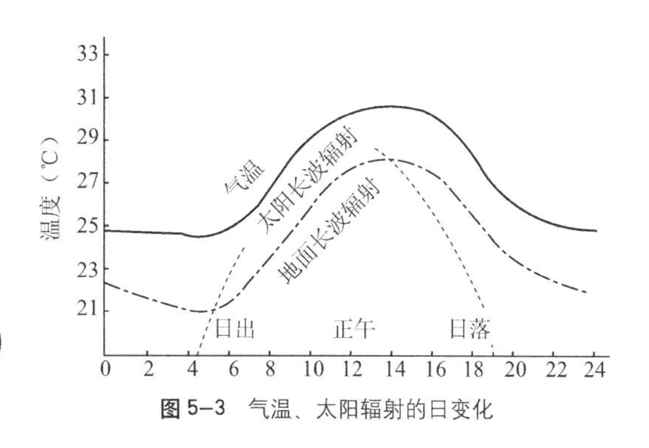

图 5–3　气温、太阳辐射的日变化

气温日变化一般特点是：一天当中有一个最高值和一个最低值，最高值出现在 14：00 时左右，最低值出现在凌晨日出前后（图 5–3）。一天当中气温的最高值和最低值之差，称为气温日较差，它的大小反映了气温日变化的程度。气温日较差随地表面性质的不同而变化，后者（即地表性质）包括海陆、地势、植被的不同，就海陆的不同来说，气温日较差海洋小于陆地，沿海小于内陆，风向海上吹来的地方的气温日较差小于风向陆地上吹来的地方。在一般情况下，海上的气温日较差只有 1~2℃，而在内陆地区常常达到 15℃以上，有些地方甚至达 25~30℃。就地势的不同来说，山谷的气温日较差大于山顶，凹地的气温日较差大于高地。

就天气情况而言，阴天由于云层的存在，使白天地面得到的太阳辐射少，最高气温比晴天低。夜间云层覆盖阻挡地面长波辐射，最低气温反而比晴天高，所以阴天的气温日变化比晴天小。

由此可见，在任一地方，每一天的气温日变化，既有他一定的规律性，又不是前一天气温变化的简单重复，而是考虑到上述诸因素的综合影响。

（2）气温的年变化

在地球上绝大部分地区，气温均有年变化，尤其是在春夏秋冬四季分明的中纬度，气温年变化显著，一年中有一个最高值和一个最低值。由于地面储存热量的原因，使气温最高值和最低值出现的不是在太阳辐射最强和最弱的一天（北半球的夏至日和冬至日），也不是太阳辐射最强和最弱一天所在月份（北半球的 6 月和 12 月），而是比这一天要滞后 1~2 月，大体上海洋滞后较多，陆地滞后较少，沿海滞后较多，内陆滞后较少。我国大部分对最高气温值与最低气温值之差称为该地区的大陆度，而将一年中日平均气温的最高值和最低值之差，称为气温年较差，其值大小与纬度，海陆分布等因素有关。气温年较差随纬度增加而增大，陆地气温年较差大于海洋气温年较差，温带陆地年较差可达到 20~60℃，海洋年较差为 11℃左右。

无论是气温日变化，还是年变化，都是由太阳辐射量差异以及大陆、海洋等吸热和放热的不同而引起的。气温日变化、年变化是造成气压和风的形成的直接原因。

5.1.4　边界层内温度层结

边界层气温的水平分布，在城市区域表现为城市热岛效应。边界层内，气温随高度而变化的分布状况，也就是指气温的垂直方向的分布程度，称为温度层结。它反映了大气的稳定程度，而大气的稳定程度又影响着大气紊流程度。因为温度层结直接影响污染物的扩散过程，决定了污染

物分布的浓度，所以气温的垂直分布与城市环境有着十分密切的关系。

1）近地面温度层结种类

（1）气温随高度递减。因为地面大气的主要而且直接的热源是太阳辐射，地面比大气对太阳辐射增温显著。所以离地面越远，温度就越低。还有空气中含有水汽和污染物的分布在低层比高层多，而它们吸收地面向大气反射长波辐射的能力很强。另外，越接近地面，空气密度越大，吸收地面长波辐射就越多。所以，近地面层气温随高度增加而降低，乃是基本特征，也是气温的正常分布。

（2）气温随高度增加而升高的现象，称为逆温，是气温的一种反常分布。

（3）气温基本上随高度不变化，一般发生在阴天且气速较大时，气温不随高度变化的现象叫做等温。白天，由于云层反射，到达地面的太阳辐射大为减少，故地面增温不多；夜间，由于云的存在，阻碍了地表向天空的辐射散热强度，使地表有效辐射减弱，地面冷却不充分。因此，当在有云存在的阴天里，气温随高度变化不明显。在风比较大的日子里，使气层上下交换激烈，上下层冷热空气得到的充分混合，因而气温随高度的变化也不明显。

气温随高度变化通常以气温垂直递减率 γ 表示。γ 是指在垂直方向上，每升高 100m 的气温的变化率。标准大气压下，在边界层内 γ 值约为 0.65℃ /100m。对于标准大气压来说，垂直运动的气体状态变化接近于绝热过程。故通常用干绝热递减率 γ_d 表示。

以上讨论气温随高度变化的三种情况，可用以下不等式或等式表示：

$\gamma>0$ 表示气温随高度增加而降低；

$\gamma=0$ 表示气温不随高度增加而变，形成等温；

$\gamma<0$ 表示气温随高度增加而升高，形成逆温。

逆温分为接地逆温和悬浮逆温，如图 5-4 所示。

白天，地面因吸收太阳辐射而加热，使邻近地面这一层空气首先增温，然后通过对流换热过程，将热量向上传递，因而造成气温随高度的递减型分布。这种递减型分布以晴天中午最为典型，如图 5-5 中 12 时的温度分布廓线。

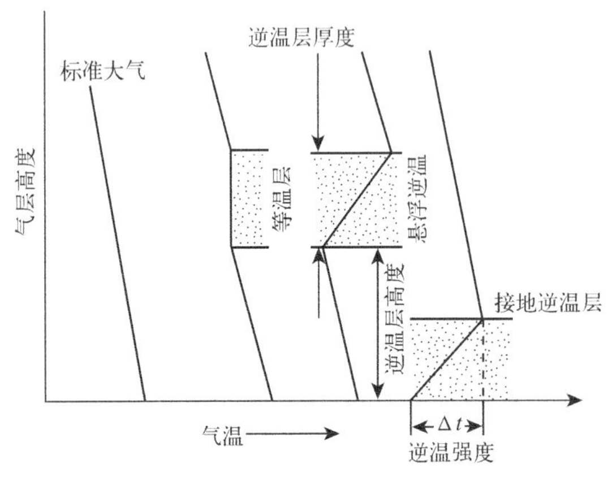

图 5-4　低空垂直温度结构示意图

夜间，由于地面辐射冷却，近地层空气由下而上逐渐降温，形成了气温随高度的逆增型分布（即气温随高度增加），如图 5-5 中 0 时温度廓线。

日出后，邻近地面的空气随着地面的增热很快升温，使低层逆温迅速消失，而离地面较远处的空气却仍保持着夜间的分布状态，故形成下层递减上层逆增的早晨转变型分布，如图 5-5 中 06 时温度廓线。

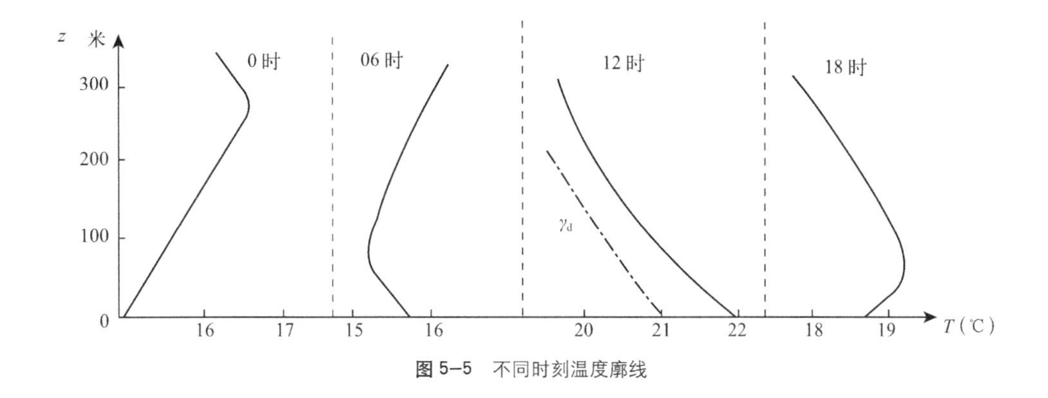

图 5–5　不同时刻温度廓线

日没前后，由于地面迅速冷却，邻近气层迅速降温，因而形成下层逆增上层递减的傍晚转变型分布，如图 5–5 中 18 时温度廓线。

日出后和日没前不久，邻近地面的气层中会出现短暂的等温现象。上述温度廓线的日变化规律在阴天、风速比较大时不明显，晴天、小风情况下比较明显。

近地层温度的铅直梯度比自由大气要大得多，而且愈近地面铅直梯度愈大。表 5–1 是南英格兰波吞地方草地上平均正午温度梯度。从表 5–1 中显见，夏季的温度梯度大于冬季，且愈近地面梯度愈大；不论冬夏，在邻近地面几十厘米一层内温度梯度可达于绝热递减率的百倍以上，即使在十几米高度的气层内，温度梯度仍可比干绝热递减率大几倍。必须注意，表 5–1 是月平均结果，极端情况远比上列数值要大。

南英格兰波吞地方草地上平均正午温度梯度　　　　表 5–1

研究范围（cm）	实际铅直温度梯度	
	一月	六月
2.5~30	$100\gamma_d$	$625\gamma_d$
30~120	$11\gamma_d$	$78\gamma_d$
120~710	$2\gamma_d$	$14\gamma_d$
710~1710	$1\gamma_d$	$5\gamma_d$

由于近地层温度场的激烈变化，使我们很难找到一个简单的、普遍适用的廓线公式。观测发现，只有当递减或逆温状态的温度廓线已经建立，并且相对比较稳定时，简单的函数关系（例如对数律、指数律等）尚可配合；而当温度梯度的符号处于转变时期，由于廓线变化激烈，各层之间尚未达到平衡，廓线很不规则，故很难用适当的函数形式表达。

铅直温度梯度的大小与太阳辐射、云量、风速、土导热性有关。一般说来，太阳辐射愈强、云量愈少、风速愈小，土导热性愈差则气温的

铅直变化愈大。

2）逆温层的形成机理

（1）辐射逆温

由于地面强烈辐射冷却而形成的逆温，称为辐射逆温。在正常的天气里，白天地面受到太阳辐射，其中大部分辐射被地面吸收，小部分反射到大气中。在有风的情况下，大气吸收太阳辐射和地面散出的热量被风输送到远处去，地面和空气虽然有所降温，但是近地面低层空气的温度仍然高于上层空气，如果在晴朗无云的白天，微风或静风时，大气吸收太阳辐射和地面散出的热，因风小难以输送出去。由于地面吸收太阳辐射较多，在白天近地面处气温仍高于高空处气温，但到日落之后，地面停止接受太阳辐射，同时向大气辐射散热，使地面很快冷却，贴近地面的气层也随之降温。由于空气愈靠近地面，受地面的影响愈大，所以离地面愈近降温愈多；离地面愈远，降温愈少，因而形成了自地面开始的逆温。随着地面冷却的加剧，逆温逐渐向上扩展，黎明之际逆温最强。日出后，太阳辐射逐渐增强，地面很快增温，逆温逐渐自下而上地减弱，到八九点钟的时候，逆温就会消失。

（2）紊流逆温（湍流逆温）

描述大气运动的物理量如速度、压强等的时间平均值有不规则的涨落，称为紊流或湍流。大气湍流运动是普遍存在的，尤其是近地面空气的流动主要是湍流。如我们常看到树叶摆动，纸片飞舞，炊烟缭绕等等现象。

湍流的形成和强弱决定于两种因素，一是机械或运动力因素，另一是热力因素。机械或动力的作用引起的湍流称机械湍流，其主要取决于风速随高度的分布和粗糙度（起伏不平的地形、植被和建筑物）。在大气中风速随高度而增加，风向也有变化。因此，当空气质点从某一高度迁移到另一高度上去时，空气质点的速度、方向与新高度上的速度、方向就有一定差值，使新高度上的风速风向出现起伏现象，于是产生或增强湍流。另外空气在运动过程中遇到起伏不平的地形，草木和建筑物也产生湍流运动。

低层空气湍流混合形成的逆温称为湍流逆温。湍流混合即是由于空气不规则运动，其结果将使大气中包含的热量、水汽和动量以及污染物得到充分的交换与混合。

湍流混合形成的逆温过程见图 5-6（*a*）中的 AB 是气层没有湍流混合的气温分布。可以看到，当时的气温直减率，低层经湍流混合后，气温直减率将逐渐接近于干绝热直减率，见图 5-6（*b*）中的 AB。这是因为湍流运动中，空气将上下运动，上升或下沉的空气，其温度都按干绝热直减率变化，因此，升到混合层上部的空气，由于冷却比周围空气迅速，所以温度周围空气低；同理，下沉空气比周围温度要高，因此混合的结果将使上层空气降温，下层空气增温。故混合气温的温度直减率将逐渐

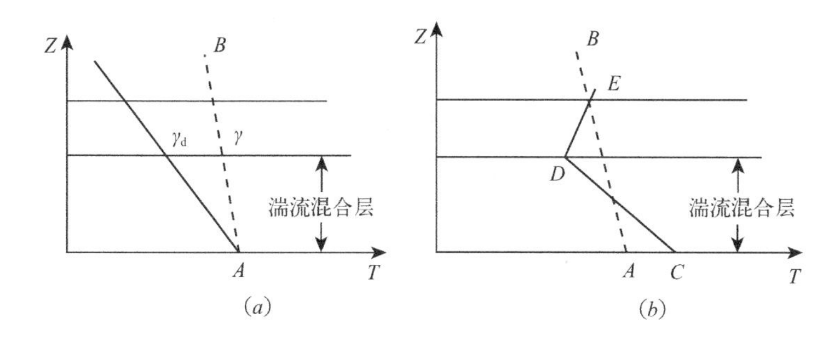

图 5–6　湍流逆温的形成

趋于干绝热直减率，如图 5–6（b）中的 CD。但是在混合层以上，混合层与不受湍流混合影响的上层空气之间，出现了一个过渡层 DE。在该层，气温随高度增加而升高，是一个悬浮逆温层。

（3）下沉逆温

由于空气下沉压缩增温形成的逆温，称为下沉逆温。下沉逆温多出现于空气高压区内，其形成可见图 5–7。

在高空中某高度处有一高压空气层 ABCD，他的厚度为 h，由于该层空气气压较高，于是进行反气旋下沉。在下沉过程中，其周围空气气压随高度减少而增加。因下沉气层所受周围空气对他的压力逐渐增大。另外，由于空气层下沉到低空时，必定造成空气的水平扩展，使得空气层的厚度变薄成为 A’B’C’D’，其厚度为 h' ，且 $h' < h$。

假设气层在下沉过程中是绝热的，而且气层内部各部分的空气相对位置不发生改变，由上式可见，顶部 CD 下到 C’D’的距离要比底部 AB 下沉到 A’B’的距离要大，所以顶部的绝热增温大于底部，而形成逆温。如果气层下沉的距离很大，就可能使顶部温度比低部要高得多，其形成逆温强度就大。

下沉逆温层往往范围很广，如果和辐射逆温同时出现，这样大大加强逆温的影响，有时持续数天，前面谈及的伦敦烟雾事件，下沉逆温加辐射逆温是其形成原因之一。

（4）平流逆温

由于一个地方上空的暖空气水平流到另一地方的地表冷空气上，所形成的逆温称为平流逆温。因为当暖空气平流到冷地表上，下层空气受地表冷却快的影响大，其降温多；而上层空气受地表冷却影响小，于是他降温少，使低层空气温度低于高层空气温度，故形成逆温。平流逆温的强弱取决于暖空气与冷地表的温差，它们之间温差大，形成的逆温强度就大。

平流逆温和湍流逆温与太阳辐射的关系很密切，因为既然暖空气发生水平流动，于是就有风，在有风的情况下，湍流加强就可能产生湍流逆温。此外，在白天，太阳对地表辐射强，使地面增温大，所以平流

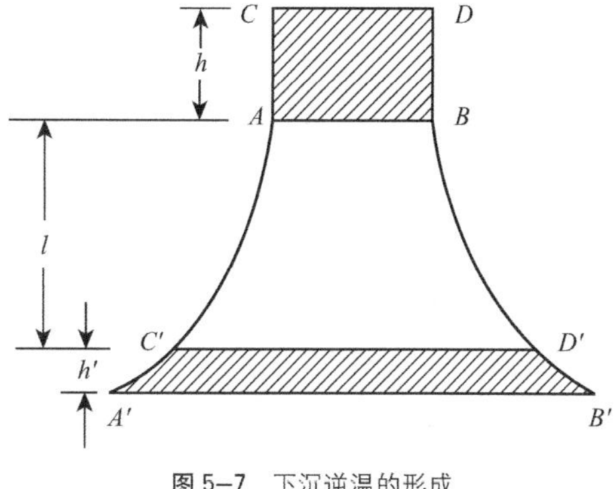

图 5–7　下沉逆温的形成

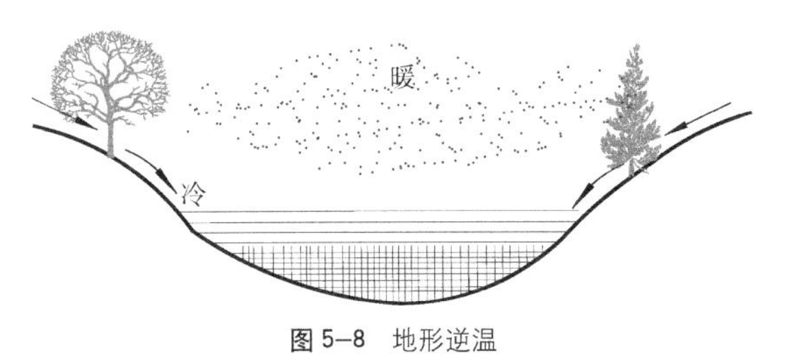

图 5-8　地形逆温

逆温就会减弱，夜间地面冷却快，这样就会使平流逆温增强。

（5）地形逆温

这种逆温是由于局部地区地形的原因而形成的。如在谷地或盆地，当日落之后，山坡散热较快，使坡面上的气温比谷地或盆地中的气温低，这样冷空气就沿山坡下滑，使谷地或盆地的温度较高的暖空气被抬升，冷空气下滑到谷地或盆地底部，致使谷底或盆底的空气温度比其上部空气温度低，于是就形成了逆温。由上面讨论其他逆温形成过程，可以看到，在谷地或盆地，形成地形逆温的同时往往伴随其他逆温出现，这样会加重大对谷地或盆地的污染，见图 5-8。

（6）蒸腾逆温

蒸腾逆温是指在炎热无风天气中，太阳辐射强烈，地面得热量较多，空气温度较高，空气相对湿度很低，突然下一场阵雨，地面雨水强烈蒸发，吸收大量地表热量，使地面温度和近地表面层空气温度迅速降低所形成的。这类逆温现象多发生于城市区域和沙漠地带。

3）逆温层对大气污染的影响

在正常的情况下，近地面下层是暖空气，上层是冷空气，暖空气上升，冷空气下沉，冷暖空气对流混合，气流流动主要是湍流。这样从烟囱冒出来的烟气随下层空气飘浮上升，在湍流中如果城市近地面上空出现逆温，下层是冷空气，上层是暖空气，挡住烟囱冒出来的烟气向高处扩散，烟气只好在逆温层下面空气中散布。若在强逆温存在时，从而使地面污染物浓度增加。另外，在供暖季节，各家各户的烟囱冒出浓烟在地面翻滚，久久不易扩散。在逆温层以下的低空往往到处烟雾弥漫，形成熏烟，见图 5-9 和表 5-2。

洛杉矶，一座汽车城，烟雾城。将洛杉矶的这两种描述联系起来就

高架源排烟的烟云常见 5 种类型及其发生原因和特点　　表 5-2

类型	特点	大气状况	发生条件	地面污染状况
（1）翻卷型（波浪型）	烟云由连续及孤立的烟团所组成。烟云在上下左右方向上摆动很大，扩散速度较快，烟云呈剧烈翻卷，烟团向下风向输送	$\gamma>0$ $\gamma>\gamma_d$ 大气处于不稳定状态，对流强烈	多出现于太阳光较强的晴朗中午。	由于扩散速度快，靠近污染源地区污染物落地后浓度高，对附近居民有害，一般不会造成烟雾事件
（2）锥型	烟云离开排放口一定距离后，云轴仍基本上保持水平，外形成一个椭圆锥，烟云比翻卷型规则，扩散能力比翻卷型弱	$\gamma>0$ $\gamma=\gamma_d$ 大气处于中性或弱不稳定状态	多出现于多云或阴天的白天，强风的夜晚或冬季夜间	扩散速度比翻卷型低，落地浓度也比翻卷型低，污染物输送得较远

续表

类型	特点	大气状况	发生条件	地面污染状况
(3) 扇型 (长带型)	烟云在垂直方向上扩散速度很小，烟云的厚度在风向方向上变化不大，在水平方向上有缓慢扩散	$\gamma < 0$ $\gamma < \gamma_d$ 出现逆温层，大气处于稳定状态	多出现于弱晴朗的夜晚和早晨	多出现于传送到较远的地方，遇山或高大建筑物阻挡时，污染物不易扩散稀释。在逆温层下的污染物浓度较大
(4) 屋脊型 (上扬型)	烟云的下侧边缘清晰，呈平直状，而其上部出现湍流扩散	排出口上方： $\gamma > 0$，$\gamma < \gamma_d$ 大气处于不稳定状态 $\gamma < 0$，$\gamma > \gamma_d$ 大气处于稳定状态	多出现日落后，因地面有辐射逆温，大气稳定，高空受冷空气影响，大气不稳定	如烟囱高度处于不稳定层时，烟气中污染物不向下扩散，只向上方扩散，这种烟型对地面污染较小
(5) 漫烟型 (熏烟型)	与屋脊型相反，烟云上侧边缘清晰，呈平直状，烟云的下部有较强的湍流扩散，烟云上方有逆温层，从烟囱排出的烟云上升到一定程度就受到逆温的控制	排出口上方： $\gamma < 0$，$\gamma < \gamma_d$ 大气处于稳定状态 $\gamma > 0$，$\gamma > \gamma_d$ 大气处于不稳定状态	日出后，地面低层空气被日照加热，使逆温自下而上逐渐破坏，但上中仍保持逆温	当烟囱高度不能超过上部稳定气层时，烟云就好像被盖子盖住，烟云只能向下扩散，像熏烟一样直扑地面。在靠近污染源附近污染物的浓度很高，地面污染严重

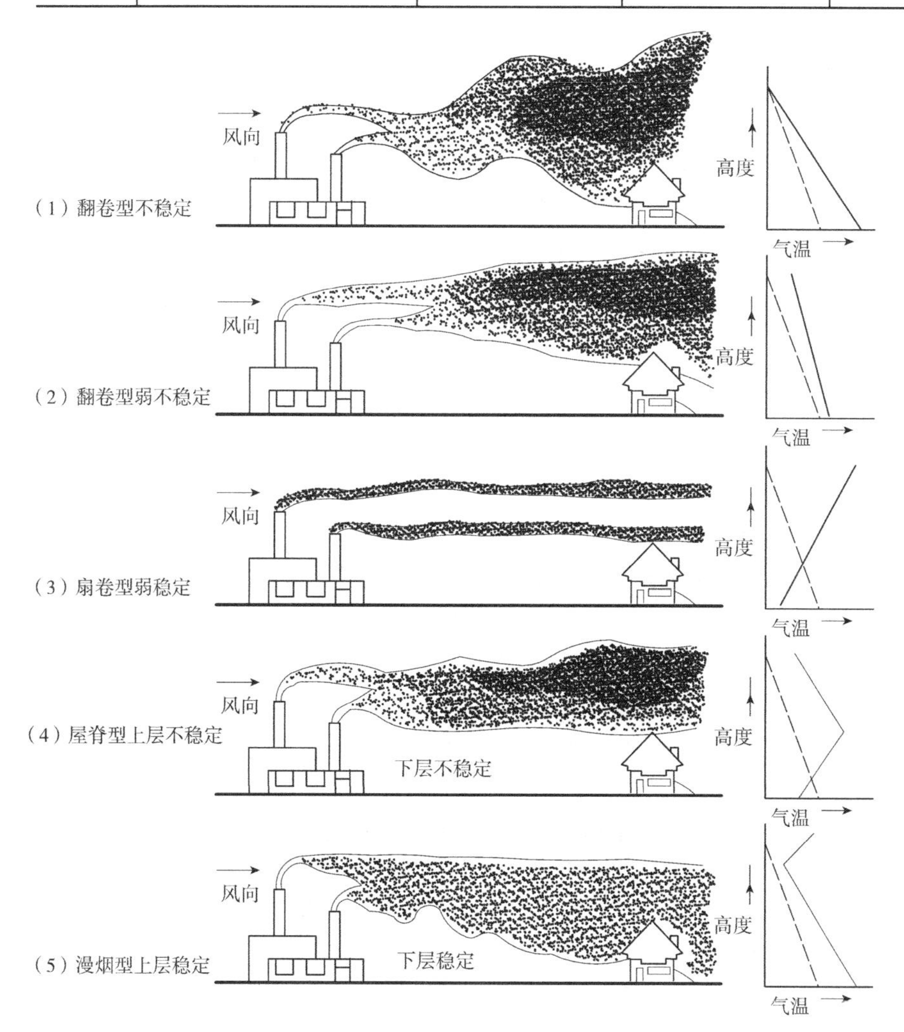

图 5–9　高架源排烟云形状

可以解释为什么这一地区空气质量这么差。的确，洛杉矶的900多万辆机动车要对该地区的空气污染问题负主要责任，但工业界、商业界、城市规划者们以及不利的气候因素在造成洛杉矶今天这样严重的空气污染问题上也都应承担一定的责任。

洛杉矶地区是个盆地，三面环山，一面靠海（太平洋），这里经常出现逆温现象，来自太平洋的冷空气跑到了热空气的下边，逆温层罩住了污染物，空气污染物聚集在这里出不去，使空气污染问题更加严重。与此同时，山脉阻止污染物从盆地逸出。长期强烈光照和高温天气有利于发生形成臭氧的光化学反应。来自地面和海上的微风使聚集的污染物在盆地里往复循环。

伦敦烟雾也是逆温现象的产物。1980年代后期，伦敦居民意识到他们以前错误地认为烟雾已成为历史，不会再回来了。烟雾又重返伦敦，只不过形式不同罢了。伦敦曾以其浓厚的黄绿色雾气（有时也称“豌豆汤”）而声名狼藉。每年秋冬季节，当高压系统（反气旋）造成持续数天的低层逆温、风力极小、温度接近零度的天气时，这种雾气就会笼罩伦敦城。使大量的污染物涌向泰晤士河流域，形成浓雾凝滞的天空，结果导致形成威害健康的浓密烟雾。1952年12月4日至10日伦敦发生了一次最严重的烟雾事件，达到了一个多世纪以来伦敦城经历的一系列烟雾事件的顶点。燃烧产生的乌黑色烟尘使烟黑浓度的日峰值超过5000μg/m^3，日均二氧化硫浓度达到1000~1400ppb（3000~4000μg/m^3），导致产生了严重的酸雾（pH值达到1.6，与汽车蓄电池中电解质的酸度一样大），能见度经常只有5m。这一空气污染事件不幸地导致约4000个老人和心脏病及呼吸道疾病患者过早死亡。

5.1.5 大气稳定度

（1）云及云量

前文曾多次提到云的概念。云能蔽日，它直接影响太阳辐射到达近地面及地表的升温和降温。云的形成、数量、分布和演变情况，不但对逆温形成有直接影响，而且对间接了解空气中气象要素的变化和大气运动状况，作短期天气预报具有重要作用。

云的分类按其高度一般分为高、中、低3种。高云的云底高度一般在5000m以上，它是由冰晶组成，云体呈白色，有蚕丝的光泽、薄而透明。阳光通过高云时，地面物体的影子清楚可见。中云的云底高度一般在2500~5000m之间，由过冷却的微小水滴及冰晶混合组成，颜色呈白色或灰色，没有光泽，云底较高且云体稠密。低云的云底高度一般在2500m以下，由微小水滴和冰晶组成，云层结构散松，云低而黑。

云量是指云遮蔽天空的百分比，将天空分为10份，在这10份中，被云所遮盖的份数称为云量。如云占天空1/10，云量记为1，占2/10，记2，其余类推。当云布满天空时，云量记为10。如天空被云所遮，但在云层中还有少量空隙（空隙总量不到天空的 1/20），则云量记 10。当天空无云，或量不到 1/20 时，云量为 0。

（2）大气稳定度

大气稳定度是指大气层稳定的程度，就是说，大气中某一高度上的一团空气在垂直方向上相对稳定的强度。当这团空气受到扰动时，就会产生向上或向下运动。如果他自起点移动一小段距离后，又有返回原来位置的趋势，则此时的大气是稳定的；如果它自起点一直向上或向下移动，为不稳定；介乎上述两种情况之间，常称之为中性状态。

许多天气现象的发生都和大气稳定度有密切关系。污染物在大气中扩散，在很大程度上取决于大气的稳定程度（见图 5–9 和表 5–2）。大气稳定度表示空气层结是否安于原在的层结，是否易于发生垂直运动，即是否发生对流。假如大气中某一空气团受到对流冲击力的作用时，可能出现三种情况：如空气团受对流冲击力作用使其移动后，逐渐减速，并有返回原来高度层结的趋势，这时的气层对于该气团而言是稳定的；如空气团受力度运动远离起始高度的趋势，这时的层结对于该气团而言是不稳定的；如气团受力被推到某一高度后，既不加速也不减速，这时的层结对于该空气团而言是中性层结。

当空气中某气块处于平衡状态时，他与周围的空气是有相同压力、温度和密度，单位体积和气块受到两个力作用：一是四周空气对他的浮力 F_f 方向垂直向上；另一个是本身的重力 F_g 方向垂直向下，浮力与重力相等。实际上，大气层结是否稳定，是某一运动的空气团比周围空气是轻还是重的问题。比周围空气重，则倾向于下降，比周围空气轻，倾向于上升；和周围空气一样轻重，既不倾向上升也不倾向下降。空气的轻重决定于气压和温度。在气压相同的情况下，在同一高度，两气团相对轻重问题，事实上就是气温的问题，在一般情形之下，在同一高度，一气团和他的周围空气大体有相同的温度。如果这样，一气团上升到某一高度处，变得比在这一高度他周围空气冷些，他就重些，于是就有下降的趋势，那么，这一空气层结稳定。相反，这气团变得比周围空气热一些，他就轻一些，那么，这一空气层结就不稳定。气团与周围具有相同气压、温度，则轻重相同，这时空气层结属于中性。

（3）大气稳定度分类

现在对稳定度的分类通常采用帕斯奎尔 - 吉福特的分类方法（简称帕斯奎尔法）。该法考虑的气象参数包括太阳辐射强度、太阳高度角、云量、地面风速等。按照帕斯奎尔分类法，将大气稳定度分为强不稳定、不稳定、弱不稳定、中性、较稳定和稳定 6 级。分别用字母 A、B、C、D、E、F 相应表示它们。通过简单气象观测，查表 5–3，便可得稳定度等级。

帕斯奎尔大气稳定度分析　　表 5–3

地面上 10m 处风速（m/s）	辐射			白天或黑夜阴云密布	夜晚	
	强（太阳高度角 >60°）	中（30°< 太阳高度角 <60°）	弱（太阳高度角 <30°）		低云量在 5 和 5 以上	低云量在 4 以下
<2	A	B	B	D	—	—
2-3	B	B	C	D	E	F
3-5	B	B-C	C	D	D	E
5-6	C	C-D	D	D	D	D
>6	C	D	D	D	D	D

5. 2　边界层沿纵向风速分布

大气边界层内空气的流动称为风。描述风有风向、风速两个基本物理量。从城市环境的角度，人们最关心的是在边界层内沿纵向的风速分布情况和水平面的风向分布情况。本节先讨论纵向的风速分布。

5.2.1　定性分析

图 5–10 是西安市秋季市中心和郊区不同高度处的风速随时间的变

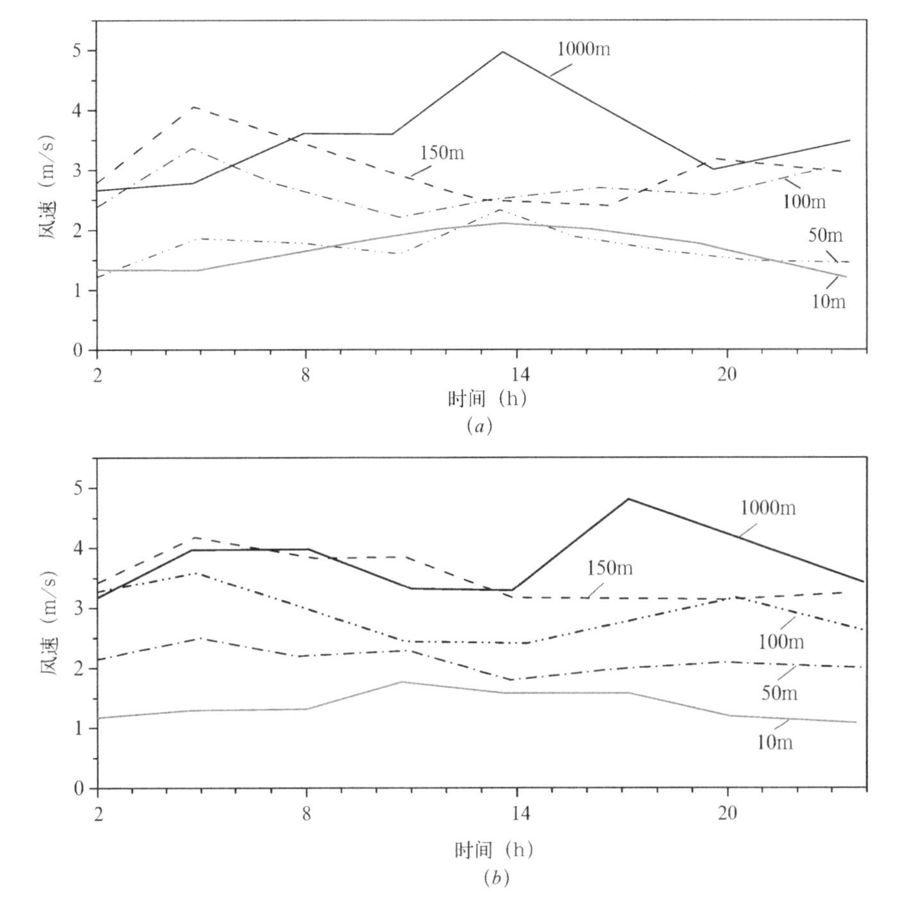

图 5–10　西安市秋季垂直风速日变化
（a）市中心；（b）郊区

化曲线，由图可以看到，不同高度处风速值是不同的。此外，在不同市区在某些时间气流速度并不完全随高度逐渐增加，这主要是由于市区贴地区域的热力条件较复杂，对气流干扰较大；而在郊区，几乎在任何时间，风速都随着高度在增大。

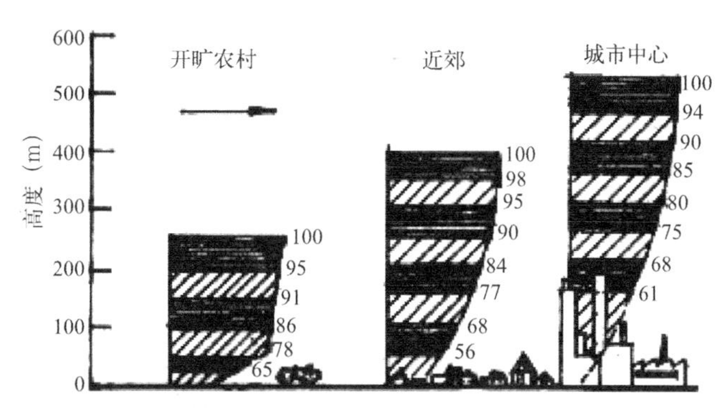

图 5–11　由于地面粗糙度不同低空风速变化

边界层内风速沿纵向（垂直方向）发生变化的原因是下垫面对气流有摩擦作用和空气层结的不稳定，其中下垫面的粗糙程度是主要的影响因素。在摩擦力的作用下，紧贴地面处的风速为零，沿垂直向上，越往高处地面摩擦力影响越小，风速逐渐加大。当到达一定的高度时，往上其风速不再增大，把这个高度叫摩擦厚度或摩擦高度，还有人将其干脆称为边界层高度。将该高度处的风速称为地转风风速。图 5−11 定性地表示 3 种粗糙度不同的下垫面层上，不同高度处风速分布廓线。

图 5−11 是达芬堡（Davenport）于 1965 年提出的。从图中可以看出，粗糙度不同的三种下垫面上空的风速分布和边界层厚度是不同的。图中以地面风速为零，地转风风速分布和边界层后面的数字表示该高度处的风速与地转风风速的比值。例如在高度 100m 处，开阔郊外农村的风速为地转风风速的 86%，而城市中心的风速则为地转风风速的 50% 左右。在不同状态下垫面上地转风风速出现的高度亦不同。如表 5−3 所示，在开旷的农村其高度较小，在城市中心则需达到较大的高度才能出现地转风风速。开阔农村的边界层厚度约为 270m，而市中心则超过 400m。

5.2.2　不同高度处风速计算

达芬堡采用了简单的指数式来表示和计算边界层内不同高度处的风速：

$$V_h = V_g\left(\frac{h}{h_g}\right)^a \tag{5-1}$$

式中　V_h——高度 h 处的风速，m/s；

V_g——当地地转风风速，m/s；

h_g——当地边界层厚度，m；

a——当地下垫面粗糙度系数。

a 为一反映摩擦阻力的常数，其值取决于地面粗糙度等因素。在一般工程设计计算中，a 和 h_g 可按表 5−4 取值。

不同下垫面上的 a 和 h_g　　表 5-4

下垫面性质	指数	边界层厚度 h_g（m）
平坦开旷的农村	0.16	270~350
近郊居民点	0.28	390~460
城市中心区	0.40	420~600

在已知某地的地转风风速 V_g 条件下，查表 5-4，由（5-1）式可求得任意高度处的风速。按公式（5-1）计算出各点的风速并绘成曲线图，基本上就是图 5-11 的形状。

公式（5-1）是目前计算边界层内沿垂直风速分布许多种计算式中最为简单的一种。但对于工程计算，仍有不便之处，即对于大多数地区，地转风风速 V_g 是未知的；而且一个地区自由大气中的盛行风，除了地转风外，还有梯度风、大气紊流等。所以，有人推荐采用下式来计算边界层内的风速：

$$V_h = V_s\left(\frac{h}{h_s}\right)^{a'} \tag{5-2}$$

这里，h_s=10m，V_s 为 10m 高处的风速。由于我国气象台站所记录的风速都是当地 10m 高处的风速，所以设计计算时可以很容易由气象台站查得所需数据。（5-2）式中的 a' 值已不能按前述表 5-4 取值，而可以按下式确定：

$$a' = \frac{\lg V_h - \lg V_s}{\lg h - \lg 10} \tag{5-3}$$

在已查得 10m 高处风速值时，可在建设现场观测一任意高度处（h>10m）的风速，由式 5-4 可求得当地的 a' 。工程中常采用国家标准（GB 3840—83）取值，见表 5-5。

各类大气稳定度下的 a' 值　　表 5-5

稳定度	A	B	C	D	E	F
a'	0.10	0.15	0.20	0.25	0.30	0.35

根据多年的使用，发现（5-2）式在烟囱高度小于 150m 时的计算结果与实际风速垂直变化比较符合；当高度大于 150m 时，误差较大，而应以下式代替（5-2）式：

$$V_h = \begin{cases} V_{10}\left(\dfrac{h}{10}\right)^{a'} & h \leqslant 150\text{m} \\ V_{10} \cdot 15^{a'} & h > 150\text{m} \end{cases}$$

a' 的取值方法同前。

5.3 风向分布与规划设计

1941 年德国学者施茂斯（Schmauss）提出，在考虑城市布局时，工业区应布置在主导风向的下风方向，居住区在其上风方向，以减少居民受到工厂烟尘的危害。西欧和美国大部分地区全年以西风和西南风占绝对优势，西风是那里的主导风。在第一次世界大战之后，欧洲许多工业区和城市遭到破坏，在重建过程中，就应用此"主导风向原则"进行城市的功能分区，在美国新建城市时亦采用此原则。前苏联十月革命后，吸取了西欧的理论,也应用主导风向原则进行城市规划和布局。解放初期，这个原则传入我国，成为多年来我国规划设计的一个基本原则。近 10 年来，我国工程技术界逐渐认识到这个原则对我国季风气候、静风频率高的地区是不适应的。经许多人的努力，现已形成一套适合我国国情的城市规划设计原则。

5.3.1 我国城市规划的风向类型

1）基本概念

（1）盛行风向：根据多年气象资料统计，某地一年中风向频率较大的风向，一个地区盛行风向可以有一个，也可以有两个。是否可以有更多，就要作具体分析了。因为数目多了，频率必然不会太大。

（2）主导风向：亦称为单一盛行风向，即该地区只有一个风向频率较大的风向。

（3）风向频率：某地某个方向的风向频率是指该方向一年中有风次数和该地区全年各方向有风总次数的比率。

（4）最小风频风向：指某地风向频率最小的风向。

2）风向类型和分区

我国气象工作者经研究，指出我国城市规划设计时应考虑不同地区的风向特点，并提出我国的风向应分为下面几个区（见图 5-12）。

（1）季风区：季风区的风向比较稳定，冬偏北，夏偏南，冬、夏季盛行风向的频率一般都在 20%~40%，冬季盛行风向的频率稍大于夏季。从图 5-12 中可以看出，我国从东北到东南大部分地区属于季风区。

（2）主导风向区（单一盛行风向区）：主导风向区一年中基本上是吹一个方向的风，其风向频率一般都在 50% 以上。我国的主导风向区大致分为 3 个地区（如图 5-12）。IIa 常年风向偏西，我国新疆的大部分地区和内蒙古及黑龙江的西北部基本上属于这个区。IIb 区常年吹西南风，我国的广西、云南南部属于这个区。IIc 区介于主导风向与季风两区之间，冬季偏西风，频率较大，约为 50%；夏季偏东风，频率较小，约为 15%。青藏高原基本上在这个区内。

（3）无主导风向区（无盛行风向区）：这个区的特点是全年风向多变，各向频率相差不大且都较小，一般都在 10% 以下。我国的陕西北部，

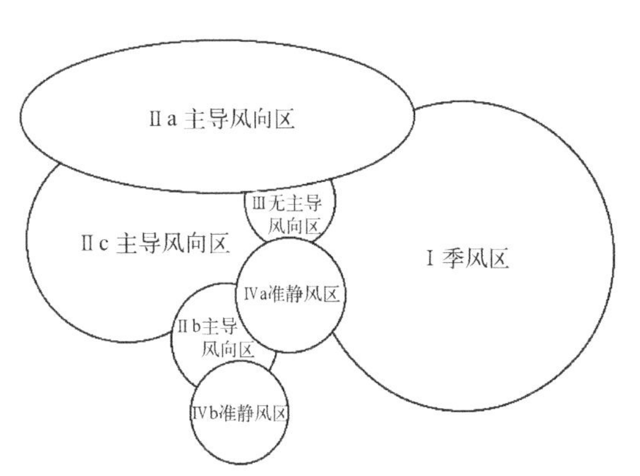

图 5–12　城市规划风向分区示意图

Ⅰ．季风区，代表区域有：我国从东北到东南大部分地区；
Ⅱ a．常年风向偏西，代表区域有：新疆大部分地区，内蒙古及黑龙江的西北部；
Ⅱ b．常年吹西南风，代表区域有：广西、云南南部；
Ⅱ c．冬季偏西风，夏季偏东风，代表区域有：青藏高原；
Ⅲ．全年风向多变，代表区域有：陕西北部、宁夏；
Ⅳ a．静稳偏东风区，代表区域有：四川、重庆大部分地区；
Ⅳ b．静稳偏西风区，代表区域有：云南部分地区

宁夏等地在这个区内。

（4）准静风区：简称静风区，是指风速小于 1.5m/s 的频率大于 50% 的区域。我国的四川盆地等属于这个区。

5.3.2　城市规划布局方法

1）基本原则

根据图 5–12，朱瑞兆先生还提出如下城市规划布局的基本原则：

（1）季节变化型：风向冬夏变化一般大于 135°，小于 180°。在进行城市规划时，应参照该城市 1 月份、7 月份的平均风向频率，把工业区按当地最小风频的风向，布置在居住区上风方向。

（2）单盛行风向型：风向稳定，全年基本上吹一个方向上的风。在进行城市规划时，将工业区布置在盛行风的下风侧，居住区在上风侧。

（3）双主型：风向在月、年平均风玫瑰图上同时有两个盛行风向，其两个风向间角大于 90°。例如，北京同时盛行北风和南风，其工业布局应与季节变化型相同。

（4）无主型：全年风向不定，各个方位的风向频率相当，没有一个较突出的盛行风向。在此情况下，可计算该城市的年平均合成风向风速，将工业区布置在年合成风向风速的下风侧，居住区在其上风侧。

（5）准静风型：静风频率全年平均在 50% 以上，有的甚至高达 75% 以上，年平均风速仅为 0.5m/s。静风以外的所谓盛行风向，其频率不到 5%。根据计算的结果，污染浓度极大值出现的距离大致是烟囱高度 10~20 倍远的地方。因此生活居住区应安排在这个界线以外。

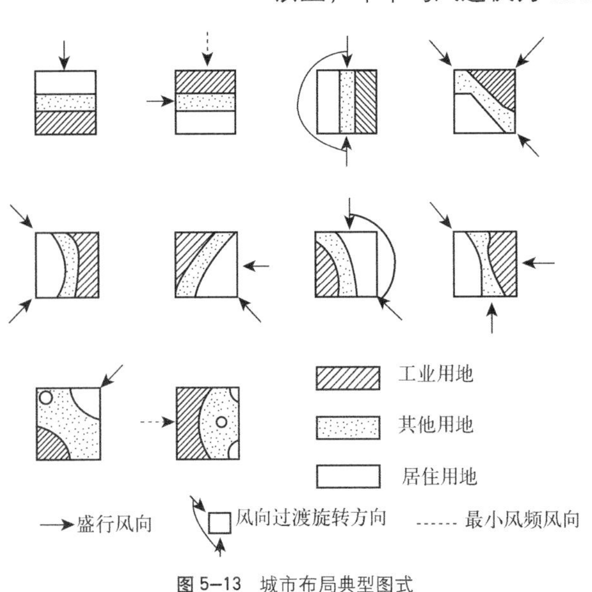

图 5–13　城市布局典型图式

2）布局图式

北京大学杨吾杨先生等指出，在我国应该根据盛行风向来考虑城市和工业区的布局规划，不宜采用主导风的原则，他们分析了我国季风风向变化规律，并结合风向旋转和最小风频来考虑其对规划布局的影响，并参考我国气象学界已有的成果，编制了应用于城镇规划设计的中国风向区划。他们根据风向类型，运用盛行风向、风向旋转、最小风频等指标，将城镇功能区布局分为 10 个类型，如图 5–13 和表 5–6 所示。

风向与城市功能区的布置 表 5–6

<table>
<tr><th colspan="2">风向类别</th><th>符号</th><th>沿风向功能区格局</th><th>指标</th><th>生活区</th><th>工业区</th></tr>
<tr><td colspan="2" rowspan="2">单一盛行风</td><td>A</td><td>纵列式</td><td>盛行风向</td><td>上风</td><td>下风</td></tr>
<tr><td>A'</td><td>横列式</td><td>最小风频</td><td>下风</td><td>上风</td></tr>
<tr><td colspan="2" rowspan="2">对应盛行风 180°</td><td>B</td><td>横列式</td><td>风向旋转</td><td>本侧</td><td>对侧</td></tr>
<tr><td>C</td><td>横列式</td><td>最小风频</td><td>下风</td><td>上风</td></tr>
<tr><td rowspan="4">夹角盛行风</td><td rowspan="4">90°
45°
135°</td><td>D</td><td>混合式</td><td>风向夹角</td><td>内侧</td><td>外侧</td></tr>
<tr><td>Da</td><td>大体纵列式</td><td>盛行风向</td><td>上风</td><td>下风</td></tr>
<tr><td>Db</td><td>大体横列式</td><td>风向旋转</td><td>本侧</td><td>对侧</td></tr>
<tr><td>Dc</td><td>大体横列式</td><td>最小风频</td><td>下风</td><td>上风</td></tr>
<tr><td colspan="2" rowspan="2">静风为主</td><td>S1</td><td>工业区集中，生活区分散</td><td>次大风频</td><td>上风</td><td>下风</td></tr>
<tr><td>S2</td><td>工业区集中，生活区分散</td><td>最小风频</td><td>下风</td><td>上风</td></tr>
</table>

图中从左至右第一行依次 A，A'，B，C；第二行为 D，Da，Db，Dc；第三行为 S1，S2。以上所讨论的我国城市规划风向分区及在规划设计中的应用只是针对大气边界层内较大范围风向而言的，实际规划设计中，各地的风向风速往往都因受地形、地物、局地气温等许多因素的影响而产生各有特点的局地风，如热岛环流等（见下节）这是每个设计人员所必须注意的。

5.3.3 规划控制原则与经济发展程度的关系

规划控制可以在一定程度上利用当地风向特征避免污染源的扩散，但不同经济发展程度时期对应的规划原则有所不同。

经济发展前期，重工业基地较多，可以通过土地利用规划将大型工业污染源同住宅区分开，以减少工厂附近常见的高浓度污染影响。不准在这种工厂周围，即被称为缓冲区（亦称卫生隔离区）的区域建设住宅。在缓冲区内植树不仅可以屏蔽工厂，而且树叶还可以增加附着或吸收颗粒污染物和气体污染物的表面积，从而限制污染物在当地直接扩散。缓冲区的宽度从几百米到 2 公里不等。但令人遗憾的是，在许多城市，因为在缓冲区里到处都有违章住宅，规划部门在实施这种控制措施时遇到了困难。

在过去一个世纪里，一直存在着这样一种趋势：工厂从其最初发展的城里向城市周边地区的工业园区迁移。这一趋势的形成也有规划的作用，因为人们在制定规划时有意将工业区与住宅区分隔开来。中等收入和高收入家庭的住宅区往往远离工业区，而低收入家庭的住宅区则离工业区比较近，而且一部分低收入住宅区在靠近工业区的不受人重视的土地上还会形成违章建筑区。城市规划政策长期以来就提倡将工业园区规划在远离郊区住宅区，且常常处于住宅区下风方向的地方。尽管许多人不能利用市区的公共交通上下班，增加了机动车流量，但这种分离格局仍然保持了下来，住所与工作场所常常离得很远。

然而，随着国家经济水平的发展，重工业逐渐衰退，现代的工业园区常常有许多污染很少的工厂和行业（其雇员上下班往返造成的污染除外）。换句话说，尽管还有少数有危险的工厂与住宅区必须分开，但大多数情况下，将工业区与住宅区分开的理由（如工业区会排放有毒废物、有噪声污染、景观不太好等）已经不复存在了，这时需要改变政策减少人们上下班所消耗的能源。应当将几乎不直接排放污染物的工厂或企业搬到具有良好的公共交通服务的地方，搬到离人们的住所比较近的地方。这样的政策可以鼓励人们使用公共交通工具。与小汽车相比，公共交通工具的能效高得多，单位乘客、单位里程的污染也少得多。这样的政策还可能起到鼓励更多的人骑自行车或步行上班的作用。

5.4 局地环流与规划设计

除了前述属于大天气系统决定的风向类型之外，各风向分区内还会由于各地点所处地理环境不同而产生的局部地区性环流。除了第 2 章的热岛环流外，还有山谷风、海陆风、过山风等。因此，在规划设计中，要考虑各个风速风向对城市环境、小区环境的综合影响，抓住主要矛盾，以免顾此失彼。

5.4.1 山谷风

（1）形成机理

山谷风多发生于较大的山谷地区或平原相连地带，其风向具有明显的日变性。在山区白天地面风通常从谷地吹向山坡。夜间地面风常从山坡吹向谷地。在白天山坡受到太阳辐射比谷地强，山坡上的空气增温多，而山谷上空同高度上的空气因离地面较远增温较小，于是山坡上的暖空气不断上升，并从山坡上空流向谷地上空，谷底的空气则沿山坡向山顶补充，这样便在山坡与山谷之间形成一个热力环流。下层风向谷底吹向山坡，称为谷风。夜间形成与白天相反的热力循环。山坡上的冷空气因密度大，顺山坡流入谷地，谷底的空气因汇合而上升，并从上面向山顶上空流去。下层风由山坡吹向谷地，称为山风。图 5-14 定性地表示了谷风和山风的形成过程。

图 5-14　谷风和山风的形成过程

（a）谷风；（b）山风

（2）特征

白天谷风，夜间山风，其风向是基本稳定不变的。山风和谷风两频率大致相等，各约占40%，相对而言，谷风的风速要大于山风，谷风的风速一般约为1.3~2.0m/s，山风的风速约为0.3~1.0m/s，这是因为太阳辐射照射山坡表面的增温强度要大于山坡表面长波辐射散热的降温强度。

由山谷风的形成过程可知，阴雨天因山坡表面接收不到太阳辐射，长波辐射散热亦困难，山谷风的风速接近于零。此外，山谷风的风速与山坡几何尺度成正比关系，山坡表面由谷底至山顶尺度愈大，则风速愈大，反之则小。当然亦与山坡的朝向、山坡面与太阳辐射光线的垂直程度有密切关系。

（3）对环境的影响

循环往复式环流，对于较大尺度的山谷，会加重该地区的大气污染。谷底工厂或生活排向大气中的污染物，在背景风速较小情况下，不易向远处扩散，随着热冷空气的循环，会形成所谓的倒灌式污染。山谷地带的逆温现象出现频繁更加重了这种污染。

很多人认为墨西哥城是地球上污染最严重的城市。这与它的山谷地形不无关系。几个重大的排放源，如密集的人口、3.5万家工厂和300万辆汽车，再加上该市的地理地形位置和亚热带气候，使该市居民饱受极差空气质量之苦。

墨西哥城海拔2250m，在这个高度上氧气浓度只有海平面的四分之一。这意味着燃料的燃烧效率非常低，即使新车也会排放出大量污染物，其浓度之大让人无法接受。该市处于群山和火山峰环绕之中，形成典型的山谷风，外部空气只能从城市的东南部进出这个高海拔盆地（见图5−15）。每年的11月至第二年的4、5月是墨西哥城的干燥冬季，经常出现逆温现象。山谷风使冷空气沿山边下降，进入城市盆地，被城市热岛

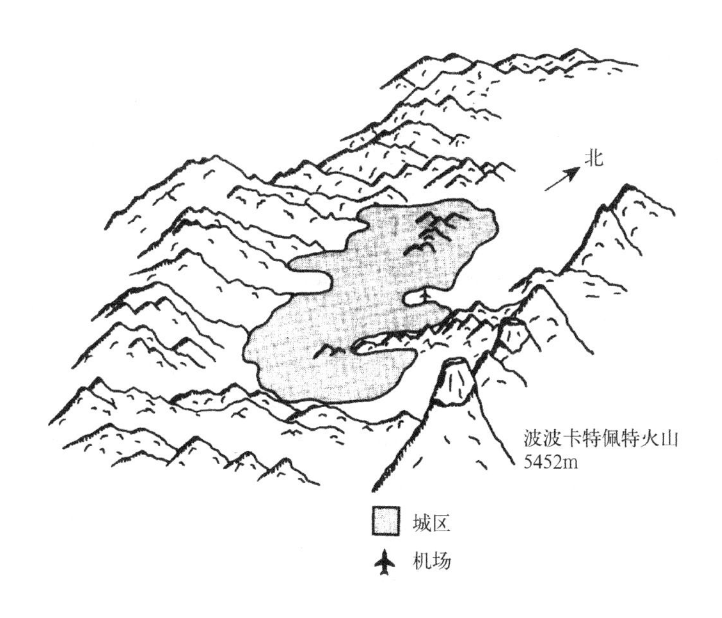

图5−15　墨西哥城地形示意图

效应产生的热空气盖在下面，使逆温现象进一步增强。每天的逆温一般会持续到上午的中段时间。由于海拔和纬度（北纬19°）的关系，墨西哥城冬季光照充足，导致强烈的光化学活动。由于墨西哥城经常不刮风或者风很小，城市里产生的任何污染物都不易扩散出去，常常会积累到非常高的浓度。

我国的兰州市地形与墨西哥城地形极为相似，另外黄河贯穿整个城市，山谷风和水陆风的共同作用，加上重工业污染源使兰州同样成为世界著名污染严重城市。

5.4.2 海陆风

（1）形成机理

海陆风也是受热力因素作用而形成的。地面与海洋面受太阳辐射增温程度不同，陆地增温强烈，陆地上空暖空气流向海洋上空，而海面上冷空气流向陆地近地面，于是形成海风。夜间陆地地面向大气进行热辐射，其冷却程度比海洋面强烈，于是海洋上空暖空气流向陆地上空，而陆地近地面冷空气流向海面，于是又形成陆风。图5−16定性地描述了海陆风的形成过程。

（2）特征

海陆风影响的范围不大，沿海地区比较明显，海风通常深入陆地20~40km，高达1000m，最大风力可达5~6级；陆风在海上可伸展8~10km，高达100~300m，风力不过3级。在温度日变化和海陆之间温度差异最大的地方，最容易形成海陆风。所以，热带地区的海陆风为最显著，其次是中高纬度地区比较微弱。我国海岸线处在纬度为46.5°~18.5°，沿海受海陆风的影响由南向北逐渐减弱，南方海南岛榆林受海陆风影响较显著，北方辽河入海口处受海陆风影响较弱。此外，在我国南方较大的几个湖泊湖滨地带，也能形成较强的所谓“水陆风”。

（3）对环境的影响

在沿海地区的城市和工厂，夜间污染物随陆风吹向海洋，白天污染物又随风吹回陆地，造成沿海附近地上污染物循环累积，局地污染加重。

在海风和陆风转换期间，即日出约1~2h后，从海面吹向陆地的暖空气，与由于日出后陆地增温而在较高的气层中产生气流流向海面方向的气流相遇，这里沿海附近陆地的气温低于海面吹向陆地空气的气温。这样，暖空气与冷空气相遇，暖空气压在冷空气之上，于是形成了一个封闭的逆温。

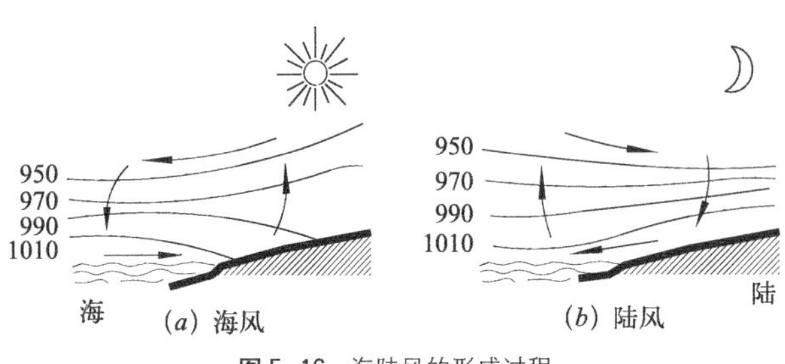

图5−16 海陆风的形成过程

此外，如果沿海内陆大范围的盛行风和海风方向相反，因海风的温度低，所以它在下层，从陆地吹向海面的盛行风的温度高，故暖气流在上流，冷暖空气相遇的交界面上，形成一层倾斜的逆温顶盖，如

图 5-17 所示。由图可见，在沿海近岸处的烟囱排出来的烟气被封闭型逆温层罩住，难以扩散，这样会造成沿海近处地区污染物浓度增大。在离海岸线较远的烟囱排出来的烟气，受封闭型逆温层影响很弱，或无影响。

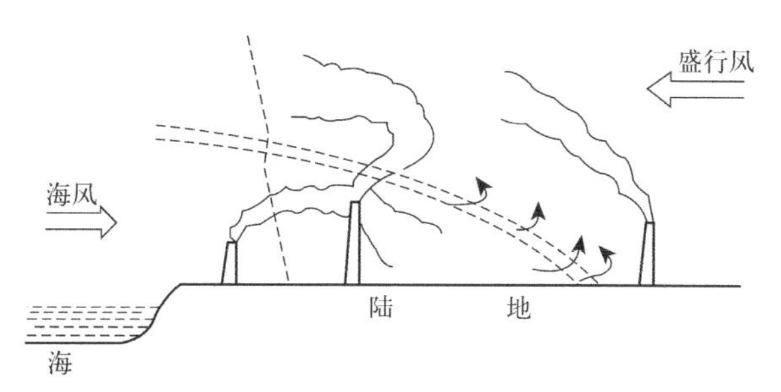

图 5-17　海风入侵时污染物输送状况示意图

由于海陆风作用而发生严重污染的著名城市之一为雅典，它一面临萨罗尼克海湾，三面环山（见图 5-18）。在海陆风的循环作用下，污染物在雅典盆地不容易扩散。70 年代末以来，该市汽车尾气排放量大大增加，因此经常出现光化学烟雾，当地人将其称作烟云。这里属地中海气候，阳光强烈，气温较高，再加上风速比较小，故在海陆风的作用下经常出现逆温，造成大气中出现高浓度污染物，特别是臭氧和二氧化氮这样的光化学污染物。同洛杉矶一样，海风对雅典地区臭氧的形成有明显影响。头天臭氧在该市上空形成后就会被晚间的陆风吹到海上并继续随风在高空飘荡，因而难以被消耗掉。第二天一早这些臭氧又被海风吹回雅典上空，降至地表，使地表臭氧浓度迅速升高。

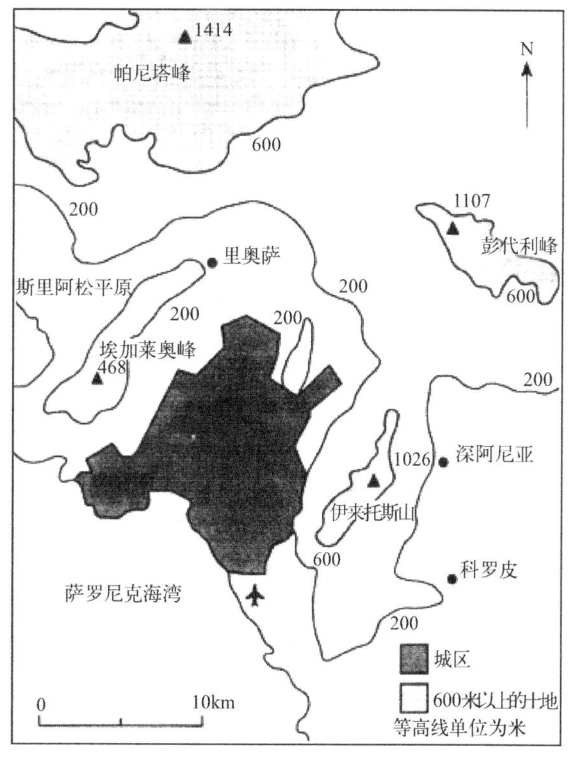

图 5-18　雅典地形示意图

5.4.3　过山风和下坡风

在山脉的背风坡，由于山脉的屏障作用，通常风速较小，但在某些情况下，气流越过山后，在山的背风面一侧会出现局地较强的风，这种自山上吹下来的局地强风，称下坡风，如图 5-19 所示。气流在山的迎风面，因受山脉阻挡，使空气在此堆积并沿着迎风坡上升，这时流线密集，形成正压区，气流过了山顶之后则流线稀疏，形成负压涡流区，气流沿山坡下滑，其下滑速度往往较大。

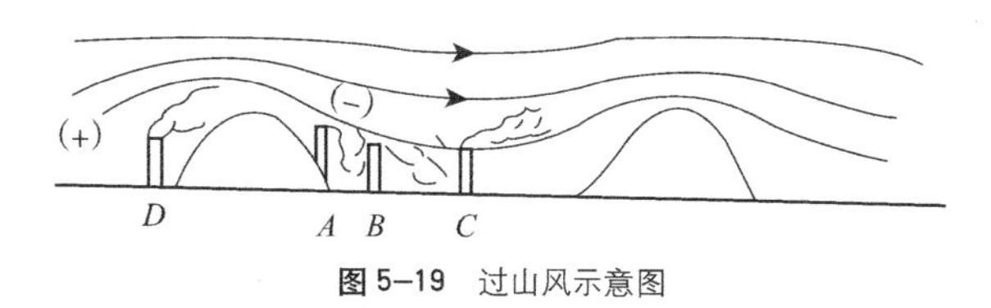

图 5-19　过山风示意图

在山区建立工厂要注意过山的下坡风对大气污染的影响，在山的两侧的不同位置其影响很不相同，为方便起见，选择 *A*，*B*，*C* 和 *D* 四点加以说明。

A 点由于山峰的阻挡扰动气流的作用，使气流在背风坡反气旋性弯曲，工厂烟囱排放出来的烟气在原地打转，造成局地高污染程度。*B* 点正好在背风坡，受下压的过山气流的影响，烟囱冒出来的烟气很快在下风向落地，造成局地高浓度。*C* 点位于山谷中间，烟囱排放出来的烟气

正好处于比较平直的气流中，污染物随气流可带到较远的地方，不会造成局地高浓度。D 点在迎风坡下沿的地方，烟囱冒出来的烟气随气流翻越山顶，所以在迎风坡不会造成高浓度。但是，应当注意污染物在背风坡堆积，造成高浓度。

在复杂地形的山区建立工厂既要考虑大气污染，又要考虑岩石因不稳定滑坡、山洪暴发并由此而产生的泥石流以及下坡风速的影响。对于大型山脉，下坡风速度可高达 40m/s 以上，在这样大的风速下已有的建筑设施将会造成破坏。如 1974 年 4 月 29 日凌晨，越过贺兰山群峰的下坡风其瞬间最大风速就大到 40m/s，致使停在银川机场的飞机和许多地面设施遭到破坏。

5.5 建筑物附近的气流分布

就整体而言，城市的平均风速比同高度的空旷郊区为小，但在覆盖层内部，流场的局地差异性很大。有些地方成为“风影区”，风速极微，但在特殊情况下，某些地方的风速亦可大于同时间同高度的郊区。造成上述差异的主要原因有两个方面：第一是由于街道的走向，宽度、两侧建筑物的高度、形式和朝向不同，各地所获得的太阳辐射能有明显的差异。这种局地差异，在盛行风速微弱或无风时会导致局地热力环流，使城市内部产生不同的风向风速，另一方面是由于盛行风吹过城市中鳞次栉比、参差不齐的建筑物时，因阻碍摩擦效应产生不同的升降气流、涡动和绕流等，使风的局地变化更为复杂。

当盛行气流遇到建筑物阻挡时，主要应考虑其动力效应。对单一建筑物而言，在迎风面上一部分气流上升越过屋顶，一部分气流下沉降至地面，另一部分则绕过建筑物两则向屋后流去。考虑到城市建筑物分布的复杂性，这里可以列举一种由几幢建筑物组合分布的型式。即在上风方向有几排较低矮形式相似的房屋，而在下风方向又有一高耸的楼房矗立，如图 5–20 所示。在盛行风向和街道走向垂直的情况下，两排房之间的街道上会出现涡旋和升降气流。街道上的风速受建筑物的阻碍会减小，产生“风影区”。但当盛行风向与街道走向一致，则因狭管效应，街道风速会远比开旷地区为强。如果盛行风向与街道两旁建筑物成一定交角，则气流呈螺旋型涡动，有一定水平分量沿街道运行。

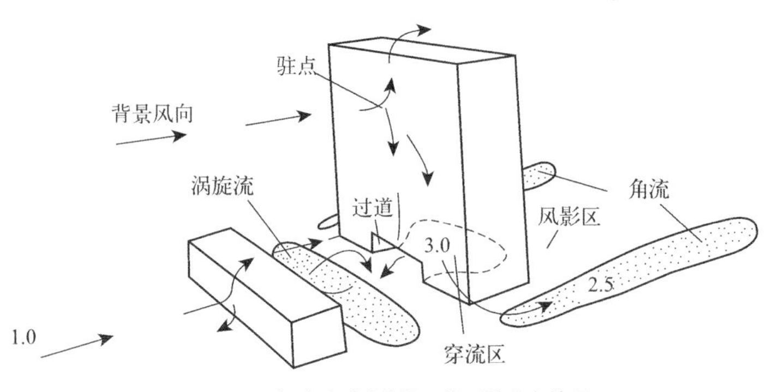

图 5–20 气流受到建筑物阻挡后的分布情况

从图 5–20 可以看出，当盛行风直吹到高层建筑物迎风墙时，在建筑总高度 H 的 2/3~3/4 高度处墙的中央受风的冲击存在一驻点，气流从此驻点向外辐射，其中一部分沿墙面上升经过屋顶后在背风面形成背风涡旋，另一部分则沿墙面下沉。下沉气流中有一支作为回流(方向与盛行风向相反),加强其上风向低层建筑物的背风面涡旋气流。另一支则沿建筑物的底缘顺着屋角向后流，形成“角流”。

由于近地面的风速一般是随高度而增大的，从高墙驻点下沉的气流具有比上层更大的风速，当降至地面步行高度时，出现三个大风速区。如盛行风速为 1 的话，则图 5−20 中的阴影区域的风速皆大于 1。一个大风速区是高、矮建筑物之间的涡旋气流区，风速为原盛行风速的 1.3 倍，一个是位于高建筑物两侧的角流区，风速为原盛行风速的 2.5 倍，另一个最大风速区是位于高墙下面的“穿流区”，风速可达原盛行风速的 3 倍，如果此高建筑物的下面有支柱撑立或有过道的话，则在此的“穿流区”的风速将比开旷区大 3 倍。

由于建筑物的阻挡作用，使得建筑物附近的气流分布更加复杂，同时建筑物附近又是人员出现和停留概率最高的地方，因此通过了解建筑物附近的气流特征，不仅可以避免风害出现，还可以为人们提供一个舒适、具有良好空气品质的健康户外活动空间。

5.5.1　建筑物屋顶上方的气流

图 5−21 是某建筑物屋顶上方 12m 高度范围内，在不同来流速度 U_0 下风速沿着高度的分布曲线。由图可以看到，当来流风速较大时，屋顶上方气流速度与来流风速基本相等，即 $U/U_0 \approx 1.0$。但在微风条件下，如 U_0=0.777m/s 时，屋顶上方的风速明显增大，特别是屋顶上 3~9m 处，屋顶上的风速甚至超过了来流风速的 2 倍。

图 5−22 是气流正吹过不同屋顶坡度的建筑物时，横剖面上建筑物周围 U/U_0 的等值线图，U/U_0>1.1 的区域视为大风区。显然随着屋顶坡的

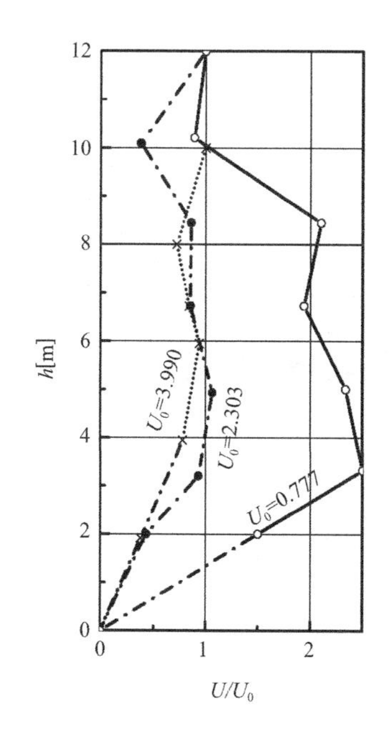

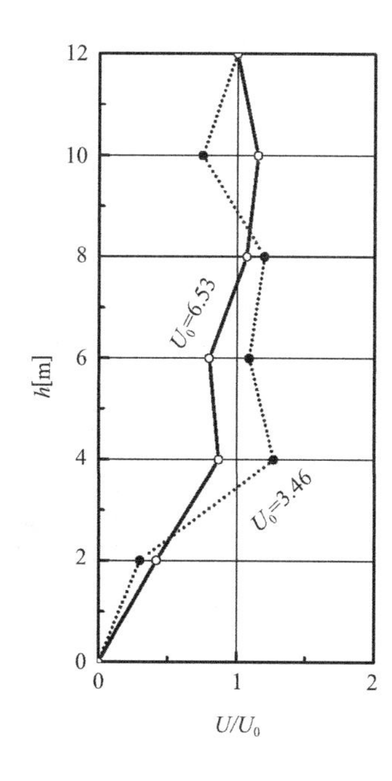

图 5−21　建筑物屋顶上方风速沿着高度的分布曲线

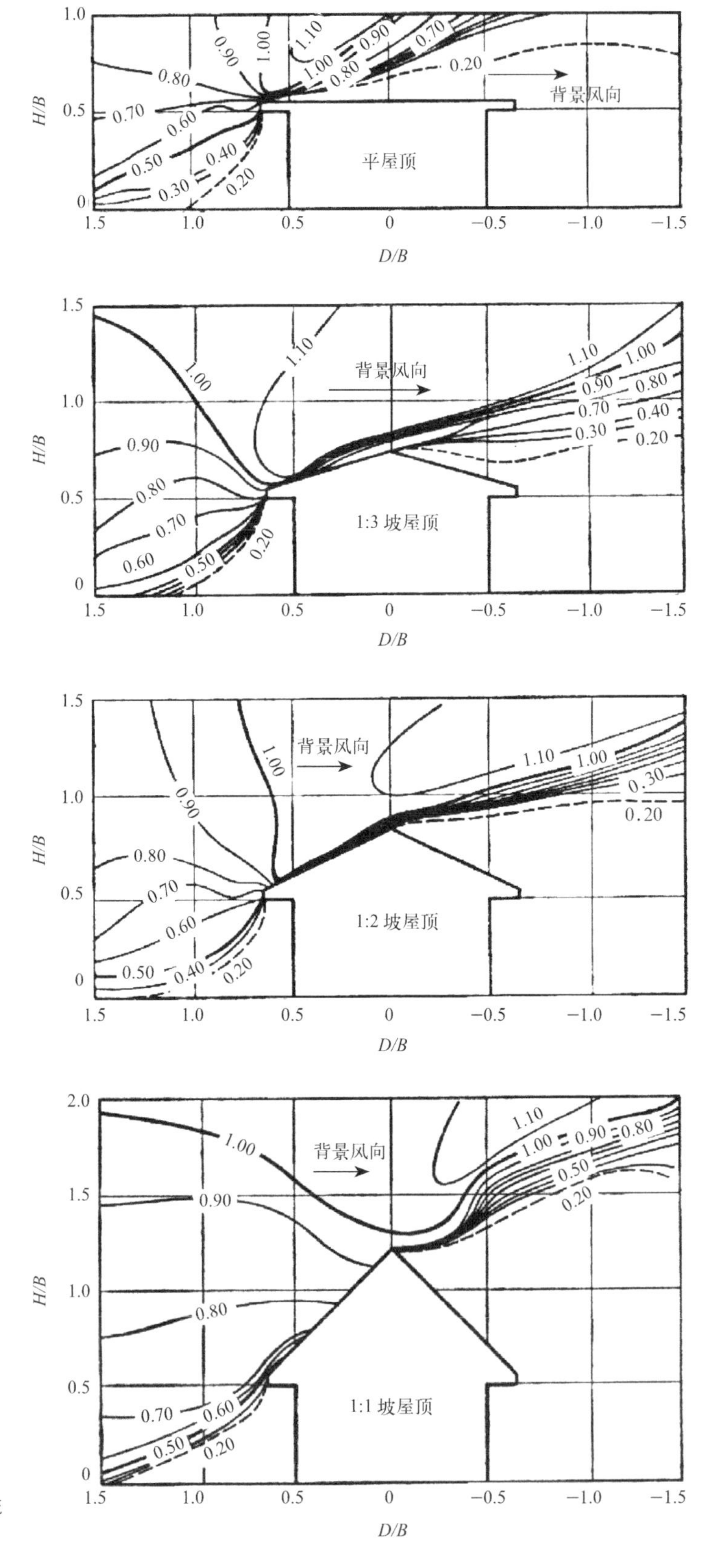

图 5–22　不同坡度屋顶对气流速度的影响

增大，大风区的位置逐步向下风侧和屋顶上方移动，屋顶上方大风区的面积在坡度为 3∶1 时最大。因此在沿海等容易发生风害地区，应保证屋顶坡度远离 3∶1。

5.5.2　独立建筑物附近气流的水平分布

在建筑物附近气流速度很不均匀，不同高度平面，特别是近地面的风速分布情况不仅对建筑物周边空气品质有很大影响，还直接关系到人员活动的安全性和舒适性。有日本学者采用 1∶200 的缩尺模型在风洞中研究了不同尺寸单体建筑物附近的气流状况。图 5–23 给出实验用的 5 种建筑缩尺模型的尺寸，表 5–7 给出这 5 种模型附近出现大风区的情

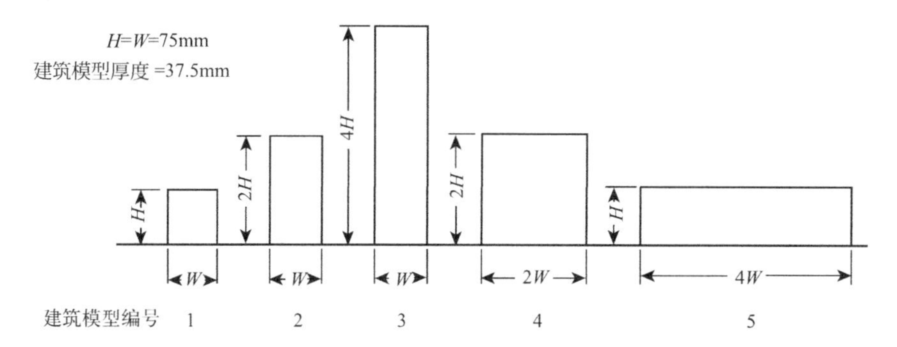

图 5–23　风洞实验中的建筑物模型

独立建筑物模型周边气流状况　　表 5–7

模型编号	1	2	3	4	5
测量高度 z=37.5mm					
风速比最大值	1.27	1.38	1.76	1.39	1.39
较高风速区域面积比	1.0	3.4	5.7	3.0	2.6
测量高度 $z=H/2$					
风速比最大值	1.27	1.33	1.27	1.36	1.39
较高风速区域面积比	1.0	1.6	2.5	2.9	2.6

注：风速比为建筑物周边风速与背景风速的比值；较高风速区域面积比为建筑物周边风速比大于 1.1 的区域面积与模型 1 周围风速比大于 1.1 的区域面积的比值。

况对比。

由表中数据可知，在近地面，模型 3 周围形成的最大风速值最大，且大风区的面积也远大于其他模型，可以认为近地面的风场受建筑物高度的影响大于建筑迎风面宽度；在二分之一建筑总高度的平面的风场与近地面有较大区别，这个高度处的风场受建筑物高度的影响小于建筑迎风面宽度，最大风速值出现在模型 5 附近，大风区的面积也明显小于近地面流场情况。

图 5−24 ~ 图 5−31 是 5 种模型附近风速的等值线图，由图可以看到大风区的具体位置。显然，近地面的大风区和最大风速出现位置都紧靠建筑物山墙，而二分之一建筑总高度平面的大风区通常都在离开建筑物一定距离的位置。

图 5−32 和图 5−33 是风向分别为 30° 和 45° 时近地面建筑附近的

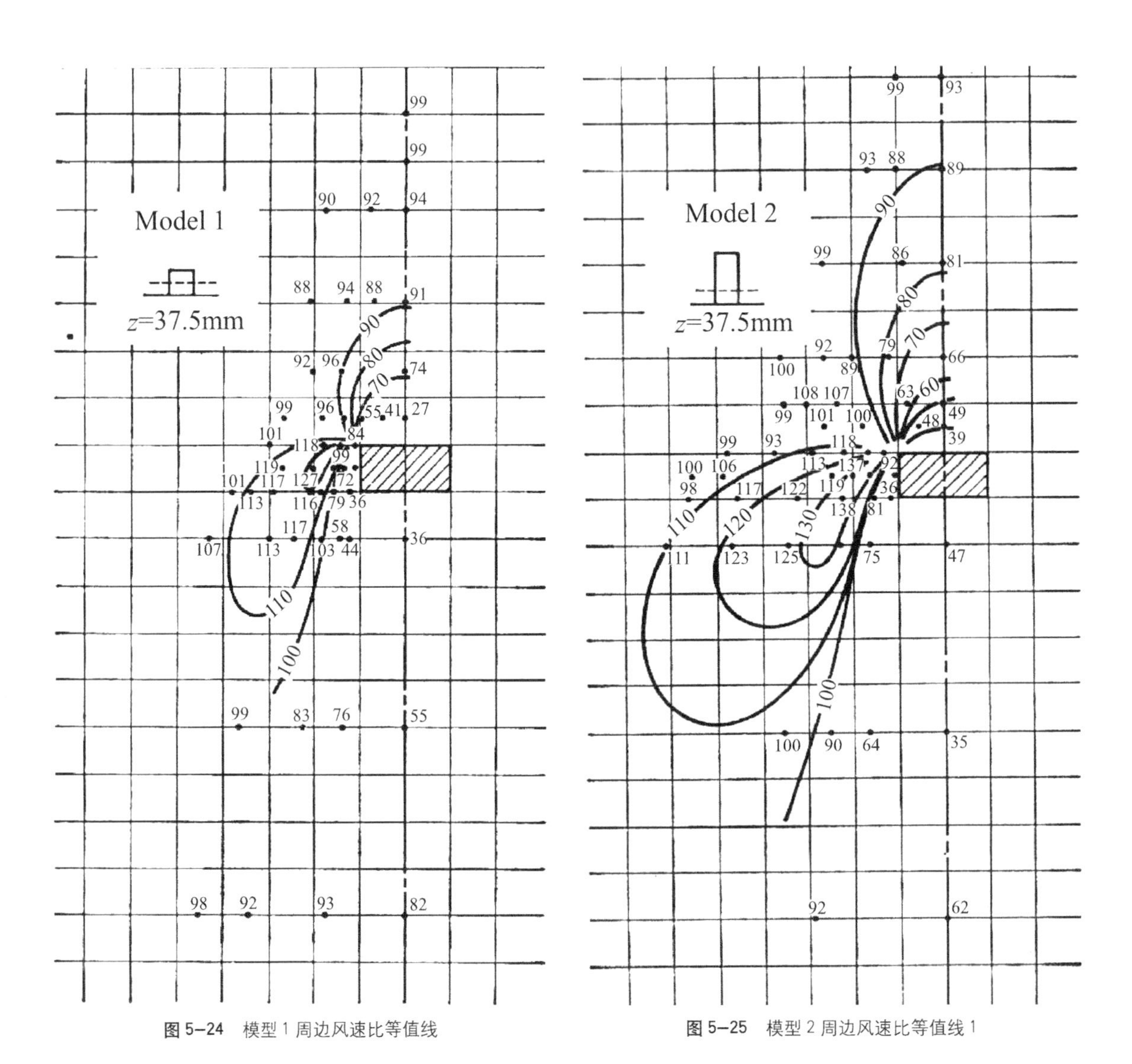

图 5−24　模型 1 周边风速比等值线

图 5−25　模型 2 周边风速比等值线 1

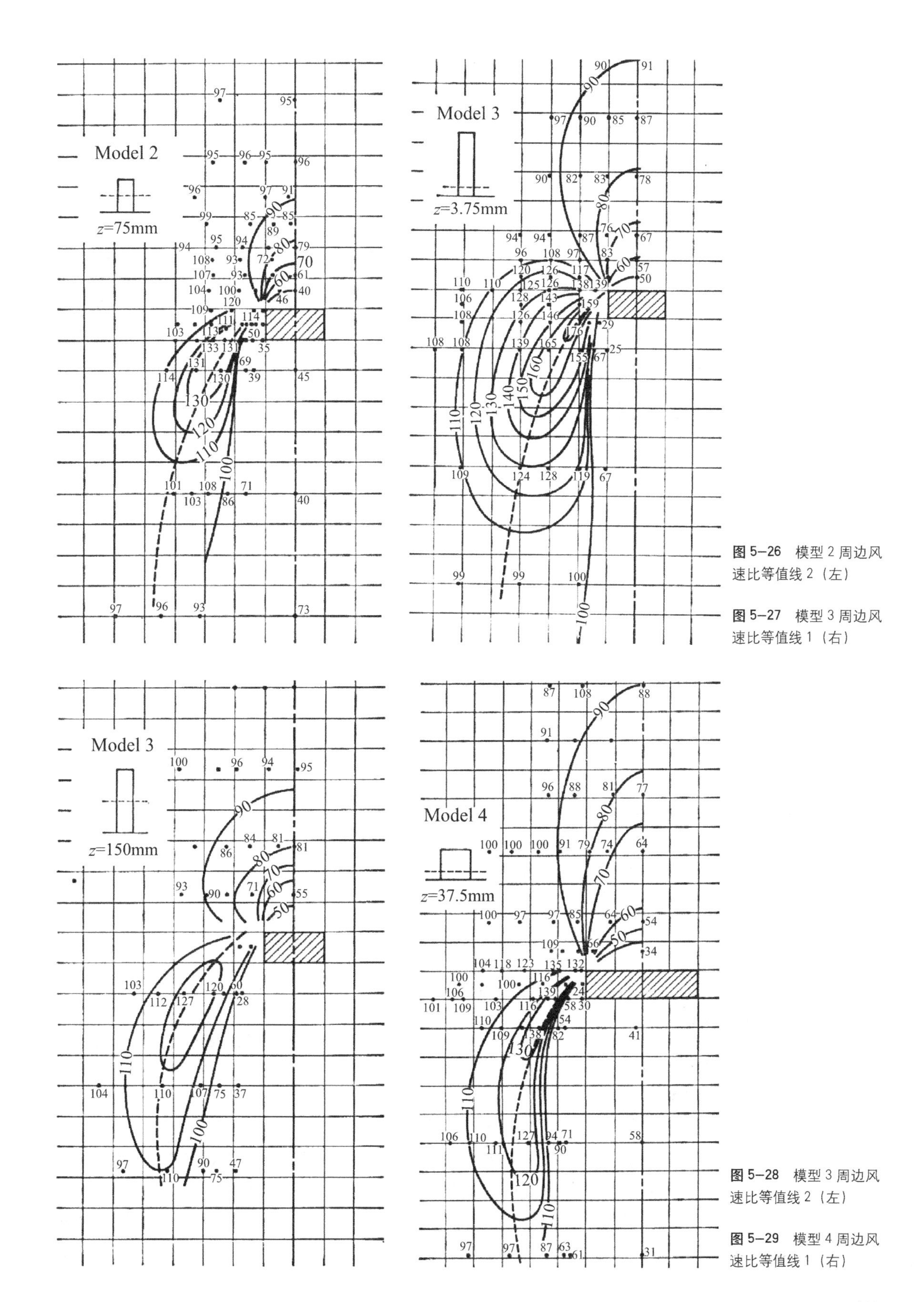

图 5–26　模型 2 周边风速比等值线 2（左）

图 5–27　模型 3 周边风速比等值线 1（右）

图 5–28　模型 3 周边风速比等值线 2（左）

图 5–29　模型 4 周边风速比等值线 1（右）

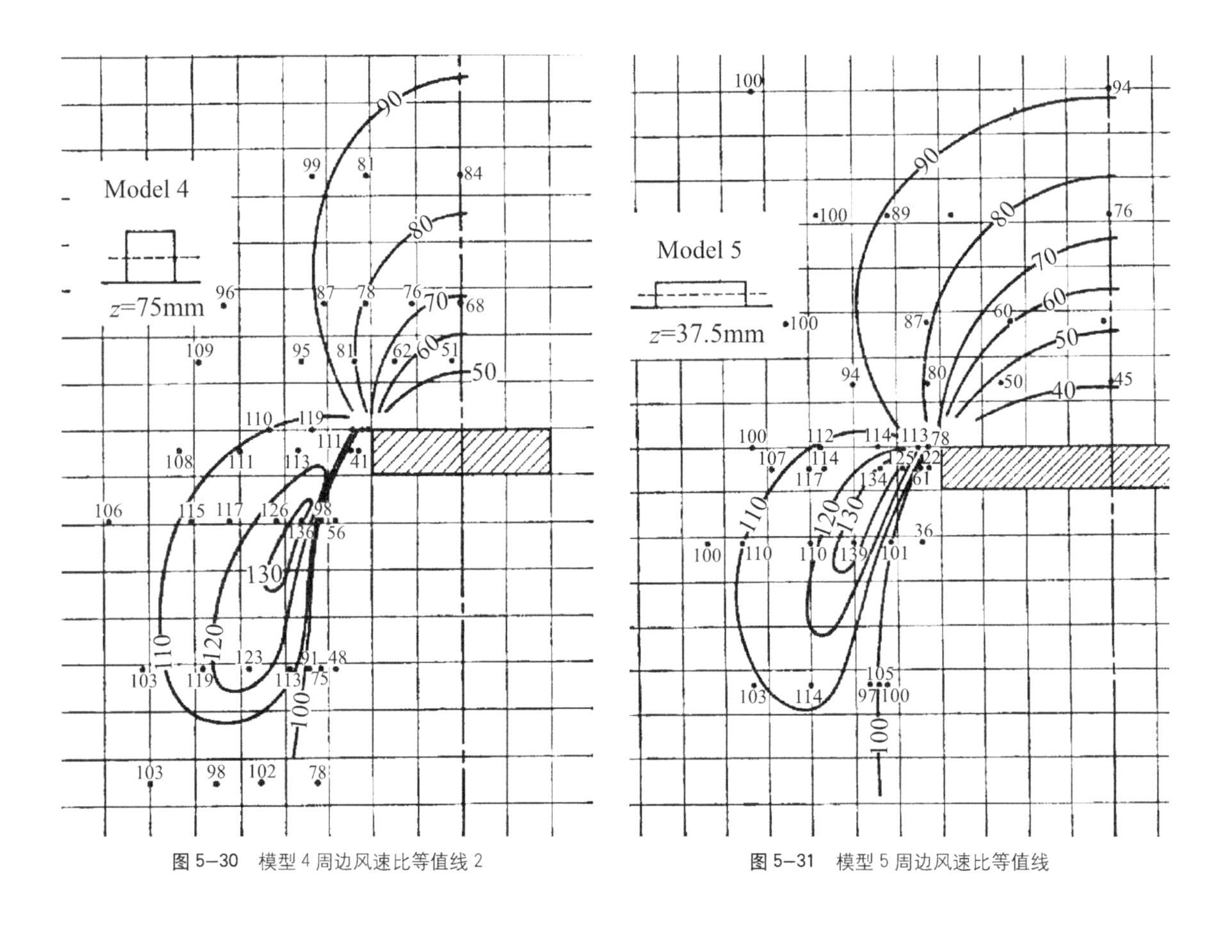

图 5-30　模型 4 周边风速比等值线 2

图 5-31　模型 5 周边风速比等值线

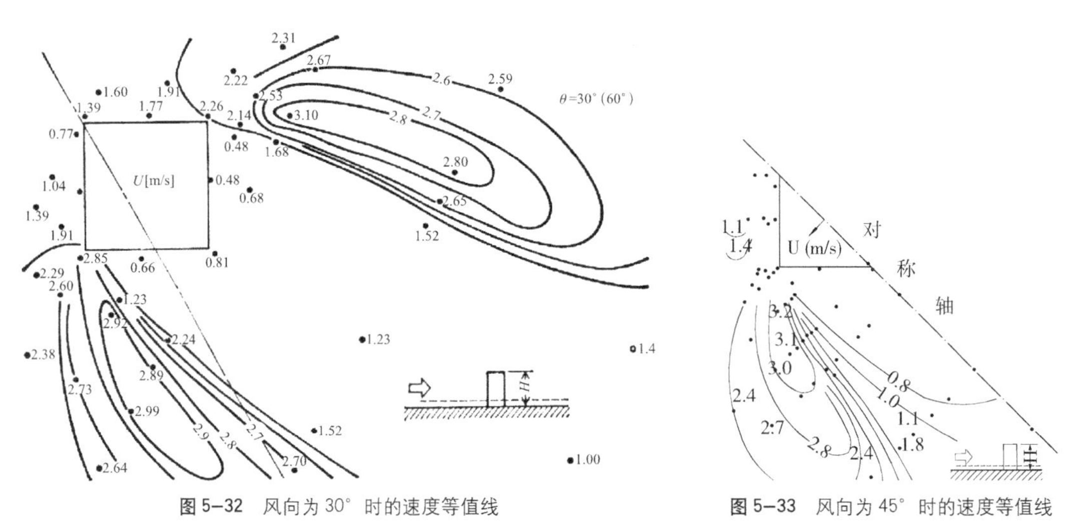

图 5-32　风向为 30° 时的速度等值线

图 5-33　风向为 45° 时的速度等值线

风速比等值线图，它表示了风向对建筑物附近流场的影响。由图可知，风向对大风区面积和风速最大值的影响都是十分显著的。

图 5-34~ 图 5-37 是高宽比不同的两种模型分别在两个剖面上的风速比等值线图，可以看到，建筑高宽比对平行于风向剖面上的风速影响

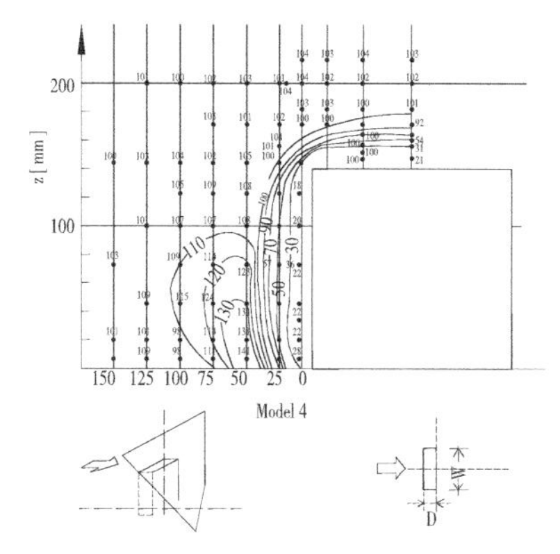

图 5–34　模型 4 垂直风向剖面上的风速分布

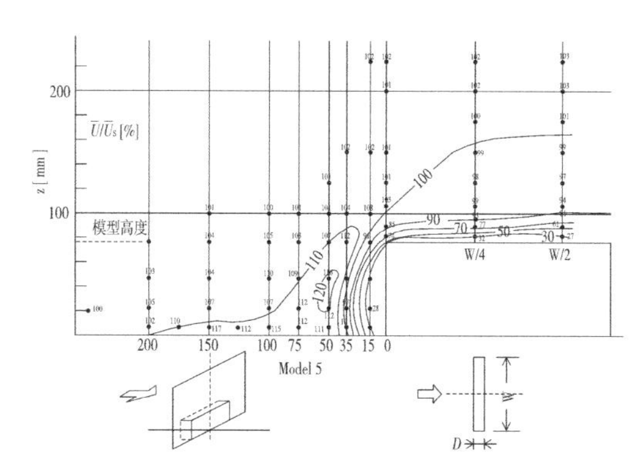

图 5–35　模型 5 垂直风向剖面上的风速分布

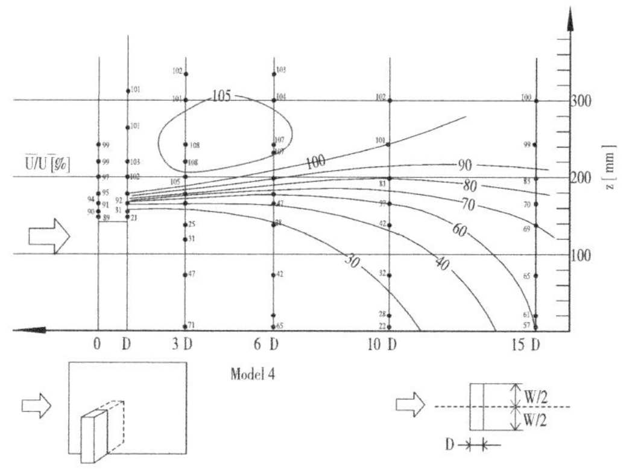

图 5–36　模型 4 平行风向剖面上的风速分布

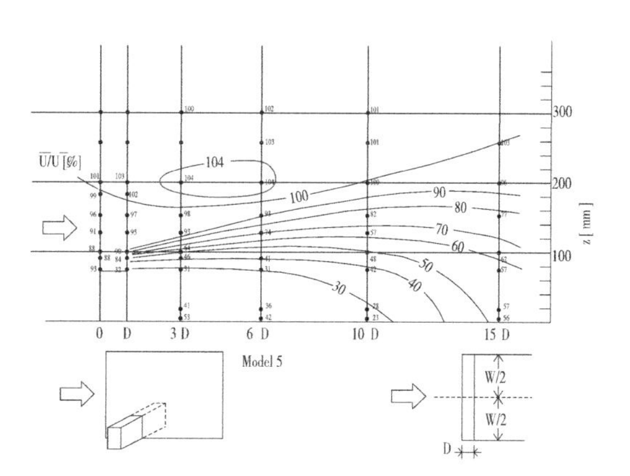

图 5–37　模型 5 平行风向剖面上的风速分布

可以忽略不计，而对垂直于风向平面的流场影响显著。高宽比大的模型 4 的大风区在建筑高度风向上的范围较大，而在水平风向的范围较小。高宽比较小的模型 5 附近的大风区则呈三角形，且最大风速较小。

5.5.3　建筑群内的流场

当风垂直吹向两栋或多栋并列布置的建筑时，由于建筑物迎风面对气流的阻挡作用，一部分空气通过屋顶上方流过，另一部分从两栋建筑之间的空间流过。由于狭管效应的作用，建筑物之间的间距空间的风速可能高于来流速度。图 5–38 为不同宽度建筑的间距空间内的气流速度实测结果。可以看到，对于三种宽度的建筑均表现为离地面越近风速越大。另外当两栋建筑并列间距相对于建筑宽度非常小时，建筑群对气流形成的阻力过大，使绝大部分受阻空气从屋顶上方流过，并列间距空间不会出现大风区；当并列间距相对于建筑宽度较大时，狭管效应不显著，并列间距空间的风速与来流速度基本一样。

建筑宽度 45m 时，并列间距空间内的风速较小，随着建筑宽度缩小，

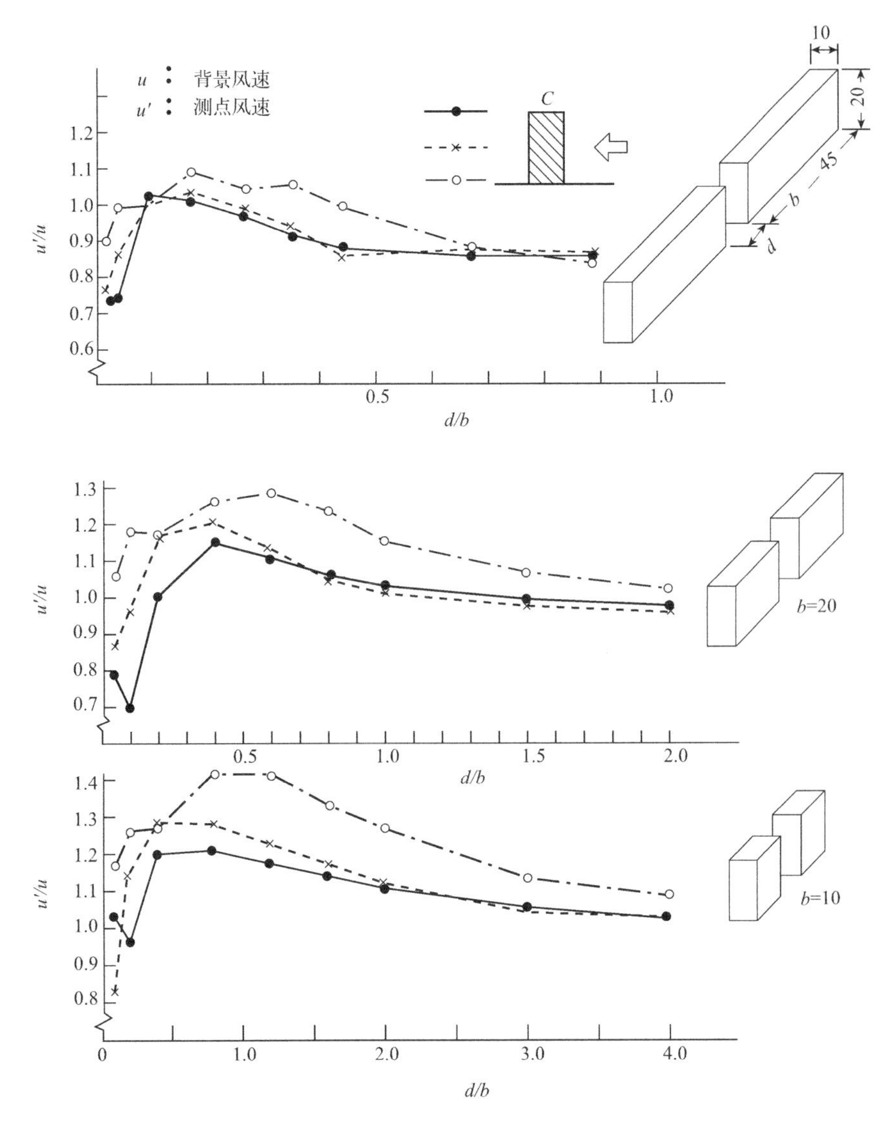

图 5–38 不同宽度建筑并列间距空间内的气流速度

并列间距空间的最大风速值增加，速度比最大到了 1.4。实际中多层建筑的并列间距与建筑宽度的比例关系多接近 a 图情况，而高层建筑的并列间距与建筑宽度的比例关系多接近 c 图情况，因此在高层建筑林立的小区内出现大风风害的概率远高于多层建筑，在建筑布局时应尽可能避免使速度比出现最大值的并列间距与建筑宽度比。

如前所说，采用 1∶200 的缩尺模型在风洞中研究了行列布局建筑小区内的气流状况。图 5–39~ 图 5–46 是二分之一建筑群高度平面上的平均流速比值分布。左侧图为多层建筑组成的小区，内部风速较小，速度比大于 1.1 的区域极小，而在右侧图中表示的存在高层建筑的多层建筑群中，大风区域的面积几乎包含了整个并列间距空间，速度比的最大值达到 1.8~2.5。

陈玖玖、赵彬、李先庭等人利用数值计算方法对北京东润枫景小区

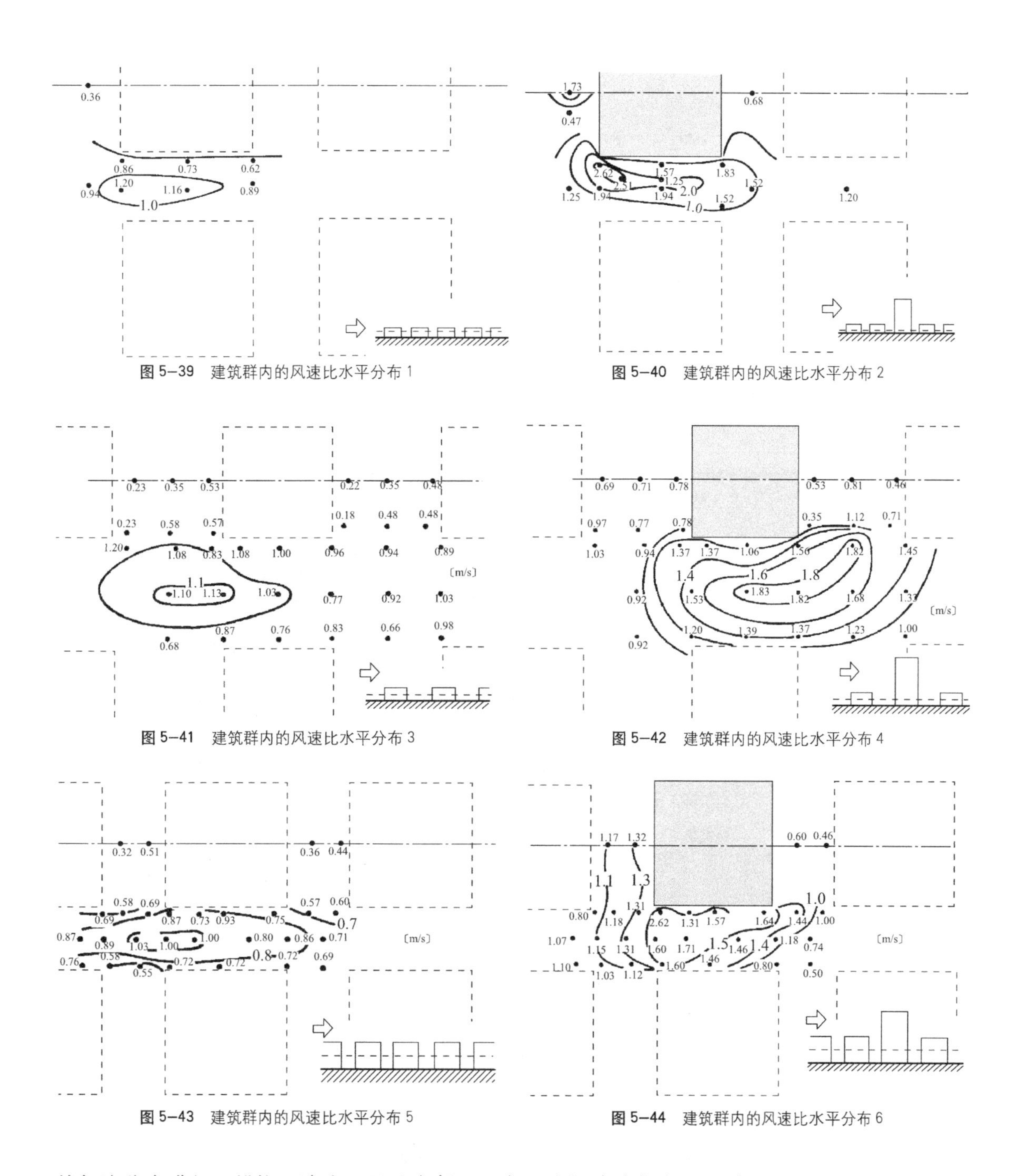

图 5–39　建筑群内的风速比水平分布 1

图 5–40　建筑群内的风速比水平分布 2

图 5–41　建筑群内的风速比水平分布 3

图 5–42　建筑群内的风速比水平分布 4

图 5–43　建筑群内的风速比水平分布 5

图 5–44　建筑群内的风速比水平分布 6

的气流分布进行了模拟，该小区是北京朝阳区东风农场改建住宅区，总建筑面积约 49 万 m^2，总居住人口约 15000 人。图 5–47 为该小区示意图。如图所示，将枫景小区的 W 区和 S 区作为模拟计算对象。根据对 1960~1990 年这 30 年间北京地区气象数据的分析知：北京地区秋、冬季主导风向为北风，平均风速 3m/s，典型风速约 5m/s（指出现频率较高的风速），春、夏季主导风向为南风，平均风速 3.4m/s，典型风速约 5.5m/s。由于冬季主要为北风，应为最不利情形，因此选择冬季情形作模拟，即

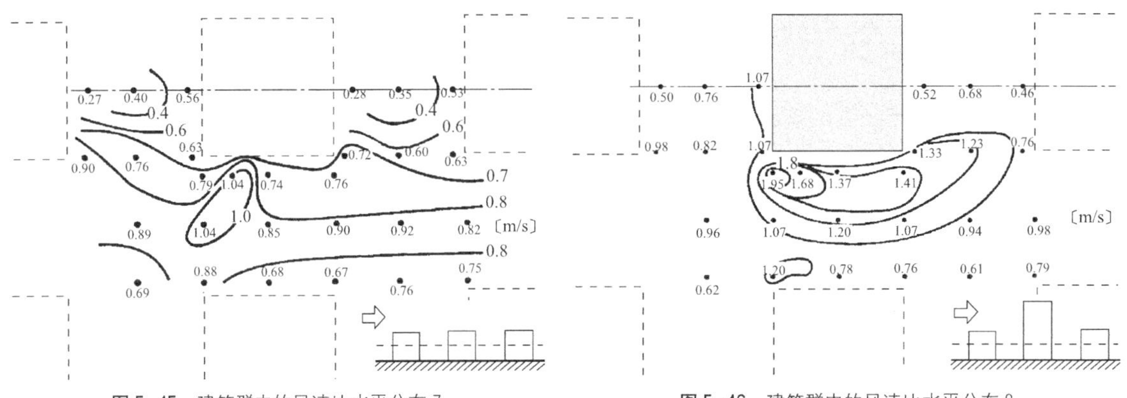

图 5–45　建筑群内的风速比水平分布 7

图 5–46　建筑群内的风速比水平分布 8

图 5–47　枫景小区整体效果图

按照风向北、风速 5m/s（10m 高处的气象数据）进行计算。

图 5–48 和图 5–49 为枫景小区 W 区和 S 区两个区域模拟仿真结果流场图，图中箭头方向表示气流方向，箭头颜色表示速度大小，颜色越暖，速度越大。图 5–48 和图 5–49 中最大风速均为 15m/s，最小风速均为 1m/s。

对于图 5–48 所示 W 区，由于模拟建筑物较多，对建筑物外形进行了简化处理，分为六个建筑群，模拟计算流场图 5–48 中的建筑群对应的建筑物见图 5–47 中的标示。图 5–48 为高度 1 米的水平面上的流场分布，这个高度是人们经常活动和最能感知到的范围，即所谓的“人区”，这也是小区微气候最重要的关键区域。由图可见，在 W 区中部局部地方有旋涡出现，但是风速很小，约 1~5m/s，同时，该区域内大部分地方的风速均在 5m/s 以下，因此对人员行动不会造成不便，也不会对人体热舒适感觉形成不良的影响，图中还显示出在该区东、西两侧建筑物周围的局部地方有较大的风速，可达 15m/s，这是由于来流北风绕建筑物流动的结果，

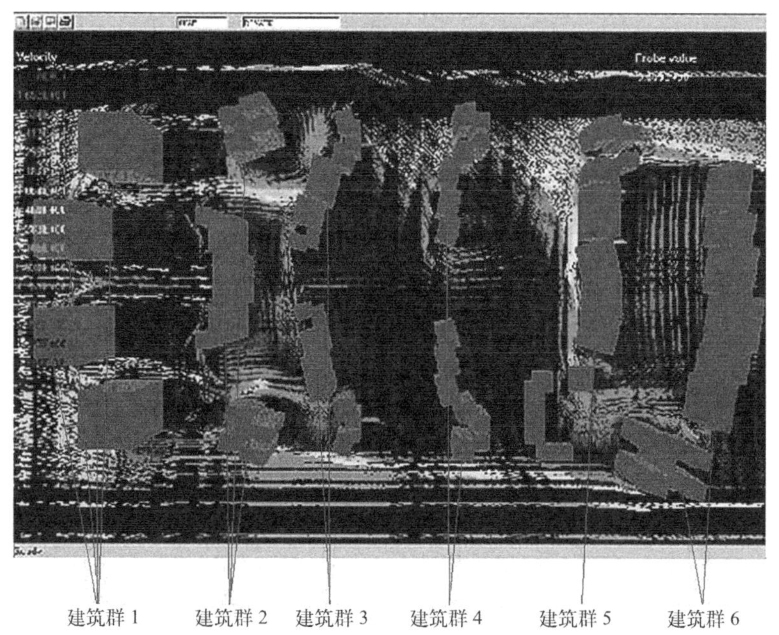

图 5–48　W 区 1m 高度水平面流场分布

图 5–49　S 区 1m 高度水平面流场分布

但是这块区域不是人们经常活动的地方，故影响不大。图 5–48 还显示出 W 区中心区的开阔地带风速非常小。总而言之，W 区在冬季北风的气候条件下的微气候令人满意，不会造成人体不适和行动不便。

对于 S 区，仍然先从图 5–49 显示的高度 1 米的“人区”的流场分布结果开始分析，由图中可以看出，S 区内的风速较小，均小于 5.5m/s，这是其前面板楼的阻挡作用之结果。另外，由于前面建筑的绕流作用，在该区最后一排高层建筑之前形成涡流，但是速度很小，仅达 3.3m/s 左右，

故对居者的行动和舒适不会造成不良的影响。从图中还可以看出，在 S 区前面的板楼之间，由于其流通断面突然减小，此处风速很大，最高可达 13m/s 左右，但是这已经离 S 区中心较远，对 S 区的居住者不会有太多的影响。

5.6 建筑规划中的自然通风设计

5.6.1 建筑密度与住宅区的通风

若建筑物布置过于稠密，由于阻挡气流，住宅区通风条件就会变坏。若整个地区通风良好，道路及住宅区的污染空气就会比较容易地往外扩散，夏季还可以降低步行者的体感温度。此外，良好的房间自然通风，可以降低空调的使用率，从而达到降低能耗的效果。所以在规划住宅区时，应该充分考虑整个区域的通风。

为了研究住宅区的建筑密度是如何影响到整个地区的通风，有日本学者通过风洞实验来进行研究。从实际的住宅区中选定低层住宅区和中高层集合住宅区在 200m × 270m 范围内的建筑物，按照缩尺 1/300 制成模型，设置在风洞内的模型转盘上。在道路及建筑间距等的外部空间里均匀布置了 50 个左右的测试点，通过转动模型转盘，在 16 个方位上变换模型的风向，测试出各风向的全部测试点的风速。测试的高度是步行者能够感觉到风的 1.5m 上空（即风洞模型底面 5mm 高度）。

由风洞实验得到的各测试点的风速数据，与没有建筑模型的平坦状况的风速数据的比值，可以计算出风速比。风速比越大，说明其测试点的通风就越好。当测试点的风速等于无模型测试的风速时，风速比为 1。风速比大于 1 的话，就意味着这个测试点的风速比无模型测试的风速大。各种建筑物布置时，住宅区内不同风速比的出现频率分布图如图 5−50 所示。风速比的出现频率分布图是指将全方位的全部测试点的风速比从 0 到 1.5，以 0.05 间隔分成 30 个阶段，各阶段的数据数量的比率用线条图来表示。在这个图上，显示了各种住宅区全方位的所有测试点的风速比和标准偏差。示例 1~8 主要是由 1~2 层高建筑的独立式住宅构成的低层住宅区，示例 9~14 是中高层集合住宅区。

从图可以一目了然，与低层住宅区相比，中高层集合住宅区的风速比出现频率分布图在横向上显得宽，在一个地区中测试的风速比变化很大。其中，风速比超过 1 的测试点也有，显示出这些测试点由于受到建筑穿堂风的影响，比无模型测试时的风速还要大。

总建筑占地率与风速比平均值的关系如图 5−51 所示，其横轴为住宅区的建筑密度，纵轴为住宅区风速比的平均值。

建筑占地率是指建筑面积（建筑物外墙围住的部分的水平投影面积，以下相同）与建筑地基面积的比，通常是以建筑地基为单位来计算的。

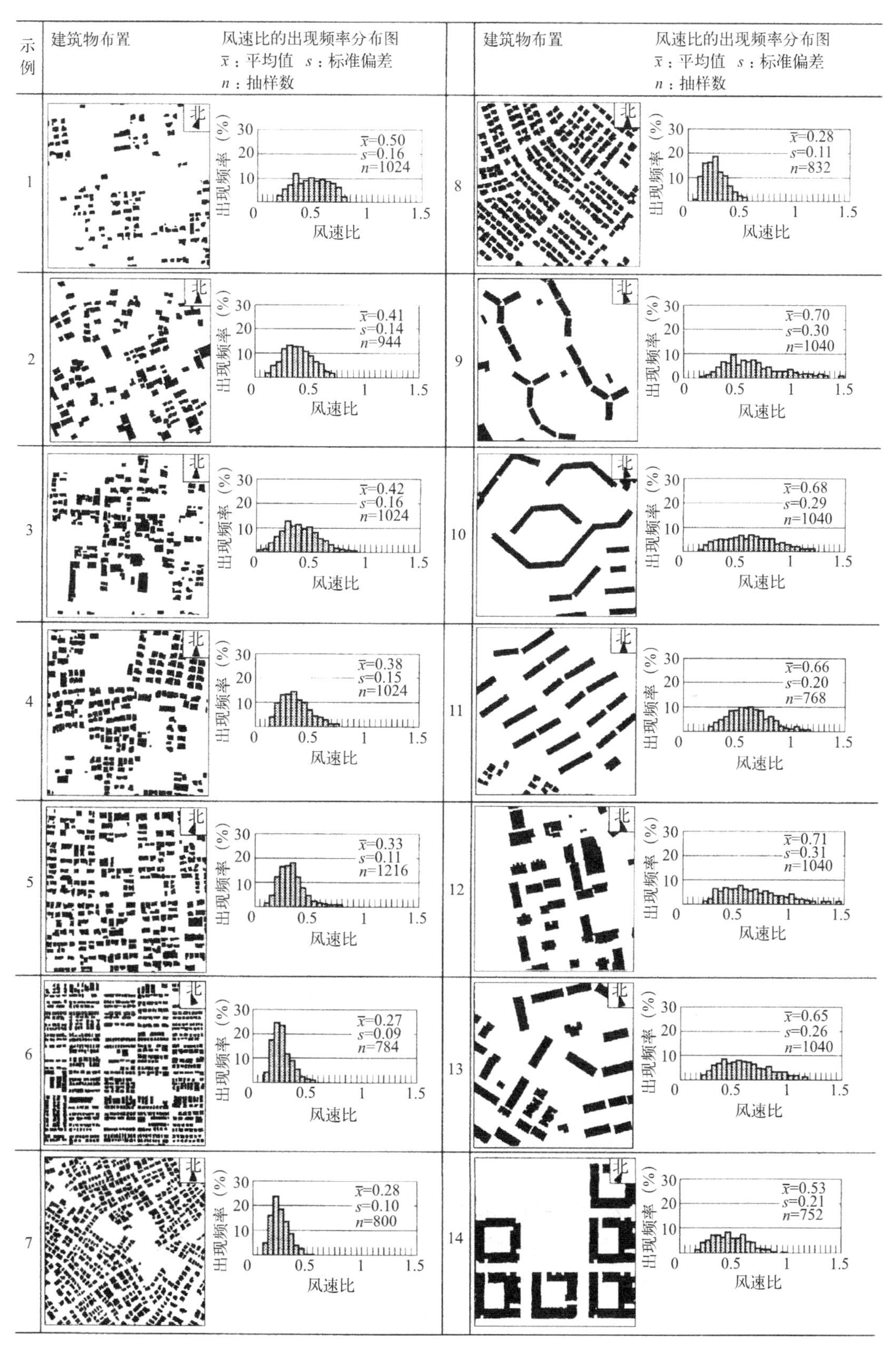

图5-50 各类住宅区的建筑物布置与风速比的出现频率分布图

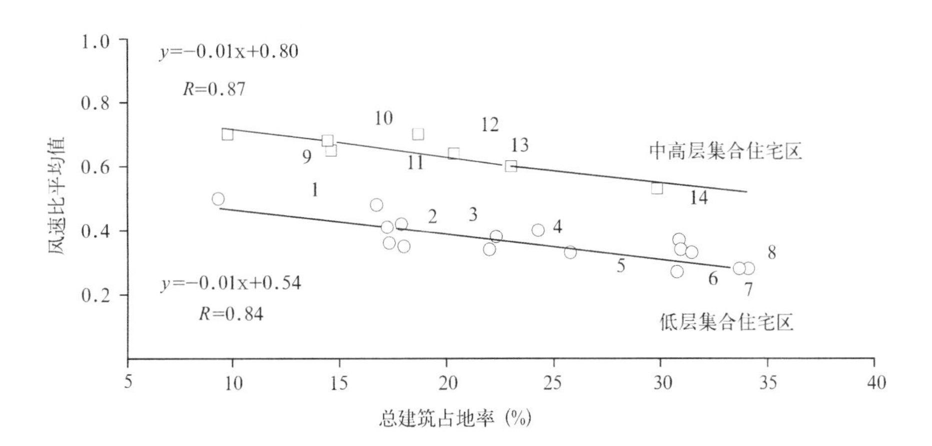

图 5-51　总建筑占地率与风速比平均值的关系

为了表示整个住宅区的建筑密度，住宅区面积为含公共用地的整个地区的土地面积，图中的编号表示图 5-50 中的实验示例的号码。由图可见，整个地区的总建筑占地率越大，则风速比平均值就越低。

如果将图 5-50 中的各示例分成中高层集合住宅区用地和低层住宅区用地来看的话，总体来说，高层集合住宅区用地的风速比平均值比低层住宅区用地要高。如图 5-51 所示，分别对中高层集合住宅区用地和低层住宅区用地的示例引回归直线，可以发现地区的总建筑占地率与风速比平均值有非常高的相关性。由于 2 条回归直线的倾斜度相等但截距不同，所以当地区的总建筑占地率相同时，通常中高层集合住宅区用地的风速比平均值比低层住宅区用地要略高 0.26 左右。

产生这种现象的原因是由于中高层集合住宅区用地是在整个地区内被统一规划的，因此容易形成一个集中而连续的开放空间，具备了风道的功能，带来整个地区的良好的通风环境。而在低层住宅区用地中，随着地基不断被细分化和窄小化，建筑物很容易密集在一起，造成总建筑占地率的增加，因此整个地区的通风环境就会变坏。

风力过弱夏季就感到闷热，相反风力过强则身体就感觉到不适或者感到有危险，因此重要的是要保证既不强也不弱的适度风速。我国各地区气候差异较大,风力强的地区和风力弱的地区都存在。即使在同一地区，夏季和冬季的风的强度也会有变化。在规划住宅区时，重要的是把夏季风力弱的地区的低层住宅区用地控制在较低的总建筑占地率上。中高层集合住宅区用地虽然对整个地区的通风有利，但对于冬季风力强的地区需要采取提高总建筑占地率或者防风对策等。

5.6.2　利用建筑物合理构造改善自然通风环境

在风小炎热的气候条件下，高低建筑错落布置，建筑小区内不均匀的气流分布形成的大风区可以改善户外热环境。此外，利用建筑布局形成良好的自然通风，增加室外环境的人体热舒适感的建筑形式还有庭院式建筑布局。

这种建筑物布置形式庭院中间没有屋顶。夏季风小炎热的气候下，风压很小，利用照射进庭院的太阳能形成烟囱效应，增加庭院和室内的空气流动。为了衡量庭院的自然通风能力，S·Sharple 和 R·Bensalem 针对图 5−52 所示的一系列的建筑物模型，在设定的边界条件下进行了模拟实验。利用无量纲通风量 CQ_t 比较了周围建筑情况不同时，庭院布置对自然通风平均效果的影响。

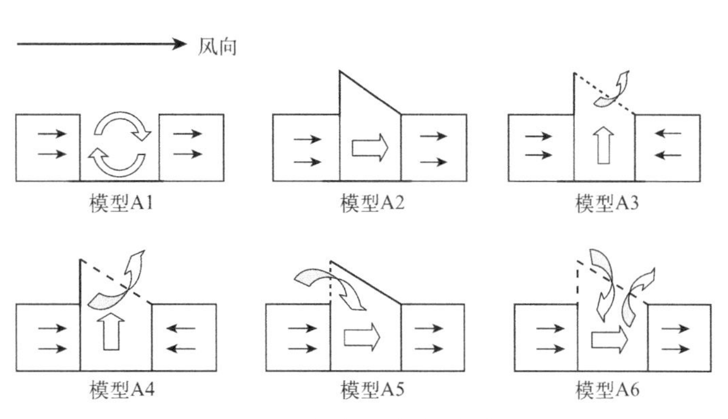

图 5−52　自然通风的建筑物模型

处于城市环境中的庭院模型周围的城市环境由围绕模型的矩形建筑构成，街区建筑与模型建筑具有相同尺寸，高度是庭院高的平均值，街区布置成行列或错列形式。街区内建筑布置成不同间距，以便使得小区内面积密度 D 为 0.28 和 0.4（U 行列式），0.38 和 0.5（S 错列式）。面积密度 D 为建筑物计划面积和建筑物设置面积的比值。表 5−8 列出了实验数据。处于乡村中的建筑可以视作周围无建筑物的独立建筑。

风向为 0° 和 45° 时无量纲通风量 CQ_t 与建筑布局和面积密度的关系　　**表 5−8**

模型编号	CQ_t 单体		CQ_t U, D=0.28		CQ_t U, D=0.40		CQ_t S, D=0.38		CQ_t S, D=0.50	
	0°	45°	0°	45°	0°	45°	0°	45°	0°	45°
A1	0.126	0.179	0.074	0.144	0.071	0.118	0.065	0.126	0.057	0.084
A2	0.147	0.188	0.093	0.153	0.086	0.124	0.080	0.119	0.062	0.091
A3	0.140	0.166	0.085	0.145	0.087	0.114	0.088	0.122	0.083	0.095
A4	0.135	0.159	0.134	0.137	0.0136	0.127	0.139	0.135	0.131	0.124
A5	0.179	0.189	0.108	0.159	0.119	0.127	0.086	0.117	0.098	0.094
A6	0.162	0.162	0.126	0.126	0.100	0.100	0.104	0.104	0.070	0.070

表 5−8 所示的风洞实验结果表明，当风向为 0° 时，所有布局中，庭院模型 A1 的通风效果最差。在大多数城市环境中 CQ_t 的值为 0.065~0.071，乡村中庭院式建筑通风效果略好，为 0.126。封闭式庭院布置 A2 相对于 A1 有一些改善，在有建筑物包围的城市环境中，CQ_t 的值为 0.062 ~ 0.093（独立时为 0.147），但是庭院中的气流分布很不均匀，最小的 CQ_t 为 0.04，庭院下风向通风效果很差，这就表明若想改善通风必须使气流通过屋顶进入庭院。

庭院布置 A3 和 A4 的屋顶都是吸入式系统，A3 的屋顶空隙率为 11.4%，A4 为 30.4%，这种屋顶结构可以克服建筑模型背风面产生的负压作用。A3 的 CQ_t 数值为 0.083 ~ 0.088，与模型 1 和 2 相比没有什么改进。

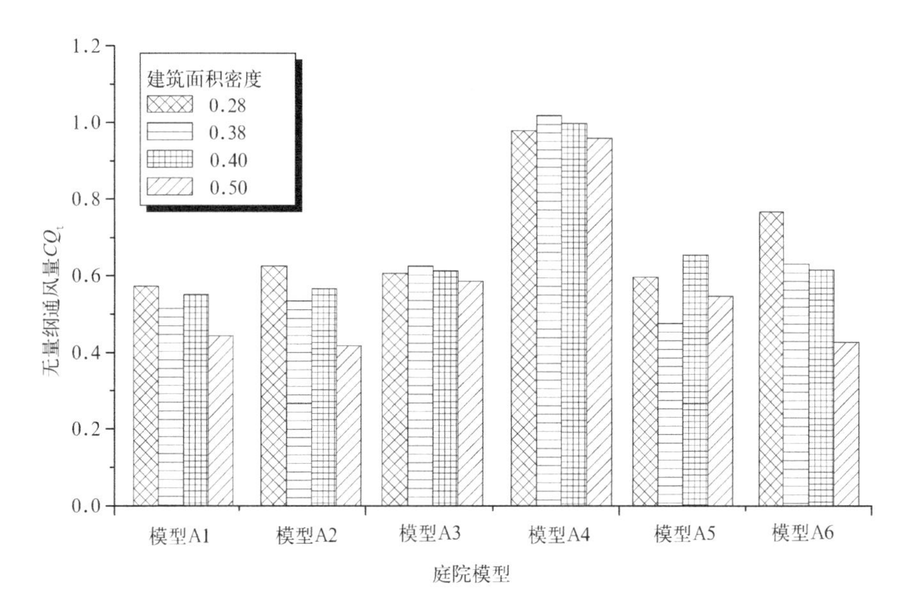

图 5–53 0° 风向时不同建筑物模型的无量纲通风量

A4 则由于吸入大量的气流，解决了下风向墙壁负压的问题。CQ_t 的数值为 0.131~0.139，最小的 CQ_t 也没有低于 0.10，甚至在某些布局的建筑群包围情况下建筑的 CQ_t 的数值略高于独立时的 CQ_t 值。

A5 的屋顶空隙率与 A3 相同，为 11.4%，屋顶迎风面压力大于大气压。模型 A6 屋顶空隙率为 30.4%，屋顶压力与大气压相等。A5 在城市环境中的 CQ_t 值为 0.086~0.119，独立庭院式建筑时为 0.179。A6 在城市环境中的 CQ_t 值为 0.07~0.126，建筑模型独立时为 0.162。

图 5–53 显示出 0° 风向时，每一个庭院布局建筑模型处于不同城市建筑密度下的 CQ_t 值与独立存在时的 CQ_t 值的比值。与独立庭院布局的建筑模型相比，城市建筑群对来流的阻碍作用大约减少了庭院总风量的 40% 到 60%，但模型 A4（较大空隙率和吸入风设计）是一个例外，较大空隙率和强有力的吸入效果可以抵消周围建筑物的影响。

当风向为 45° 时，庭院布局形式的建筑通风量有两个较大的变化。首先，多数建筑模型的 CQ_t 值增加，通风性能改善。其次，不同庭院的 CQ_t 值差异减小，波动范围为 ±10%。CQ_t 平均值为 0.15（面积密度 D 为 0.28）、0.12（D=0.4、0.38）、0.09（D=0.5）。A4 的高空隙率屋顶的通风效果仍然比其他设置要好些，但是只有在城市建筑密度较高地区才会有明显优势。

图 5–54 表示 45° 风向时，每一个庭院布局建筑模型处于不同城市建筑密度下的 CQ_t 值与独立存在时的 CQ_t 值的比值。城市建筑群对来流的阻碍作用对庭院通风量的减弱作用没有 0° 风向时大。

显然在城市中，为增大庭院的自然通风效果，屋顶需要较高的空隙率以减小正压，另外可利用吸入式屋顶使建筑物下风向的负压与屋顶负压相互抵消，最终利用屋顶边缘的文丘里效应或者旋涡的能量来增加通风量。

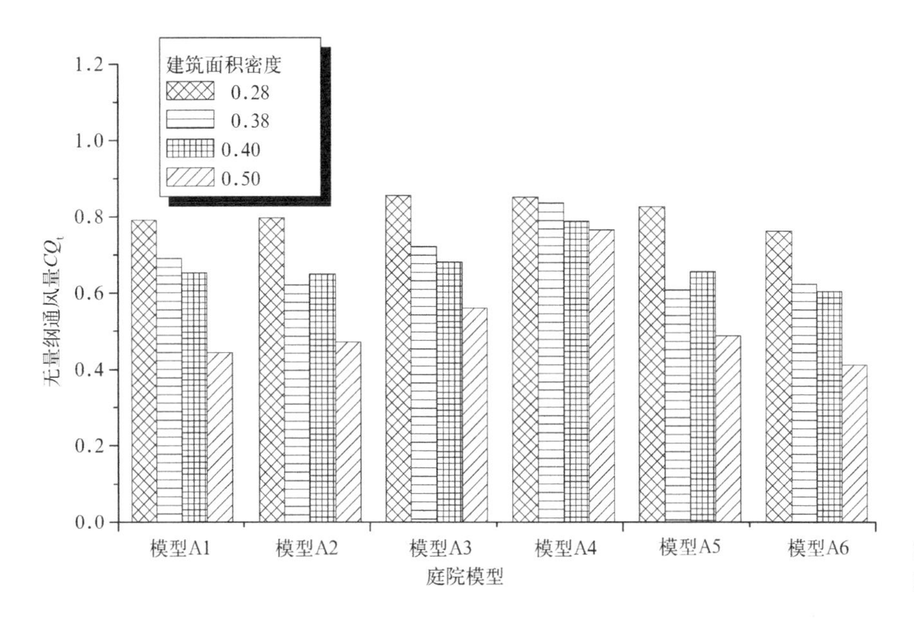

图 5–54　45°风向时不同建筑物模型的无量纲通风量

5.7　城市热环境特征对气流的影响

建筑物周围气流的分布受到热力因素和动力作用两个方面的制约。当建筑物周围静风或极小的盛行风速时，因不同方位受热不均而形成的单纯热力环流就对建筑物周围气流分布起主要作用。图 5–55 是街道（包括庭院）和建筑物周围这类典型的空气环流。以东西向街道为例，白天屋顶受热最强。热空气从屋顶上升，与屋顶同一高度街道上空的空气遂流向屋顶以补充其位置，街道上空又被下沉的气流所代替。这样在屋顶上空就形成一个小规模的空气环流。在街道上从背阴的一面到向阳的一面也产生环流，向阳的一面空气上升，背阴的一面空气下沉，其间有水平的气流来贯通。高层空气环流只是以支流形式，从上面给以补偿。

夜间屋顶急剧变冷，冷空气从屋顶降至街道，排挤地面上的热空气，使之上升，这样又形成与白天不同的街道空气环流。在宽广的庭院中亦会产生与上述类似的现象。

5.7.1　温度分布对街道气流的影响

街道在白天受到太阳辐射的作用，地面温度会显著高于空气温度；

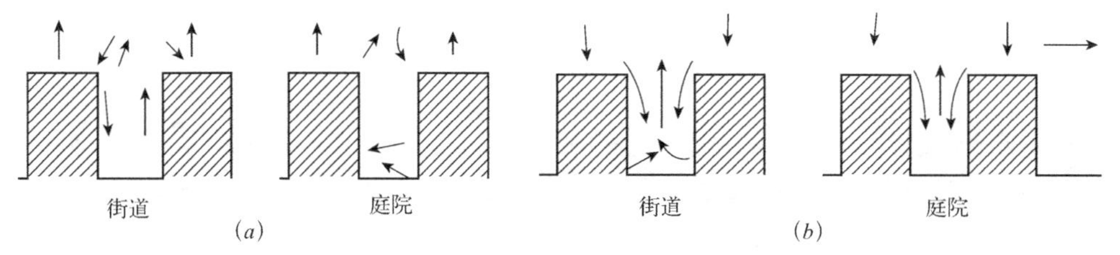

图 5–55　城市东西向街道的典型空气环流图

(*a*) 白天；(*b*) 夜间

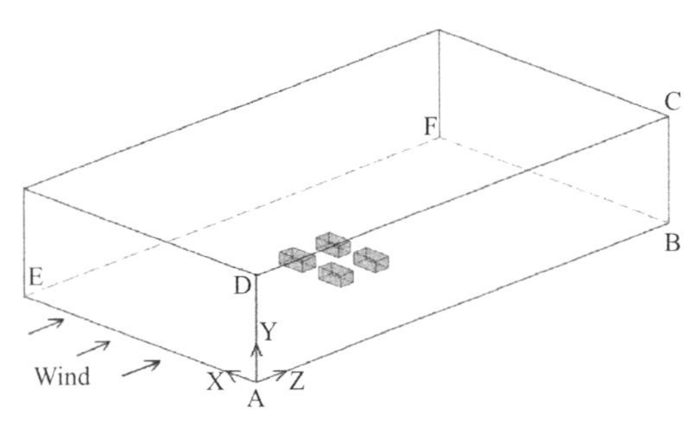

图 5–56　地面热力条件对气流影响作用的建筑模型

夜间通过长波辐射与冷天空进行热交换，地面散热迅速，在凌晨时地面温度会明显低于气温。当背景风速很低时，上述这些热力条件都会影响到街道或住区内部的气流分布。寇力、钟珂等人针对如图 5–56 所示的建筑模型，当背景风速为 0.5m/s 时，分别针对地面与空气的温差为 -20℃、0℃和 20℃三种情况流场进行了数值计算。

不同热力条件情况下，各街谷内部流场分布情况如图 5–57 所示。以下分别对各热力条件下街谷内部流场进行对比。等温条件时，街谷内部由于没有温差存在，街谷内部气流主要受到上方主流的卷吸作用，街谷内部形成了一个顺时针涡流，街谷底面风速相对比较大；冷地面时，对比（*a*）、（*b*）可见，街谷内部由于压力差形成一个顺时针涡流，此时由于地面温度低使得街谷内部气流下沉，上方的主流几乎是平行流过，这主要也是由于街谷内部气流下沉后速度相对主流要小得多，使得主流经过街谷上方时几乎没有卷走内部气流，因此我们看到图（*a*）所示的冷地面情况中形成的涡流完全居于街谷内部，与外界气流没有接触交换，处于封闭状态；当热地面时，从图（*c*）可以看出，街谷内部大部分气流在主流带动以及热地面浮力加强作用下与主流混合，街谷内外部气流交换量较大。

图 5–58 给出了街谷内部三种热力条件在 0.5m/s 风速下街谷内部中心纵剖面上的二次流的流场分布。可以看到，地面温度对二次流的形态和速度大小都有显著影响。这是由于背景风速较小时，热浮力对气流的影响作用增大。等温条件时，由于卷吸作用气流从左边边缘街道卷进来

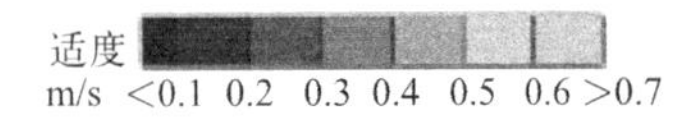

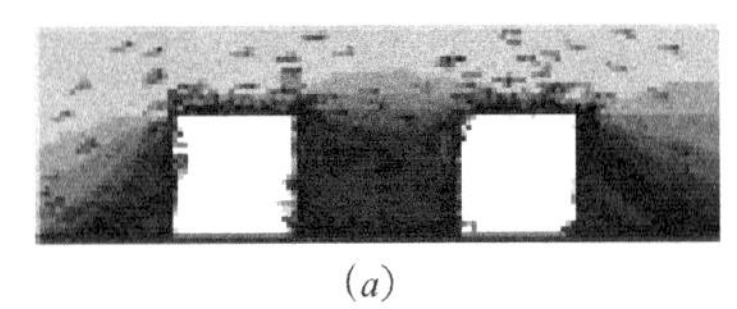
(*a*)

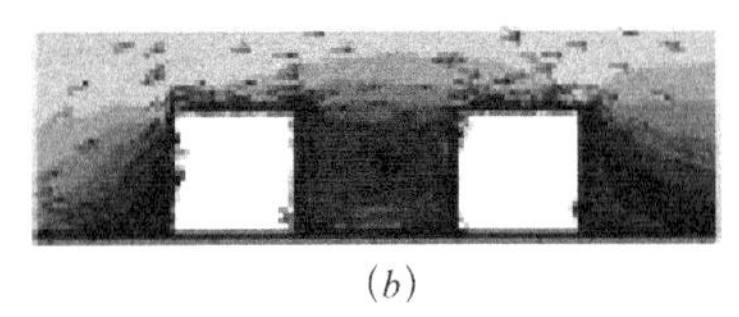
(*b*)

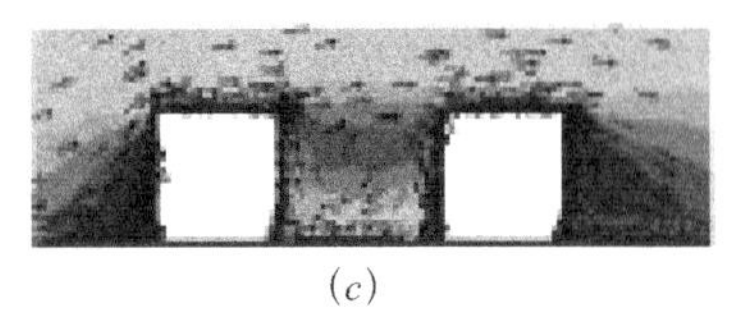
(*c*)

图 5–57　不同热力条件下街道横截面流场分布图

（*a*）冷地面情况；（*b*）等温情况；（*c*）热地面情况

速度
m/s <0.1 0.2 0.3 0.4 0.5 0.6 >0.7

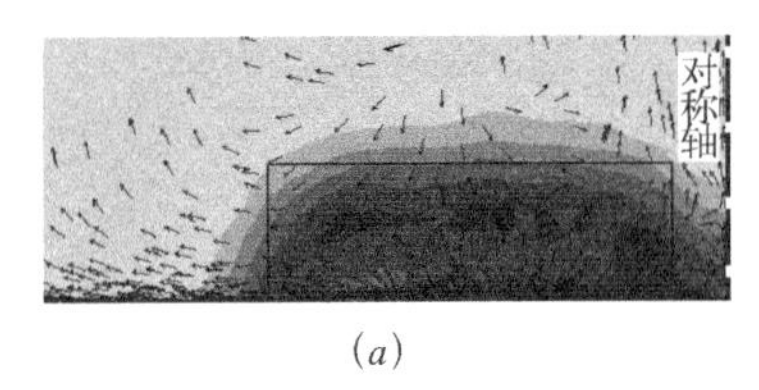

(*a*)

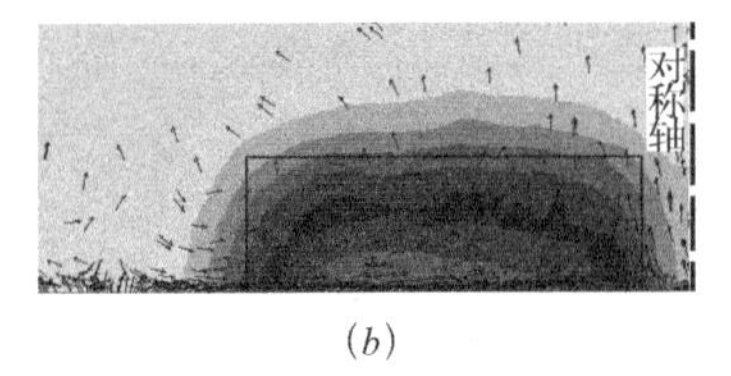

(*b*)

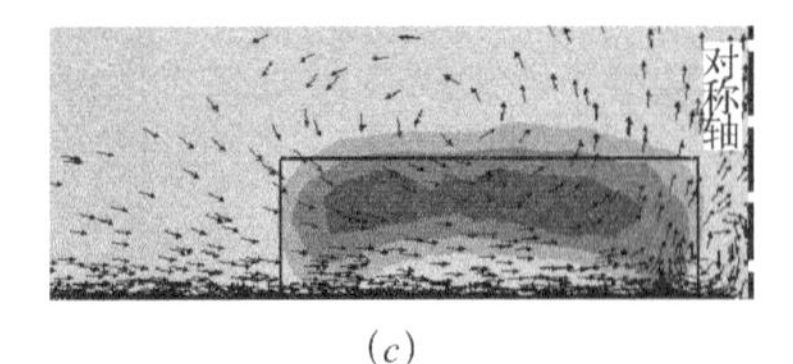

(*c*)

图 5–58　不同热力条件下街道纵剖面流场分布图

（*a*）冷地面情况；（*b*）等温情况；（*c*）热地面情况

后从右边街道中心流出；冷地面时，街谷内部的空气受到地面冷却作用，冷空气下沉，与从建筑两侧卷吸进入街道的气流运动方向相反，使街道内气流速度小于等温地面的情况，处于稳定状态；热地面时，空气受热上升，热压对气流的作用方向与街道二次流的方向一致，对二次流起到强化作用，沿着左侧面街道边缘卷吸进入街谷的气流明显增多，速度变大，气流在受到热地面浮力作用的加强后从街道中心上升，流出街谷上方，改善了街道内部的通风换气效果。

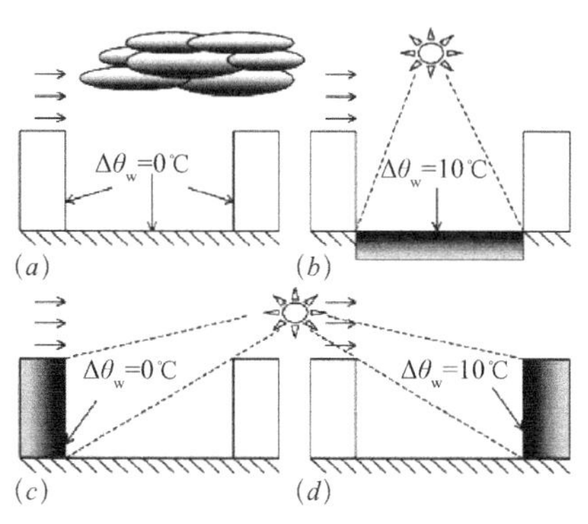

图 5–59　街道受太阳辐射的四种情况

太阳照射街道内不同表面时，由于热表面位置不同，对气流的影响效果也不同。Xiaomin Xie 等人对图 5–59 所示的四种热力情况下街道内的气流分布进行了模拟计算。

图 5–60 为街道横截面的气流流线的模拟结果。当街道峡谷里没有阳光照射到固体表面，墙壁和空气之间没有温差，街道峡谷内会形成顺时针涡流，如图 5–60*a* 所示。当太阳照射到建筑物背风面，街道峡谷内流场状态与没有太阳照射时的情况相似。与没有温差的情况相比，当接近建筑物背风面的空气被太阳直接加热，浮升的空气运动方向与沿背风面上升的气流方向一致，加速了空气垂直上升，而不改变气流形态。

与上面两种情况不同是，当太阳照射到地面，浮力增强了涡流运动，涡流强度增加。向上的浮升气流影响主气流，分气流为两个逆向旋转的涡。当太阳照射照射建筑物的迎风面，会有很大的温度差。当迎风墙面的温度高于空气温度，沿着墙面向上的浮升气流遇到向下的水平流，把气流分成两个逆向旋转的涡：顺时针的涡在上部，逆时针的涡在底部。

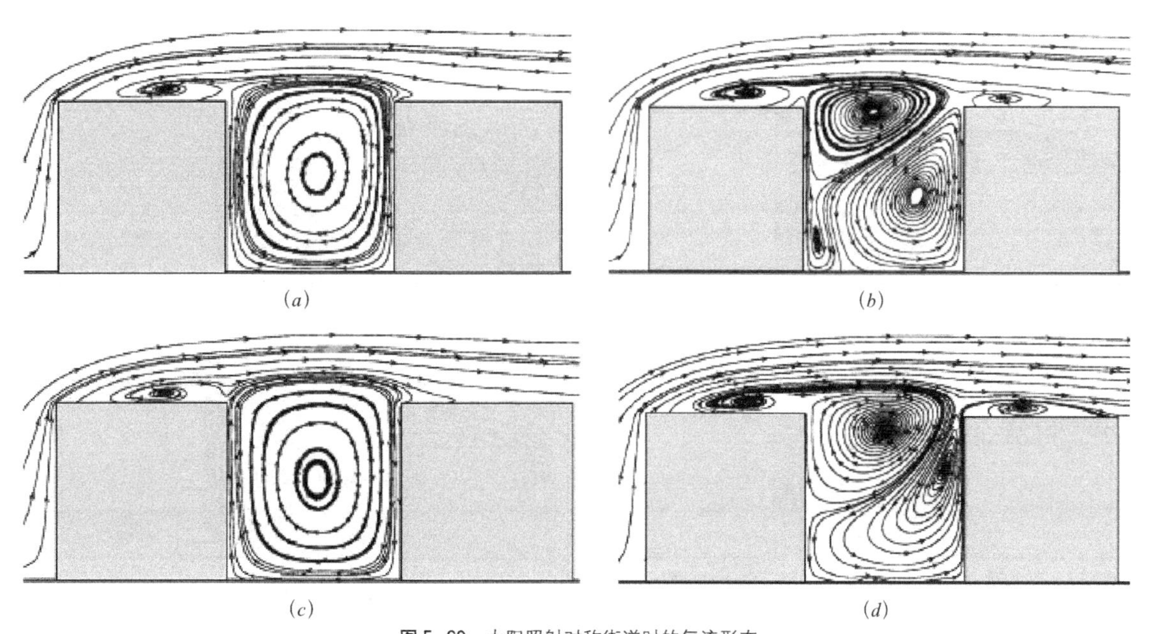

图 5–60　太阳照射对称街道时的气流形态

(*a*) 等温情况下的流线；(*b*) 地面较热时的流线；(*c*) 背风面较热时的流线；(*d*) 迎风面较热时的流线

可看出，太阳照射对称街区的地面或者是迎风面墙时，它的作用对流态影响很大。

5.7.2 不对称街道中温度分布与流场的关系

上阶梯式街区是顶风建筑物比顺风建筑物矮。太阳照射到街道不同位置时，街区内的气流流线见图 5–61。由图可以看到在上阶梯式街区中，主涡流被扭曲，将涡流由街道中心位置转移到顺风建筑物对角线上。在上阶梯式街道峡谷中，当太阳照射到建筑物背风面和地面（例如在中午），流场状态和污染物浓度分布与没有太阳辐射的时候状况相同。背风面的空气被加热，沿着墙壁浮升气流联合上部水平气流。结果是初始的涡流和污染物输送增强。当太阳照射到地面，涡流强度同样增强。

当太阳照射到迎风面，浮升气流与下降的水平气流相冲突。主涡流向上移位，处于迎风面建筑物峡谷低处的角落里的反向的小涡流增大。

下阶梯式街区如图 5–62 所示。可以看出，两个涡流方向与先前的不同，例如主涡流移动到迎风面建筑物的屋顶处。较弱的涡流从峡谷地面伸展到迎风面的建筑物的屋顶处。因为下部的涡流是逆时针转动，上部的涡流是顺时针，所以水平来流沿着上风面上部流过。当太阳照射建筑物迎风面，向上的浮升气流联合上部的水平来流，下部逆时针涡流强度增加。当太阳照射地面，下部涡流强度增加。这样使得街道峡谷污染物浓度减少，与照射迎风面的效果相当。

当太阳直接照射建筑物背风面，沿着背风墙面的浮升气流与上部涡流方向相同，与下部涡流方向相反。上部涡流被向下拉长拉大，下部涡流变小。

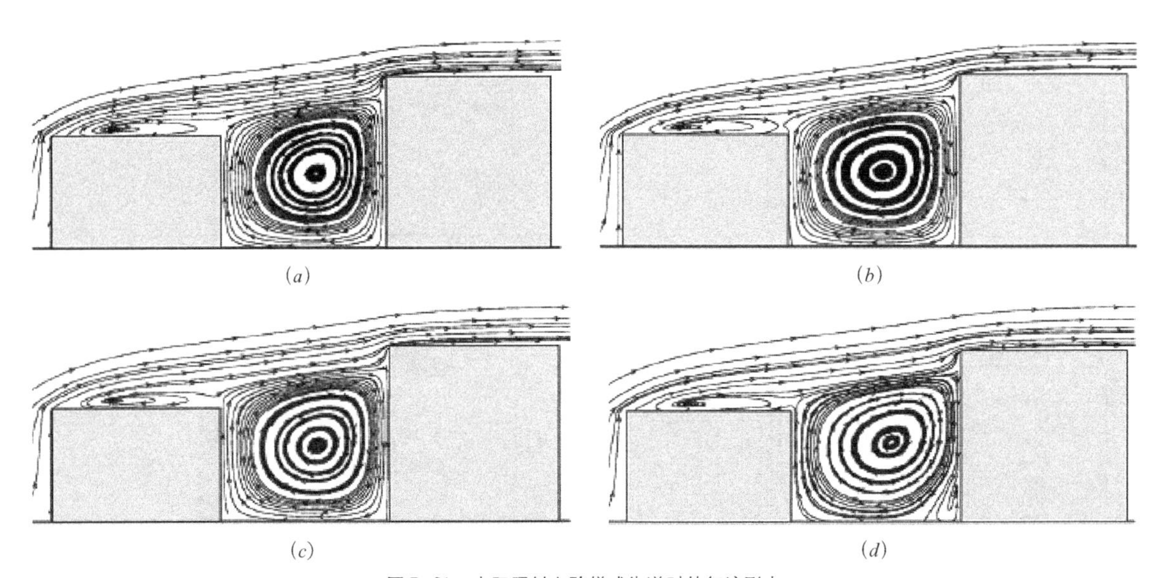

图 5–61 太阳照射上阶梯式街道时的气流形态

(a) 等温情况下的流线；(b) 地面较热时的流线；(c) 背风面较热时的流线；(d) 迎风面较热时的流线

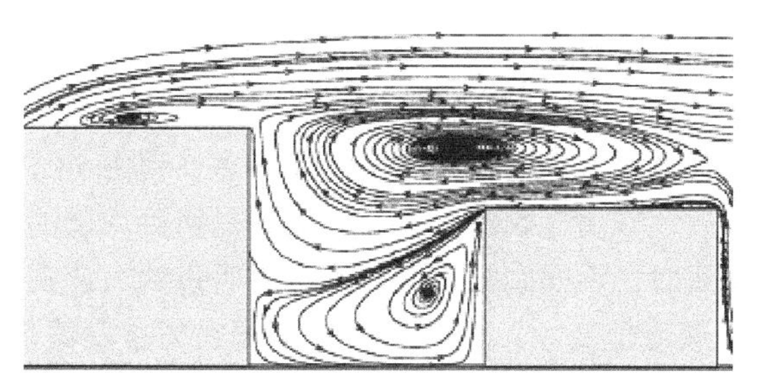

（*a*）等温情况下的流线

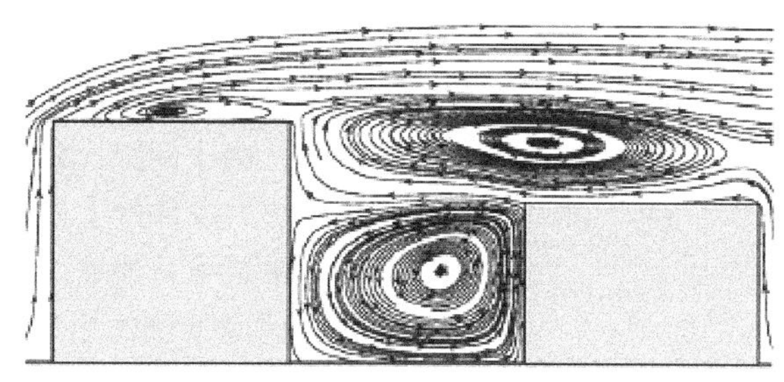

（*b*）地面较热时的流线

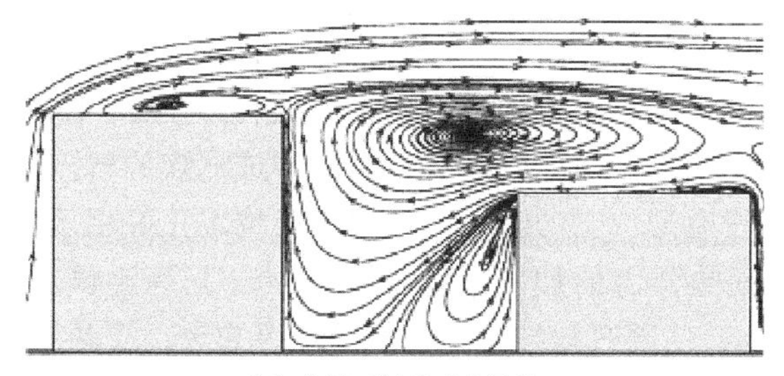

（*c*）背风面较热时的流线

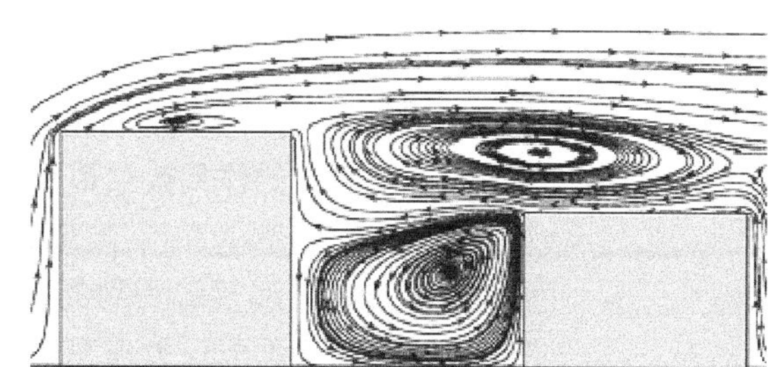

（*d*）迎风面较热时的流线

图 5–62　太阳照射下阶梯式街道时的气流形态

5.7.3　不同建筑间距时温度分布与流场的关系

对热力条件在街谷内部的作用效果，除了气象条件之外，建筑小区的布局也会是一个重要影响因素，钟珂等人对 10、20、40m 间距下的建筑小区在不同热力条件下产生的影响模拟结果进些研究分析。

图 5–63 表示了不同热力条件下，在建筑间距分别为 10m、20m、40m 时建筑小区中轴面上的流场分布图。等温条件时，对比图（*d*）~（*f*），不同间距下街谷内部都形成了一个顺时针涡流，间距越小街谷内部靠主流卷吸进的气流越少，大部分气流在街谷内部循环，外部主流基本是平

（*a*）10m 间距冷地面情况

（*b*）20m 间距冷地面情况

（*c*）40m 间距冷地面情况

（*d*）10m 间距等温情况

（*e*）20m 间距等温情况

（*f*）40m 间距等温情况

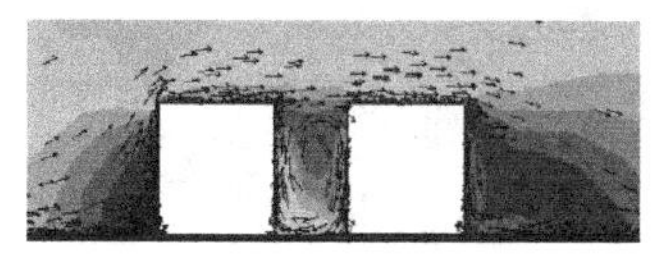

（*g*）10m 间距热地面情况

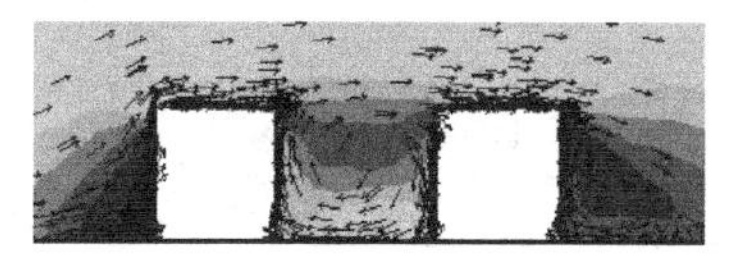

（*h*）20m 间距热地面情况

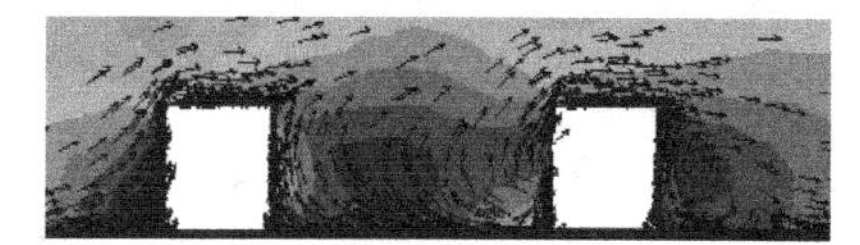

（*i*）40m 间距热地面情况

图 5–63　不同间距下建筑小区中轴面上流场分布

行越过街谷上方；间距 20m 时街谷内部涡流变大，街谷内部部分气流在受外界主流的卷吸作用后沿涡流方向跑出街谷随主流前进；当间距增大到 40m，由于间距比较大，上方主流卷进街谷内部气流增多，但由于气流不受热力条件的上升或者下沉作用，因此我们看到尤其是街谷底部的气流几乎是平行流动。冷地面时，不同间距下街谷内部卷吸进的气流在受到冷地面下沉作用后气流速度值变小，大部分气流滞留在街谷底面，10m 间距时，主流只影响到街谷上部部分气流的流动分布，街谷内部气流都下沉在内部做循环流动，与外界气流基本没有接触；20m 间距相比等温条件时气流分布没有发生多大改变，街谷内部形成顺时针涡流，在冷地面作用下，涡流中心位置有所下降，内外界气流分界较明显；40m 间距下的作用效果最大，间距的变大，弱化了街谷内部形成涡流的气流，速度值变小，街谷内部涡流没有形成。在热地面，与冷地面情况正好相反，街谷内部气流受到的是底面热浮力的加强作用，间距 10m 与等温情况相比内部气流分布变化较小，主要在与街谷内部气流速度变大，受热浮力上升使得形成涡流的中心转移向上；20m 间距亦是如此，街谷内部气流速度相比等温条件下增大，尤其是街谷底面，涡流中大部分气流沿顺时针方向旋出街谷汇入主流之中，与外界流通情况比较好；间距增大到 40m，与等温情况相比变化最大，我们可以看到，此时街谷内部也没有形成涡流，在热浮力的强化作用下，速度值变化很大，气流几乎是垂直从街谷底面流出。因此，不同建筑间距下，在热力条件一定时，40m 间距不论是对于冷地面还是热地面的作用效果都是最大的。

图 5–64 给出了不同建筑间距下建筑小区横剖面上的流场分布情况。分析图（*d*）~（*f*），等温条件时，街谷内部由于底面气压低，从街谷左

（*a*）10m 间距冷地面情况

（*b*）20m 间距冷地面情况

（*c*）40m 间距冷地面情况

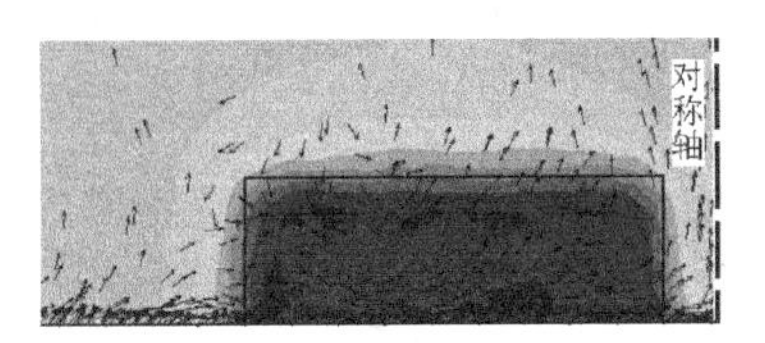

（*d*）10m 间距等温情况

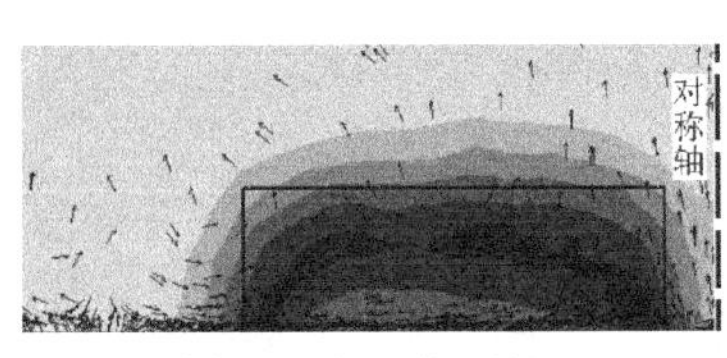

（*e*）20m 间距等温情况

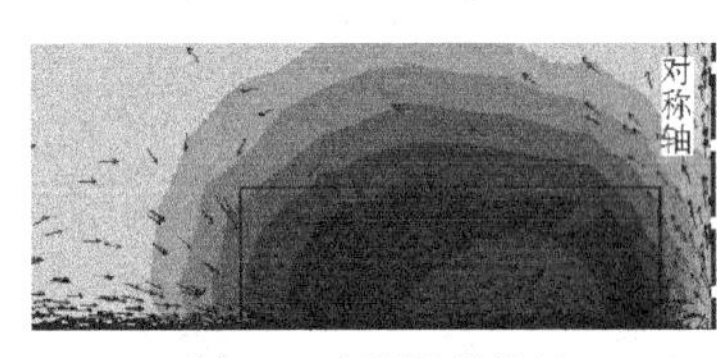

（*f*）40m 间距等温情况

（*g*）10m 间距热地面情况

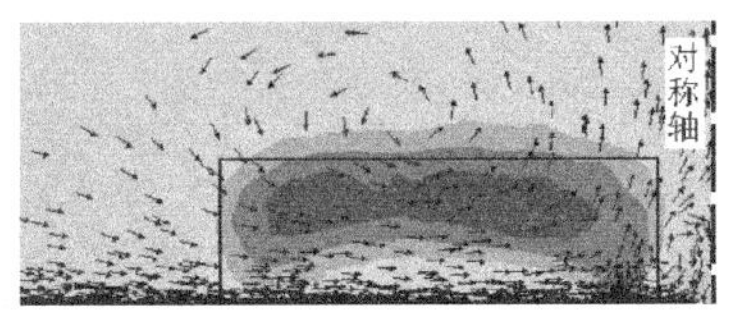

（*h*）20m 间距热地面情况

（*i*）40m 间距热地面情况

图 5–64　不同间距下建筑小区横剖面 Z = 180m 上流场分布

侧卷吸进来部分气流，随着建筑间距的增大，从左侧卷吸进的气流越来越多，10m 间距时街谷内部气流基本与外界没有接触，此剖面上的气流占了绝大多数；间距增大到 20m，我们可以看到图（*e*）所示，左侧下方明显有气流卷吸进街谷内部，并从街谷右侧流出；40m 最大间距时，左下侧的进入街谷内部的卷吸气流最多，但此时街谷中央主流开始增多。冷地面时，对比三种间距可见，不同间距下街谷内部气流受到冷地面下沉作用后，在街谷底面滞留的比较多，卷吸作用与下沉作用方向正好相反互为抵消，气流的分布形态差异不是很大；而热地面，三种间距下街谷内部气流在卷吸与浮升力两种叠加力的作用下上升明显，其中 10m、20m 间距的气流分布比较相似，底部气流速度较大，气流从左侧卷吸进入街谷内部，沿顺时针方向从街谷右上方出去；而间距增大到 40m 时，卷吸作用加强，街谷两侧均有气流被卷进街谷中，且气流在受到热浮力上升加强作用后，上升力度明显比之前的同温差情况要大的多。由此可见，在建筑间距不同时，40m 间距对热地面时的作用效果最大，街谷内部气流分布发生比较大的改变。

5.8　市区风环境

从城市整体而言，其平均风速比同高度的开旷郊区为小，但在城市覆盖层内部风的局地性差异很大。主要表现在有些地方风速变得很大，而另有些地方的风速变得很小甚至为零。造成风速差异的主要原因有二：一方面是由于街道的走向、宽度、两侧建筑物的高度、形式和朝向不同，各地所获得的太阳辐射能就有明显的差异。这种局地差异，在盛行风微弱或无风时导致局地热力学环流，使城市内部产生不同的风向风速。另一方面是由于盛行风吹过城市中鳞次栉比、参差不齐的建筑物时，因阻碍效应产生不同的升降气流、涡动和绕流等，使风的局地变化更为复杂。这些方面的观测实例甚多。但深入分析并找出规律，特别是对城市整体则非常困难。鉴于城市风环境的复杂性和本课程的性质，下面仅从工程规划设计的角度讨论市区风环境的几个基本特征。

5.8.1　平均风速小于郊区，风向不规则

城市区域平均风速要小于开旷的郊区，这是下垫面的粗糙度不同所决定的。盛行风在穿过市区时，由于地面摩擦力较郊区大，空气动能损失比郊区多，在大部分区域的风速要小于盛行风速。国外有人曾对城市区域内部的风速进行过观测，发现如果以街道中心的风速算作 100% 的话，那么在迎风面的人行道风速为 90%，背风面的人行道风速只有 45%。人行道旁如果种植行道树，树叶茂盛时风速将再减低 20%~30%；在公园的浓荫中，风速更会削弱 50% 上下。此外，不仅街道的走向而且其横断面对附近地区的通风状况起着很大的作用。在街道干线上绿化过多的地段，

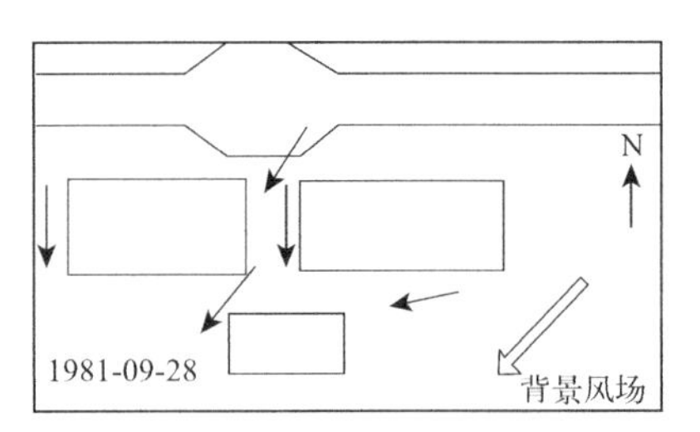

图 5-65　华东师范大学电化楼周围风向分布

尤其在中心区部分，风速降低效应很显著。在参考点的风速为 1.0~1.5m/s 时，这些地段的风速不超过 0.5m/s。也就是说，风速降低一半以上。在参考点的风速为 3~4 m/s 时，街道的风速随着横断面部位的不同，将降低 15%~55%。

城市区域内部风向变化是极不规则的。总的说来，盛行风进入市区后，风向与街道是基本平行，在建筑物周围是绕流。

张超等人 1981 年 9 月 28 日在华东师范大学电化楼进行过风向风速的观测。这一天盛行风向是东北—东北东风，由于建筑物的阻碍作用和建筑物间的道路的宽窄和走向不同，使风向、风速发生明显的地区性差异，如图 5-65 所示。在科学会堂的南面出现东风，在电化楼的西侧和电化楼的东侧与科学会堂之间的狭窄走道上，都出现与建筑物平行的北风，风速的局地差异也很大。

此外，在市区街道上还会由于热力作用而产生微小的环流。但这种纯粹的热力环流只有在盛行风速极小或静风时才表现出来。所以，城市中的盛行风、热岛环流、街道微小环流及交通工具产生的湍流使得在小风速下市区的风向分布不规则。

5.8.2　形成狭管效应和风影区

狭管效应是流体力学中的物理概念。由伯努利定律，平行流动的流体在运动过程中，其能量是守恒的。如果使流体的出口面积小于进口面积，则出口处的流动速度要大于进口处的流速，如图 5-66 所示。风影是从光学中光影类比移植过来的物理概念，他是指风场中由于遮挡作用而形成局部无风区域（或风速变小），该区域称为风影区。

城市中的建筑物形式多样，位置排列随机，无规则。如果在上风方向有几排较低矮的、形式相似的建筑物，而在下风方向又有一高耸的建筑物矗立其后，在盛行风向和街道走向垂直的情况下，两排房屋之间的街道上会出现涡旋和升降气流。街道上的风速受建筑物的阻碍会减小，成为“风影区”，但湍流却较开旷地区加强。若盛行风向与街道走向一致，则会形成狭管效应，街道上风速会远比开旷农村为强。若盛行风向与街道两旁建筑物成一定交角，则气流呈螺旋形涡动，有一定水平分量沿着街道运行。

各种类型的建筑物对风速的影响亦各不相同，观测证明：在平行于盛行风的行列式建筑区内，由于狭管效应，其风速与没有建筑的地区相比，增加了 15%~30%（观测时的风速为 8~12 m/s）；在周边式建筑区内，风速则减少 40%~60%。在面积为 15m × 25m 的天井庭院（三层高的房屋）内，在风速不大（5m/s 以内）的情况下，通

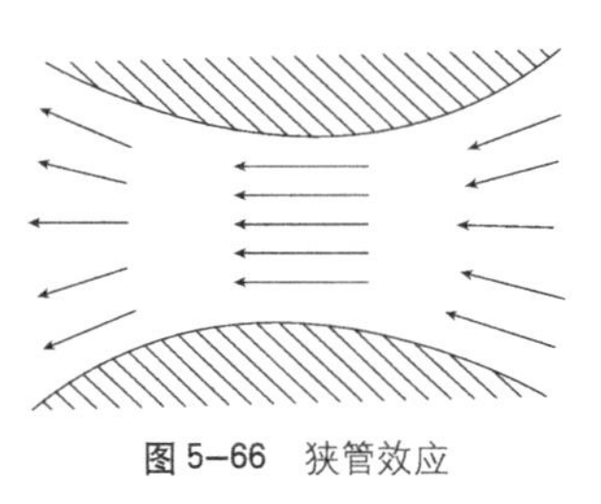
图 5-66　狭管效应

风条件就不好；在风速为 8~10m/s 或更大时，庭院内的风速大约是 2~3m/s。

张超等人为了研究上海城市覆盖层对风的影响，选择了能够代表上海不同下垫面电化楼和国际饭店不同高度、不同部位以及不同走向的街道和苏州河段进行了风速风向观测。观测证明上海城市覆盖层内有明显的“狭管效应”和“风影效应”。

5.8.3　强风的危害和防止措施

所谓强风的危害是指发生在高大建筑周围的强风造成对环境的危害，是伴随着城市中高层乃至超高建筑出现的同时而明显化了的社会问题。世界上许多国家都在认真研究这一问题。从城市环境的角度来看，所谓强风、弱风不仅指风速的大小，还包括其作用的概率统计方面的意义，即频数大小，因为强风也不会是一刻不停地吹。

强风的危害是多方面的。首先是给人的许多活动造成不便，如行走困难，呼吸困难，更有甚者吹倒行人等等。其次是造成房屋及各种设施的破坏，如玻璃破损，室外展品被吹跑等。最后是恶化环境，如冬季使人感到更冷，烟囱倒烟，排风口（外墙上的）、排风帽（屋顶上的）失去作用，扬起大量灰尘等等。

为了防止上述风害，在充分考虑采光、眺望、美观不受妨碍，也不致引起其他性质的环境恶化之前提下，结合经济性和方便性等条件，可采取如下措施：

（1）使高大建筑的小表面朝向盛行风向，或频数虽不够盛行风向，但风速很大的风向，以减弱风的影响。图 5–67 表示风向不同时，同一建筑物产生的强风区（阴影部分）有很大差别。当然，这里只考虑了高大建筑可能造成的强风害，如果该大楼需要自然通风，那么就得全面衡量得失关系，最后确定建筑朝向。

图中曲线包围的面积，表示高楼造成的强风区，这里所谓风，是指风速增大 10% 以上的区域。图中数字是右侧三块强风区面积比，显然，当小立面为迎风面时，造成的强风影响最小。

（2）建筑物之间的相互位置要合适。例如两栋之间的距离不宜太窄，因为越窄则风速越大。

（3）改变平面形状，例如切除尖角变为多角形，就能减弱风速。

（4）设防风围墙（墙、栅栏）可有效地防止并减弱风害。防风网能使部分风通过，是较好的措施。

根据村上周三等的实验，围墙的遮挡率在 60% 则可使风速下降 80%，且其影响范围广，是防风效果最好的。如遮挡率下降到 25%，则几乎失去防风的作用。

除此以外，围墙的高度、长度及与风所成的角度等，也都对其防风效果有一定影响。

（5）种植树木于高层建筑周围，将和前述围墙一样，起到减弱

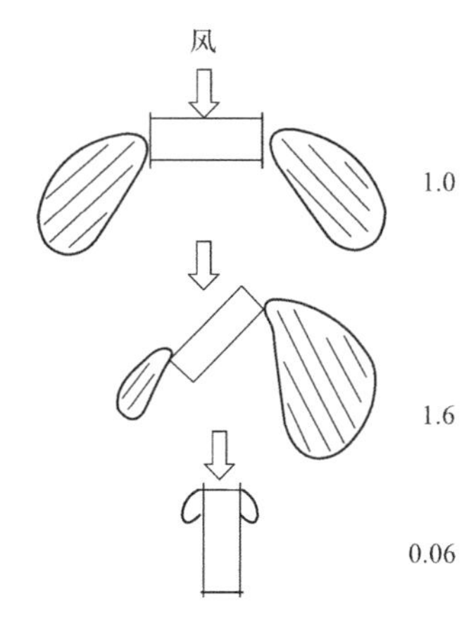

图 5–67　风向不同时的强风区变化

强风区的作用。

（6）在高楼的底部周围设低层部分，这种低层部分可以将来自高层的强风挡住，使之不会下流到街面或院内地面上去（见图 5–68*a*）。

（7）在近地面的下层处设置挑棚等，使来自上边的强风不致吹着街上的行人（见图 5–68*b*）。

（8）设联拱廊，如图 5–69 所示。在两个建筑物之间架设联拱廊之后，下面就受到了保护了。当然，这种联拱廊还有防雨、遮阳等功能。

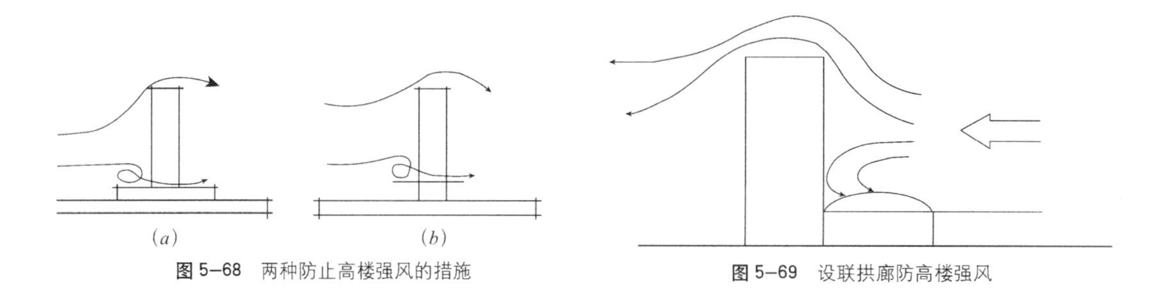

图 5–68 两种防止高楼强风的措施

图 5–69 设联拱廊防高楼强风

第6章 城市大气环境

随着近代工业的发展，人类社会经济活动对人类生存环境的破坏首先表现在向大气中排入大量的污染物。洁净的大气是人类生存最基本的条件之一，对于建筑过程领域的规划设计人员，应该了解大气的基本知识，掌握防止大气污染的规划设计方法。

6.1 城市大气污染

6.1.1 大气的组成

整个气层主要由多种气体混合而成，其中还有水滴、冰晶和尘埃、花粉、孢子等。大气中除去水汽和杂质外，整个混合气体称为“干洁空气”。它的主要成分为氮、氧和氩（见表6–1），三者合计约占空气总重量的99.9%。近地面大气层干空气的密度，在标准状况下为 $1.293\times10^{-3}g/cm^3$。水蒸气密度比干空气密度小，二者之比为0.662。因此空气中含水汽愈多，则密度愈小。空气中水汽的含量在0%~4%之间变化。其他气体含量很少。

干洁空气中的各种气体的临界温度是很低的，例如氮为-147.2℃，氧为-118.9℃，氩为-122.0℃。在自然界的条件下，不能达到这样低的温度，因此，这些气体在大气圈中永远不会液化。所以空气的主要组成成分总是保持为气体状态。

此外，大气中含有痕量的其他气体，如CO，NH_3，SO_2，H_2S，Cl_2，NO_2，O_3和甲醛等，均在百万分之一以下（见表6–2）。其中O_3起源于高空大气层（臭氧层），CO，NH_3，H_2S，H_2，CH_4和甲醛等等是地面有机物分解和腐解的产物，NO_2是雷雨产生的，SO_2主要是火山和温泉的排出物，在森林地区，空气中含有森林排出的挥发性物质，为多环芳香类化合物。

大气的组成 表6–1

气体	容积（%）	分子量
氮（N_2）	78.09	28.016
氧（O_2）	20.95	32.000
氩（Ar）	0.93	39.944
二氧化碳（CO_2）	0.03	44.010
臭氧（O_3）	1×10^{-6}	48.000
氖（Ne）	1.8×10^{-6}	20.183
氦（He）	5.0×10^{-6}	4.003
氪（Kr）	1×10^{-6}	83.700
氢（H_2）	5×10^{-6}	2.016
氙（Xe）	8×10^{-6}	131.300

近地面大气层痕量气体的含量　　表 6–2

气体	含量		残留时间
	$\times10^{-6}$	μg/m³（标准状态下）	
二氧化碳（CO_2）	（2~4）$\times10^{2}$	（4~8）$\times10^{5}$	4a
一氧化碳（CO）	（1~20）$\times10^{-2}$	（1~20）$\times10$	~0.3a
氧化氮（N_2O）	（2.5~6.0）$\times10^{-2}$	（5~12）$\times10^{2}$	~4a
二氧化氮（NO_2）	（0~3）$\times10^{-3}$	0~6	—
氨（NH_3）	（0~2）$\times10^{-2}$	0~15	—
二氧化硫（SO_2）	（0~20）$\times10^{-3}$	0~50	~5d
硫化氢（H_2S）	（2~20）$\times10^{-3}$	3~30	~40d
臭氧（O_3）	（0~5）$\times10^{-2}$	0~100	~2a
氢（H_2）	0.4~1.0	36~90	—
氯（Cl_2）	（3~15）$\times10^{-4}$	1~5	—
碘（I_2）	（0.4~4）$\times10^{-5}$	0.05~0.5	—
甲烷（CH_4）	1.2~1.5	（8.5~11）$\times10^{2}$	~100a
甲醛（CH_2O）	（0~1）$\times10^{-2}$	0~16	—

在城市，特别是大城市，由于工厂、交通工具和城市居民生活中排出的各种废气，使城市空气组成复杂性，其含量远远超过天然空气中的含量；当其含量超过国家大气环境质量标准时，认为空气被污染。

6.1.2　城市中的污染物

城市中大气污染物的来源有两种：一为固定源；二为流动源。

1）固定源

是指污染物从固定地点排出的，如各种类型工厂、火电厂、钢铁厂等。从这些固定源向大气排放污染物主要通过以下三种过程：

（1）能源利用：为了获得能量，燃料燃烧后放出大量污染物质。所用的能源种类不同，排放的污染物成分也各不相同，这是导致空气污染的最大污染源。

（2）废物焚化：主要指固体废物的焚化。西方国家及日本等国对固体废物主要通过在垃圾焚化场来集中火化处理。其中因敞开燃烧和多室燃烧方式不同，排出的污染物的成分也不尽相同。以上两种都是通过燃烧过程将污染物排入至大气中的。其排放的污染物如表 6–3 所示。

燃烧污染物的比较　　表 6–3

污染物	电厂排出物（g/kg 燃料）			废物燃烧排出物（g/kg 废物）		内燃机排出物（g/kg 燃料）	
	煤	石油	气	敞开燃烧	多室燃烧	汽油	柴油
一氧化碳	可忽略	可忽略	可忽略	50.0	可忽略	165	可忽略
硫的氧化物（SO_2）	（0.84）x	（0.86）x	（0.70）x	1.5	1.0	0.8	7.5
氮的氧化物（NO_2）	0.43	0.68	0.16	2.0	1.0	16.5	16.5
醛和酮	可忽略	0.003	0.001	3.0	0.5	0.8	1.6
碳氢化合物总量	0.43	0.05	0.005	7.5	0.5	33.0	30.6
粉尘	（0.322）y	（0.12）y	可忽略	11	11	0.05	18.0

注：x 为燃料中含硫的百分比；y 为燃料中灰分的百分比。

（3）工业生产：在工业生产过程中排至大气中的污染物，有的是原料，有的是产物，有的是废气。因工业生产原料复杂，产品种类繁多，其排出的污染物种类也比较复杂，也因工业不同而有差异，如表 6-4 所示。

各主要工业向大气排放的主要污染物　　表 6–4

工业	企业名称	向大气排放的污染
冶金	钢铁厂	烟尘、二氧化硫、一氧化碳、氧化铁粉尘、锰尘
	炼焦厂	烟尘、二氧化硫、一氧化碳、硫化氢、酚、苯、萘烃类
	有色金属冶炼厂	烟尘（含有铅、锌、镉、铜等）、二氧化硫、汞蒸气、氟
化工	石油化工厂	二氧化硫、硫化氢、氰化物、氮氧化物、氯化物、烃类
	氮肥厂	烟尘、氮氧化物、一氧化碳、氨、硫酸气溶胶
	磷肥厂	烟尘、氟化氢、硫酸气溶胶
	硫酸厂	二氧化硫、氮氧化物、一氧化碳、氨、硫酸气溶胶
	化学纤维厂	烟尘、硫化氢、氨、二氧化碳、甲醇、丙酮、二氯甲烷
	农药厂	甲烷、砷、汞、氯、农药
	合成橡胶厂	苯乙烯、乙烯、异丁烯、二烯、二氯乙醚、乙硫醇
机械	机械加工厂	烟尘
	仪器仪表厂	汞、氰化物、铬酸
轻工	造纸厂	烟尘、硫醇、硫化氢
	玻璃厂	烟尘、氟化物
建材	水泥厂	烟尘、水泥尘
	砖瓦厂	烟尘、氟化物

在大气污染物的固定源中以火电厂为最大污染源。全世界电厂每年排放至大气中的污染物达几千万吨。其次是钢铁工业，特别是其焦化、炼铁和炼钢三个生产部门排放的污染物最多。此外，化学工业亦是大气污染物的一个重要来源，其中以石油化学工业、化肥和农药制造工业对空气的污染影响更大。在城市中如果上述几类工厂密集，其空气污染浓度就会十分严重，当然其他工业和居民炉灶亦有很大程度的影响。

2）流动源

城市往往又是交通运输枢纽，汽车、火车、轮船、飞机往来频繁，这些都是城市大气污染物的流动源。它们与工厂相比，虽然是小型的、分散的、流动的，但数量庞大，活动频繁，排出的污染物也是相当可观的。根据美国圣路易斯等 7 个城市统计的资料，各种交通工具排出的污染物如表 6–5 所示。

以我国国产汽油为燃烧的乘用汽车为例，其废气排放值如表 6–6 所示。

各表种交通工具排出的污染物　　表 6–5

（美国 7 个城市统计年资料　单位：t/a）

污染源	醛	一氧化碳	碳氢化合物	氮氧化合物	硫的氧化物	粉尘
汽车	1560	1083370	231800	43400	3600	4700
飞机	28	3945	1722	289	18	211

续表

污染源	醛	一氧化碳	碳氢化合物	氮氧化合物	硫的氧化物	粉尘
火车	140	800	2500	3000	500	1500
轮船	600	360	1100	1350	250	670
总计	1788	1088475	236122	47189	4368	7081

国产汽车废气排放值 表 6–6

（消耗每公斤汽油排放出废气量克数）

车型	一氧化碳（g/kg）	碳氢化合物（g/kg）	氮氧化合物（g/kg）
北京牌吉普车	79.41	4.61	0.92
上海牌小汽车	59.75	7.21	1.77
日本现行标准	2.1	0.25	0.25

由表 6–6 可见，我国汽车的污染物排放浓度，远比日本为高，特别值得提出的是随着城市人口的增加，汽车数量愈来愈多，对城市大气污染的影响愈来愈大。根据美国 1970 年城市大气污染来源的分类统计，流动源排放出的各种污染物占整个城市大气污染物的 55%。比其他三类固定源所排放的污染物总量还要多。表 6–7 给出了 1970 年美国城市大气污染物来源分类统计结果。著名的美国洛杉矶和日本东京的“光化学烟雾事件”，就是由于交通运输排出的污染物所造成的。

6.1.3 主要城市大气污染物的特征

所谓大气污染是指由于自然过程或人类社会经济活动使烟尘、有害气体等在大气中的数量、浓度、持续时间等达到一定程度，从而对人的健康及精神状态带来不利影响，或对生态环境造成危害。城市大气中的污染有数十种之多，下面介绍几种主要污染物的性态和危害性。

1）一氧化碳（CO）

一氧化碳是无色、无臭、无味的气体。一般城市空气中的 CO 含量对植物及有关的微生物均无害，但对人类则有害，因为它能与血红素作用生成羟基血红素（Carboxy hemoglobin，简写为 COHb）。实验证明，血红素与一氧化碳的结合能力较与氧的结合能力大 200~300 倍。因此，使血液携带氧的能力降低而引起缺氧。症状有头痛、晕眩等，同时还使心脏过度疲劳，致使心血管工作困难，终至死亡。

一氧化碳对人体毒害程度的大小，由许多因素决定，如空气中 CO 的浓度、接触 CO 的时间、呼吸的速度，以及有无吸烟习惯（吸烟者 COHb 的本底约为 5%；不吸烟者约为 0.5%）等等影响着人们受害的程度。

一氧化碳是城市大气中含量最多的污染物（约占大气中污染物总量的三分之一），其天然本底只有百万分之一左右。现代发达国家城市空气中的一氧化碳的 80% 是汽车排放的，是碳氧氢化合物燃烧不完全而产生的。

空气中 CO 的污染水平没有持续提高，这说明必定存在着某种自然净化的过程，但其机理迄今不完全了解。显然，CO 是会转化为 CO_2 的。

美国城市大气污染物来源分类统计　　表 6–7

污染物		污染物（$\times 10^6$t/a）						
		一氧化碳	硫氧化物	氮氧化物	碳氢化物	颗粒物质	共计	占百分比 %
流动源	主要运输（主要是汽车尾气）	71.2	0.4	8.0	13.8	1.2	94.6	55
固定源	能源利用（火电厂、工厂、住宅燃料燃烧）	1.9	22.0	7.5	0.7	6.0	38.1	22
	工业生产（化工等）	7.8	7.2	0.2	3.5	5.9	24.6	14
	固体废物燃烧	5.7	0.7	0.9	5.6	1.6	14.5	9
共计		86.6	30.3	16.6	23.6	14.7	171.8	100

城市中的一氧化碳浓度每小时的变化情况随城市行车类型而异。早晚上下班，浓度达高峰值；假日不上班，则不会出现高峰，又如车速越高，CO 排出越少。因此，大城市的交叉道口和交通繁忙的道路上，常常出现高浓度的一氧化碳污染。所以良好的交通管理，有助于降低城市空气中的 CO 的含量。

2）氮氧化物

造成空气污染的氮氧化物主要是一氧化氮（NO）和二氧化氮（NO_2），它们大部分来源于矿物燃烧过程（包括汽车及一切内燃机所排放的 NO_x），也有来自生产或使用硝酸的工厂排放出的尾气，还有氮肥厂、黑色及有色金属冶炼等。

氮氧化物浓度高的气体呈棕黄色，从工厂烟囱排出来的氮氧化物气体，人们称之为“黄龙”。燃烧装置内，在高温下，燃料燃烧用的空气中的氧和氮发生反应，生成 NO。NO 的生成速度是随燃烧温度增高而加大的，在 300℃以下，产生很少的 NO。燃烧温度高于 1500℃时，NO 的生成量就显著增加。因此，燃烧温度越高，氧的浓度越大或反应时间越长，则 NO 的生成量越大。

在空气中，NO 可以转化为 NO_2，但其氧化速度很小。例如，空气中 NO 的浓度为 200×10^{-6}，则 NO_2 的生成速度是 11×10^{-6}/min。如空气中 NO 的浓度为 25×10^{-6}，则 NO_2 的生成速度降为 0.18×10^{-6}/min。因此，排放空气中的 NO_2 主要来源于燃烧过程。NO_2 在大型锅炉的排烟中，一般占氮氧化物总量的 10% 以下。

一般空气中的 NO 对人体无害，但当它转变为 NO_2 时，就具有腐蚀性和生理刺激作用，因而有害。NO_2 还能降低远方物体的亮度和反差；又是形成光化学烟雾的因素之一。

二氧化氮的具体危害有：

①毁坏棉花、尼龙等织物。破坏染料，使其色褪色，并腐蚀青铜材料。

②损害植物。在 $0.5\times10^6 NO_2$ 下持续 35d，能使柑橘落叶和发生萎黄病，在 $0.25\times10^6 NO_2$ 下 8 个月，柑橘即减产。

③一般城市空气中 NO_2 浓度能引起急性呼吸道病变。试验证明，在 NO_2 每天浓度为（0.0063~0.083）$\times10^6$ 的条件下 6 个月，儿童的支气管炎发病率增加。

3）碳氢化合物

自然界中的碳氢化合物，主要是由生物的分解作用产生的。据估计全世界每年由此产生的甲烷（CH_4）约 3 亿 t，烯（Terpences），即通式为（C_5H_8）n 的链状或环状烯烃类，与 2- 甲烯丁二烯（Isoprenes）约 4.4 亿 t。

乡村中碳氢化合物的天然本底是：甲烷约（$1.0\sim1.5\times10^{-6}$）；其他每一种碳氢化合物约为 0.1×10^6。甲烷是惰性的，不会引起光化学烟雾的危害。乙烯则对植物有害，还会产生甲醛刺激眼睛。

城市空气中的碳氢化合物虽然对健康无害，但能导致生成有害的光化学烟雾。经证明，在上午 6：00~9：00 的 3h 内排出的浓度达 0.3×10^6 的碳氢化合物（甲烷除外），在 2~4h 后就能产生化学氧化剂，其浓度在 1h 内可保持 0.1×10^6，从而引起危害。

4）硫氧化物

矿物燃料中一般都含有相当数量的硫（煤中约有 0.5% ~ 6.0%），有的是无机硫化物，有的是有机硫化物。这种燃料燃烧时放出的硫，多是 SO_2，还有少部分 SO_3。由表 6−7 可见，空气中的 SO_X 有 75% 以上来自固定源燃料的燃烧，而其中的 80% 又是燃煤的结果。如我国陕西洛阳电厂，装机容量 10 万 kW，每小时耗煤粉 48t，而每小时向大气排出 SO_2 和烟尘约 2880kg，一年的排放量大约可达 12600t。就全国而言，目前我国能源构成中煤炭占 70% 以上，石油及天然气占 25%。同时我国城市民用炉灶烟囱低矮，燃烧效率只有百分之十几；采暖锅炉吨位小，效率低，这种情况说明了我国城市大气污染问题是不容忽视的。

空气中 SO_2 多于 0.3×10^6 时，即可由味道闻出来；而多于 3×10^6 时，其刺激性臭味则可由鼻子闻出来。SO_2 能与水反应生成亚硫酸（H_2SO_3）；而 SO_3 与水反应则生成硫酸（H_2SO_4）。后一反应进行得极快，并生成硫酸气溶胶，所以空气中通常不存在 SO_3 气体。在城市空气的固体微粒中，一般约含有 5%~20% 的硫酸盐。

二氧化硫的腐蚀性较大，软钢板在含 SO_2 0.12×10^{-6} 的空气中腐蚀一年失重约 16%。二氧化硫能使空气中动力线硬化和拉索钢绳的使用寿命缩短，他要求电气接点不得不采用像金一类耐腐蚀的贵金属。他还使皮革失去强度，建筑材料变色破坏，塑像及艺术品毁坏；他能损害植物的叶子，影响其生长并降低其产量；他能刺激人的呼吸系统，尤其有肺部慢性病和心脏病的老年人易受害。此外，二氧化硫还有促癌作用，当空气中有微粒物质共存时，其危害可增大 3 ~ 4 倍。表 6–8 列出 SO_2 对人体影响的影响。由表可见，当空气中的 SO_2 浓度平均值大于 0.04×10^{-6}、日平均值大于 0.11×10^{-6} 时，即对人体产生危害。

SO_2 浓度对人体健康的影响　　表 6–8

SO_2 浓度（$\times 10^{-6}$）	对人体健康的影响
0.03 ±	慢性植物损伤，叶落过多
0.04 ±	支气管炎及肺癌死亡频率增多（烟：160μg/m^3）
0.046 ±	学龄儿童呼吸系统疾病增多、加重（烟：100μg/m^3）
0.11~0.19	老年人呼吸系统疾病增多，可能增加死亡率
0.21 ±	慢性肺癌加重（烟：300μg/m^3）
0.25 ±	死亡率增加（烟：750μg/m^3），发病率急增

5）微粒

微粒是指空气中分散的液态或固态物质，其粒度在分子级，即直径约 0.0002μm 和 500μm 之间，具体包括气溶胶、烟尘、雾和碳烟等。气溶胶是悬浮于空气中的固体微粒或液体微滴，其直径一般小于 10μm。尘是大于 10μm 的固体微粒迅速沉降而成的，10μm 微粒的沉降速度约为 20cm/min。烟是小于 1μm。此外还有极细的可集成一串的碳烟。肉眼能分辨出来的微粒直径约为 100μm。于小 0.1μm 的微粒多是由于燃烧后排出的物质凝结而成；大于 10μm 的微粒则大多由机械作用（如研磨、侵蚀等）产生。

尘埃（煤尘、粉尘等）中颗粒大于 10μm 的物质，几乎都可被鼻腔和咽喉所捕集，不进入肺泡。但 10μm 以下的浮游状颗粒（即飘尘）对人体危害最大。飘尘经过呼吸道沉积于肺泡的沉淀率与飘尘颗粒大小关系密切。一般认为：

① 10~5μm 的粉尘有 90% 沉积于呼吸道细胞上。

② 5~0.5μm 的粉尘沉积率随着粒径的减少而逐渐减少。0.5μm 的粉尘沉积率为 25%~30%。

③ 0.4μm 以下的粉尘沉积率随粒径的减少而增大。

简言之，在肺泡中沉积最大的粉尘其粒径为 2~4μm，可以自由地进出肺部，在呼吸道和肺泡膜内的沉积率最低的粒子，其直径为 0.4μm。颗粒小于 0.4 时，呼吸道上和肺泡内的沉积率又逐渐增大。当然，沉积率还受人的呼吸量和呼吸次数的影响。

6）光化学烟雾（Photochemical Smog）

空气污染的性质视一定地区的种类而定，同时也和该地区的地理和

气象条件有关。“伦敦烟雾”（London Smog）和“光化学烟雾”的区别是个很好的例子。伦敦烟雾主要是 SO_X 和微粒（其主要成分是氧化铁）的混合物，经化学作用，生成硫酸而危害人类的呼吸系统；光化学烟雾则是 HC 和 NO_X 在阳光作用下发生化学反应而生成刺激性的产物。

光化学烟雾的一次污染物是 NO 和 HC（即汽车排出物）。它们在阳光作用下发生一系列复杂的化学反应，结果产生有毒的二次污染物，包括 NO_2，O_3，和 HC_3-C-O-O-NO_2（过氧化乙酰硝酸酯 Peroxy acetal mitrate，缩写为 PAN），后二者通常被称为光生化学氧化剂。

光化学烟雾的危害性如下：

①刺激眼睛，这是由具有刺激性的二次污染物甲醛、过氧化苯甲酰硝酸酯（PB_2N）、PAN 丙烯醛引起的；

②臭氧会引起胸部压缩，刺激黏膜、头痛、咳嗽、疲倦等症状；

③臭氧能损害有机物质，如橡胶、棉布、尼龙及聚酯等；

④目前哮喘病的增多与氧化剂的增多有关，还会引起植物毁坏。

以上仅讨论了大范围内主要的几种污染物，还有些危害性也很强的局地性污染物（如放射性污染等），请参考有关大气污染的书籍。

上述城市大气污染物浓度与人体健康之间的关系见表 6-9。

观测到污染水平与影响人体健康之间的关系　　表 6-9

污染物	产生健康有害影响的浓度水平	有害于健康的影响
颗粒物与硫的氧化物	1. 颗粒物浓度（年几何平均）80~100μg/m³	1. 50 岁以上老人的死亡率增加
	2. SO_2（年平均）130μg/m³（0.046ppm）同时伴有颗粒物浓度 130μg/m³	2. 学龄儿童呼吸道疾病的发病率及严重程度增加
	3. SO_2（年平均）190μg/m³（0.068ppm）同时伴有颗粒物浓度约 177μg/m³	3. 学龄儿童呼吸道疾病的发病率及严重程度增加
	4. SO_2（年平均）105~265μg/m³（0.037~0.092ppm）同时伴有颗粒物浓度 185μg/m³	4. 呼吸道症状和肺部疾病发病率增加
	5. SO_2（24 小时平均）140~260μg/m³（0.05~0.09ppm）	5. 有严重支气管炎的老人疾病率增加
	6. SO_2（24 小时平均）300~500μg/m³ 并有低浓度颗粒物	6. 医院呼吸道病人增加老年人缺勤增加
	7. 24 小时内颗粒物为 300μg/m³ 同时 SO_2 浓度 630μg/m³（0.22ppm）	7. 慢性支气管炎患者症状急剧恶化
一氧化碳（CO）	1. 在 58mg/m³（50ppm）内 90 分钟（同样效果）或于 10~17mg/m³（10~50ppm）中 8 小时或更长时间	1. 减损辨别时间间隔的能力
	2. 相当于在 35mg/m³（30ppm）中 8 小时或更久	2. 在心理试验中成绩降低
	3. 相当于在 35mg/m³（30ppm）中 8 小时或更久	3. 视力阈值增加
光化学氧化剂（O_3 和过氧—有机硝酸盐）	1. 超过 130μg/m³（0.07ppm）	1. 学生运动成绩降低
	2. 每天最大值 490μg/m³（0.25ppm）[每小时平均浓度最大值可低至 300μg/m³（0.15ppm）]	2. 气喘病恶性发作
	3. 每天最大值 200μg/m³（0.1ppm）	3. 眼睛痛或发炎

6.1.4　城市大气污染的地区差异

各地区经济发展极不平衡，各城市的污染类型和污染物的排放量存在很大的差异，污染浓度随时间的分布也很不均匀，有着明显的日变化和季节变化。掌握这些实况，对于城市大气污染的预测和控制都有很重要的意义。

城市大气污染的程度是各式各样的，象冰岛首都雷克雅未克利用其得天独厚的地热资源发电、取暖，很少使用煤和石油，全市没有一个烟囱，是“天然暖气化的无烟城市”。然而世界上大多数城市是以烟囱林立，汽车活动频繁而著称的，城市中的气溶胶和有害气体远比邻区和广大的乡村旷野多。

根据 1983~1988 年的统计分析（见图 6–1），我国的大气污染仍然是

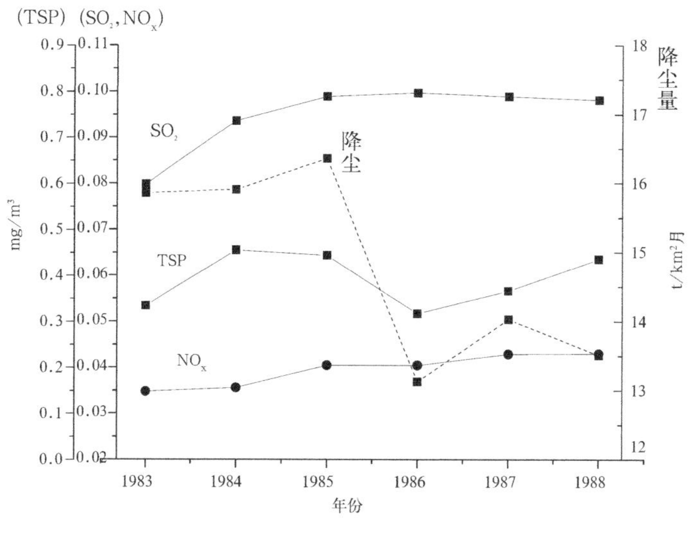

（*a*）南方城市年平均变化

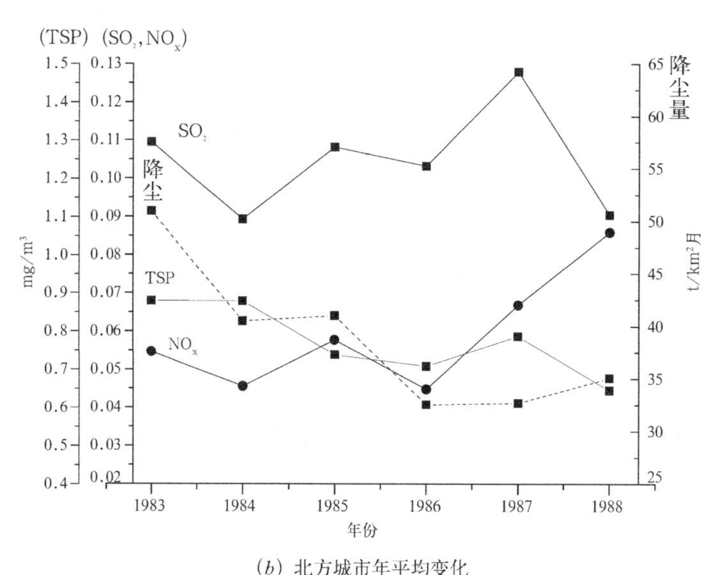

（*b*）北方城市年平均变化

图 6–1　我国南、北方城市污染年变化图

以粉尘，二氧化硫为主要污染物的煤烟型污染，其宏观规律有三：一是北方城市的污染程度重于南方，尤以冬季最为明显；二是大城市污染发展趋势有所缓减，中小城市污染增长甚于大城市；三是污染程度与人口、经济、能源密度及交通密度呈正相关。大气污染有冬季重于夏季，早晚重于中午的时间变化规律。

6.2 大气污染对环境的影响

前述讨论了大气中的主要污染物对人体健康及生活、设备等方面的危害，除此而外，大气污染还对全球气候、城市物理环境、工农业生产等方面都有巨大的影响。从边界层整体来说，大气污染与城市物理环境是相互影响和相互制约的。城市中的风、温度、湿度、降水、雾、日照等影响制约着城市大气污染的浓度和时空分布。反过来，大气污染的实况又影响和制约着城市物理环境的各个要素。下面分别讨论几个主要特征。

6.2.1 阳伞效应

太阳辐射在穿过大气层达地面过程中，受到大气中污染物的吸收、散射和反射作用，使得其强度减弱，到达地面辐射能减少，其作用如同一把阳伞，把这种效应叫做大气污染的“阳伞效应”。阳伞效应对地面降温的作用是很明显的，阴雨天温度较低就是一个简单的例证。大气中的污染物浓度较高，阳伞效应就越强，城市区域的阳伞效就明显强于郊区（见第二章）。大气污染物中除微粒本身的吸收、反射、散射作用外，有些吸湿性的微粒吸湿后成雾和尘，使得大气的透明度更加降低。有人认为，1940 年以后，尽管有 CO_2 温室效应（见后），世界平均气温的降低，就是因为有大气污染的阳伞效应，减少了整个地球表面的净辐射得热量。

6.2.2 CO_2 温室效应

CO_2 气体是人类社会经济活动向大气中排放的主要废气之一。常温下 CO_2 是无色、无味、无毒的透明气体，他来自于各种氧化过程中，包括各种矿石燃料的燃烧、食物的消化、物品的腐烂等。据统计，全世界每年向大气中排放的 CO_2 气体，包括自然过程和人类活动，大约有数亿万吨，已使得大气中 CO_2 的浓度由 1860 年的 295×10^{-6}，增加到 1958 年的 313×10^{-6}，1971 年的 323×10^{-6}，2000 年增加到 375×10^{-6}。

所谓温室效应，是指玻璃等材料能够透过太阳短波辐射而不能透过长波辐射，造成局部气温升高的现象，温室效应是现代人类利用太阳能的主要理论依据之一。建筑中利用太阳采暖的被动式太阳房、太阳能热水器、城市中的花房、农村地膜菜棚等，其原理都是利用温室效应。

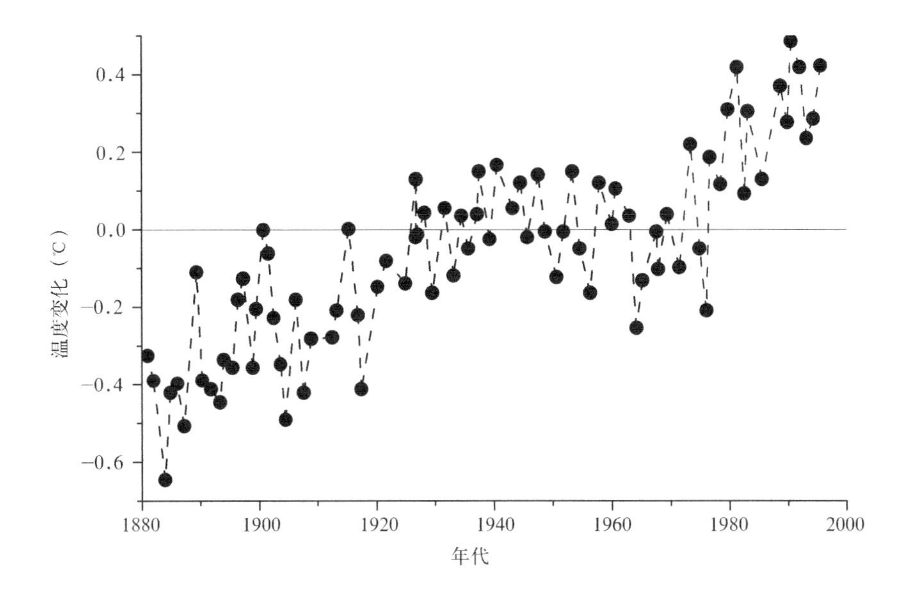

图 6–2　近年来全球气温变化情况

大气中的 CO_2 气体对太阳光线的短波辐射几乎不吸收，但对长波辐射，特别是地表发射的波长在 13~17μm 范围内的长波辐射具有强烈的吸收能力，这使得地面辐能够截留在大气边界层内，使边界层内的平均气温有所增高，把 CO_2 气体的这种特性叫做 CO_2 温室效应。图 6–2 为近年来全球气温变化情况。

CO_2 温室效应对环境的影响主要表现在两个方面：一是在城市区域和人口密集的小区提高了热岛效应的强度，恶化了城市环境和小区环境，这是学术界基本统一的观点，因为在城市和小区上空空气中的 CO_2 浓度要大大高于其他区域。二是关于对全球气温的影响，学术界多数人认为地表大气层中 CO_2 浓度的不断提高会使地球表面逐渐变暖，进而会出现一些全球性的环境问题，如气候变化异常、南极冰融化、海平面增长、旱涝等自然灾害增多等。但学术界还有相当的人认为，CO_2 浓度的提高会促进森林和农作物的生长，而绿化植物的生长又会稳定地表的气温度。这是一种受反馈调节的过程，从而表明地表不会变暖。两派学术观点争论了好多年，而实际发生的情况对两家似乎很公平而又都不利；近年自然灾害的次数确实增加了，但地表的平均气温却有所降低。随着科学技术的进一步发展，人们会彻底搞清楚 CO_2 温室效应对全球气体的影响。

6.2.3　酸雨

酸雨（acid rain）是酸性降水（acid precipitation，还包括酸性雪、酸性雹等）的一种。这种自然现象早在 1661 年文献上已有记载，但作为独立研究的课题却只有十多年的历史。由于酸雨出现的地区日益扩大，在欧洲现已遍及西欧、北欧和东欧，在北美洲已波及美国和加拿大的大片土地。在我国的重庆、上海等许多城市及其附近郊区，近年均发现酸雨，降水的酸度且有不断增强的趋势。在许多国家，如瑞典、挪威、美国、加拿大等，酸雨已造成严重的危害，成为20世纪80年代以来人类面临的重大环境问题之一。

现在普遍认为在不受污染的大气中形成的降水，其理论pH值为5.6左右。因此现在普遍认为若降水pH值低于5.6就定义为酸雨。酸雨的形成与大气污染密切有关，成因比较复杂，有些细节目前尚不清楚。但现在一致认为降水的酸雨性来源于大气中的二氧化硫和二氧化氮。大气中的SO_2和NO_X在一系列的复杂的化学反应之下，形成硫酸和硝酸。通过成雨过程（rain out）和冲刷过程（wash out）成为酸雨降落。

酸雨对植物的影响很大，据研究酸雨能引起叶片坏死性损伤，从叶片等处冲淋掉养分等，使森林生长速率减慢，使农作物减产，严重时甚至引起森林资源的破坏和农作物的死亡。但当酸雨的浓度不大时，他可为植物提供硫、氮等基本营养元素和植物生长必需的某些微量元素，对碱性土壤有中和作用。他本身还是从大气中消除污染物的最有效方式。这些都是在其酸度不强时酸雨对环境影响有利的一面。然而，酸雨能刺激人的咽喉和眼睛，对人体健康十分不利，对许多建筑物和露天设备又有腐蚀作用。在酸雨强度大和频率大的地区，其造成各方面的危害是相当严重的。

6.3 大气环境标准

防治城市大气污染已成为当今世界各国的普遍任务。可以说，几乎所有的人都可能加重大污染，也可能在控制污染方面做出贡献。有关的工程技术人员自不待言。首先，应了解我国的大气环境标准。

6.3.1 大气质量标准

大气质量标准是一个国家或一个地区所属范围的大气环境污染物质容许浓度的法定限制。他对企业、社会和公众都有法律效力，必须遵守执行；常常要有相关的法律或条例作为保障，对违反环境标准，恶化大气质量，危害人体健康和严重破坏生态平衡者，需要追究经济和法律的责任。大气质量标准同时又是控制环境污染、评价环境质量及制定国家和地区大气污染物排放标准的依据。

大气环境质量标准是根据污染物的环境基准规定的污染物容许浓度。环境基准即按污染对人体危害和生态平衡的影响程度制定。如SO_2，经过大量科学表明，SO_2浓度为$0.1mg/m^3$时，可以保障清洁适宜的生活、劳动环境。从人的健康出发，这个限制不存在问题，然而，植物对SO_2较敏感，曾观测到平均值大于$0.056mg/m^3$能使森林生长缓慢的证据。因此，为保护生态环境，自然保护区、风景旅游区，名胜古迹和疗养地区SO_2的平均值可以定为$0.02mg/m^3$。该限制有利于保护国家生态和舒适美好的生活环境所要求达到的水平。0.25mg/m³ 可以作为短期暴露极值。如果将此作日平均再降低，当然更为理想。但是，势必需要相应降低一次浓度和年平均值标准，这将要投入大量投资用于控制 SO_2 排放量，在经济上难以实施。0.5mg/m³ 可以保障不出现烟雾事件和急性中毒，而慢性中毒可能增加。从许多研究资料得知，如果 SO_2 浓度大于 0.7mg/m³，并伴有悬浮微粒协同作用于人体，人将会开始发生死亡现象，类似伦敦烟雾事件。但是一次浓度在这个限值以下，也可能使患有呼吸道系统疾病的患者病情恶化。因此，对城市的不同功能区（指工业区、商业区、居住区、清洁区）加以区划，人口稠密的居住区，就不能采用这个限值，对清洁区可以采用 0.25mg/m³，或更低的一次浓度指标。

1982 年，我国制订的《环境空气质量标准》（GB 3095—82）将大气质量分为三级：

一级标准是为保护自然和人体健康，在长期接触情况下不发生任何危害影响的空气质量标准。

二级标准是为保护人群健康和城市、乡村的动植物在长期和短期接触情况下不发生伤害的空气质量要求。

三级标准是为保护人群不发生急慢性中毒和城市一般动植物（敏感者除外）正常生长的空气质量要求。空气质量三级标准浓度限制列于表 6−10。

空气污染物三级标准浓度限值表　　表 6−10

污染物名称	浓度限值（mg/m³）			
	取值时间	一级标准	二级标准	三级标准
总悬浮微粒	日平均	0.15	0.30	0.50
	任何一次	0.30	1.00	1.50
飘尘	日平均	0.05	0.15	0.25
	任何一次	0.15	0.50	0.70
	年日平均	0.02	0.06	0.10
二氧化硫	日平均	0.05	0.15	0.25
	任何一次	0.15	0.50	0.70
氮氧化物	日平均	0.05	0.10	0.15
	任何一次	0.10	0.15	0.30
一氧化碳	日平均	4.00	4.00	6.00
	任何一次	10.00	10.00	20.00
光化学氧化剂（O_3）	1h 平均	0.12	0.16	0.20

根据各地区的地理、气候、生态、政治、经济等情况和大气污染程度将大气质量保护区划分为三类。

第一类区，为国家所规定的自然保护区、风景游览区、名胜古迹和疗养地，执行第一级标准。

第二类区，为首都，著名旅游城市，各地城市规划中确定的居住区，

文化区，风景区，名胜古迹和疗养地，执行第二级标准。其余为第三类区，可执行第三类标准。

各级标准由地方确定其达标期，并制定实现的规划，三级标准为任何大气环境必须达到的起码标准。

在居住区内，空气中有害物质的最大容许浓度，我国《工业企业设计卫生标准》（TJ 36—79）中有具体规定值，表 6–11 列出了其中的几项。

居住区空气中有害物浓度限值（mg/m³）　　表 6–11

污染物名称	一次	日平均
CO	3.00	1.00
SO_2	0.50	0.51
NO_X	0.15	—
硫酸	0.30	0.10
飘尘	0.50	0.15

6.3.2　大气污染物排放标准

一个城市或一个地区大气受到污染，大气质量向坏的方向变化。大气污染是由污染源排放污染物造成的。为了实现大气环境质量标准的目标，就必须对污染源排放污染物数量或浓度作出限制。因此，需要制定大气污染物排放标准，以法律规定污染物的允许排放量或浓度。我国曾颁布《工业企业三废排放试行标准》（GBJ 4—73），对十三类有害物质的排放规定标准，对于不同的烟囱高度规定排放量或浓度。自本标准颁布实施以来，对控制大气污染起到良好的效果。表 6–12 摘录了几类有害物的排放标准，表 6–13 是各地区锅炉烟尘排放标准（摘自 GB 3841—83）。

十类有害物质的排放标准　　表 6–12

序号	有害物质名称	排放有害物企业	排放标准		
			排气筒高度（m）	排放量（kg/h）	排放浓度（mg/m³）
1	二氧化硫	电站	30 60 120	82 310 1700	
		冶金	30 60 120	52 140 670	
		化工	30 60 100	34 110 280	
2	二硫化碳	轻工	40 80 120	15 51 110	

续表

序号	有害物质名称	排放有害物企业	排放标准		
			排气筒高度（m）	排放量（kg/h）	排放浓度（mg/m^3）
3	硫化氢	化工、轻工	40 80 120	15 51 110	
4	氟化物（换算成F）	化工 冶金	30 50 120	8 4.1 24	
5	氮氧化物（换算成NO_2）	化工	40 80 100	37 160 230	
6	氯	化工、冶金	20 50	8 12	
7	氯化氢	冶金 化工、冶金 冶金	80 100 20 50 80 100	27 41 4 5.9 14 20	
8	一氧化碳	化工、冶金	30 60 100	160 620 1700	
9	硫酸（雾）	化工	30~45 60~80		260 600
10	烟尘及生产性粉尘	电站（煤粉）	30 60 120	82 310 1700	
		工业及采暖锅炉			200
		炼钢电炉			200
		炼钢转炉			150
		水泥			150
		生产性粉尘			100

各类地区锅炉烟尘排放标准 **表6–13**

适用地区	最大容许烟尘浓度（mg/m^3）
自然保护区、风景游览区、疗养区、名胜古迹主要建筑物周围	200
市区、郊区、工业区、县以上城镇	400
其他地区	600

6.4 大气污染物的传输与扩散

如前述，烟气排放是大气污染的主要原因。烟气排放的方式是多种多样的，如交通工具是在快速移动中向近地面处排放废气，沿着道路，如同一条排放污染物的“线源”。我国城市居民大多是以开敞式煤炉和煤气炉作为炊事灶，从城市整体上来说如同一个排放污染物的“面源”。工矿企业的污染物均是通过烟囱向大气中排放的，通常将烟囱口看作一个排放污染物的“点源”。控制和减少污染物的排放，在社会经济条件许可下，可通过环保及各有关部门采取有关措施。作为城市建设领域的技术人员，可通过规划与设计的手段，来降低城市区域的污染浓度。对于“线源”排放，可利用第三章讨论的加强城市的自然通风方法，以利污染物向郊外扩散稀释。对于“点源”排放，则可利用区域布置，抬高烟囱高度等方法。将大气污染物排放到较高处以利污染物传输和扩散到远处。鉴于本课的性质，本节仅讲述点源的传输与扩散计算。

烟气从烟囱口排出后，在浮升力和风力及惯性力的作用下，向下风方向逐渐扩散，形成像羽毛状的烟气流，称为烟羽。扩散的范围取决于气象条件、地理地物特点等多种因素。多年来，国内外研究人员提出了许多定量计算大气扩散物理过程的计算模型，其中最为简单和被工程界接受使用的是高斯烟羽模式。

6.4.1 高斯烟羽模式假定条件

（1）烟气是从高架点源连续排放的。

（2）污染物扩散是被动的，它完全随周围空气一起流动，烟气中污染物排放到空气中不发生化学反应，从它排出来的到接受地面之间，污染物量既没有损失，也无增加。地面不但对污染物不吸收，而且还将污染物完全反射到大气中去。

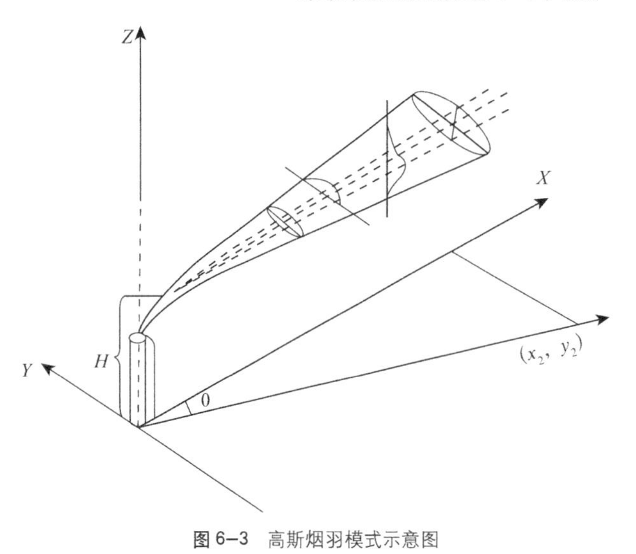

图 6–3　高斯烟羽模式示意图

（3）污染物处在同一类温度层结的大气层之中，计算的扩散范围以不超过 10km 为宜。

（4）风在空间分布平直且均匀稳定，不涨落，平均风速和风向没有显著的变化。虽然风速、风向随时都在变化，但是变化范围不大，只是在一定的范围内波动。

（5）应用高斯模型估算污染浓度，仅适用于平均风速大于 1m/s 以上的情况。

（6）污染物在空间的分布规律呈正态分析，即假定污染物的浓度在浓羽中轴线上最大，离轴线越远，浓度越低，不论在水平方向还是在垂直方向，污染物的分布都服从正态分布规律，如图 6–3 所示。

6.4.2　高斯烟羽扩散模式

烟气中污染从烟囱连续排出以后，在烟囱下风向的大气中扩散，在接近烟囱的地方，污染物浓度最小，随着污染物在向下风向扩散，其浓度逐渐增大，以致扩散到一定的距离时，污染物浓度达到最大，污染物再进行扩散，其浓度开始逐渐减小，随着在下风向扩散距离增大，浓度达到一个最小值，由前述正态分布假设条件，在下风处任一点的浓度 C 与源强 Q 成正比，与风速成反比，与烟囱位移的标准差成正比，即

$$C=A\cdot\exp\left[-\frac{1}{2}\left(\frac{y}{\sigma_y}\right)^2\right] \tag{6-1}$$

式中　$A=\dfrac{1}{2\pi\sigma_y}$，$\sigma_y$ 为烟尘横向位移的标准差，由此得到无界空间连续点源的高斯扩散模式为：

$$C(x,y,z)=\frac{Q}{2\pi u\sigma_y\sigma_z}\exp\left[-\frac{1}{2}\left(\frac{y^2}{\sigma_y^2}+\frac{z^2}{\sigma_z^2}\right)\right] \tag{6-2}$$

由于地面限制物质扩散，扩散微粒碰到地面必须反射，近地面大气层中物质垂直扩散会偏离正态分析，采用虚像法模拟这种情况，如图6–4所示。连续高架点源的大气高斯扩散模式则为：

$$C(x,y,z,H_e)=\frac{Q}{2\pi u\sigma_y\sigma_z}\exp\left[-\frac{1}{2}\left(\frac{y}{\sigma_y}\right)^2\right]\left\{\exp\left[-\frac{1}{2}\left(\frac{z-H_e}{\sigma_z}\right)^2\right]+\exp\left[-\frac{1}{2}\left(\frac{z+H_e}{\sigma_z}\right)^2\right]\right\} \tag{6-3}$$

式中　Q——污染物的排放率（或称源强），g/s；

u——烟囱出口处的平均风速，m/s；

σ_y——烟气在横向方向分布的标准差，又称 y 方向上的扩散参数，为 x 的函数，m；

σ_z——烟气在垂直方向分布的标准差，又称 z 方向上的扩散参数，为 x 的函数，m；

H_e——烟囱有效高度，m；$H_e=h+\Delta H$，h 为烟囱实际高；

x——从烟源到下风向任意点的距离，m；

y——横向方向任意点的距离，m；

z——垂直方向任意点的高度，m；

C——任意点的浓度，mg/m^3。

（6–3）式右边的 $\dfrac{Q}{2\pi u\sigma_y\sigma_z}$ 表示根据质量保持不变的条件而决定的烟气中心轴上的浓度变化。（6–3）式右边的 $\exp\left[-\dfrac{y^2}{2\sigma_y^2}\right]$ 表示烟气中心轴水平面上的浓度分布，σ_y 为该正态分布的标准偏差，$\exp\left(-\dfrac{(z-H_e)^2}{2\sigma_z^2}\right)$ 表示地面上实源产生的浓度分布，$\exp\left(-\dfrac{(z+H_e)^2}{2\sigma_z^2}\right)$ 表示地面上反射（虚源）到

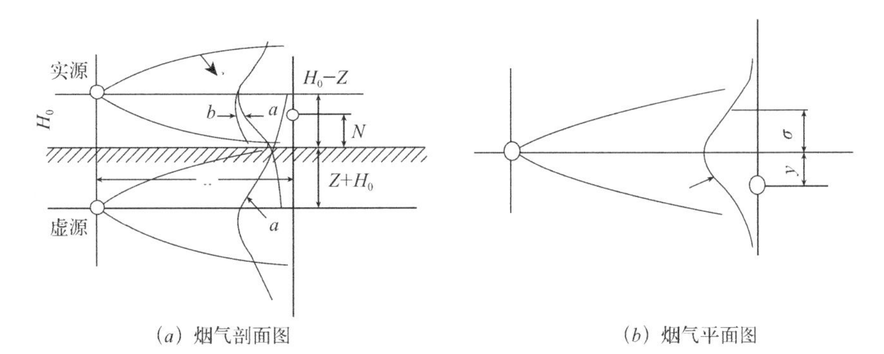

图 6–4 烟气扩散式说明图 (a) 烟气剖面图 (b) 烟气平面图

空间产生的浓度分布（见图 6–4）。

由（6–3）式可以看出污染物的浓度与污染物的排放率成正比，排放率越大，浓度就越高；污染物浓度与平均风速成反比，风速越大，浓度越低；污染物浓度与烟囱有效高度平方成反比，烟囱有效高度越高，污染物浓度也就降低越快，污染物浓度在横向方向和垂直方向均符合正态分布。

6.4.3 高斯模式实用特例

1）高架物污染物的落地浓度

由一般式可化为高架源（烟囱、排气筒等）排放污染物的落地浓度计算公式，令 z=0，即污染物落到地面，得到高架源的落地浓度公式是：

$$C(X,Y,0,H)=\frac{Q}{\pi u\sigma_y\sigma_z}\exp\left[-\left(\frac{y^2}{2\sigma_y^2}+\frac{H_e^2}{2\sigma_z^2}\right)\right] \tag{6–4}$$

浓度分布规律。在污染源附近，污染物在下风向落地浓度接近于 0，然后逐渐增高，在某个距离上达到最大值，再缓缓减少。在 Y 方向上，污染物浓度，也按正态分布规律向两边减小。

2）地面污染物轴线浓度

轴线浓度是指从烟囱排出来的烟气流，有时称为烟云，这个烟云是圆锥形体。圆锥形体的中心线（y=0）投影到地面（z=0）称为 X 轴线（下风向和 X 轴方向一致）。轴线上的浓度就是在 X 轴上的浓度分布。其计算公式为：

$$C(X,0,0,H)=\frac{Q}{\pi u\sigma_y\sigma_z}\exp\left(-\frac{H_e^2}{2\sigma_z^2}\right) \tag{6–5}$$

3）扩散参数 σ_y 和 σ_z

距离烟囱下风方向（轴线上）X 处的扩散参数 σ_y 和 σ_z 是坐标 x 的函数。在前述各式中，确定浓度分布的关键是确定扩散参数 σ_y 和 σ_z。我国《制定地方大气污染排放标准的技术原则和方法》（GB 3840—83）中推荐采用下述方法确定 σ_y 和 σ_z。

令 y 方向上的扩散参数 σ_y 和 z 方向上的扩散参数 σ_z 均为 x 的幂函数；并有以下关系：

$$\sigma_y = ax^b \quad \sigma_z = cx^d \tag{6-6}$$

式中，a，b，c 和 d 在一个相当长的时间内可看作常数，称为扩散系数，随地区不同和稳定度不同而变化。所以，应按前述方法首先确定大气的稳定度，然后查表 6-14，确定 a，b，c 和 d 值，可确定 σ_y 和 σ_z。

扩散参数幂函数表达式数据　　　　表 6–14

$\sigma_y=ax^b$				$\sigma_z=cx^d$			
稳定度	b	a	下风距离（m）	稳定度	d	c	下风距离（m）
A	0.90 0.85	0.42 0.60	0~1000 >1000	B	0.96 1.09	0.12 0.05	0~500 >500
B	0.91 0.86	0.28 0.39	0~1000 >1000	B~C	0.94 1.00	0.11 0.07	0~500 >500
C	0.92 0.88	0.18 0.23	0~1000 >1000	C	0.91 0.83	0.10 0.12	>0 0~2000
C~D	0.93 0.88	0.14 0.18	0~1000 >1000	C~D	0.75 0.81 0.82	0.23 0.13 0.10	2000~10000 >10000 0~2000
D	0.93 0.89	0.11 0.14	0~1000 >1000	D	0.63 0.55	0.40 0.81	2000~10000 >10000
E	0.92 0.89	0.08 0.10	0~1000 >1000	D~E	0.77 0.57 0.49	0.11 0.52 1.03	0~1000 2000~10000 >10000
F	0.93 0.89	0.05 0.73	0~1000 >1000	E	0.78 0.56 0.41	0.09 0.43 1.73	0~10000 1000~10000 >10000
A	1.12 1.51 2.11	0.07 0.00 0.06	0~300 300~600 >500	F	0.78 0.52 0.32	0.06 0.37 2.40	0~1000 1000~10000 >10000

4）地面最大污染浓度

按《制定地方大气污染排放标准的技术原则和方法》GB 3840—83 推荐的方法，高架点源下风向最大地面污染浓度由下式确定：

$$C_m = \frac{Q \times 2}{\pi \cdot e \cdot u \cdot H_e^2 \cdot P_{11}} \tag{6-7}$$

式中　P_{11} 为横向稀释系数，准确计算 P_{11} 值较为复杂，近似条件下可取其值为 P_{11}=6，则（6–7）式成为：

$$C_m = \frac{Q}{3\pi \cdot u \cdot e \cdot H_e^2} \tag{6-8}$$

准确确定 C_m 所处的位置，即最大浓度点距烟囱的距离 X_m 亦较复杂。工程界一般认为 X_m 所处的范围在：

$$X_m = (15\text{–}20)\, H_e \tag{6-9}$$

由（6–8）式可以看出：

（1）最大污染浓度与源强成正比。污染源排放的烟尘越多，造成的污染浓度就越大。控制大气污染最有效的办法是在未排出之前采取消烟除尘措施；我国目前已基本普及消烟除尘设施，但效率有待进一步提高；

（2）烟囱出口处平均风速越大，则在同样的强源之下，造成的最大污染浓度就越小，

（3）在同样污染源强度下，加大烟囱有效高度能大大降低最大污染浓度，这其一是因为 C_m 与 H_e 的平方成反比，其二是加大烟囱高度能提高排烟口处的风速（见第 5 章）。

由于不论采取什么措施，也不能达到烟囱排出物中完全没有污染物。所以合理选址和合理设计烟囱高度，对降低大气环境污染很有现实意义。

6.4.4 烟气抬升及计算

1）烟气抬升

在有风的天气里，我们可以观察发现烟气从烟囱口连续不断地冒出来的时候，刚出口的一段烟气外形具有一定的形状，接着烟气继续上升，它形成无定型的云状一直上升。当烟云上升到最高时，烟云又开始弯曲变平并被撕成一片片的烟云随风向下风向远处飘散。

从理论上看，烟气在烟囱出口处喷出，是依靠烟囱与地面高度之差而产生烟气压力差，由于压力差产生的烟囱自然抽力将烟气向上喷射，出口附近烟气内部叫湍流流动，大气湍流的影响很少。随着烟气上升，烟气和空气气流混合，使烟气体积增大，由于烟气的温度比其周围空气温度高，于是产生浮力，四周的冷空气将热烟气浮升，以后烟气就是依靠这种浮力的作用继续升高的。这时烟气已卷入大量外界空气，烟体膨大，随着浮力作用减小，烟云开始弯曲、变平。当烟气的温度与外界空气温度相同时，烟云瓦解，烟云被大气大尺度的涡旋撕成块状烟云，水平飘移到远方，见图 6–5 所示。

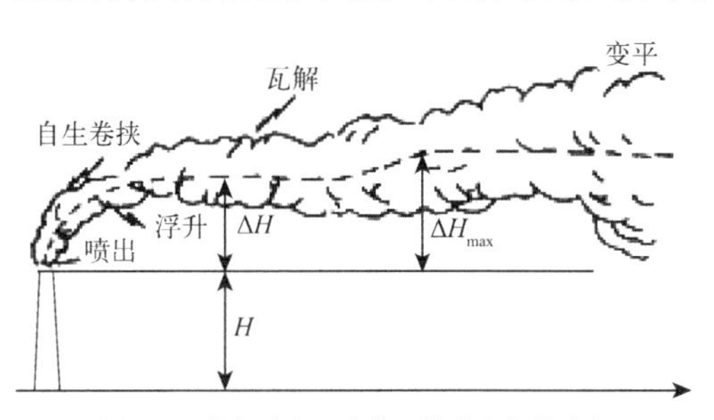

图 6–5　烟气喷出、弯曲、抬升和变平过程

烟气在烟囱的自然抽力和环境空气的浮力作用下升高，其升高的高度称烟气抬升。前节讨论的烟囱有效高度等于烟囱实际高度加上抬升高度，以 ΔH 表示抬升高度，ΔH 大，则有利于烟气扩散稀释。

2）计算公式

计算烟气抬升高度的经验公式有 30 多种，我国常用下面的霍兰德（Holland）公式进行计算：

$$\Delta H=\frac{\omega_0 D}{u}\left(1.5+2.7\frac{T_s-T_a}{T_s}D\right)=\frac{1}{u}(1.5\omega_0 D+4.1\times10^{-5}Q_H) \quad (6\text{–}10)$$

式中　D 是烟囱出口内径，m；ω_0 是烟气出口速度，m/s；T_s 是烟气出口温度，K；T_a 是环境空气温度；K；Q_H 是烟气的热排放率，J/s。考虑到大气稳定度的影响，霍兰德建议在不稳定条件下，ΔH 比上式增加10%~20%，稳定时减少 10%~20%，而在稳定度中性时：

$$\Delta H=（1.5\omega_0 D+9.79\times10^{-5}Q_H）/u \qquad（6-11）$$

6.4.5　烟囱高度的作用和设计计算

1）烟囱高度对排放的有害物质的扩散、稀释以及降低有害物质的落地浓度具有重要作用，同时也是改善污染地区的大气质量的有效措施。

从前面所介绍的高斯扩散模型来看，有害物质的浓度和烟囱有效高度的平方成反比。我们已知烟囱有效高度等于烟囱高度与抬升高度之和，因此，烟囱高度对降低有害物质的浓度作用较大，有害物质浓度降低反映其在大气中扩散和稀释较为充分。烟囱高度的变化对降低有害物质落地浓度的关系可用图 6–6 说明。

图 6–6 中左面象征性地画出了两个高度不同的烟囱，实线是低烟囱高度，虚线是高烟囱高度。右面两条曲线，实线曲线是代表低烟囱排放有害物质的最大落地浓度在下风向的变化情形，虚线代表高烟囱排放有害物质的最大落地浓度在下风向的变化情形。高烟囱和低烟囱对应的曲线是指在已定的某一气象条件下的。从图 6–6 两条不同高度的烟囱引起的下风向地面有害物质的浓度变化曲线可看出：烟囱向下排放有害物质的浓度是随烟囱的不同高度而变化，高烟囱排放有害物质的浓度都比低烟囱小，仅在离烟囱很长一段距离时两条曲线才渐趋接近，变平稳而重合。烟囱排放有害物质的最大落地浓度位于比较远的距离，且在此位置上仍比低烟囱排放有害物质的最大落地浓度小，即

$$X_m（H_2）> X_m（H_1）$$
$$C_m（H_2）< C_m（H_1） \qquad（6-12）$$

因此，高烟囱不是将排放有害物质的浓度由近处转移到远处，而是在烟囱的下风向约 10km 之内，高烟囱排放有害物质的浓度，不管远近处都降低了。图 6–6 中表示有害物质的浓度随烟囱高度不同的变化规律，是在特定的气象条件下，但也适用于其他气象条件。以上是高烟囱稀释有害物质的基本原理。

建造高烟囱排放有害物质，对稀释有利，但是，烟囱达到一定高度后再提高高度，对降低地面有害物质的浓度作用不大，而烟囱的建造费用随高度的增加却急剧增加。原因是建造高烟囱时烟囱的基础工程加大，建筑材料和施工的费用增多，显然应合理确定烟囱高度。

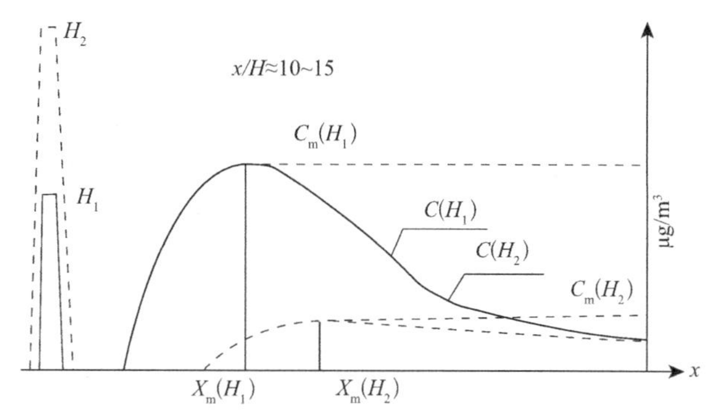

图 6–6　不同高度的烟囱在地面处有害物质浓度分布

2）烟囱高度计算公式

规划设计中应合理设计烟囱的高度，即要在改善大气质量符合我国环境规定的大气质量标准和各地区性质的要求的前提下选择烟囱高度，使其建造费用最小。为达到这个目标，可按下列公式计算烟囱高度：

$$C_m+C_b+C_{未来}=C_{最高允} \tag{6-13}$$

式中 C_m——最大落地浓度；

C_b——背景浓度，即指小烟群产生的有害物质浓度或已经发生的污染浓度等。

$C_{最高允}$——大气质量标准允许浓度，如果说不考虑未来由于新建工程而增加的有害物浓度，则可以用下面公式计算烟囱高度。

$$h=\frac{2Q}{\pi eu(C_{最高允}-C_b)}\cdot\frac{\sigma_z}{\sigma_y}-\Delta H \tag{6-14}$$

式中各字母的意义同前，σ_z/σ_y 可由 $\sigma_y=\sigma_x b_m$ 和 $\sigma_z=c_x d_m$ 计算，也可按 $\sigma_y=2\sigma_z$ 进行简化计算。扩散系数一般选择稳定度E类，原因是在大气稳定时，烟气最不利于扩散、稀释。平均风速 u 的选择，一般有两种方法：一种是选取盛行风向（年风向频率最大风向，下同）的年平均风速；另一种是选取盛行风向的危险风速 u_c。危险风速是使污染源出现绝对最大落地浓度时的风速。危险风速决定于排烟参数，即与烟囱高度、烟气排出速度及烟气热排放率有关。烟囱高、抬升小的危险风速值小，反之危险风速就大，平均风速如果选取危险风速，则上式可改写为：

$$h=\frac{2Q}{\pi eu_c(C_{最高允}-C_b)}\cdot\frac{\sigma_z}{\sigma_y}-\Delta H \tag{6-15}$$

两式不同的地方是：（6-14）式是按最大落地浓度计算烟囱高度，（6-15）式是按危险风速出现绝对最大落地浓度计算烟囱高度，实际上它们的差别就在于选取不同的风速，即是年平均风速和危险风速。按前者计算烟囱高度，表示在某一平均风速下的最大落地浓度不会超过规定的最高允许浓度的控制值。但当实际风速小于或等于该风速时，其地面的浓度就会超过最高允许浓度的控制值。按后者计算的烟囱高度，表示可以保证任何风速时的地面浓度都不会超过最高允许浓度的控制值。但是在实际设计中既要考虑环境问题，又要考虑经济问题，因为按危险风速设计烟囱高度值高于按年平均风速设计烟囱高度，这样会增大投资。另外，年平均风速是按风向频率最大选取的，又选取稳定度E类，按其计算最大落地浓度的保证率基本符合最高允许浓度控制值。危险风速是盛行风向的风速，一般较大，所以按（6-14）式计算烟囱高度是比较经济合理的。

3）应注意的问题

（1）烟气出口速度 ω_0

烟气从烟囱口喷出时有一定的速度，以保证在风速大的情况下不致降低烟气的抬升高度而造成烟囱的下风向附近出现局部地方有害物质浓度过高。因此在设计时，烟气出口速度 ω_0 与烟囱高度处平均风速 u 的比值至少大于 1.5，即 $\omega_0 > 1.5u$。

（2）烟囱高度与附近建筑物高度的关系

烟气从烟囱口喷出，随着水平风力的输送和大气湍流的扩散，使烟气流向附近的建筑物，如果烟气流的高度太低，则烟气流就会直接掸击到建筑物的迎风面，使烟气流经建筑物的窗户流到建筑物内，造成建筑物内污染，若烟气流贴近建筑物顶部流过，这样在建筑物的背风面就会形成低压区，使部分烟气在低压区就地打转，造成高浓度污染。为了避免这两种现象的出现，要求在大约等于烟囱高度的 20 倍的距离范围内，烟囱高度应高于在此范围内的建筑物高度的 2.5 倍。

6.5　控制大气环境污染的规划设计原则

控制城市环境大气污染，可以采取很多不同的措施。如改变燃料结构、采用新式锅炉和工艺，采取高效的消烟除尘措施等。还可以通过合理布置建设用地，在城市建设的各个阶段都充分考虑环境问题等方法，这些都与本课程有密切的关系。在城市规划，小区规划及建筑和总图设计中，在综合考虑了气候特征、水文地质特征、建设规模等因素的基础上，为控制和减轻大气环境污染，还应掌握下面几条原则。

6.5.1　选择合理风象污染指标

所谓“风象”，是一个地区风向、风频和风速的综合。风向、风频和风速对防止大气环境污染都有重要意义，必须考虑他们的综合影响。按过去的主导风向原则进行城市规划和建筑设计，除了与我国许多地区的风向分布实际不符外，还有一个严重的失误，就是仅仅考虑了风向和风频而未考虑风速的影响。例如，某地区西北风的风频为 30%，平均风速为 4m/s；而东风的风频为 25%，平均风速为 3m/s，那么能否认为频率较大的西北风下风侧污染就比东风下风侧污染严重呢？显然是不能的。为此，国内外研究与工程技术人员提出了数种综合考虑风对污染影响的参数——风象污染指标，下面简单介绍几种：

1）污染系数

一个地区某一方向（一般选 8 个方向或 16 个方向）的污染系数，是指该方向的风向频率与平均风速的比值，即

$$P_i = \frac{f_i}{u_i} \quad i=1，2，\cdots，8 \text{ 或 } 16 \qquad (6-16)$$

式中　P_i——第 i 个方向的污染系数；

f_i——第 i 个方向的风向频率；

u_i——第 i 个方向的平均风速。

求出每个方向的 P_i 值，以 P_i 代替 f_i 进行规划布局，可以更好地控制大气环境污染。具体布置格局和功能区划分，仍可按第 5 章图 5–13 形式

设计。

关于（6−16）式中 f_i 和 u_i 值的选取，按 GB 8340—83 的规定，取最近 5 年的统计平均值。表 6−15 是某城镇的风象分析表。

根据污染系数小表示该方位下风侧污染轻的概念，则排放污染的工业区应在该城镇的西部，居住区布置在东部。

2）污染风频

上述污染系数概念是从前苏联引进来的，他虽比不考虑风速对大气污染的影响前进了一步，但还很不完善。一是量纲不对，二是对于静风时污染系数为无限大，与实际不符。杨吾杨先生等对污染系数的定义式进行了修正，提出了新的风象污染指标——污染风频。一个地区某方向的污染风频由下式表示：

$$f_{pi}=f_i\cdot\frac{2u_0}{u_0+u_i} \qquad (6-17)$$

式中 f_{pi}——i 方向的污染风频，%；

f_i——i 方向的风向频率，%；

u_i——i 方向的平均风速，m/s；

u_0——该地区各方向平均风速，m/s。

上面参数取值方法与污染系数的取值方法相同。按（6−17）式计算表 6−15 各方位 f_{pi} 并列于表中最后一行，比较 f_i 和 f_{pi} 二者表示的物理特性基本一致，只是 f_{pi} 比 f_i 更完善一些。

3）风象频率

张景哲教授认为，平均风速是一个抽象概念，大气污染程度是依实际风速变化的，例如 1~2m/s 的微风，小风极易产生污染，对环境来说属于危险风速；而 7~8m/s 以上的风速产生大气污染的可能性极少，可忽略不计。如果将上述两种意义相差悬殊的数字加以平均，很可能掩盖环境污染的真相，因而提出了按实际风速绘制风象频率图的见解。其方法是：采用多年气象统计资料，将风速分为 8 个等级（静风除外），1~7m/s 的风速每递增 1m/s 为一个等级，大于 8m/s 的风速为最后一级。然后按 16 个方位（或 8 个方位），分别统计每个方位每级风速出现的频率，并将数据标在有坐标的图上或者表格中，表 6−16 即为芜湖市多年气象资料统计的风景频率表。

分析表 6−16 中的数据，通过比较极易产生污染的 1~2m/s 的微风在不同风向时的出现频率，可以看出东风的频率最高，达到了 5.8%，而且东风和东北风在 1~4m/s 风速范围内的出现概率都明显大于其他风向，故可以认为芜湖市可能导致严重大气污染的是 2m/s 左右的东风，次为 3~4m/s 的东风和东北风，对空气有污染的工业企业不宜布置在上述风向的上风侧。

在工程设计具体使用时，还可根据表 6−16 计算出每个方向每级风速下的污染风频值，然后将每个方向的污染风频率叠加得出各方位的 f_{pi}，再按前述方法进行城市功能区的布置。

某城市风象分析表　　　　表 6–15

项目名称	风向									
	N	NE	E	SE	S	SW	W	NW	C	全年平均
风向频率	16	9	3	6	15	13	4	11	22	—
平均风速	3.2	2.4	1.5	1.9	2.6	2.6	3.5	4.1	0	2.6
污染系数	5	3.8	2	3.2	5.8	5	1.1	2.7	8	—
污染风频	14.2	9.4	3.7	6.9	15	13	3.4	6.9	44	—

注：表中 C 表示静风情况

芜湖市风向频率（%）　　　　表 6–16

风向	风速（m/s）							
	1	2	3	4	5	6	7	>8
N	0.9	2	1.5	1	0.6	0.3	0.2	0.19
NNE	0.61	1.4	1	0.6	0.3	0.14	0.1	0.09
NE	1.4	3.4	2.7	1.6	0.86	0.4	0.3	0.2
ENE	1.3	3.7	2.7	2.2	1.1	0.6	0.4	0.2
E	2.4	5.8	4.8	3	1.9	0.8	0.6	0.2
ESE	1.2	2.2	1.4	0.96	0.6	0.2	0.99	0.6
SE	1.5	2.4	1.4	0.6	0.5	0.2	0.5	0
SSE	0.75	0.98	0.4	0.1	0.5	0.02	0	0
S	0.97	1.4	1.6	0.2	0.07	0.02	0	0
SSW	0.5	0.8	0.4	0.2	0.04	0	0	0
SW	0.97	1.8	1.2	0.7	0.23	0.13	0.16	0.09
WSW	0.5	1.3	0.9	0.6	0.4	0.2	0.2	0.1
W	0.8	1.8	1.4	1	0.68	0.33	0.24	0.14
WNW	0.32	0	0.7	0.4	0.3	0.1	0	0
NW	0.97	1.2	1.2	0.7	0.5	0.2	0.2	0.1
NNW	0.3	0.8	0.6	0.4	0.2	0.07	0.08	0.04

4）污染概率

张景哲等人认为污染源排放量不变的情况下，污染物排放大气后能否造成大气环境污染，除与风有关外，还与大气稳定度、降水强度、大气热力湍流等因素有关，因此提出以污染概率这一新物理概念代替前述风象污染指标。在确定一个地区不同方位的污染概率时，先确定每个方位的污染指数：

$$I_i = \frac{S \cdot P_r}{u \cdot h} \qquad (6\text{–}18)$$

式中　I_i——风的污染指数；

S——大气的稳定度相对值，见表 6–17；

P_r——降水量相对值，见表 6–18；

u——风速相对值，见表 6–19；

h——湍流混合层厚度相对值。

显然 I_i 亦为无量纲的相对值，在源强不变条件下，I_i 值愈大表示污染愈严重。式（6-18）中各量可由各表确定。

大气稳定度的相对值 **表 6–17**

稳定度等级	A	A-B	B	B-C	C	C-D	D	D-E	E
相对值	1	1.5	2	2.5	3	3.5	4	4.5	5

不同降水强度下降水的相对值 **表 6–18**

降水强度（mm/12h）	0	0.1-4.9	5-14.9	>15
P_r	0.3	0.2	5	6

不同风速下污染物输送扩散速度的相对值 **表 6–19**

风速（m/s）	1	2	3	4	5	>6
相对值	1	2	3	4	5	6

混合层厚度与大气污染程度成反比，并且随着季节、昼夜不同而变化。据国外研究表明，城市混合层厚度一般是白天比夜间约大 1 倍，夏季比冬季约大 2 倍，风速大于 6m/s 或阴天（云量 8~10 级）时，白天混合层比晴 - 多云或风速小于 6m/s 时略低，夜间略高。混合层厚度相对值见表 6–20。

城市混合层厚度的相对值 **表 6–20**

晴 - 多云（云量 0~7 级）或风速小于 6m/s			阴天（云量 8~10 级）或风速大于 6m/s
季节	白昼	夜间	白昼 - 夜间
夏	6	3	4.5
春、秋	4	2	3
冬	2	1	1.55

关于地面风速值的确定，除了可以采取仪器测量和查表等方法外，还可能采取观测方法，然后根据表 6–21 确定风速大小。

观测法确定风速 **表 6–21**

风力等级	陆地上面物征象	相当风速（m/s）	
		范围	中数
0	静、烟直上	0.02~0.2	0.1
1	烟能表示风向、树叶略有摇动	0.3~1.5	0.9
2	人面感觉有风，树叶有响，旗子开始飘动，高草和庄稼开始摇动	1.6~3.3	2.5
3	树叶及小枝摇动不息，旗子展开，高草和庄稼呈波浪起伏	3.4~5.4	4.4

续表

风力等级	陆地上面物征象	相当风速（m/s）	
		范围	中数
4	能吹起地面灰尘和纸张，内陆的水面有小波浪，高草和庄稼波浪起伏明显	5.5~7.9	5.7
5	有叶的小树摇摆，内陆的水面有波浪，高草和庄稼不时倾伏于地	8.0~10.7	9.4
6	大树枝摇动，电线呼呼有声，撑伞困难，高草和庄稼不时倾伏于地	10.8~13.8	12.3
7	全树摇动，大树枝弯下来，迎风步行感觉不便	13.9~17.1	15.5
8	可折毁小树枝，人迎风前行感觉阻力甚大	17.2~20.7	19.0
9	草房遭受破坏，屋瓦被掀起，大树枝可折断	20.8~24.4	22.6
10	大树可被吹倒，一般建筑物遭破坏	24.5~28.4	26.5
11	大树可被吹倒，一般建筑物遭严重破坏	28.5~32.6	30.6
12	陆上少见，摧毁力极大	>32.6	>32.6

通常公式（6–18）用气象台站定时观测的云量（采用总云量）、风向、风速、降水量和降水起迄时间的记录值计算。这些记录值可以从地面气象观测月报表中查取，采用卡片计算。每次观测值用一张卡片，风的污染指数计算卡片形式如图 6–7。

风的污染指数计算卡片

年　月　日　时（白天、夜间）风向

春、夏、秋、冬总云量　降水　风速

1.晴天、多云、阴天

2.稳定度　稳定度相对值

3.降水相对值

4.风速相对值

5.混合层厚度相对值

6. I=×/×=

图 6–7　风的污染指数卡片

每张卡片计算出 I_i 值，I_i 值的大小就表明在每次观测时的天气条件下，可能出现污染的污染程度表达值。根据北京、呼和浩特和长沙 1978 年的资料统计分析，凡出现降水时，I 值一般很小，最大值不超过 0.80。因此将 $I \leqslant 0.80$ 归于大气清洁类型，$I > 0.80$ 归于大气污染类型。利用各风向 $I > 0.80$ 的所有污染指数值，按下列公式即可计算出各风向的污染概率：

$$F_i = \frac{\sum_i^n I_i'}{\sum_i^N I_i'} \times 100\% \qquad (6\text{–}19)$$

式中　F_i 为污染概率，下标为风向，分 16 个方位；I_i' 为 I 值大于 0.80 的污染指数；n 为某一风向 $I > 0.80$ 出现的次数；N 为各风向 $I > 0.80$ 出现次数的总和。

污染概率的优点在于他把不造成大气污染那部分风除去了，仅考虑可能造成大气污染的那部分风。同时，他不仅仅考虑每一风向可能造成大气污染的风的频率，同时也考虑到每个风向可能出现污染的程度。

从根据 1978 年资料计算出的北京，呼和浩特和长沙该年各风向的污

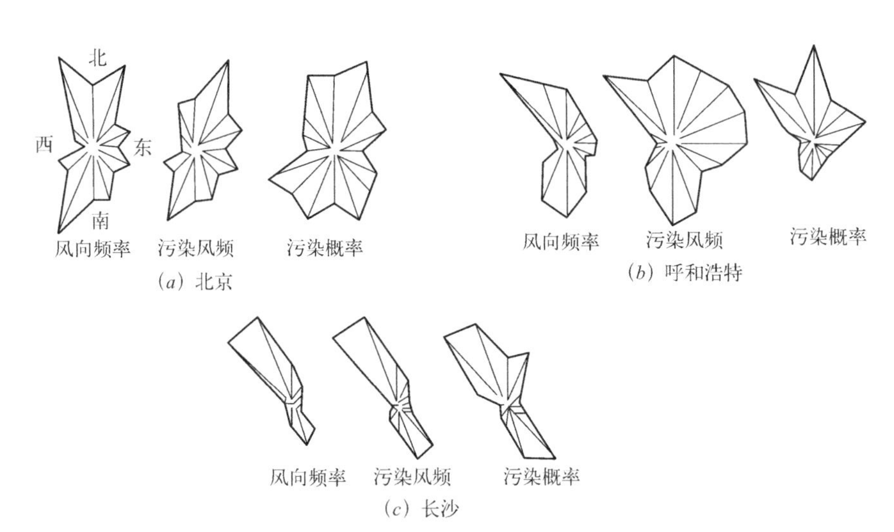

图 6–8 风向频率、污染风频和污染概率玫瑰图

染指数、污染概率和污染风频，加以换算后所画出的 3 个站的污染概率风玫瑰图和常规玫瑰图以及污染风频风玫瑰图（见图 6–8*a*，*b*，*c*）看来，各站的污染概率风玫瑰与后二者之间是有明显差别的。故建议在进行城市规划时，需要对 10~20 年或更长一点时间的资料进行计算，给出污染概率风玫瑰图，以对城市工业作出合理的布局。

6.5.2 正确处理地形地物与污染的关系

（1）山间盆地全年静风、小风多，且常发生地形逆温和辐射逆温。逆温强度远大大于平原，不利于气体向外扩散。图 6–9 所示为美国的密契尔电厂（装机容量 160 万 kW），厂区周围有相对高度为 200m 的山丘，盆地内又有居民区，如果采用低的烟囱，则一方面烟流总量被周围山丘围在盆地以内。另一方面受到逆温层的“盖子”压住，也不能向高空排出。于是，采用了高 h=360m 的大烟囱。这样一来烟囱出口高出逆温层顶和周围山丘，能顺利地向外扩散烟流。显然，周围山丘较高的盆地，是不适合设置有污染的工厂的。

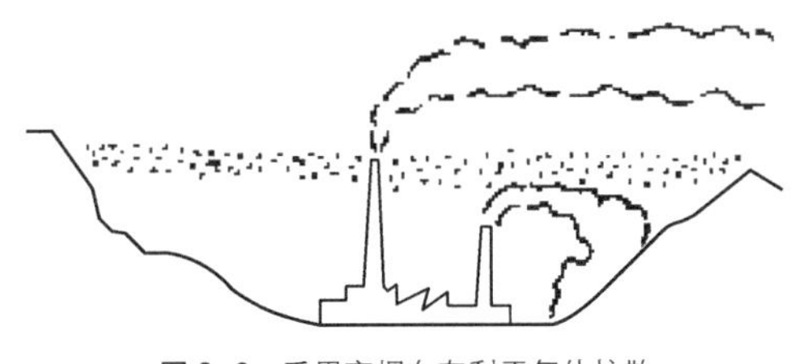

图 6–9 采用高烟囱有利于气体扩散

（2）沿海地区或大型内陆水域周围地区，因有海（湖）陆风形成的日变型局地环流。在规划中应注意不要采用图 6–10（*a*）所示布局，因为将污染源与居住区二者平行沿海岸布置，势必受海风影响而造成对居住区的污染。

日本将其大部分工业沿海岸线布置，这当然有许多好处，但与此同时在与海相对的山坡地处的商业及居住区，受到严重污染。如果采用图 6–10（*b*）的布置方式，则因海陆风总是大体上垂直于海岸线

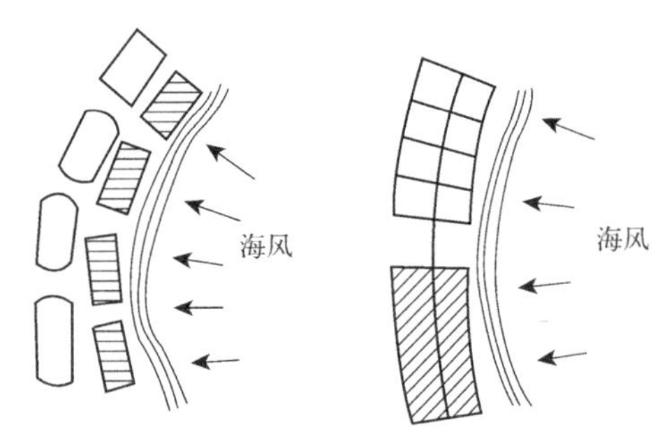

(*a*) 居住区受污染　(*b*) 正确的布置方式

图 6–10 沿海地区工业与居住用地的布置

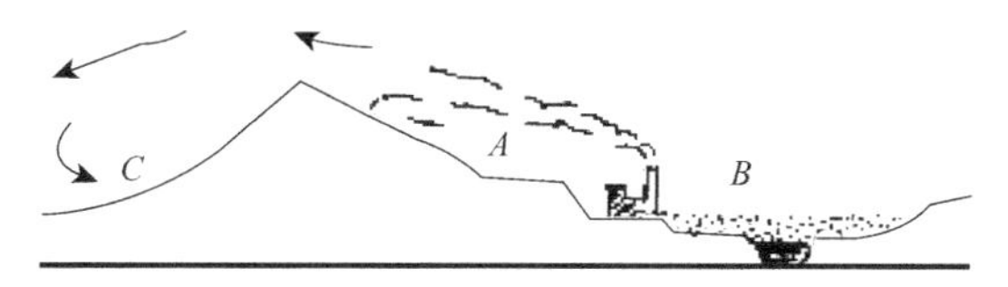

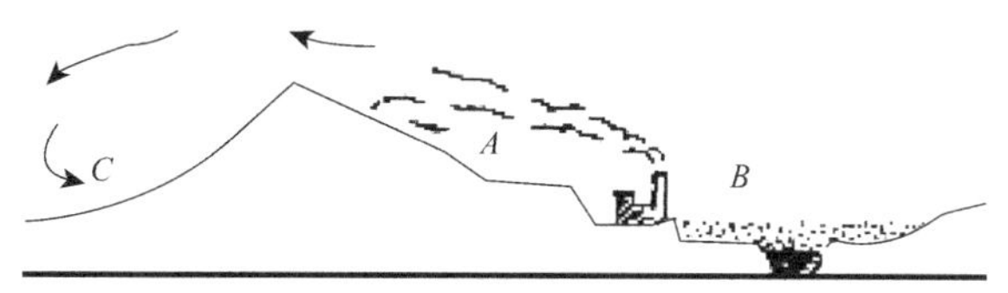

图 6–11 山丘一侧对另一侧的污染

方向，是不会形成污染的。

（3）当山丘一侧（如图 6–11 中的 *C* 点）已有居住或其他生活区时，在另一侧建造有污染的工业，就必须考虑烟流在经过山丘后，恰好在居住区形成下旋涡流所可能带来的污染。

（4）烟囱高度与其周围建筑物或其他地物的关系，对烟气扩散有直接影响。一般地说，在烟囱高度 20 倍的范围以内，不应布置高大建筑。我国规定烟囱的高度不得低于其附属建筑高度的 1.5~2.5 倍。有资料表明当烟囱高度超过其近旁建筑物高度的 2.5 倍时，烟气的扩散就不会受到近旁建筑物的涡流影响，不会造成烟气下沉污染。反之，如烟囱不够高，就会像图 6–12（*a*）所示那样，产生污染。

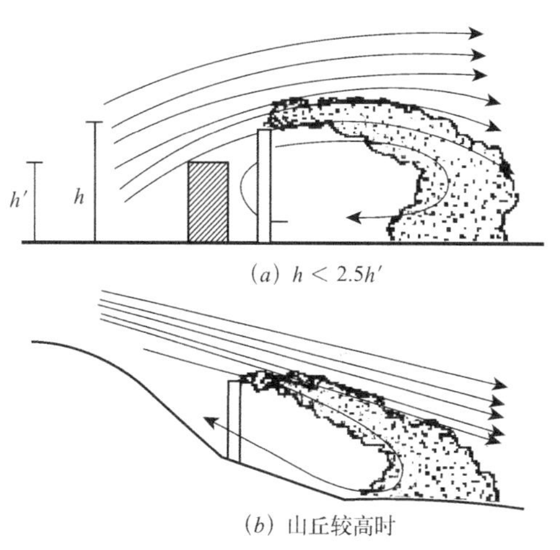

（*a*）$h < 2.5h'$

（*b*）山丘较高时

图 6–12 烟囱高度与附近地形地物关系

由于同样的理由，在地形起伏的丘陵地区，如果周围大约 2km 范围内的地形没有高过烟囱顶部的，那么一般来说，烟气是能够顺利扩散的。反之，则也会产生如图 6–12（*b*）所示的倒灌式污染。

6.5.3 加强城市绿化建设

城市绿化是城市建设中的一个重要组成部分，绿地改变了城市下垫面的性质，因此，它在改善城市气体条件、保护环境上起着重要作用。在进行城市园林绿地系统规划时，必须参考当地城市气候特征，因地制宜，才能取得良好的效果。

1）城市绿化的功能

（1）净化大气环境

在建筑物内及周围栽种植物，能改善城市热、风、噪声等环境。植物对空气的净化作用，如植物通过光合作用同二氧化碳和土中细菌的降解作用都被报道过。城市空气中二氧化碳浓度较大，对人体健康不利，植物在光合作用时，吸收空气中的二氧化碳和土中的水分，合成葡萄糖并把氧气释放出来。用化学反应式表示：

$$6CO_2 + 6H_2O \xrightarrow[\text{叶绿体}]{\text{日光}} C_6H_{12}O_6 + 6O_2 \uparrow$$

植物的呼吸作用会吸收氧气，排出二氧化碳。但是植物的光合作用要比植物的呼吸作用大 20 倍，因此植物是大气中二氧化碳的天然消费者

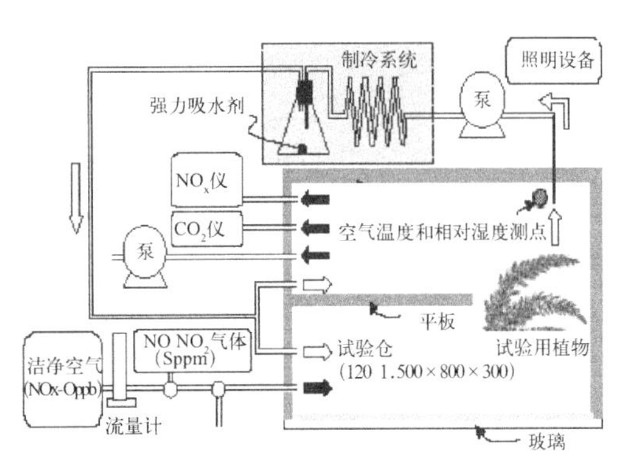

图 6–13　大气实验室示意图

和氧气的创造者。据估计 1ha 的阔叶林，在生长季节，每天约消耗 1t 二氧化碳，释放 0.75t 氧气。如以成人每天呼吸需要消耗 0.75kg 氧气，排出 0.9kg 二氧化碳计，对城市居民来说，每人平均 $10m^2$ 的森林面积，就能得到充足的氧气供应，并足以清除掉呼出来的二氧化碳。

树木还以其特有的生理功能，通过叶片上的气孔和枝条上的废孔吸收有害气体（当然不能超过其所忍受的浓度），积累于某一器官内，或由根系排出体外。许多树木对二氧化硫和氟化氢等就有吸收净化作用，如垂柳、悬铃木、广玉兰、桂花、茶花、香樟、大叶黄杨和美人蕉等具有较强的吸硫能力。1ha 杉树每年吸收 720kg 二氧化硫。

密生刺柏（帝王柏）常被用于作为建筑物的外墙植物。Shuji Fujii 等人选择它与攀缘植物中的常春藤在如图 6–13 所示的大气实验室内进行分析研究，二者都有地上的绿色部分和土壤下的根系部分。为了能够测量植物对 NO_x 的吸附作用（吸收和解吸），根和土壤部分被事先用聚乙烯氟化物（PVF）包起来。

因为 CO_2 导致温室效应，NO_x 至今还没有令人满意的环境标准。Shuji Fujii 等人将 CO_2 和 NO_x 作为实验污染物来研究调查城市植被对空气的净化作用。图 6–14 显示了通过一天的测量得出的室内 CO_2 吸收和释放的变化。由结果可知，由于光合作用，植物周围白天 CO_2 浓度降至 200ppm，低于背景环境的浓度。从吸收到释放的转换发生频繁。夜晚的呼吸作用使浓度增高。

植物对 CO_2 的吸收源于光合作用，不同季节太阳辐射强度不同，因此，植物对 CO_2 的吸收率与季节关系密切，通常夏季 CO_2 吸收率是 11.0mg/（m^2·min），秋季为 6.5mg/（m^2·min），冬季为 1.8 mg/（m^2·min）。

研究结果表明植物对 NO_x 移除机制是基于叶片的物理吸附，对 NOx 移除不是通过光合作用对 NO_x 吸收，而更多的是由于叶面表面的吸附作用。环境温度和照度与 NO_x 吸附量的关系见图 6–15。对温度来说，植物和土壤部分都显示出 NO_x 吸附量减少的趋势，如图 6–15 所示，当温度升高时，NO_x 吸收 / 释放呈线性降低。就照度而言，随照度增强，NO_x 吸附量呈降低趋势，因此，植物对 NO_x 的吸附量因环境温度和照度的增大而减少。

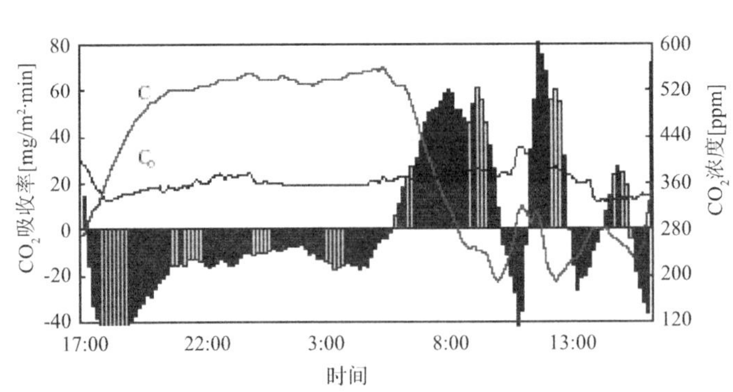

图 6–14　植物周围 CO_2 吸收和释放的变化

植物既可以通过光合作用吸收也可以通过叶片吸附环境中的污染物。树木树叶茂密，其叶面面积加

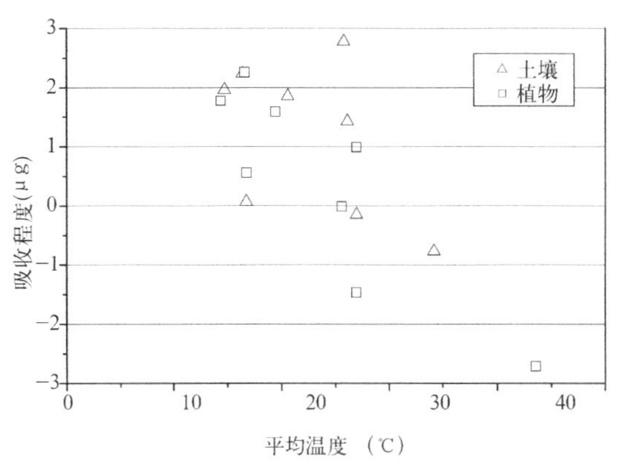

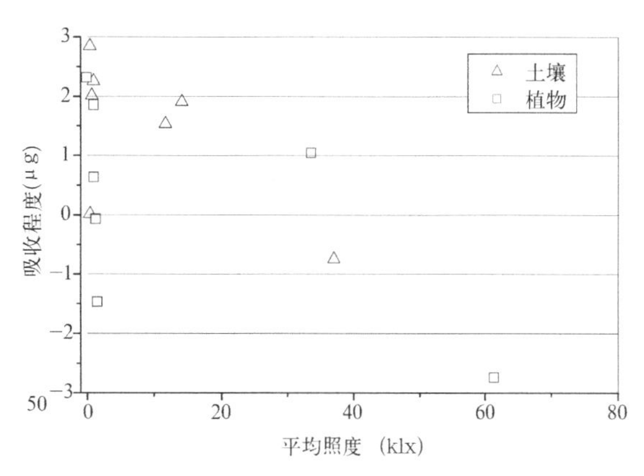

图 6–15　NO_x 吸附与环境温度和照度的关系

起来超过树身占地面积的 60~70 倍。一般叶片、树枝表面比较粗糙，有的叶面还有茸毛，因此能阻滞、过滤和吸附空气中的烟灰粉尘。据测定，绿地中的空气含尘量比街道上少 1/3~2/3，铺草皮的足球场比未铺草皮的足球场其上空含尘量减少 2/3~5/6。树木犹如空气的过滤器，使混浊的空气通过绿地净化。绿地的过滤作用，也因树木品种不同而有很大的差异，一般以叶大、叶面粗糙多毛而带有黏性者最好。如榆树的净尘力比杨树高 5 倍。

（2）改善城市小气候

城市绿化对改善城市小气体条件起着十分显著的作用。它能调节气温、增加空气浓度、减低风速，对人体健康十分有利。

绿化地带特别是树木，夏季能使气温降低，冬季则略有升高，并可以增加空气湿度。据实测一株普通的白杨树夏季白天每小时可由树叶蒸腾出 25kg 的水分。根据这个数字在 1ha 的土地上，种 2500 株杨树，则夏季每天可蒸腾 750000kg 的水分，就可以大大改善干热城市的空气湿度和降低气温。此外，在夏季绿化地带也有明显的遮阳作用。草地上的草可以遮挡 80% 左右的太阳光线，茂盛的树木能挡住 50%~90% 的太阳辐射热。

城市绿化还可以减低气流速度。在绿树丛中，即使林外风速很大，林内还是相当平静的。这是因为气流进入树丛时，由于与树干、树枝和树叶的摩擦，消耗了动能，风速，因之锐减。

绿化地带不仅能减低风速，还能促使空气对流，如前所述，大片绿地和周围无树空地之间是有一定温差的。当大的天气形势是平静无风时，这种气温梯度能导致一定的气压梯度。绿化地带的较冷空气可以 1m/s 的速度流向非绿地化地区，产生局部小环流。在夏季这种微风使城市居民感到轻松凉爽。

（3）改善城市声环境

绿化地带对噪声具有较强的吸收遮挡能力，加强绿化建设可以大大降低城市的噪声污染（详见下章）。

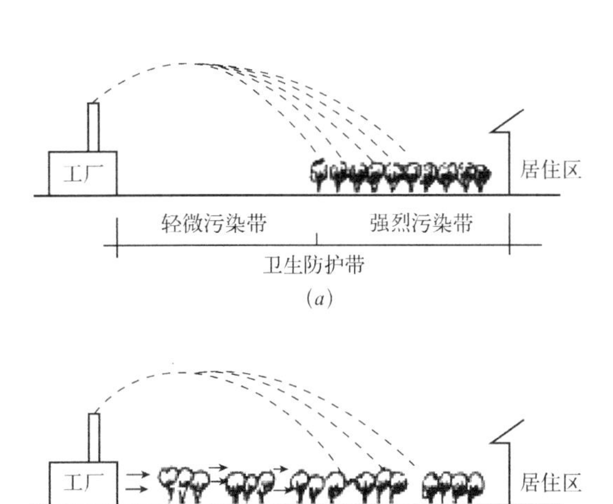

图 6–16　工业卫生设防绿地的布置方式

城市绿化还能防风沙、促降水、防水灾、降低放射性污染，并且具有观赏、美观、经济价值等许多功能，可以说绿化建设是百益无害的建设，在此不一一列举，请参考有关专业书籍。

2）发展城市卫生防护林带

关于城市园林绿地的分类、定额指标及规划布置方法，请参考《城市规划原理》等课程。这里仅从控制城市大气环境污染的角度讨论卫生防护林带的布置和设计。

如前所述，烟囱下风侧污染浓度最大值一般出现在有效高度 H_e 的 10~15 倍远的地方。由于卫生防护林带是靠带内特殊的树和立体化的布置方式对有害气体、烟尘污染的吸收、阻滞作用来控制和减轻大气污染环境，所以在污染最为严重的区域，设置防护林带将是最必要最有效的（图 6–16*a*）。如果除烟囱排放烟尘外，同时还有直接从厂区散发出来的污染物，沿图 6–16*b* 中水平箭头指示方向扩散，则应采取疏密结合或由疏到密的绿地结构（图 6–15*b*）。

我国现行的卫生防护地带按工业性质和规模，分为 1000、500、300、100、50m 等 5 级。在城市布局中，究竟采用什么等级？防护带中的绿地如何布置？要因地制宜，必须视工业区的性质、规模、排放特点、地形、城市中用地状况等具体条件而定。

在地形复杂的丘陵河谷地区，利用山脊、河流等天然屏障作防护带，还要求因地制宜地布置，不要盲目植树造林。例如居住区位于低处时，在周围高处或气流通道植树造林，会加速有害气体聚积的危险，非但起不到防护作用，反而加重居住区的污染。有些城市用地紧张，然而又必须设置防护林带时，为了有效利用土地，在防护带内可布置一些不怕污染的项目，如仓库、小型的无害工业、不受大气污染影响的农作物等等。

6.5.4　发展区域集中供热供冷

发展区域供冷，集中采暖，对防止大气污染亦具有很好的效果。过去城市里家家户户做饭、取暖都使用炉灶，规模虽小，数量众多，是不可忽视的大气污染源。与大型锅炉相比，小炉灶耗煤量大，热效率低，排放的烟尘最多。据研究，同是 1t 煤，在分散的小炉灶中使用比在集中的大型锅炉中使用，产生的烟尘多 1~2 倍，飘尘多 3~4 倍；加之小炉灶烟囱矮，烟尘就近散落在居住区内，更加剧了空气污染的危害性。采用区域供热，取代小型的分散炉灶，即在一个较大的区域范围内，利用集中的热源，向周围的工厂、住宅、公共建筑供应生产、生活采暖用热，不仅可减轻大气污染，而且还便于采用先进技术除尘、脱硫，合理使用燃料，提高热效率，节约能源。引进地区集中供冷供热可以改善城市物理环境，主要表现在以下几方面：

（1）提高能源利用效率

河水、海水等自然能源、垃圾焚烧排热或者下水的热能等城市排热、热电联产的排热等未利用能源都可以被灵活使用，由于规模大，不仅容易引进高效率的热源系统，而且由于热源集中，也易于运行管理的高效率化，因此区域集中供冷供热能够有效地利用能源。

（2）减少环境污染

通过有效地利用能源，便于引进高新技术来减少污染物质的排放，也可以大幅度削减造成地球温室效应的 CO_2 排放量，减少 NO_X 和 SO_2 等有害气体排放量，此外，还能够削减伴随着能源消耗的排热量，对防止城市热岛效应也是有效的。总之，地区集中供冷供热对保护地球环境、改善城市物理环境都能作出应有的贡献。

（3）提高城市的防灾功能

通过对燃料设施的集中，在高效率的管理系统之下运行，发生火灾概率就会减少。此外，对需要进行供热的地区也容易引进热电联产系统，引进热电联产系统不易受停电的影响，可以保证电力的连续不断地供应。区域集中供冷供热所设置的蓄热槽，在紧急状态时可以作为消防用水和生活用水。从这个方面来讲，也提高了城市的防灾功能。

（4）提高城市生活的环境质量

使用多样性的能源，通过高效率管理运行，可以在一天 24 小时内提供高度可靠、高质量的能源。此外，成为地区集中供冷供热用户的建筑物不需要安放冷却塔，避免了在每个建筑物上设置冷冻机、锅炉等热源设备对城市景观造成的不良影响。

在欧美地区集中供冷供热有百年以上的历史，已经成为城市基础设施不可缺少的部分。在日本也已经有 149 个地区引进了地区集中供冷供热系统。在实现能源的有效利用和城市防灾方面，这些城市的地区集中供冷供热是不可缺少的系统。例如集中供冷供热的主要能源在北欧及德国为发电站产生的低品位热能，在巴黎为垃圾排热等。各城市虽然各具特征，但都是建设在大规模的供冷供热网络的基础上的。赫尔辛基市的广域供热网络中，总长度约为 25km 的被称为实用隧道建在地下 50m 的坚固岩石内，从郊外的热电联产发电厂向市中心供热，暖气设备和热水器所需的 90% 以上的热量都是依靠他来供应的。此外，离哥木哈根市区 30km 以上的郊外地方都有供热管道连接。我国目前区域集中供热系统发展较为成熟，区域集中供冷系统普及程度尚有待提高。发展区域供热必须因地制宜，根据城市的性质、规模、气候特点，燃料结构等条件采取相应的措施。区域供热通常有两种方式。一种是配合工业对电、热、汽的要求，在城市边缘或负荷中心建立热电厂，利用发电以后的乏汽供

工厂、居住区使用。例如莫斯科市有大小热电厂11座，向2万余栋建筑和200个工厂供热。北京市分别在城区东、西边缘建设了两座大型热电厂。另一方式是在新建的居住小区或规模较大的机关、团体、学校建立中心锅炉房，采用效率高、有除尘设备的大型锅炉，向成片住户供暖。一般地说，城市楼房比重大，城市布局集中紧凑，对区域供热、集中用暖较为有利。

6.6 建筑物附近的空气污染特征

建筑物附近是人们的主要户外活动空间，这里的空气品质不仅影响到人们户外活动期间的呼吸质量，也直接关系到自然通风房间的室内空气质量。由第4章建筑风环境的论述可知，在风象条件和建筑物布局的共同作用下，建筑物周围出现气流卷吸现象。建筑物附近的气流状况较复杂，导致污染物分布很不均匀，且与城市上空浓度分布有较大差异，而城市空气质量预报是针对城市上空平均浓度做出的，为了了解和营造出建筑物附近良好的空气品质，需要对不同污染源在建筑附近的扩散特性进行分析。图6-17是几类建筑物附近的污染物分布示意图。

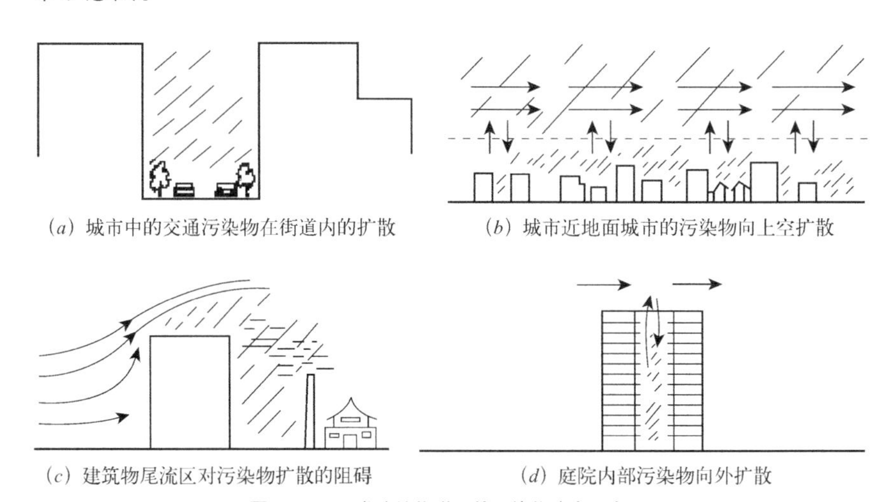

(*a*) 城市中的交通污染物在街道内的扩散　(*b*) 城市近地面城市的污染物向上空扩散

(*c*) 建筑物尾流区对污染物扩散的阻碍　(*d*) 庭院内部污染物向外扩散

图6-17　几类建筑物附近的污染物分布示意图

建筑物影响着周边的气流分布，在建筑物两侧和背风区易形成涡流。不同的气流形态导致污染物分布规律有较大差别，污染物进入建筑物附近的涡流区后，在旋涡内循环，难以逃逸；而污染物进入直流区时相对易于扩散。故通常漩涡区比直流区更易形成高浓度。

6.6.1 单体建筑特征尺寸对周边污染物浓度分布的影响作用

以下将分别就平面形状和建筑高度，分析立方体建筑和圆柱形建筑对周围浓度的影响。处于建筑上风向的点污染源产生的烟羽在建筑物附近的扩散规律是影响城市小范围区域内污染物分布的主要因素。当建筑物距离散发源位置很远处，由于烟羽的扩散断面很大，单个建筑的特征尺度已可以忽略，这时建筑群的布局成为影响污染物浓度分布的主要因素。但当污染物散发源就在某建筑物附近时，该建筑物的具体尺寸和形状对烟羽分布有着不可忽视的影响。

建筑物立面与风向垂直时，流场的一种重要特性是在靠近障碍物迎风面的近地区域形成涡，这些涡在建筑物侧壁运动，并在建筑物背风面形成一对反转的马蹄涡（见第 4 章风环境的图 4–20）。这种马蹄涡对羽流扩散有重要的影响，因为他会把建筑物表面的污染物卷入羽流中，并夹带污染物沿建筑物在近地区域横向运动。如果来流斜向吹过立方体建筑，就不会形成明显的马蹄涡，因为在迎风面转角处，气流不是形成停滞驻点，而是向两边分开。这种情况下，污染物受风向影响进一步向后方扩散。

三维立体圆柱形建筑的绕流和长方体建筑绕流有相似之处，也在圆柱体迎风面的近地区域形成马蹄涡。烟羽在圆柱体上方出现分叉，然后流线在屋顶后方汇合，又在圆柱体后方背风区分离。在圆柱体顶部迎风面边缘处也有一对尾流漩涡形成。但他侧边区域的气流分叉现象不如长方体建筑明显。由于回流区的形成主要受气流动力平衡的作用而不只是圆柱体几何因素的作用，所以有限长圆柱体后方的回流区与圆柱体半径与高的比值、气流分叉位置有关。

图 6-18 是 I·Mavroidis1、R·F·Grif.ths 和 D·J·Hall 等人进行可视化风洞试验的照片结果，照片显示了 6 个正立方体叠加建筑物尾流中的烟雾竖向混合情况，由图可以看到一定比例的烟雾沿侧壁爬到建筑物顶部。相同平面时，建筑物高度增加 n 倍，由于较高建筑物背风面气体所占的体积是较矮建筑物的 n 倍，而在背风面存在几乎同样多的污染气体，使得建筑背风面区域的平均浓度几乎是低矮建筑的 $1/n$。这说明，城市建筑高度增加，使气体扩散体积增加，从而使尾流区域近地浓度有所降低。但需要注意的是，近地区域浓度的降低是以距地面较高区域浓度升高为代价的。

图 6–18　障碍物与风向平行的可视化流场

表 6–22 为不同大气稳定度条件下，立方体建筑、圆柱形建筑下风向 $0.5H$ 和 $3.0H$ 处的浓度测量值。可以看到一个立方体时 $0.5H$ 处回流区的浓度大约为两个叠加立方体回流区浓度的 2 倍，这是由于示踪气体在建筑物后方的回流区均匀混合造成的。在建筑物下风向 $3.0H$ 处的浓度的测量值表明，一个立方体时下风向的浓度是同一距离处两叠加立方体浓度的 1.6 倍，说明因建筑物高度不同而引起的建筑物尾流区近地浓度差异随着距建筑物距离的增加而逐渐减小。

通过表 6–22 中的无量纲浓度值 K_c，还可以看到距圆柱体下风向 0.5H 处尾流区的浓度比立方体尾流区浓度要低得多，这主要是由于两种建筑物周围流场的不同而造成的，二者流场的不同特征如图 6–19 和图 6–20 所示。如表 6–22 所示，当立方体建筑物与风向成 45° 布置时，浓度值比与风向平行布置情况下要低，与圆柱体的浓度值相近。这是由于立方体与风向成 45° 布置时，建筑物后方形成一个横截面较大的尾流区，使得示踪气体分布在较大的尾流区空间内。

不同大气稳定度下建筑下风向 0.5H 和 3.0H 处的浓度测量值 **表 6–22**

试验序号	大气稳定度	建筑物形状 / 风向	0.5H			3.0H		
			K_c	标准差	标准差 / K_c	K_c	标准差	标准差 / K_c
1	D	立方体 /45°	0.394	0.102	0.259	0.161	0.004	0.025
2	D	立方体 /0°	0.758	0.045	0.059	0.253	0.021	0.083
3	C	立方体 /0°	0.891	0.121	0.136	0.297	0.031	0.104
4	D	立方体 /0°	0.834	0.098	0.118	0.298	0.025	0.084
5	C	立方体 /0°	0.715	0.117	0.164	0.234	0.031	0.132
6	C	2 立方体 /0°	0.452	0.082	0.181	0.185	0.035	0.189
7	C	2 立方体 /0°	0.372	0.072	0.194	0.155	0.027	0.174
8	D	圆柱形	0.324	0.018	0.056	0.206	0.011	0.053
9	D	圆柱形	0.300	0.064	0.021	0.190	0.036	0.189
10	D	圆柱形	0.381	0.069	0.181	0.191	0.036	0.189

图 6–21、图 6–22 所示分别为 4 种不同形状和朝向的建筑物在下风向 0.5H 和 3.0H 高度处的无量纲浓度随污染源位置无量纲高度变化的曲

图 6–19 与风向平行布置的立方体模型可视化流场模拟，散发源布置在障碍物上风 2.0H，高 0.5H

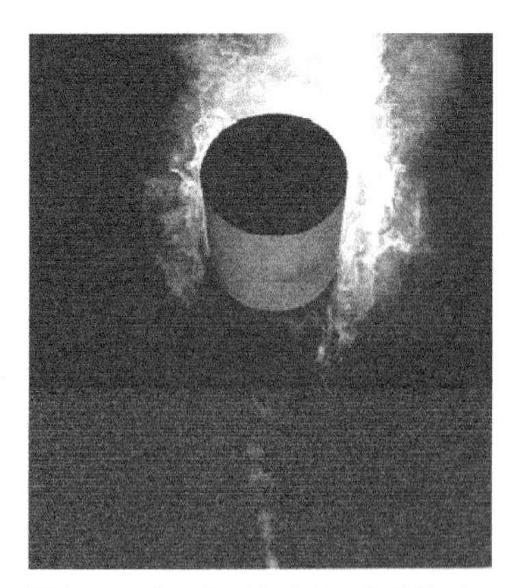

图 6–20 与风向平行布置圆柱体模型可视化流场模拟，散发源布置在障碍物上风向 2.0H，高 0.5H

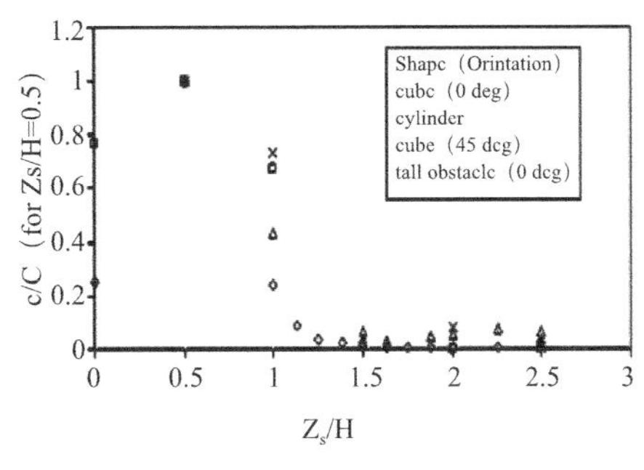

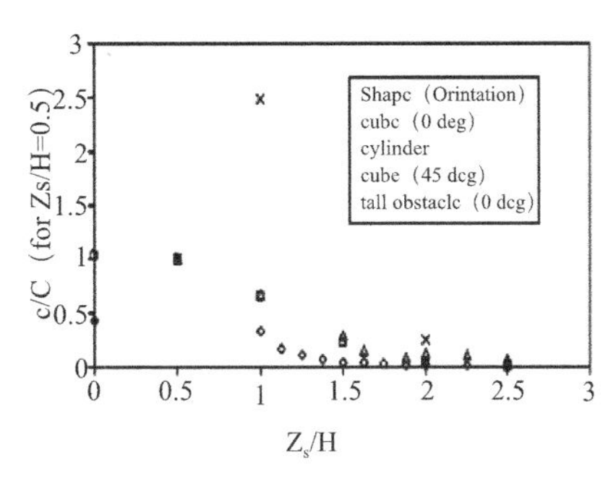

图 6–21　不同建筑物下风向 0.5H，高 0.5H 处的中线平均浓度（Z_s/H 表示从散发源到地面的无量纲竖向高度）

线，该无量纲浓度是各测点浓度和静态时散发源位置处浓度的比值。当把散发源布置在 0.5H 高度位置时，在单个立方体建筑物模型尾流区可以观察到最高浓度，当散发源位置再提高 0.5H，由于建筑物周围气流对污染物的扩散作用不明显，导致建筑物下风向，尤其是回流区（0.5H 距离处）浓度远低于上风向区域的浓度。还可以看出，当散发源布置在 1.5H 或更高位置时，回流区（图 6–21）和建筑物下风向位置（图 6–22，距建筑物下风向 3.0H 处）烟羽中心线浓度低至 0。污染源在这个位置时，建筑物附近和后方回流区内的绝大多数近地烟羽都被卷入马蹄涡，仅有部分被卷入下风向较远处的尾流中，所以使尾流附近区域浓度较低。因此，可以认为污染源位置越低对方形平面建筑物尾流区的污染越严重。

当污染物散发源位置改变时，其他情形的建筑物尾流浓度虽然总体上表现出与立方体建筑相似的形态，但仍可观察到一些不同。如当立方体建筑与风向呈 45° 布置时，尾流浓度随着建筑物下风向距离降低的速度比平行于风向布置时要慢，造成这种现象可能的原因是建筑物偏离风向布置时，靠近立方体尾流部分可以观察到很强的向下冲刷气流。图 6–23 是立方体建筑物与风向呈 45° 布置时的可视化流场，可看到在立方体迎风面两条顶边形成反转的漩涡。另外，建筑物底部的马蹄涡逐渐消减，45° 对称方向上的马蹄涡强度不等，只有一个起主导作用并最终形成尾部漩涡。当建筑物较高时，0.5H 高处的浓度随散发源位置升高而减小，

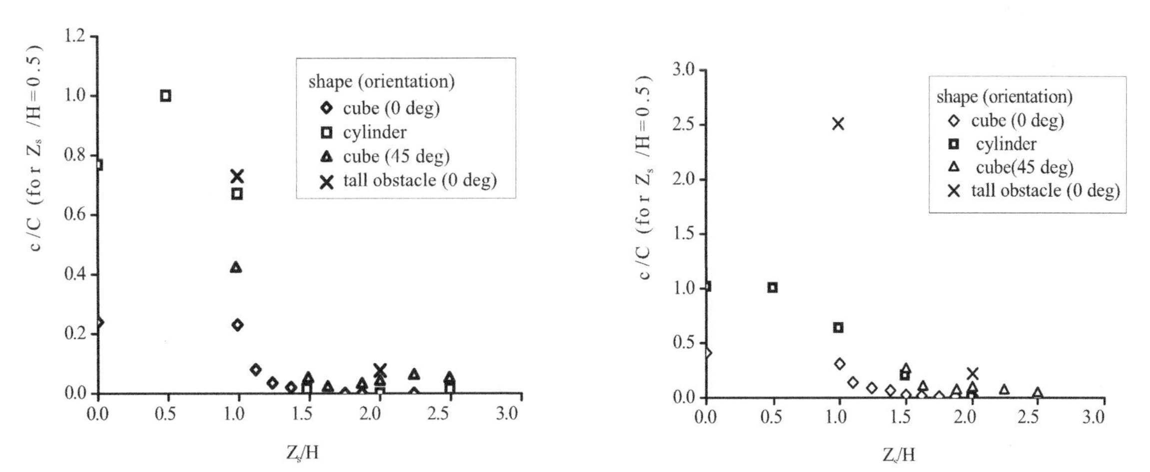

图 6–22　不同建筑物下风向 3.0H，高 0.5H 处的中线平均浓度（Z_s/H 表示从散发源到地面的无量纲竖向高度）

图 6–23 立方体障碍物与风向呈 45° 布置的可视化流场试验，散发源布置在距上风向 2.0*H*，高度 0.5*H* 处

但浓度降低速度比平行方向达到立方体建筑物要缓慢。

还有一个在建筑规划中值得注意的现象是，对于高度为 2.0*H* 的建筑物，调整其散发源的高度，使之为建筑物高度的一半时，在下风向 3.0*H* 处会出现浓度的最大值（如图 6–22 所示），这是由于此情况下建筑物较高，有更多的烟羽被卷入尾流，随之被带到下风向区域，而不是像其他较矮的建筑物那样，把烟羽卷在近地的马蹄涡内。

当建筑物为圆柱体时，把散发源布置在地面上和高度 0.5*H* 处，背风面回流区的浓度基本一致。由于圆柱体建筑物和立方体建筑物周围流场分布不同，导致二者浓度场的分布也有所差异，前者在散发源近地布置时测得的浓度值都较低。马蹄涡对圆柱体建筑物的作用不很明显，在试验采用立方体作建筑物模型时，建筑物两侧的马蹄涡夹带卷入其中的烟羽向下风向运动的距离比圆柱体建筑物更长。因此可以认为，当散发源近地布置时，建筑物作成圆柱体，可减少其后方气体的污染程度。

以上分析了外界污染源在单体建筑物附近的浓度分布特征，Skote M 等人针对建筑物自身散发的污染物在其附近的扩散情况，建筑模型主体尺寸为 472mm × 151.3mm × 63.2mm，如图 6–24 所示。

当颗粒污染物从屋顶烟囱冒出时，在下风向墙边排放时的粒子运动情况如图 6–25 所示。可以看到，*T*=0.05s 时大部分颗粒物形成一团穿过建筑物的屋顶，过后有一些沉积下来，*T*=0.1s 时，大部分颗粒物移动到回流区的外沿，建筑物屋顶下面有一个小的回流，可以卷入一些颗粒物。当 *T*=0.15s 和 *T*=0.2s 时大部分颗粒物随着气流离开了回流区，而仍然有一些颗粒物回旋在不同的回流区，显然有一部分从烟囱排出的颗粒物在建筑物背风面循环气流的作用下又再次返回建筑物附近，建筑物自身散发的污染物在背风区的污染不可忽略不计。

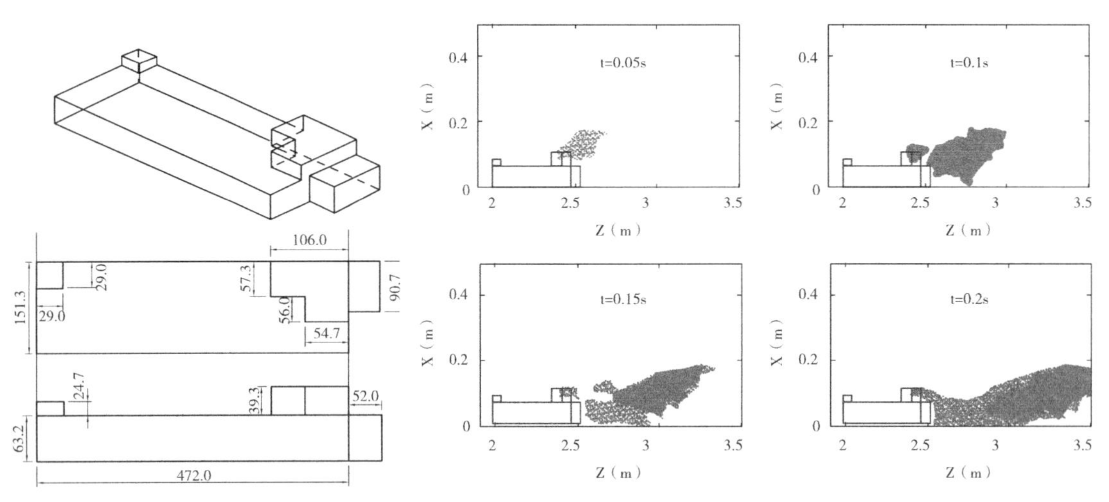

图 6–24 建筑模型尺寸

图 6–25 烟囱排除的 1um 粒子的扩散过程

6.6.2　建筑群布置间距对小区污染浓度的影响

S/H$_{mf}$
S/H$_{mf}$
面积密度 =5%　(a)
面积密度 =16%　(b)
面积密度 =44%　(c)
面积密度 =70%　(d)

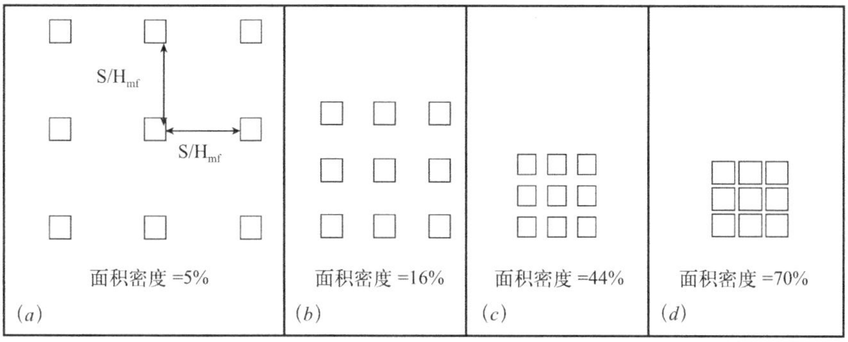

图 6–26　四种不同建筑密度

四种建筑群布局的密度　　　　**表 6–23**

面积密度 D（%）	对应的周边环境	建筑间距 / 高度
5	开阔的平地	3.5
16	郊区	1.5
44	城市边缘	0.5
70	市中心	0.2

为了研究建筑群布置间距（建筑密度，图 6–26）对小区污染浓度的影响，A·M·Mfula、V·Kukadia、R·F·Grif.ths 和 D·J·Hall 等人采用了四种不同排列密度的建筑物模型研究了建筑排列密度对建筑群内污染物浓度分布的影响。四种建筑布置占地密度代表室外建筑可能的布局形式，具体布置形式见图 6–26 和表 6–23。

当污染源位于地平面时，图 6–27 显示出距地面高度为 1.5m 的平面上建筑附近的浓度等值线图，当无量纲浓度 k_{av} 的值小于 10~5 时，则认为不存在污染，即浓度为 0，这条 0 等值线就是污染源的影响区域边界。

图 6–27 结果表明，在立方体排列中，污染源影响区域的大小受到

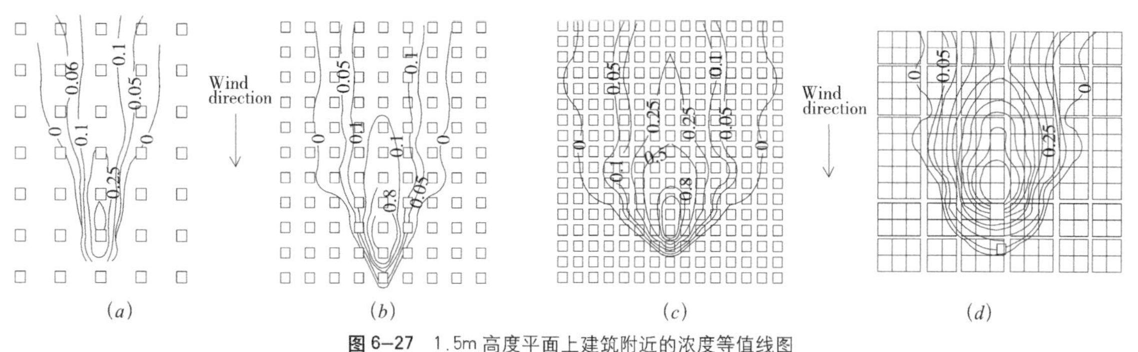

图 6–27　1.5m 高度平面上建筑附近的浓度等值线图

建筑物排列密度的很大影响。图 6–27 中，通过比较污染源影响区域的宽度可知，当占地密度小于 44% 时，随着占地密度的增加，浓度影响区域的大小也随之增加。这些影响区域的增加不仅是由于距离方面的增加，也是因为被涵盖的建筑物和街道数量的增加。被涵盖的街道数量增加量大约是占地密度增加量的 2 倍。这是因为建筑密度增加会使得建筑间距减小，气流的横向快速混合距离变短，使得横向卷吸气流传播速度加快。然而在 70% 的占地密度布局中，浓度影响区域没有进一步的增大，甚至相对 44% 的面密度布局而言，处于污染区内的街道有所减少。占地密度对污染区域的影响作用在较高占地密度布局中逐渐减小。出现这种极限区域是由于较大的建筑密度布局阻碍了污染物横向传播，导致污染区域不再横向发展。因此在面密度 44% ~ 70% 之间，一定存在某一建筑密度使地面污染源对建筑群的污染范围最大，建筑规划中应尽可能避开这个范围。

在以上针对正方形建筑平面的情况进行讨论的基础上，通过风洞试验和野外试验分析了建筑宽度对污染物扩散的影响作用，结果表明建筑物的宽高比对烟羽流扩散有明显影响作用。图 6–28 所示为占地密度为 16% 时，建筑物高宽比 W/H 不同时的建筑布局。图 6–29 是用高度为 1.12m 的镀锌钢立方体建筑模型模拟高度为 10m 的建筑物的实验现场。根据布局要求，试验中用到多达 100 个这样的立方体模型。图 6–29 所示为建筑密度为 16%，宽高比 W/H=2 时的分布。

图 6–30 是利用示踪气体测试建筑物附近污染物浓度分布情况，由图可见，由于污染源位于立方体建筑的上风向，烟羽流受马蹄形旋涡的影响而分成两部分。此外还观察到：由于建筑群内部为高湍流区，污染物在阵列内部时，初始扩散（初始扰动）比污染源位于阵列外部上方向位置要大，污染物扩散迅速进入尾流区。随着宽高比增加，烟羽流宽度随之增加 2 ~ 4 倍；在污染源强度相同时，烟羽流宽度越宽，该区域颗粒物浓度越低，图 6–31 就展示了这个结果。

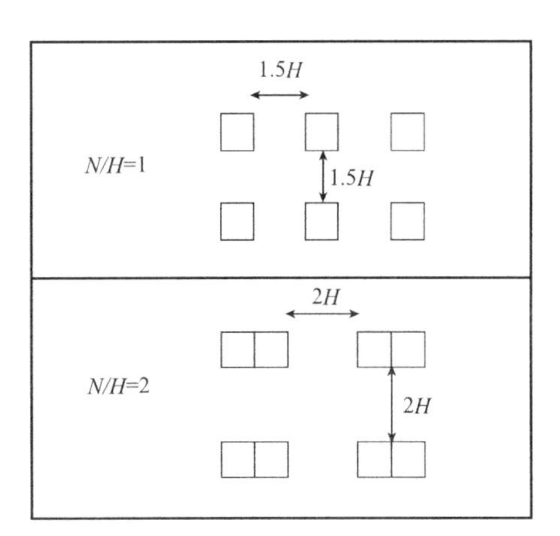

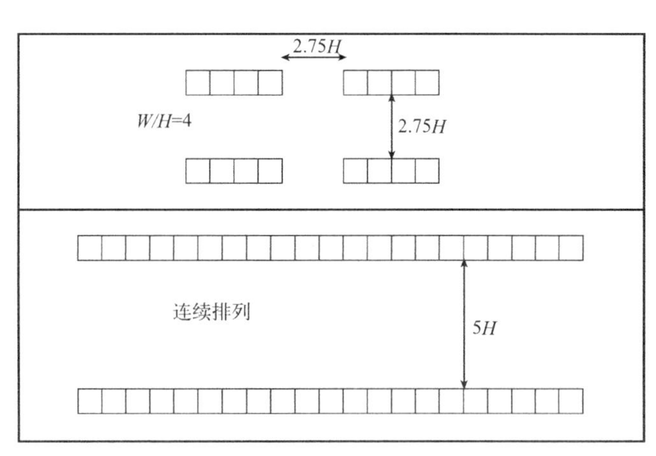

图 6–28 建筑物高宽比 W/H 不同时的建筑布局

图 6–29 宽高比 $W/H=2$ 的八排障碍物阵列分布图，前后排间距 $S=2H$

图 6–30 近地烟羽被夹带卷入马蹄形漩涡区的场地实验

图 6–31 所示为建筑物中轴线上浓度峰值 K_{max} 受建筑物高宽比的影响。平坦开阔的地形最有利于污染物的扩散，宽高比 $W/H=1$ 的建筑物阵列浓度分布与平坦开阔区域的浓度分布比较相似，浓度值略高。但当宽高比 W/H 由 1 增加到 2 时，建筑物中轴线上浓度峰值 K_{max} 急剧减小，而宽高比由 $W/H=2$ 到 $W/H=4$ 这一变化所引起的浓度改变微乎其微。$W/H=1$ 布局形式对应的浓度要比宽高比 $W/H=2$ 和 $W/H=4$ 的建筑布局的浓度高 2 倍。由此可知当建筑物宽高比为 2 时，进一步增加宽高比，对浓度的影响已很微弱。宽高比较大的建筑物阵列中，尽管风向偏转或输送也能产生横向剪切效应，但污染烟羽流仍难于从侧向通过建筑物，只能爬至上方通过，导致建筑高宽比大的建筑布局内部区域受外部污染源影响较小。因此建筑设计中考虑到污染物扩散时，可以将建筑物宽高比等于 2 视为临界值。

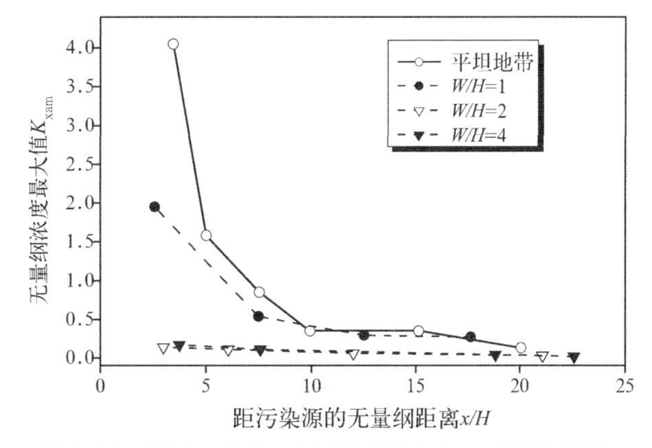

图 6–31 建筑物中轴线上无量纲浓度峰值 K_{max} 与建筑物宽高比的关系

6.7 城市交通干道内的污染特征

城市交通干道是城市的重要组成部分，尽管目前燃料有了很大改善，并实行了许多尾气排放控制技术，但由于市区内建筑物密集，街道狭窄，交通工具的尾气排放成为城市污染的主要来源。风象条件（风速和风向），建筑物几何形状（高、宽、屋顶形状），街道形式（宽度），热力分布（太阳辐射、建筑物和街道的蓄热能力），交通工具（大小、数量、频率）等都是影响街道内污染物扩散过程的重要参数。

6.7.1 城市形状对主街道空气龄和换气效率的影响

城市中的大气环境有别于乡村地区。人类活动产生的大量污染物或

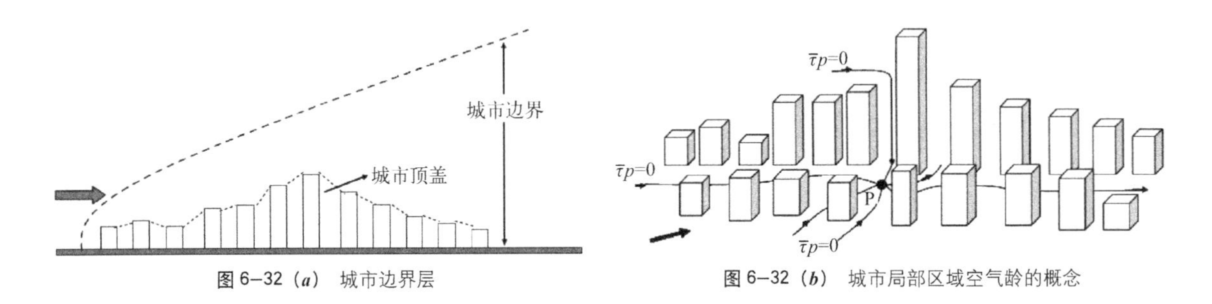

图 6–32（a） 城市边界层　　图 6–32（b） 城市局部区域空气龄的概念

热量形成了“污染物岛”或“城市热岛”。气流将相对洁净的乡村空气带入城市。城市中某局部区域的平均空气龄是指乡村空气在进入城市后到达某地需要的时间，利用这一概念可以清晰地说明局部平均空气龄为 0 的乡村空气对城市大气环境的净化作用。图 6–32 显示了带有城市边界层和城市冠层（街道顶层以下和建筑物间的空间）的气流环境，并解释了空气龄（τ_p）的概念。换气效率是指向城市边界层提供外部空气的速率。

如图 6-32（b）所示，对于这样的开式系统，当乡村空气接近城市时，它可由任意街道的开口和街道上部进入该城市。同时，城市内的空气可从任意敞开的边界流出。

为了得到城市或大型建筑群内部空间的空气品质特征，可以把具有整体外形、建筑密度和街道构造的城市当作风的障碍物。Skote 等研究了有一条或两条街道的某一简单圆形城市内的气流形式。Hang 等研究了一些简单的理想城市模型的流动机制和空气流量，结果发现他们受城市形态的影响很严重，如城市外形（圆形、方形和矩形）、街道构造（高宽比和街道数）以及来流风向等因素的影响作用都很大。Jian Hang、Mats Sandberg 和 Yuguo Li 等针对图 6–33 所示的理想城市模型，研究了城市

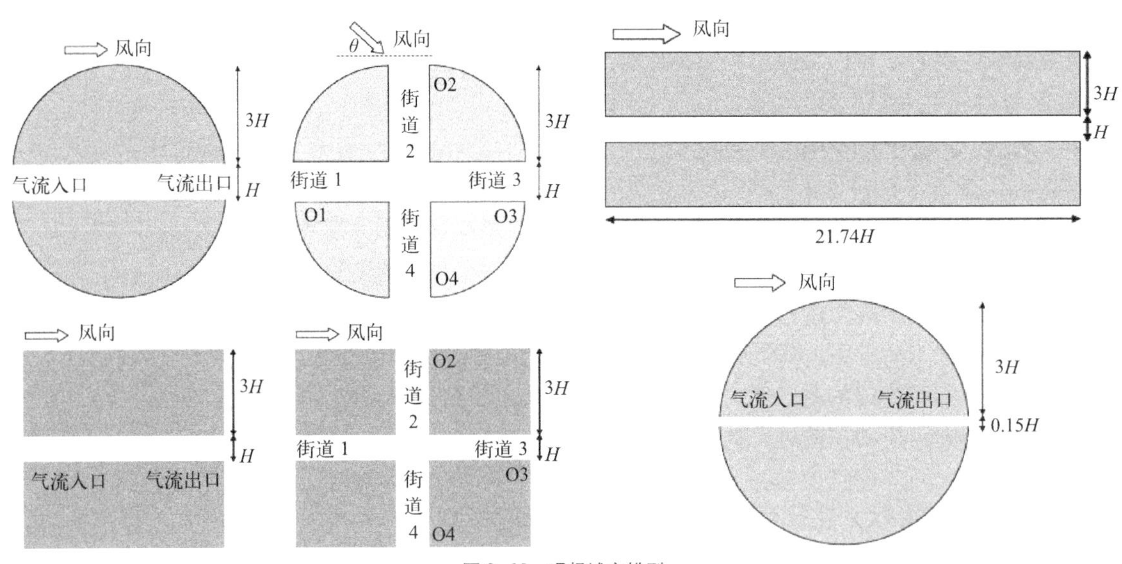

图 6–33 理想城市模型

形态对局部平均空气龄和换气效率的影响，发现城市和来流的相互作用对街道内的空气龄起着重要的作用。

一般来说，对于仅有一条较短主街道的城市，当来流平行于该街道时，空气从街道上风向开口进入，然后一部分空气向上从街道顶层流出，并且水平流量沿街道逐渐下降。图 6–34 给出了具有一条主干道的圆形和方形城市街区模型中的流线，圆形和方形街区后的尾流是不同的，并且它能影响下风向开口附近的气流，可导致该尾流区域内水平流率和空气龄有巨大差异。

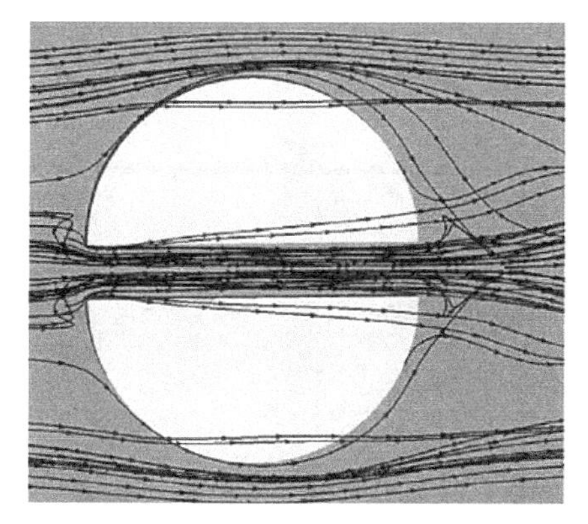

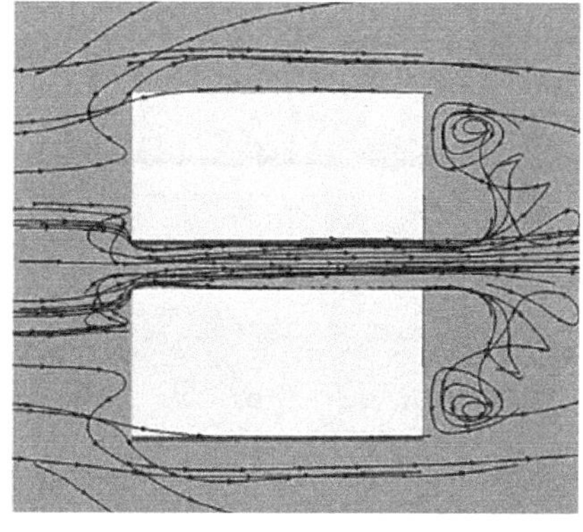

图 6–34　城市街区模型中的流线

对于双街道城市，图 6–35 给出了方形和圆形城市街区的流线和空气龄分布，可以看到在方形街区中的次街道上形成了从开口 O2 或 O4 至街区中心的螺旋入流；对于圆形街区，在次街道上形成了从街区中心至开口 O2 或 O4 的螺旋出流。经过两边开口 O2 和 O4 的流量，对于圆形街区为负，而对于方形街区为正。由于大部分空气从街道顶层流出街道，因此，在方形街区中，从下风向开口 O3 流出的流量很小。方形街区中通过开口 O2 或 O4 的来流将更新鲜的空气引进至次街道，因此，方形街区次街道开口 O2 或 O4 处的空气龄要比圆形街区中的小。如图 6–35*b* 所示。总之，对于双主街道的街区，当有一股来流平行于街道时，与方形城市街区相比，圆形城市街区中平行来流的街道上空气龄更小，而当风向垂直时则更大。这两种形状的城市街区对应的空气龄和换气效率在整个街道内的空间平均值差别很小。

图 6-36 给出了三种不同风向（15°、30°、45°）时，圆形街区在高度 z =0.5H 的平面上的流线和空气龄分布。风向夹角为 15° 时对应的气流形式与风向夹角为 0° 时的相似。在这两种情况中，气流都是从 O1 进入，从 O2、O3 和 O4 流出。对于更大的风向角度，如 30° 和 45°，空气从 O1（O_2）流入街道 1（街道 2），然后流进街道 3 和街道 4。图 5 显示了不同的风向如何将外部空气带入街区内，结果表明，对于双街道的圆形城市街区，当来流和主街道的夹角较小（0°、15°）时，与大角度（30°、45°）相比，能产生更高的空间平均速度（或换气效率）和更小的空气龄（低于空间

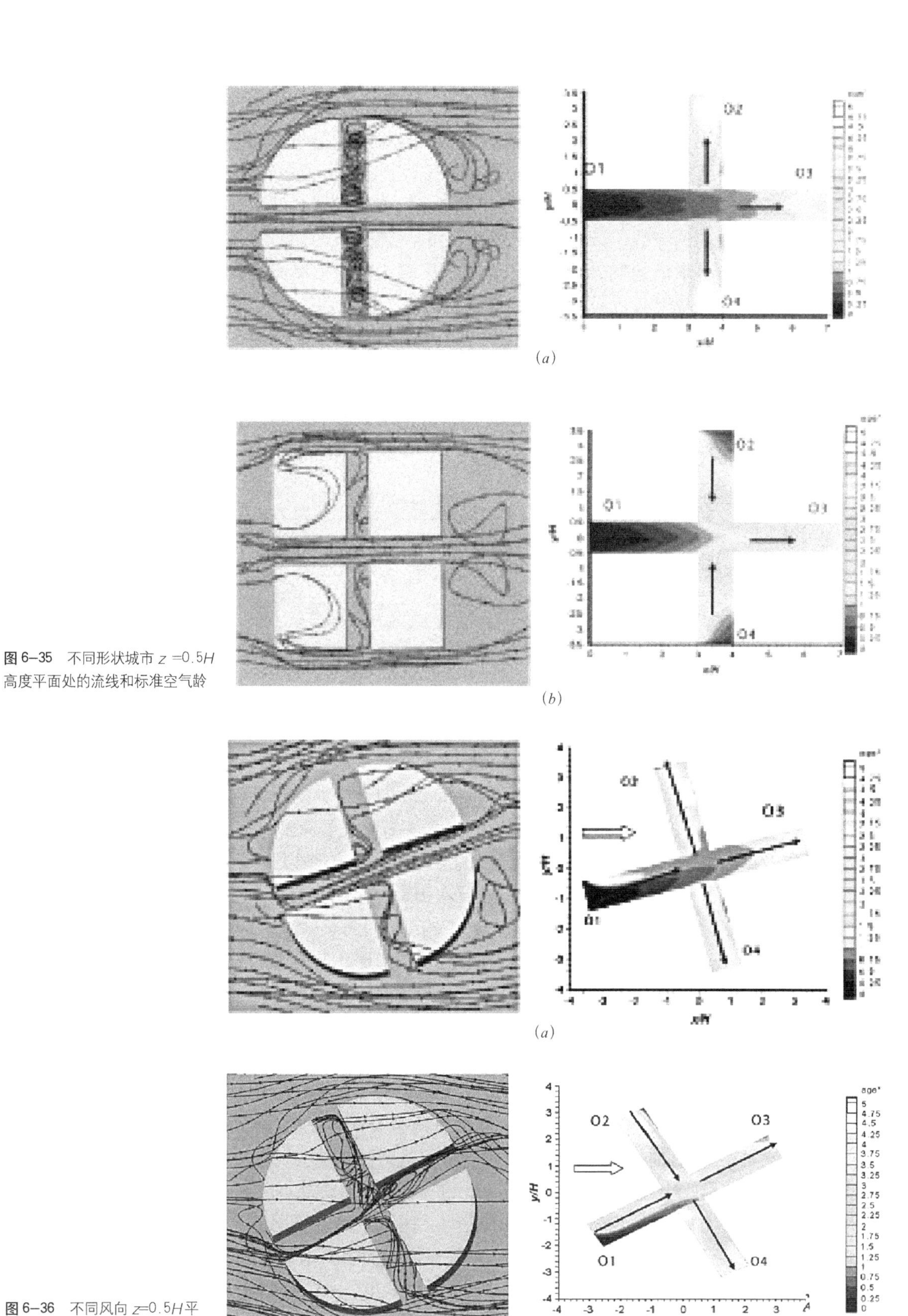

图 6–35　不同形状城市 $z=0.5H$ 高度平面处的流线和标准空气龄

图 6–36　不同风向 $z=0.5H$ 平面处的流线和标准空气龄（一）

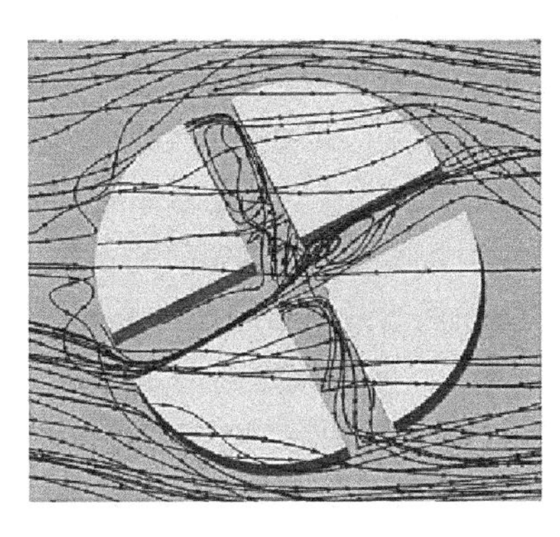

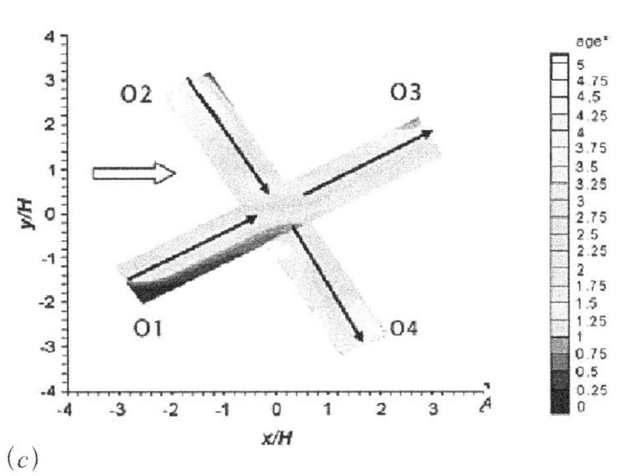

(c)

图 6–36　不同风向 z=0.5H 平面处的流线和标准空气龄（二）

平均空气龄）。

此外，狭长城市街区（模型 c）的空气龄比小方形街区（模型 b）的大，因为前者的街道太长。但两者的换气效率基本相同，这是由于在狭长的矩形城市中，湍流充分发展区内水平气流能经过街道的大部分区域。

对于窄街道的圆形城市街区（模型 d），其气流形式不能很好地引入外部空气。从两个开口进入的气流会流向街区中心，气流只会经过一部分街道，街区中心附近的空气龄较大且换气效率较低。

6.7.2　街道形状对污染物浓度分布的影响

假设街道峡谷里没有阳光照射到固体表面，墙壁和空气之间没有温差，则热浮力作用可以忽略不计。图 6–37 显示了当风速为 1m/s 时，对称式、上阶梯式和下阶梯式街区街道峡谷内的污染物浓度分布。

由图可知，街道形状对污染物扩散有很大影响。对称式街道峡谷内

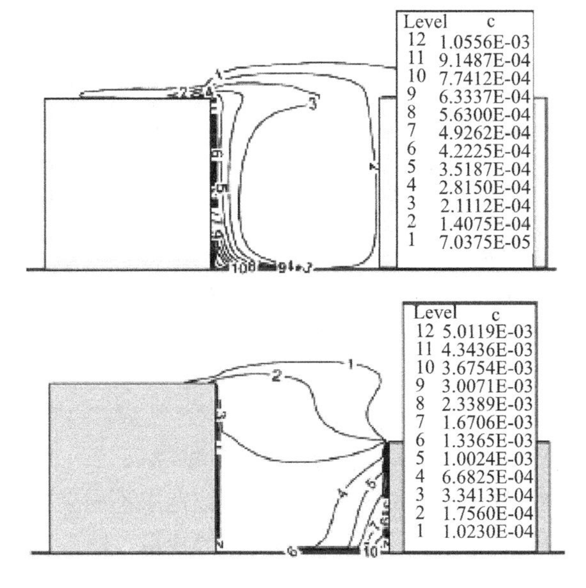

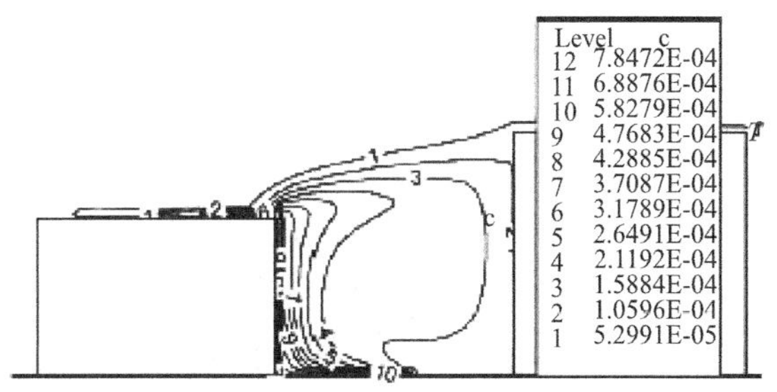

图 6–37　不同形状街道峡谷内的污染物浓度分布

会形成顺时针涡流，高浓度污染物区在建筑物的背风面。上阶梯街区式是指顶风建筑物比顺风建筑物矮。由第 5 章的分析可知，流场主体形式与对称式街道基本一样，仅主涡流被扭曲，涡流中心位置转移到顺风建筑物对角线上。因此，浓度分布与对称建筑物的街道峡谷分布基本相同，峡谷内的污染物浓度略有降低。下阶梯街区两个涡流方向与先前的不同，主涡流移动到迎风面建筑物的屋顶处。较弱的涡流从峡谷地面伸展到迎风面的建筑物的屋顶处（见图 5−62）。因为下部的涡流是逆时针转动，上部的涡流是顺时针，迎风面污染物浓度高于背风面的污染物浓度。

当考虑到太阳辐射时的情况如下，墙面或地面受太阳辐射温度升高，继而使得街道峡谷内的温度升高，比峡谷外温度高。温差使得墙表面或者地面形成较强的浮升力，从而影响污染物从低处到高处的运输。热浮力对气流和污染物浓度分布的影响在不同街道形式中的作用程度不同。如果街区是对称形式，当迎风面墙被加热时，太阳辐射对流体状态的影响很大。浮升气流将流场分为两个逆向旋转的涡流。污染物在迎风面聚集，峡谷内污染物浓度整体升高。

在上阶梯式街道峡谷中，当太阳照射到建筑物背风面和地面（例如在中午），流场状态和污染物浓度分布与没有太阳辐射的时候状况相同。由于背风面的空气被加热而产生的沿着墙壁浮升的气流联合上部水平气流共同作用，使初始涡流和污染物输送增强。当太阳照射到地面，涡流强度同样增强。这样的效果使得街道峡谷内污染物浓度减少。当太阳照射到迎风面，浮升气流与下降的水平气流相冲突。主涡流向上移位，处于迎风面建筑物峡谷低处角落里的反向小涡流增大。污染扩散受到角落里的小涡流的影响，峡谷内污染物浓度增加。

在下阶梯形式的街区内，因为下部的涡流是逆时针的。所以水平来流沿着上风向建筑上部流过。当太阳照射建筑物迎风面，向上的浮升气流联合上部的水平来流，下部逆时针涡流强度增加。迎风面污染物浓度增加，街道峡谷内污染物浓度总体减少。当太阳照射地面，下部涡流强度增加。这样使得街道峡谷内污染物浓度减少，与太阳照射迎风面的效果相当。当太阳直接照射建筑物背风面时，沿着背风墙面的浮升气流与上部涡流方向相同，与下部涡流方向相反。上部涡流被向下拉长拉大，下部涡流变小。一些污染物向背风面移动，另一些污染物向迎风面移动。与先前的情况相比，污染物浓度是最高的。

在实际规划设计中合理运用以上研究结果，有助于建设良好的城市交通网和城市街道规划，有利于机动车辆的污染物控制和城市空气品质的改进。

6.7.3 街道宽度对交通干道上污染物浓度分布的影响

为了研究交通干道上散发的污染物的扩散情况，可以选取不同交通干道宽度和两侧建筑间距的建筑群作为研究对象进行数值模拟。图 6-38

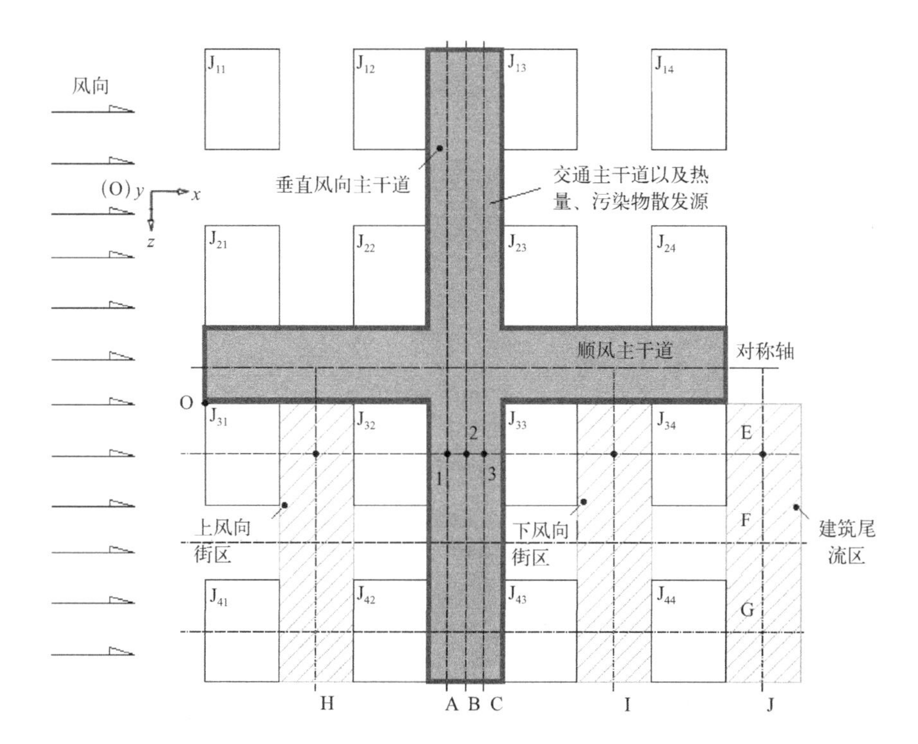

图 6–38 交通干道与周边建筑群平面图

所示的各种不同排列密度建筑群外围建筑尺寸是一样的，将所有建筑物编号，标在建筑的左上角，其中 J_{i4}（i = 1，2，3，4）为高层建筑，建筑尺寸（$L \times W \times H$）为 20m × 15m × 30m；其他均为多层建筑，建筑尺寸（$L \times W \times H$）为 20m × 15m × 15m。

图 6–39 为背景风速为 0.5m/s 时，交通干道横截面上的污染物无量纲浓度分布图。（注：图 6–39~ 图 6–41 中 q 为交通干道地面散热强度，W 为街道宽度）。由图 6–39 可知，交通干道宽度越大，建筑群内的污染物浓度越小。另外，图 6–39 显示在交通干道宽 W 为 25m（4 条污染线源）和 15m（2 条污染线源）的情况下，街谷内的污染物浓度分布为迎风区浓度要远远小于背风区的浓度，但是当街宽缩小至 10m（1 条污染线源），此时街谷内迎风区的浓度与背风区的浓度基本一致。随着街道变宽，尽管污染物增大的速度大于街道宽度增大的速度，但街谷内污染物浓度依然明显下降，空气品质显著改善。

由于室外空气品质研究的重点主要在人员活动区，因此图 6-40 给出了背景风速为 0.5 m/s 时建筑群内呼吸面高度上的无量纲污染物浓度分布图。由图 6–40 可知，污染物浓度均随主干道宽度变小而变大，在呼吸面上，主干道宽度为 15m 和 10m 时的浓度差别不大，但这两种情况下的空气品质远不如 25m 宽街谷的情况。

此外，由图 6–40 亦可知，污染物沿着风向向下风向扩散，因此下风向街区的污染物浓度远高于上风向街区。这是由于尽管气流速度大有利于粒子的输运，但是下风向街区内引入的多为经过垂直风向主干道受

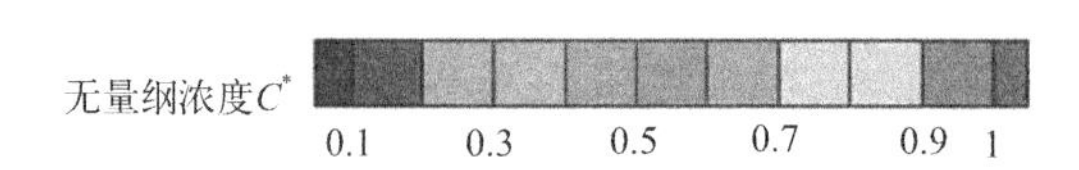

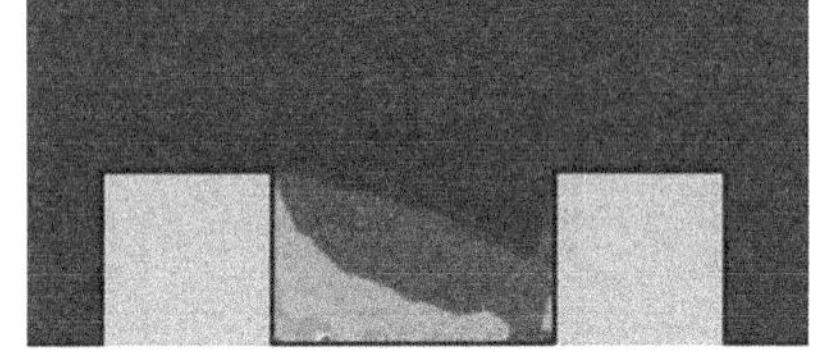

(a) q=0W/m², W=25m

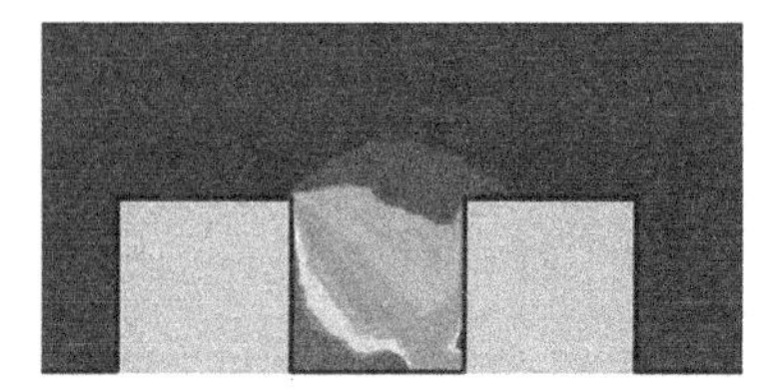

(b) q=0W/m², W=15m

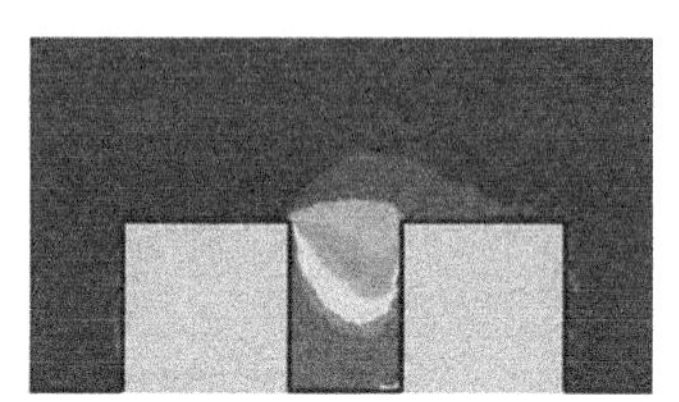

(c) q=0W/m², W=10m

图 6–39　垂直风向主干道横剖面内的污染物浓度分布

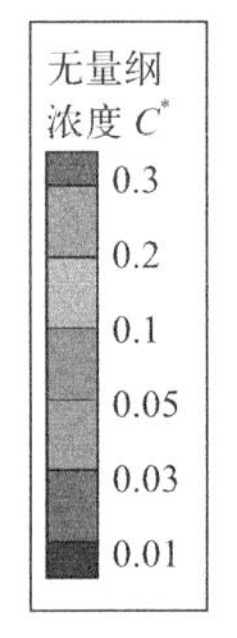

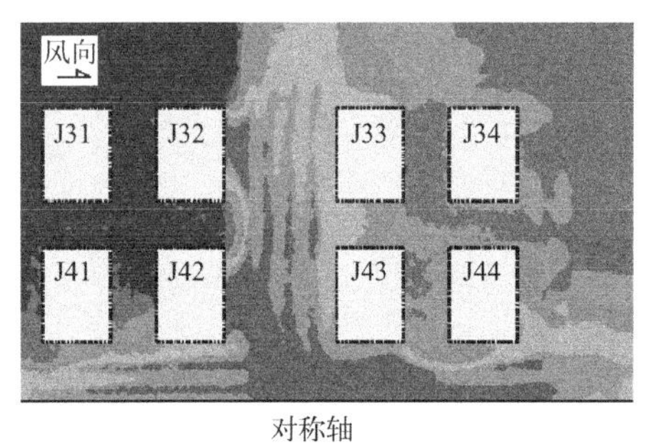

(a) q=0W/m², W=25m

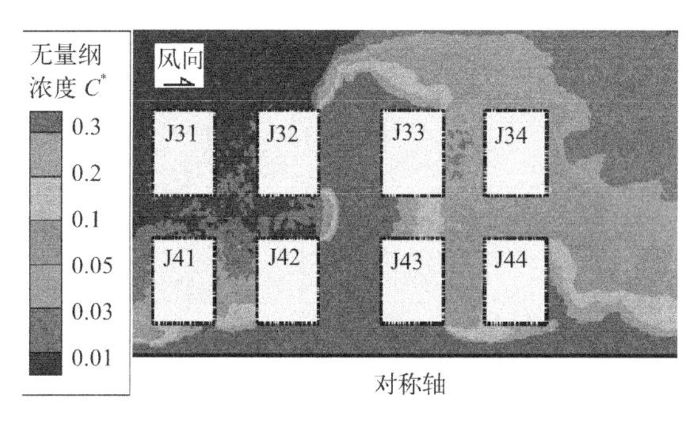

(b) q=0W/m², W=15m

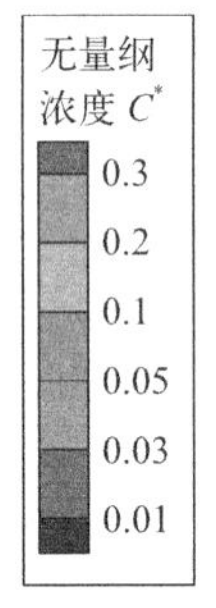

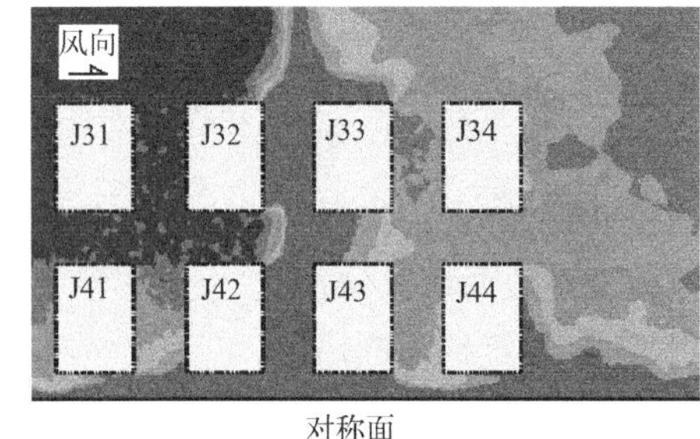

(c) q=0W/m², W=10m

图 6–40　不同主干道宽度呼吸面高度污染物浓度分布

污染的气流，因此就下风向街区而言，污染物浓度随着交通干道的减小而变大。

图 6–41 是背景风速为 0.5m/s 时，建筑间距不同时垂直风向交通干道横截面上的污染物无量纲浓度分布图。由图 6–41（a）和（b）可知，垂直风向主干道上的污染物浓度随着街道两侧建筑间距 M 的缩小而升高。这时建筑间距增大可以显著增加街道内的通风换气量，因此建筑间距较大时污染物稀释扩散的速度较高，街道内的空气品质较好。

6.7.4　街道存在植物顶盖时对污染物扩散的影响作用

当街道上方存在顶盖时，街道两侧机动车尾气的污染浓度会有所增加。在街道上空存在阻碍污染物扩散的顶盖的情况分为两种情况，一是

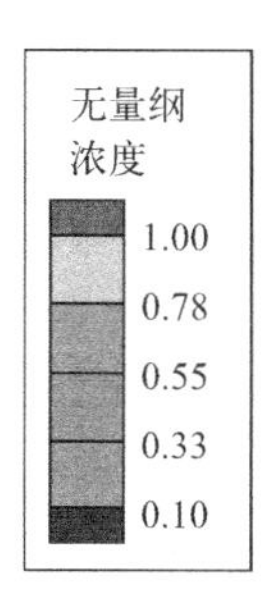

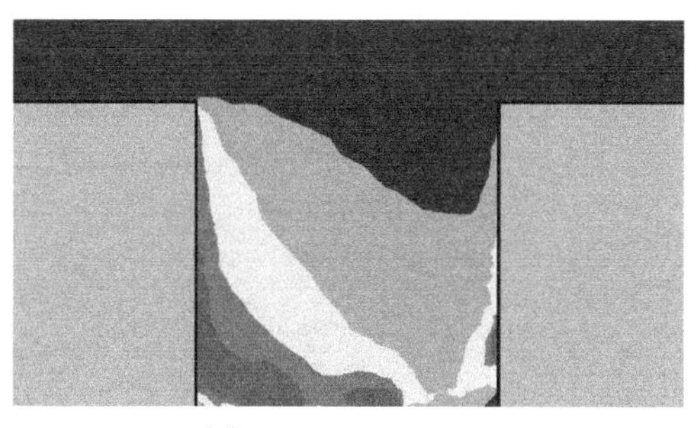

（a）M=15m

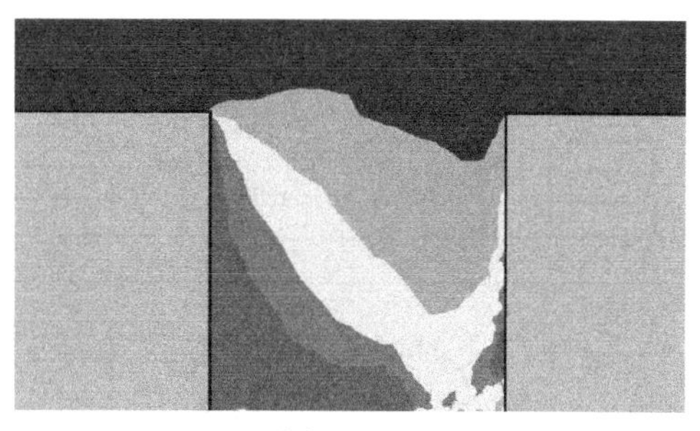

（b）M=10m

图 6–41　不同建筑间距条件下垂直风向主干道横剖面内的污染物浓度分布

街道两侧密植的行道树在机动车道上空枝叶交叉，形成植物顶盖；二是高架道路造成的钢筋混凝土顶盖。

第一种顶盖的形成有一定的历史原因。中国城市广泛种植行道树的历史，至少可追溯至公元前 200 年的汉代长安城。由道路两旁均植茂密行道树的树干组成的完整设计构图是我国城市景观的特点之一，中国的行道树植株间距很小，在作为景观效果时实际上是用一系列植株来体现的，这一点不同于欧美国家的街景设计。例如，美国的行道树总体上趋向于采用宽间距，视觉效果靠的是单株树冠的造型。我国各地环境绿化的外貌虽然千差万别，但城市道路的这个主要特征使许多城市的传统街道具有共同的“风貌”,即具有景观上的统一性。因此，可以说行道树茂密交叉枝叶在机动车道上空形成顶盖的现象，具有较强的中国特色。

形成第二种顶盖的高架道路出现时间较短，我国广州和上海在 1990 年代初期先后建起网络式高架道路后，众多大型城市也陆续建成高架路。

街道中采用立体种植的方式进行道路绿化时，绿色植物可以吸收 SO_2、CO_2 和 Cl_2 等有害气体，并通过对空气产生降温、滞尘和降噪等生态功能来参加城市废弃物质的代谢和能量循环过程。道路两旁密植的行道树由于直接面对城市的主要污染源，对机动车尾气和交通尘埃的吸收和滞留效应最为明显。但当植株间距较密，道路两侧树木的茂密树冠会在道路上方产生局部阻碍作用。为了考察绿化植物对污染物扩散的影响作用，钟珂等人对如图 6–42 所示的两种不同树木郁闭度街道，在不同车流量时段，对污染物分布的实测数据分别进行了处理，结果表明行道树郁闭度对污染物扩散的阻碍作用与污染源浓度有很大关系。

图 6–43 和图 6–44 为不同郁闭度下 CO 浓度垂直分布状况。图 6–43 为车流量高峰时 CO 浓度垂直分布对比，高郁闭度对应的污染物浓度的变化规律在树冠所在高度处出现了明显转折，而低郁闭度对应的浓度分布随高度呈单调下降趋势。这种情况是由于浓密的树冠阻止了上下气流的混合，对于高浓度污染源，“街谷”内的湍流扩散能力过弱造成的，所

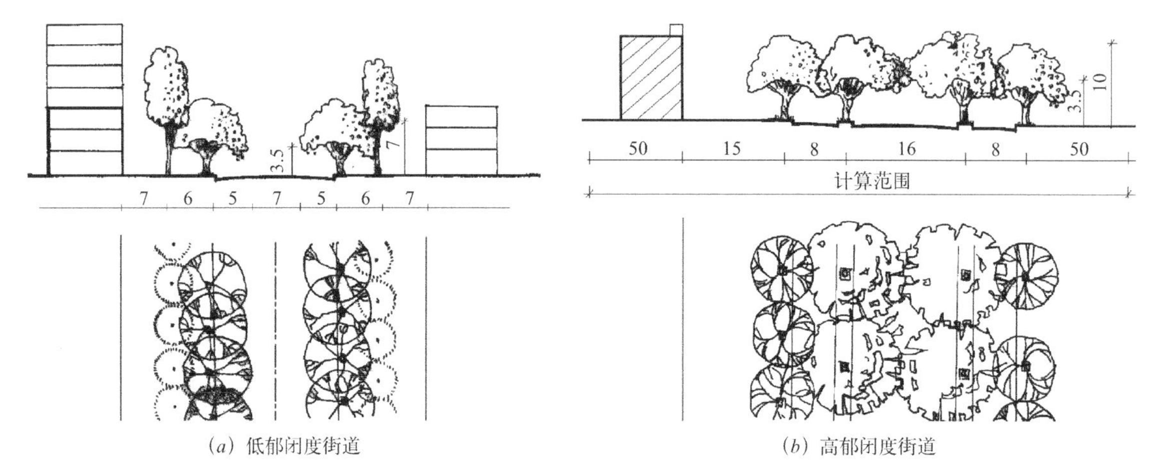

(a) 低郁闭度街道　　(b) 高郁闭度街道

图 6–42　不同郁闭度街道行道树配置状况

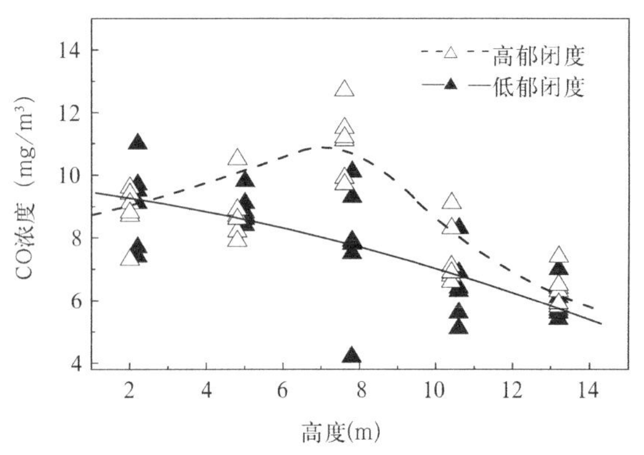

图 6–43　车流高峰期 CO 浓度垂直分布

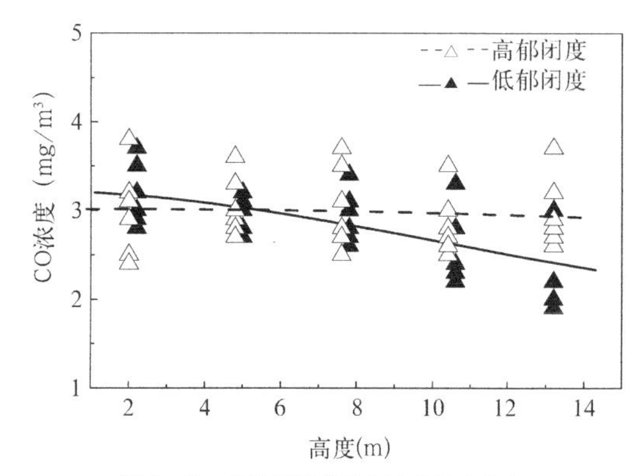

图 6–44　车流低谷期 CO 浓度垂直分布

以污染物的扩散运动在很大程度上被限制在地面和树冠顶盖之间，这时树木的吸收作用可忽略。

图 6–44 为车流量低谷时的 CO 浓度垂直分布。不同郁闭度下 CO 浓度均随高度呈单调变化规律，高郁闭度对应的浓度梯度虽然较小，但在树冠高度（7.6m）附近浓度变化规律无显著改变，表明这时高郁闭度虽对街道气流有限制，但气流对污染物的输运能力能够满足低浓度污染源的扩散要求，且树木对污染物的吸收也对街道空气环境起到了一定的改善作用。因此在污染源强度较小时，可以认为树木郁闭度的影响作用几乎不存在，树木的生物净化作用不可忽略。

图 6–45 和图 6–46 为分别针对车流量高峰时段和低谷时段的 CO 浓度水平分布曲线。从曲线变化趋势可知，行道树的郁闭度对污染物扩散存在抑制作用，这种抑制作用与绿化树种和污染源强度都有关系。

当污染源强度大时，可认为绿色植物对污染物的吸收相对于排放总量而言是小量。行道树完全郁闭时对污染物铅直扩散的抑制作用，类似于污染物被限制在地面和逆温层之间的“封闭型”扩散，尽管树木枝叶对污染物有吸收和透过，但绝大部分污染物仍处于地面和茂密树冠顶盖

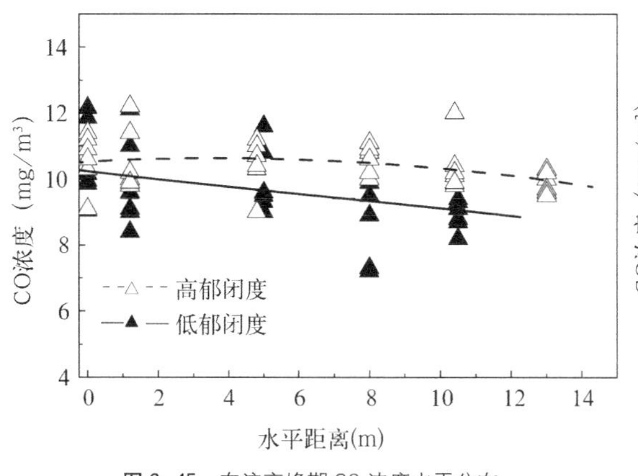

图 6–45　车流高峰期 CO 浓度水平分布

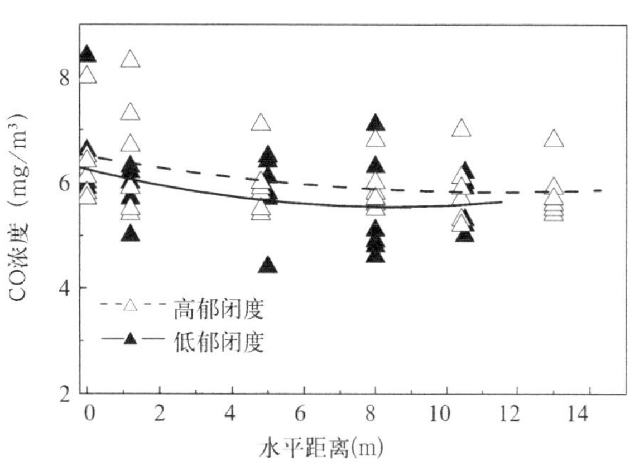

图 6–46　车流低谷期 CO 浓度水平分布

之间，树冠以下浓度的铅直分布已比较均匀，并且不再由于铅直扩散进一步稀释。由图 6–45 知，污染源强度大时，树冠以下铅直方向的浓度梯度大于零，污染物已不能向上扩散，但水平方向尚存在浓度梯度，最终迫使大量污染物向街道两侧人行道扩散，致使高郁闭度对应的水平浓度变化趋于平缓，而低郁闭度对应的浓度水平分布则随距离呈明显的减小趋势。

在车流量低谷期，绿色植物对污染物的吸收量占排放总量的比例相对较大，行道树完全郁闭对污染物扩散的抑制作用不明显，图 6–44 也表明树冠以下铅直方向的浓度梯度小于零，尚允许污染物向上扩散，减轻了污染物向两侧扩散的程度，使图 6–46 中不同郁闭度时低浓度水平分布曲线变化规律无很大差异。

实际上，随着街道绿量的增加，植物生态效益增长率减缓，而行道树搭接对污染物扩散造成的不利影响却明显增加，在某些情况下，大绿量的高郁闭度反而会加剧街道的空气污染状况。因此，城市道路绿化不应盲目追求绿量的提高，还必须考虑植物对街区空气污染物扩散的阻碍作用，在有效控制郁闭度的前提下增加绿量。

枝叶浓密的绿荫大道是包围在水泥森林中的城市居民追求的最高道路绿化境界，但根据上面的实测和分析结果可以认为，郁闭度过高的机动车道，当车流量较大时，机动车污染物扩散受到明显的抑制，这时，高大植物的生态净化作用与抑制作用相比，后者占主要地位；在车流量较小时，植物的净化作用又不可忽视。因此，在城市绿化过程中，应结合污染源浓度特征，针对不同的道路采取适宜的绿化方案，合理配置树种，使植物在充分发挥其净化功能的同时，有利于机动车污染物向街谷上空扩散。可根据污染源强度将街道分为交通量小和交通量大的两类街道，提出以下绿化原则供城市规划设计人员参考：

（1）交通量小或纯人行道路：由于这类道路的污染源强度小，树冠形成的顶盖对污染物扩散的阻碍作用可以忽略不计，因此，这类街道应

以满足景观要求为主，力求增加绿量。行道树树种选择根深、分枝点高、冠大荫浓、生长健壮、适应城市道路环境且落果不会对行人造成危害的树种；花灌木应选择花繁叶茂、花期长、生命力强、高度低于1.2m（不阻挡司机视线）且便于管理的树种。在污染源浓度较低的住宅区和街心花园等区域的绿化，应强调植物的生物净化功能，增加乔木的数量，但应采取较宽的株距，以便使每一植株的树冠能充分展开，以提高植物的生态净化为目的的乔、灌、草配置的比例为1∶6∶20。

（2）车流量大的交通干道：实测结果表明，此类车流量大的交通干道两侧在配置行道树树种时，不应单纯强调增加绿量，而应注重有利于机动车废气稀释并迅速排出街谷，绿化带不应对污染物扩散产生抑制作用。建议机动车道两侧的绿化以草地和低矮灌木相结合为主，配置比例约为10∶3，即在10^2m的草地上设计3株灌木（不含绿篱），灌木的栽植不宜过密、高度尽可能低，避免阻碍贴地污染物的扩散；自行车道和人行道之间的绿带可种植高大乔木，在不影响污染物扩散的条件下，为行人遮阳荫蔽、美化街景并诱导行车方向。

6.7.5 高架道路及其附近的交通污染物浓度分布特征

街道中架设高架道路后，将出现明显的“顶盖效应”，如上海市区内的高架道路。这种效应导致的街道内气流及污染物运动与扩散将不同于上空敞开的情形，从物理上讲，街道中的污染源和气流分为上下相互耦合的两部分，与普通街道中的情形相比，问题的边界已经改变。

在高架道路的街道中，高架顶盖和街道两边的建筑物形成了一个上边不闭合的箱式通道，其空气流场如图6−47所示。由于顶盖下的污染物不断从顶盖两旁向上涌，因此，简单的办法是将顶盖两旁的空隙视为一连续线源。认为对于城市高架道路上的污染物，除了其影响高架路下面的污染物扩散外，其自身往下扩散很少。因此，对于有顶盖的街道，顶盖以上污染物浓度分布可以视为顶盖上污染源与两旁线源共同影响形成的结果。因此，可认为顶盖以上污染物浓度铅直分布遵循高斯扩散规律。在顶盖以下街道中，污染物的扩散过程中可能受到顶盖的影响，但仍将

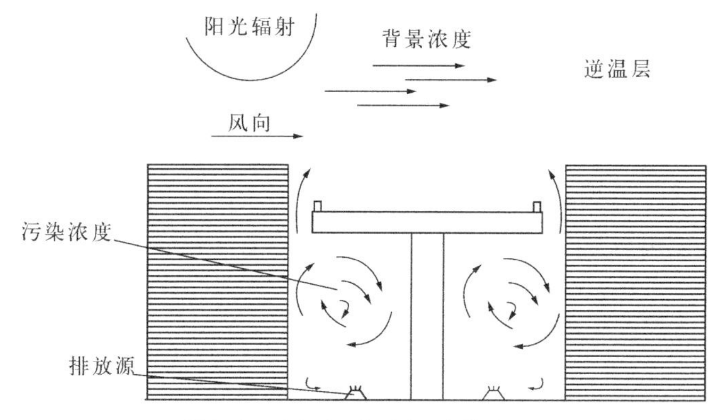

图6−47 高架路下机动车尾气扩散示意

其人为地视作高斯连续源扩散。高架道路穿越的街道内污染物浓度的垂直分布廓线形式为

$$C(z',\alpha)=\frac{0.399Q}{\bar{u}\sin\alpha}\cdot c_1\cdot\exp\left(-c_2\cdot z'^{c_3}\right) \qquad (6-20)$$

式中　$Q=Q_{高架上}+Q_{高架下}$，c_1，c_2，c_3 为待定经验参数。其中 c_1 与水平扩散系数 σ_y 有关；c_2 与铅直扩散系数 σ_z 有关；c_3 由街道的具体结构来确定；取无量纲量 $z'=z/h$（h 为街道两旁建筑物的平均高度）。$Q_{高架上}$、$Q_{高架下}$ 表示高架桥上面、下面机动车污染物排放强度。

王胜良、亢燕铭等人通过统计平均的方法对三条被测街道中的全部实测数据重新回归，得出了如图 6–48 所示两种类型街道污染物扩散半经验模式（6–20）的参数取值，见表 6–24。

模型关系式在各监测路段的取值　　表 6–24

	c_1（$\times10^{-5}$）	c_2	c_3
A 类高架道路	1.483	0.232	2.394
B 类高架道路	0.943	0.301	2.092

上原清、松本幸雄等人对高架道路下方是否存在不通风隔断时的流场和机动车尾气浓度的分布进行了实验模拟。图 6–49 是高架道路横剖面上的流场，由图可以看到，高架道路下方的不通风隔断对流场的影响作用很大，当高架桥下方无挡风隔断时，气流可以顺利地掠过街道，故有利于交通污染物的扩散。而当高架桥下方有挡风隔断时，气流被局限在街道的迎风侧，在背风区几乎没有新鲜空气进入，会使得背风区的机动车尾气难以扩散开，图 6–50*a* 显示背风区的污染浓度远远高于迎风区，几乎成 6 倍关系。

图 6–50*b* 表明当高架桥下方无挡风隔断时，不仅街道内部的污染浓度远低于有隔断的情况，高架道路下风建筑区域受到交通污染的危害程度也低于有隔断的情况。许多城市为了增大绿化率，在高架道路下方车道分离区种植树木，根据以上分析，可以认为高架道路下方的绿化不宜种植高度较大的浓密灌木，以免形成不通风隔断，造成高架道路及其附近空气品质更加恶化。

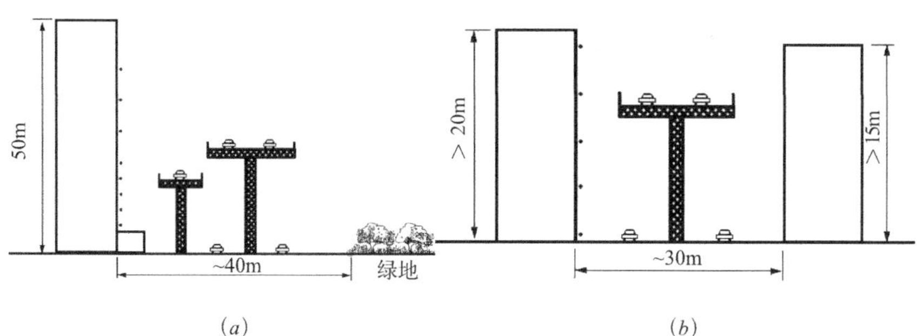

图 6–48　高架道路的两种类型

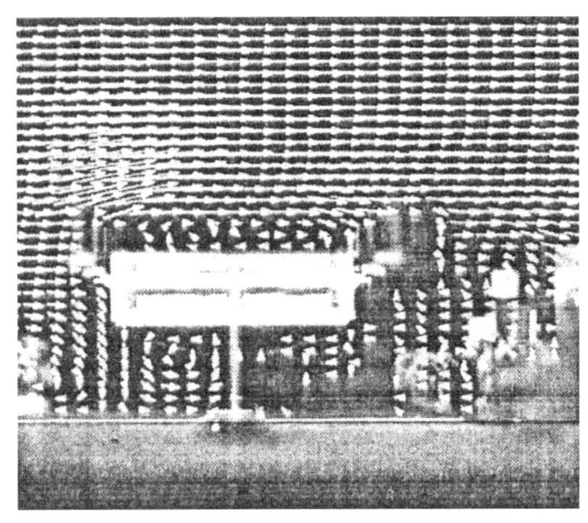

（*a*）高架桥下方有隔断

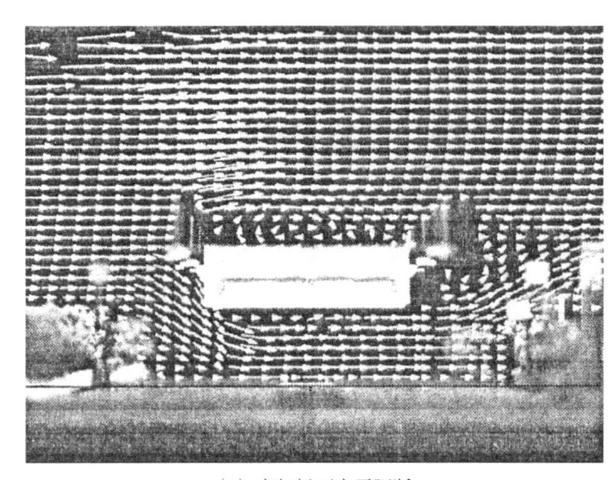

（*b*）高架桥下方无隔断

图 6–49　高架道路横剖面上的流场

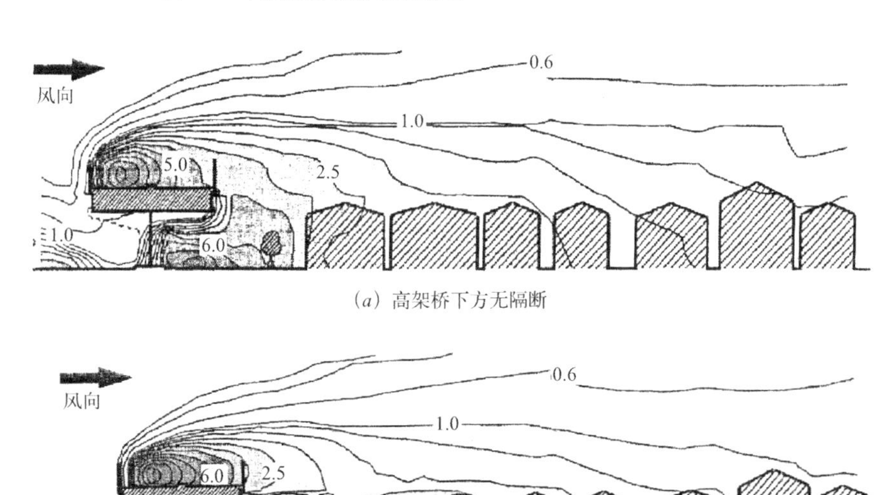

（*a*）高架桥下方无隔断

（*b*）高架桥下方无隔断

图 6–50　高架桥及其附近的污染物浓度分布

第 7 章　城市光环境

7.1　光环境基础

我们生活在信息时代，每天都有成千上万的信息需要我们去了解，人们依靠不同感觉器官，从外界获得这些信息，其中绝大多数来自于光的视觉作用。

我们研究的光，是能够引起人视觉感觉的那一部分电磁辐射，其波长范围为 380 ~ 780nm。波长大于 780nm 的红外线、无线电波等，以及小于 380nm 的紫外线、X 射线等，人眼都感觉不到（图 7-1）。由此可知，光是客观存在的一种能量，而且与人的主观感觉有密切的联系。

7.1.1　人眼视觉特点

我们之所以能看到物体，是因为物体反射光线进入人眼，视网膜上的感光细胞接收光刺激，并转换为神经冲动。感光细胞在视网膜上的分布是不均匀的：锥状细胞主要集中在视网膜的中央部位，称为“黄斑”的黄色区域；黄斑区的中心有一小凹，称“中央窝”；在这里，锥状细胞密度达到最大；在黄斑区以外，锥体细胞的密度急剧下降。与此相反，在中央窝处几乎没有杆状细胞，自中央窝向外，其密度迅速增加，在离中央窝 20° 附近密度达到最大，然后又逐渐减少。两种感光细胞有各自的功能特性。锥状细胞在明亮环境下，对色觉和视觉敏锐度起决定作用。它能分辨出物体的细部和颜色，并对环境的明暗变化作出迅速的反应，以适应新的环境。而杆状细胞在黑暗环境中对明暗感觉起决定作用，它虽能看到物体，但不能分辨其细部和颜色，对明暗变化的反应缓慢。

由于感光细胞的上述特性，使人们的视觉活动具有以下特点：

（1）颜色感觉

在明视觉时，人眼对于 380 ~ 780nm 范围内的电磁波引起不同的颜色感觉。不同颜色感觉的波长范围和中心波长见表 7-1。

光谱颜色中心波长及范围　　表 7-1

颜色感觉	中心波长（nm）	范围（nm）	颜色感觉	中心波长（nm）	范围（nm）
红	700	640 ~ 750	绿	510	480 ~ 550
橙	620	600 ~ 640	蓝	470	450 ~ 480
黄	580	550 ~ 600	紫	420	400 ~ 450

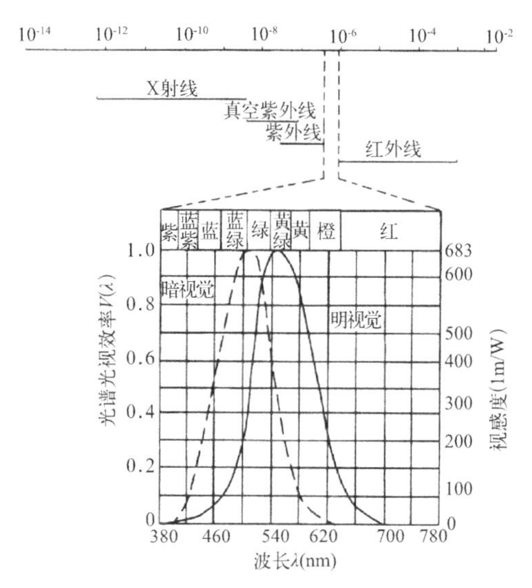

图 7-1　CIE 光谱光视率曲线

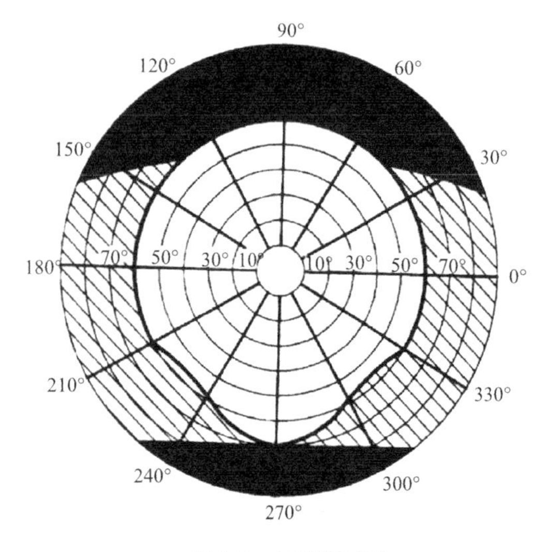

图 7-2　人眼视野范围

（2）光谱光视效率

人眼在观看同样功率的可见辐射时，对于不同波长感觉到的明亮程度不一样。人眼的这种特性常用国际照明委员会（Commission Internationale De L'E'-clairage 简写 CIE）的光谱光视效率 $V(\lambda)$ 曲线来表示（见图 7-1）。它表示波长 λ_m 和波长 λ 的单色辐射，在特定光度条件下，获得相同视觉感觉时，该两个单色辐射通量之比。选择 λ_m 的比值的最大值为 1。λ_m 选在视觉感觉最大值处（明视觉时为 555nm，暗视觉为 507nm）。用公式表达如下：

$$V(\lambda)=\Phi_m/\Phi \tag{7-1}$$

（3）视野范围（视场）

根据感光细胞在视网膜上的分布，以及眼眉、脸颊的影响，人眼的视看范围有一定的局限。双眼不动的视野范围为：水平面 180° ；垂直面 130°，上方为 60°，下方为 70°（图 7-2）。白色区域为双眼共同视看范围；斜线区域为单眼视看最大范围；黑色为被遮挡区域。黄斑区所对应的角度约为 2°，它具有最高的视觉敏锐度，能分辨最微小的细部，称“中心视场”。由于这里几乎没有杆状细胞，故在黑暗环境中，这里几乎不产生视觉。从中心视场往外直到 30° 范围内是视觉清楚区域，这是观看物体总体的有利位置。通常站在离展品高度的 2 ~ 1.5 倍的距离观赏展品，就是使展品处于上述视觉清楚区域内。

（4）明、暗视觉

由于锥状、杆状细胞分别在明、暗环境中起主要作用，故形成明、暗视觉。明视觉是指在明亮环境中（环境亮度大于几个 cd/m² 以上的亮度水平），主要由视网膜的锥状细胞起作用的视觉。此时人眼能够辨认物体的细节，具有颜色感觉，而且对外界亮度变化的适应能力强。暗视觉是指在黑暗环境中（环境亮度低于百分之几 cd/m² 以下的亮度水平），主要由视网膜上的杆状细胞起作用的视觉。暗视觉只有明暗感觉而无颜色感觉，也无法分辨物体的细节。

7.1.2　基本光度单位

（1）光通量

由于人眼对不同波长的电磁波具有不同的灵敏度，我们就不能直接用光源的辐射功率或辐射通量来衡量光能量，必须采用以人眼对光的感觉量为基准的单位——光通量来衡量。光通量的符号为 Φ，单位为流明（Lumen，以 lm 表示）。光通量是由辐射通量及 $V(\lambda)$ 经下式得出：

$$\Phi = K_m \int \Phi_{e,\lambda} V(\lambda)\, d\lambda \tag{7-2}$$

式中　Φ——光通量（lm）；

$\Phi_{e,\lambda}$——波长为 λ 的单色辐射通量（W）；

$V(\lambda)$——CIE 光谱光视效率，可由图 7-1 查出；

K_m——最大光谱光视效能，在明视觉时 K_m 为 683lm/W。

在照明工程中，光通量是说明光源发光能力的基本量。例如 100W 白炽灯发出 1250lm 的光通量，40W 日光色荧光灯约发出 2200lm 的光通量。

（2）发光强度

光通量是表述某一光源向四周空间发射出的光能总量，不同光源发出的光通量在空间的分布是不同的。光通量的空间分布密度，称为发光强度。用符号 I 表示。点光源在某方向上的无限小立体角 $d\Omega$ 内发出的光通量为 $d\Phi$ 时，则该方向上的发光强度为：

$$I_\alpha = d\Phi / d\Omega \tag{7-3}$$

在这个方向上发出强度的平均值为：

$$I_\alpha = \Phi / \Omega \tag{7-4}$$

发光强度的单位为坎德拉（简称“坎”；Candela，符号为 cd），它表示光源在 1 球面度立体角内均匀发出 1lm 的光通量。

40W 白炽灯泡正下方具有约 30cd 的发光强度。而在它的正上方，则有灯头和灯座的遮挡，故此方向的发光强度为零。如果加上一个不透明的搪瓷伞形罩，向上的光通量除少量被吸收外，都被灯罩朝下方反射，因此向下的光通量增加，而这时灯罩下方的立体角未变，故光通量的空间密度加大，发光强度由 30cd 增加到 73cd。

（3）照度

照度是受照平面上接受的光通量的面密度，符号为 E（lx）。若照射到表面一点面元上的光通量为 $d\Phi$，该面元的面积为 dA，则

$$E = \frac{d\Phi}{dA} \tag{7-5}$$

照度的单位是勒克斯，符号 lx。1lx 等于 1lm 的光通量均匀分布在 $1m^2$ 表面上所产生的照度。勒克斯是一个较小的单位，例如：夏季中午日光下，地平面上照度可达 105lx；在装有 40W 白炽灯的书写台灯下看书，桌面照度平均为 200 ~ 300lx；月光下的照度只有几个 lx。照度 E（lx）可以直接相加。如果房间里有 4 盏灯，它们对桌面上 A 点的照度分别为 E1、E2、E3、E4，则 A 点总照度 E_A 等于 4 个照度值之和，写成通用的表达式就是

$$E = \sum E_i \tag{7-6}$$

（4）亮度

光源或受照物体反射的光线进入眼睛，在视网膜上成像，使我们能够识别它的形状和明暗。视觉上的明暗知觉取决于进入眼睛的光通量在视网膜成像的密度——物像的照度。这说明，确定物体的明暗要考虑两个因素：一是物体（光源或受照体）在指定方向的投影面积，这决定物像的大小；二是物体在该方向上的发光强度，这决定物像上的光通量密度。根据这两个条件，我们可以建立一个新的光度单位：发光体在视线方向上单位投影面积发出的发光强度称为亮度，以符号 L 表示，其计算公式为：

$$L_\alpha = I_\alpha / A\cos\alpha \tag{7-7}$$

由于物体表面亮度在各个方向不一定相同，因此常在亮度符号的右下角注明角度，它表示与表面法线成 α 角方向上的亮度。亮度的常用单位为坎德拉每平方米（cd/m^2），它等于 $1m^2$ 表面上，沿法线方向发出 1cd 的发光强度。

有时用另一较大单位——熙提（符号为 sb），它表示 $1cm^2$ 面积上发出 1cd 时的亮度单位。很明显 $1sb=10000cd/m^2$。常见的一些物体亮度值如下：

白炽灯灯丝　　300 ～ 500sb

荧光灯管表面　　0.8 ～ 0.9sb

太阳　　20 万 sb

无云蓝天（天空和太阳的角距离不同，其亮度也不同）0.2 ～ 2.0 sb

亮度反映了物体表面的物理特性。而我们主观所感受到的物体明亮程度，除了与物体表面亮度有关外，还与我们所处环境的明暗程度有关。例如同一亮度的表面，分别放在明亮和黑暗环境中，我们就会感到放在黑暗中的表面比放在明亮环境中的亮。为了区别这两种不同的亮度概念，常将前者称为“物理亮度（或称亮度）”，后者称为“表观亮度（或称明亮度）”。相同的物体表面亮度，在不同的环境亮度时，可以产生不同的明亮度感觉。

7.1.3　颜色

颜色同光一样，是构成光环境的基本要素。

颜色来源于光。可见光包含的不同波长单色辐射在视觉上反映出不同的颜色，表 7–2 是各种颜色的波长和光谱的范围。在两个相邻颜色范围的过渡区，人眼还能看到各种中间色。

光谱颜色波长及范围　　**表 7–2**

颜　色	波　长（nm）	范　围（nm）
红	700	640 ～ 750
橙	620	600 ～ 640
黄	580	550 ～ 600
绿	510	480 ～ 550
蓝	470	450 ～ 480
紫	420	400 ～ 450

在光环境设计实践中，照明光源的颜色质量常用两个术语来表征：光源的色表，即灯光的表观颜色；光源的显色性，即灯光对它照射的物体颜色的影响作用。

（1）光源的色表

在照明应用领域里，常用色温定量描述光源的色表。当一个光源的颜色与完全辐射体（黑体）在某一温度时发出的光色相同时，完全辐射体的温度就叫做此光源的色温，用符号 T_O 表示，单位是 K（绝对温度）。

完全辐射体也称黑体。它是既不反射，也不透射，能把投射在它上面的辐射全部吸收的物体，黑体加热到高温便产生辐射，黑体辐射的光谱功率分布完全取决于它的温度，在 800 ~ 900K 温度下，黑体辐射呈红色，3000K 为黄白色，5000K 左右呈白色，在 8000K 至 10000K 之间为淡蓝色。不同温度下黑体辐射的色坐标点连成一条曲线，叫做黑体轨迹或普朗克轨迹。

热辐射光源，如白炽灯，其光谱功率分布与黑体辐射非常相近，都是连续光谱。白炽灯的色坐标点正好落在黑体轨迹上，因此，用色温来描述它的色表很恰当。

非热辐射光源，如荧光灯，高压钠灯，它们的光谱功率分布形式与黑体辐射相差甚大，其色坐标点不一定落在黑体轨迹线上，而常常在这条线的附近。严格地说，不应当用色温来描述这类光源的色表；但是允许用与某一温度黑体辐射最接近的颜色来近似地确定这类光源的色温，称为相关色温。表 7–3 列有若干光源的色温或相关色温以资比较。

天然和人工光源的色温（或相关色温）　　　　**表 7–3**

光　源	色温（或相关色温）/（K）
蜡烛	1900 ~ 1950
高压钠灯	2000
白炽灯 40W	2700
白炽灯 150 ~ 500W	2800 ~ 2900
碳弧灯	3700 ~ 3800
月光	4100
日光	5300 ~ 5800
昼光（日光 + 晴天天空）	5800 ~ 6500
全阴天空	6400 ~ 6900
晴天蓝色天空	10000 ~ 26000
荧光灯	3000 ~ 7500

（2）光源的显色性

物体色随不同照明条件而变化。物体在待测光源下的颜色同它在参照光源下的颜色相比的符合程度，定义为待测光源的显色性，用显色指数 R_a 表示。

参照光源，是我们相信它能呈现出物体“真实”颜色的光源。一般

公认中午的日光是理想的参照光源。CIE 及我国制订的光源显色性评价方法，都规定相关色温低于 5000K 的待测光源以完全辐射体作为参照光源，色温高于 5000K 的待测光源以组合昼光作为参照光源。

显色指数的最大值定为 100，一般认为 R_a 在 100 ~ 80 范围内，显色性优良；R_a 在 79 ~ 50 显色性一般；R_a 小于 50 则显色性较差，表 7-4 是常见电光源的一般显色指数。

常见电光源的一般显色指数　　　表 7-4

光　源	显色指数 R_a	光　源	显色指数 R_a
白炽灯	95 ~ 99	高压汞灯	22 ~ 51
卤钨灯	95 ~ 99	高压钠灯	20 ~ 30
白色荧光灯	70 ~ 80	金属卤化物灯	65 ~ 85

7.2　城市光环境控制的原则与途径

城市照明建设是城市基础设施建设的重要组成部分。从城市照明规划的角度，城市照明含功能照明和景观照明两大部分。但二者绝不可简单地割裂开，城市功能照明应与被照明对象的风格、特征协调一致，城市景观照明也应在保证艺术效果的前提下，推广和实施绿色照明，做到节能、环保与艺术的统一。

7.2.1　城市景观照明

景观（Landscape）是一个广域的概念，含自然景观和人文景观。景观又是一个复合的概念，“景”是客观存在，“观”指主观感受和意识。景观照明是对客观的景用光去进行主观艺术创作，也就是说景观经过照明构成夜景，夜景已包含了光的元素，故称景观照明。而夜景照明是多年的习惯称谓，国标《城市夜景照明技术规范》将夜景照明定义为“泛指除体育场场地、建筑工地、道路照明等功能性照明外，所有室外公共活动空间或景物的照明（简称夜景照明，亦称景观照明）”。城市夜景是城市规划建设的一个重要组成部分，在一定程度上反映着城市的面貌。

城市夜景观在我国起步较晚。新中国成立后只有少量的重大工程，如首都国庆庆典、长安街、上海外滩和南京大桥等实施了景观照明。而且那时的景观照明形式简单，只有用白炽灯勾勒建筑物的轮廓照明以及用霓虹灯的装饰照明。我国比较集中的大规模城市夜景照明工程建设还是从 1989 年上海启动外滩和南京路景观照明后开始的。1995 年后我国沿海开放城市及一些大城市也开始有组织有步骤地实施夜景建设。至 2000 年底我国已涌现出一批夜景照明的佳品。如北京的长安街和王府井大街夜景工程，深圳深南大道灯光夜景工程，重庆山城夜景，其中以迎接 APEC 会议而完善的上海城市夜景观最为壮观。

1）光照对城市空间的影响

城市的结构和细节一般在白天才能够完美地展现，到了夜间，人们只有通过灯光照明来实现其可视性。但让城市在夜间看起来同白天一样几乎是不可能的，天然光有两种成分，第一部分是天空漫射光，无论晴天和阴天它都存在，天空漫射光均匀地照在所有表面和建筑物上，因此镜面材料在任何视角看都是明亮的；第二部分是直射太阳光，它是一个点光源，因为太阳距离很远，因此，它投照出来的阴影非常清晰。另外，阳光是运动的，对建筑而言变换的阴影会产生出一种夜间难以复制的动态效果。通常，采用人工光是不可能仿效出这种效果来的。

白天，城市景观的主要光源是天然光。天然光在一天中相对一段时间内保持着稳定的暖白色，虽然日照角度随着时间发生变化，但相对而言变化是微小的。所以，昼间光线具有较强的单一性。但在夜间，人们通过人工光对城市景观进行照明。由于我们可以自由地选择人工光源的类型、颜色、投光方式及安装位置，所以夜间光线表现得较为灵活和多样。

（1）夜景——“图”与“底”的转换

对于建筑单体，在白天建筑外墙的轮廓为“图”，夜景中外墙消失，玻璃窗醒目地跳出来成为“图”，这样建筑实现了“图”与“底”的反转。这种效果在现代建筑中表现最为强烈，所以建筑外立面玻璃的应用成为现代建筑夜景效果的关键。

而从城市空间角度看，在白天，街道的主体是建筑外墙，所以建筑作为背景成为“底”，街道、广场、庭院、绿化可看成是“图”。到了夜间，周围空间暗淡下去，建筑通过各种人工照明，而成为“图”（图 7–3）。

（*a*）白天，建筑物作为背景——“底”

（*b*）夜间，建筑物作为表现对象——“图”

图 7–3　马来西亚“双子塔”的昼夜“图”“底”转换

（2）色彩

在白天，由于阳光和大气、云层的关系，城市景观色彩显得模糊、灰暗。夜间，通过具有视觉冲击力强、色度高特点的人工光照亮城市，加上黑色的夜空间背景有夸张颜色的作用，所以色彩感比白昼更强烈（图7–4）。

（*a*）

（*b*）

图 7–4　同一景点的昼夜对比
（*a*）西安大唐芙蓉园白昼景观
（*b*）西安大唐芙蓉园夜间景观

（3）空间层次

太阳光的变化使得城市空间产生了活力，变得丰富多彩。清晨光线柔和，正午明媚，黄昏温情，并且光影的变换在给人以不同感受的同时，使城市空间也形成了不同的层次，让人充分感受到城市空间的趣味。

在夜间，人工光一旦固定下来，很难再随时间、季节的变化而变化，所以夜间城市景观容易令人感到层次感不强。为了改变这一局限性，我们在照明规划时，可以通过不同色度、亮度的光源及控灯方式进行动静结合的照明配置，并在把握整体照度的情况下，做到强弱有张有弛，明暗结合有序，富有层次性和节奏性，营造多种多样的视觉空间层次。

（4）尺度

尺度一般是指某一物体或现象在空间上或时间上的量度。

在夜间照明中，人工光具有天然光达不到的高度、亮度与辐射面，所以夜间人们的视野变得狭窄，判断力变得迟钝，景观尺度感也就变得较低。有效的解决途径就是，在城市夜景观设计中考虑光源的照度、色彩、投光灯具的高度和角度，以及突出节点景观或强化景观连续性，还可加强表现城市结构轴线来体现城市空间的真实性。

2）夜间建筑物立面照明方式

作为城市夜景观中突出的"图"，建筑物的夜间立面形象是城市夜景观中最主要的决定因素。建筑立面照明可采取三种方式：轮廓照明、泛光照明、透光照明。在一幢建筑物上可同时采用其中一、二种，甚至三种方式。

（1）轮廓照明

以往城市中心区的照明，主要是建筑物的轮廓照明。它是以黑暗夜空为背景，利用沿建筑物周边布置的灯，将建筑物的轮廓勾画出来。这种照明方式应用到我国古建筑上，由于它那丰富的轮廓线，在夜空中勾出非常美丽动人的图形，获得很好的效果。图 7–5 是西安城墙的轮廓照明。轮廓照明一般都是利用 40 ~ 60W 白炽灯泡或霓虹灯沿建筑物轮廓线安装，为了达到连续光带效果，灯距一般为 30 ~ 50cm，外面加防止雨水等外界侵袭的玻璃罩。但这种照明方式需要消耗大量的电能，应该慎用。

（2）泛光照明

对于一些体形较大，轮廓不突出的建筑物可用灯光将整个建筑物或建筑物某些突出部分均匀照亮。以它的不同亮度层次，各种阴影变化和不同光色，在黑暗中获得非常动人的效果。泛光照明灯具可放在下列位置：

①建筑物自身内部：例如阳台、雨篷上，利用阳台的栏杆将灯具隐藏。由于阳台等物体的挑出长度有限，灯具与墙的距离不可能太大，因此，在墙上很难做到亮度分布均匀，但只要将亮度变化控制在一定范围之内，这种不均匀还可以避免大面积相同亮度所引起的呆板感觉。图 7–6 为利用阳台放置泛光照明灯具的实例。

②建筑物附近的地面上：这时由于灯具位于观众附近，特别要注意防止灯具直接暴露在观众视野范围内，更不能看到灯具的发光面，形成眩光。一般可采用绿化或用其他物件遮挡（图 7–7）。这时应注意不宜将灯具离墙太近，以免在墙面上形成贝壳状的亮斑。

③路边的灯杆上：特别适用于街道狭窄、建筑物不高的条件，如旧城区中的古建筑。可以在路灯灯杆上安设专门的投光灯照射建筑物的立面，亦可用扩散型灯具，既照亮旧城的狭窄街道，也照亮了低矮的古建筑立面。

④邻近或对面建筑物上：由于这些建筑离照射对象比较远，照射亮度容易达到均匀。这时，应特别注意照射角度，避免在被照射建筑物内形成光干扰（图 7–8）。

建筑物泛光照明所需的照度取决于建筑物的重要性、建筑物所处环境的明暗程度和建筑物表面的反光特性。具体可参考表 7–5 中所列值。

图 7–5　西安城墙的轮廓照明
（照片来源：中国照明网）

图 7–6　利用阳台放置泛光照明灯具
（照片来源：阿拉丁照明网）

图 7–7　建筑物附近地面放置泛光照明灯具
（照片来源：中国照明网）

图 7–8　利用邻近建筑物放置泛光照明灯具
（照片来源：《The Best of Lighting Design》）

（3）透光照明

透光照明是利用室内照明形成的亮度，透过窗口，在漆黑的夜空形成排列整齐的亮点，也别有风趣。这时，应在窗口设置浅色窗帘，夜间只开启临窗的灯具，就能在窗帘上获得必要的亮度；还可以由电脑控制作出不同的夜景照明变化。

立面为平面的建筑物照明，由于其缺乏凹凸的立体感，为了避免照明效果的平淡无奇，应把投光灯近距离地接近主立面，使之照明面均匀，真实凸现丰富的建筑材质。

CIE 推荐的建筑和构筑物泛光照明的照度值（部分）　　表 7–5

被照面材料	推荐照度（lx）			修正系数				
	背景亮度			光源种类修正		表面状况修正		
	低	中	高	汞灯、金属卤化物灯	高、低压钠灯	较清洁	脏	很脏
浅色石材、白色大理石	20	30	60	1	0.9	3	5	10
中色石材、水泥、浅色大理石	40	60	120	1.1	1	2.5	5	8
深色石材、灰色花岗石、深色大理石	100	150	300	1	1.1	2	3	5
浅黄色砖	30	50	100	1.2	0.9	2.5	5	8
浅棕色砖	40	60	120	1.2	0.9	2	4	7
深棕色砖、粉红花岗石	55	80	160	1.3	1	2	4	6
红砖	100	150	300	1.3	1	2	3	5
深色砖	120	180	360	1.3	1.2	1.5	2	3
建筑混凝土	60	100	200	1.3	1.2	1.5	2	3
天然铝材（表面烘漆处理）	200	300	600	1.2	1	1.5	2	2.5
反射率 10% 的深色面材	120	180	360	—	—	1.5	2	2.5
红 - 棕 - 黄色	—	—	—	1.3	1	—	—	—
蓝 - 绿色	—	—	—	1	1.3	—	—	—
反射率 30% ~ 40% 中色面材	40	60	120	—	—	2	4	7
红 - 棕 - 黄色	—	—	—	1.2	1	—	—	—
蓝 - 绿色	—	—	—	1	1.2	—	—	—
反射率 60% ~ 70% 的粉色面材	20	30	60	—	—	3	5	10
红 - 棕 - 黄色	—	—	—	1.1	1	—	—	—
蓝 - 绿色	—	—	—	1	1.1	—	—	—

立面为凹凸的建筑物照明，可使灯光从立面上方或下方照射，使之产生阴影。如果立面有垂直线条，可用中光束泛光灯从立面的左右侧投光，若用宽光束投光灯从对面照射，阴影会变得较为柔和。

有坡屋顶的建筑物照明，可以用轮廓照明的方式将屋顶外边勾勒，在夜间展现其屋顶造型；还可将投光灯架设高于其屋顶的其他建筑物之上，将屋顶泛光照亮，展现屋顶的体量。

对于立方体建筑，要根据建筑物造型选择投光方向，同时应使建筑物两个相邻接的立面之间有明显的亮度差，这样才能体现出建筑的立体感。

对于弧形建筑物，适合于用窄光束泛光灯，可在围绕弧形建筑物周围设置两个或三个投射点，光束尽可能向上投射，投射越高越好，这样能使光束近似平行光，在弧形建筑物上形成一条光带。由于建筑物是弧形的，就形成了圆柱中间亮、边部渐暗的效果，从而突出了弧形建筑物的视觉效果。

3）城市夜空间的其他要素

（1）城市广场照明

城市广场具有一定的设计主题和功能，是用以展现城市人文活动景观的开敞空间。根据功能性质不同，广场一般可分为纪念性广场、文化广场和休闲广场等。

①纪念性广场

严肃的主题和纪念意义是这类广场夜景照明设计所要突出的重点，所以光色的选择应当尽量冷静理性。而且一定要重点突出，且不可喧宾夺主，一处耸立的纪念碑，往往成为具有控制力的中心，所以在理性地处理好周围环境的功能性照明的前提下，应当以此为背景，重点进行对特殊建筑或构筑物的聚光照明。这类广场夜景照明对于灯具造型以及布置的方式往往比较偏重规矩的几何形，以突出严肃的主题。图 7–9 是哈

图 7–9　哈尔滨防洪纪念塔（光线聚焦塔尖）

尔滨防洪纪念塔照明设计。

②文化广场

文化广场的一大特点是集聚人流的大空间和向心性，所以这类广场夜景照明的重点区域不仅是这个核心，而且是一个面积较大的核心区域。在考虑适当照顾的同时，还应当注意灯具的安排与布置，因为这类广场往往集观演于一体，所以对于视线的分析是非常重要的，这一点也必然反映在灯具的具体位置上，即完成照明的任务，灯具不可以遮挡人们正常的视线。集会文化广场的环境色多选用白色，在适度的颜色点缀的同时，不宜选用艺术效果过于强烈的环境色，如过冷或过暖的颜色。

③休闲广场

这类广场的夜景照明应当尽量营造轻松自如的氛围，这里是市民熟悉的公共休闲空间，所以这里的灯具的选择，夜景观景点的设计都可以相对轻松活泼一些，而不必拘泥于规整的形式。在泛光照明和聚光照明的比例上，可以适当加大后者的比例，造营轻松的气氛和灵活的景观。娱乐休闲广场对于环境光色的选择也是比较灵活的，可以根据不同的活动区域选择不同的环境色，但是广场夜景照明的光色应避免混乱。所以在灵活的处理广场环境的同时，往往要通过对整个广场照度与环境色的总体把握来形成统一感，这种统一也可以通过灯具造型、尺度来解决。

④交通广场

这类广场的夜景照明设计重点是强调交通流线，即人员的流动性，应当注意明确方向性、加强引导。这里要注意的问题是人流与车流的分化处理，做到互不干扰、井然有序。界面型的交通节点广场，它们本身承担着城市大门的职责，代表城市而给人们带来的第一印象。因此，对于这类广场的处理，在注重功能的同时，还应当适当考虑其标志性，这种作为标志的重点亮化对象，可能是广场的中心雕塑，也可能是火车站或者汽车站建筑本身。另一点要注意的是环境色的选择，交通节点广场的环境色多采用暖色，而且要显色性好，营造亲和力的氛围。

综上所述，城市广场灯光照明的具体设计还应把握以下几点原则：

A）突出广场主题

通过对光强、光色的具体运用，形成广场空间的亮度强弱变化，使广场的主题性构筑物醒目、明确，突出广场主题。

B）限定广场形状

广场的形状与特点是由周边建筑群体、广场构筑物（墙体、围廊、树木等）及公共活动场地（硬质铺地、软质铺地）决定的。对这三种元素进行不同的灯光处理可使人们在夜晚中明晰广场的空间形态，明确自身在广场中的位置。

C）丰富空间层次

根据广场的不同空间性质，以不同尺度以及不同强度的灯光在广场区域内相互配合，形成明暗相间的灯光层次。如公共空间一大片的硬质铺地，运用广场灯或庭院灯创造明亮、欢快的灯光环境；草坪、休息区域等空间则以草坪灯或低矮的庭院灯散发柔和的光线营造静谧的休闲环境。

（2）植物照明

在城市夜景元素中植物是唯一有生命的景观，它的颜色和外观随着季节的变化而变化，是城市景观的一大特色，也是城市生命力的一种体现。夜景照明效果要适应植物的这种变化，尽量用光源去突出树叶原来的颜色。

植物的照明方式通常有以下几种，分别可获得不同的夜间效果：

①上照式

对于中等高度的树木，一般采用瓦数为 70 ~ 150W 的金卤灯或汞灯由下向上照明，灯具选用中等光束。上照式可以照亮整个树体，立体感较强，是强调植物环境的主要方式。

②下照式

将灯具固定在树枝上，或用高于树木的灯具照射。灯光透过树叶往下照，在地面上形成树叶交错的阴影，使夜间环境多了一份灵动。这种方式适合在步行街、居住区、公园等较雅静的场所使用。

③剪影效果

将植物后面的墙面照亮，树在墙上形成黑色的影子。

④串灯式

将串灯或灯笼挂在树上，如星星般闪烁。这适用于商业街或街道的节日夜环境。值得注意的是，较为高耸的树木则须选用功率更大的灯或用窄光束灯具。光源瓦数越大，眩光问题则越严重，所以选择的灯具须采用防眩光措施，例如内置防眩光隔栅等。对低矮的灌木使用小瓦数的灯，灯具体积也较小。灯具的选择应考虑环境条件要求。

（3）水体照明

在钢筋混凝土的现代城市里，需要依靠自然元素来软化这种坚硬的视觉感觉。虽然植物是其中生命元素，但水的运用更富有变化，另外水极易与声、光、电结合形成景观，可以使单调的夜空间产生无穷魅力。

水面在夜景中的重要作用是用来构筑倒影，水边景观元素的灯光形态与其水中倒影相映生辉，既形成了特色鲜明的夜景，又艺术化地为水面和陆地确立了边界。水中灯光倒影的设计也适当参考园林景观设计时的创意，比如：布置在一个小空间中的水面，其用意往往是使有限的空间产生开朗的感觉，在设计夜景时就要体现它的这一设计原则，通过灯光语言描述出小空间水景那种小中见大的感觉。在具体的做法上有很多值得注意的地方，对水边元素配置灯光时，应尽量将用光范围控制在元素靠近地面的较低部位处，这样可以强化水面的尺度，水中的灯光倒影也不至于拖得过长，避免岸边不同部位景物的灯光倒影充溢了面积不大的水面；另外，水岸边界不要连续地设置灯光，应适当留出一些暗处或“虚

化”了的局部，给人留下想象的空间，似乎水面在这里延伸了出去，进而使水面变得纵深起来。

目前在水景的应用方面最为流行的做法是将声、光、电结合起来，做成“喷泉工程”或“激光水幕”系统。喷水照明在安装灯具时，角度应该能够照亮水柱及喷水端水花散落的景色。另外，在进行彩色照明时，一般使用红、黄、蓝三原色，彩色的光是通过滤色片取得的。其中光源用得最多的是白炽灯，如果喷水柱高且无需调光时，则可用高压汞灯或金属卤化物灯进行照明。

7.2.2 城市功能照明

城市照明的产生是由于人类对照明的客观需要，因此，必须把实用性放在第一位，也就是把以人为本的思想放在第一位。城市照明的首要任务是完善功能性照明。除了工地、机场等特殊区域外，城市功能照明最主要、最基本的就是城市道路照明。也正因为道路照明首先是以满足功能需求为前提，它的设计主要考虑电气专业领域的内容，本书仅从城市照明规划的层面对此作简单介绍。

1）城市道路照明的作用

（1）在夜晚延续和保证道路的交通功能

道路是人流和各种车辆的载体，各种交通行为都依赖于对绝对环境的正确认知。当环境亮度过低时，各种交通问题就接踵而来，首要的就是交通安全问题。根据国际照明委员会的调查，良好的道路照明至少可以降低30%的城市交通事故率。同时，良好的道路照明还可以提高交通速度和道路的引导性，从而提高道路的利用效率，缓解城市拥堵。

（2）保证夜间人身和财产的安全

公共照明最初的目的就是降低犯罪率。良好的道路照明可以消除黑暗，提高视觉距离，阻止犯罪意图，在夜晚给行人和附近的居民带来安全感。

（3）提高环境的舒适性，美化城市

道路和公共空间的照明对美化城市形象、提升城市品质有重要的作用。不仅能给居民以自豪感，也能吸引游客。相反，经过没有公共照明的城镇会给人以孤独感，难以产生让人停留的吸引力。

2）城市道路照明的分类及照明要求

基于道路的所在区域和使用者的不同，城市道路照明有不同的等级标准。国际照明委员会将道路分为四类，五个照明级别：双向车行道之间有中间分车带分隔、无平面交叉、出入口完全控制、车辆高速行驶的高速路、快速路；高速行驶道路、双向行驶道路；主要的城市交通干线、辐射道路、地区配置道路；连接不太重要的道路、区域配置道路、居住区主要道路；私有道路和通向连接道路（次干道）的道路。

国际照明委员会分级的优点在于依据道路功能、交通复杂性、交通分流情况及交通控制设施的优良好坏来划定道路所需照明的水平，即通过客观的硬指标（道路的实际情况和交通特点）来科学限定照明水平，并不是简单依据道路的宽度，车道的数目和笼统的等级划分来界定。但正如国际照明委员会自己所解释：道路的描述范围很宽泛，以便它们能适用于不同国家的需求。CIE 只是推荐导则，不够详细和具体。我国《城市道路照明设计标准》（CJJ45—2006）中将城市道路分为快速路、主干路、次干路、支路、居住区道路，具体说来可依据城市道路的不同功能特点，不同照明需求，划分为 6 种类型，以国家道路照明标准的各项光度数据参数为参考基础，包括平均亮度（或照度）、亮度（或照度）均匀度、眩光限制和诱导性等，结合 7 种类型道路的特点考虑，进行二元化的规划设计。

（1）入城道路、景观大道、城市视觉走廊

入城道路沿线通常建筑密度不高，环境亮度也不高，由于对整个城市先入为主的视觉印象，道路照明在景观形象上的作用要上升为重点。从它的光色、亮度和灯具布局等方面来体现。照明方式以功能性照明和装饰性照明并重。光色宜采用高色温如冷白色，给人们带来现代、新鲜和醒目的视觉感受，显色性要求要好，建议使用金卤灯为主要光源。

景观大道，城市视觉走廊往往是城市的骨架道路，道路红线宽度很大，设有道路绿化，是道路系统中的大体量，因此路灯的灯具灯杆尺度也宜大，与道路和谐，力求在视觉上给人以宏伟的印象，灯具布局以双排对称排列为主。灯具风格具有现代感、稳重感和艺术美观性。

（2）快速路

新标准是这样定义快速路的：城市中距离长、交通量大、为快速交通服务的道路。快速路的对向车行道设中间分车带，进出口采用全控制或部分控制。也就是说使用快速路的基本是高速行驶的各种机动车辆，照明的安装也理应侧重机动车驾驶员而不是非机动车和行人。所以在这种道路上应加强常规的功能照明而基本禁止装饰性照明和动态照明以及功能照明控制灯具的眩光，以免过多的其他光线进入驾驶员的眼中分散驾驶员的注意力造成交通事故。灯具尽量采用单侧排列，使用较高灯杆（高 15m 左右），选用宽配光灯具，大间距排列，减少立杆。在光色与光源类型的选择上应尽量使用节能高效并具有良好的视觉功效的光源，建议采用白色金卤灯，或高光效高压钠灯，依经济能力而定。灯具尺度应较大，风格应简洁明快，具有现代感，避免过多装饰。

（3）主干道

主干道是连接城市各主要分区的干路，采用机动车与非机动车分隔形式，两侧有车流、人流的出入口。我国的很多文献都没有对此做更细的划分。相比较而言，国际照明委员会对道路的划分则相对人性化许多，它根据道路功能、交通复杂性、交通分流情况及交通控制设施的优良好坏将道路分为四类。结合国际照明委员会的标准，可以将主干道进一步

分为生活、商业型交通干道和货运干道。

生活、商业型交通干道两侧有许多大型的住宅小区、购物、餐饮、娱乐场所，具有很充足的步行空间，有的还有机动车和非机动车的停车场。所以照明不仅仅要考虑机动车的照明效果，更主要的要注意人群和非机动车的安全和交通。而且由于人员组成复杂，道路的照明也要考虑一些不法分子的犯罪行为。照明方式建议采用高显色性的白光照明，因为根据对驾驶员的调查显示，白光照明比黄光照明能获得更多的信息量，特别是在装饰性照明也比较发达的商业性主干道上，白光的高显色性显得更为重要。而在一些商业比较繁荣的路段，我们也可以考虑将广告灯箱照明、商业橱窗照明和传统道路照明结合起来，这样既美化了城市的夜景，又协调了灯光的布置，节约了设备和能源的浪费，节约市政建设资金。这里的灯具尺度要适中，布局要灵活处理。灯具风格需要具有一定的装饰性，采用与周围环境相协调的古典或现代的装饰性灯具和灯杆，使白天和晚上都符合审美要求，营造繁华的商业氛围。

货运干道主要分布在城市的周围，担负着对外交通功能，车流量大，车速较高，道路使用者也以货运机动车为主，此类道路以功能性照明为重点，道路照明主要以满足亮度、均匀度、引导性、眩光控制方面要求，为驾驶员提供安全驾驶的条件为目标，光源尽量节能高效，对显色性和光色要求不高，主要为高光效的高压钠灯，光色则是橙色，灯具尺度适中，灯具风格应简洁明快，避免装饰性照明。

由于车速较高，道路又有人流、车流的出入口，并且也有和其他道路的交叉口，所以在设计照明时，一定要在道路交汇区域、人流车流出入口适当增加亮度，对一些重要的标志牌也要特别的重点照明，以便驾驶员有足够的反应时间。

(4)支路

所谓支路就是干道和居住区道路之间的连接道路，它主要承担短距离交通，非机动车和进出居住区的机动车通行，道路使用者主要以行人、非机动车为主。照明方式采用常规照明，

光源高度较低，一般在8m以下。光色以黄色为主。光源的选择为紧凑型荧光灯、高显色性高压钠灯或高光效型高压钠灯。在满足照明水平的基础上，尽量保证能源的最优化，避免过亮。灯具风格依据不同地块性质处理，如果比较靠近居住小区，应以庭院灯为主，注意装饰性和功能性照明的有机结合，灯具布局可采用单行排列或交错排列。灯具尺度宜较小，高度较低，

一定要注意眩光控制，以免形成光污染，干扰居民生活。临近工业区，灯具尺度可大些，采用单侧排列以减少立杆。灯具风格力求简洁明快，直线造型，具有现代感。

(5)步行商业街

对于一些有悠久历史传统的城市，还可能建设有历史文化街。对

于历史文化街，笔者认为首先一定要注重本地的历史积淀，照明设施的样式风格有着格外重要的作用，灯具风格、光色关系到是否能够保护独特的历史文化风貌，充分体现历史文化街区文化内涵。步行商业街是市民购物消费的地方，道路照明应烘托出繁华、热闹而浓厚的商业氛围，对购物者形成心理诱导。照明方式宜采用动静结合的照明方式。动，即动态的霓虹灯广告照明和LED多彩变换照明，通过对它的规范化实施来达到动态的丰富的照明效果；静，即静态的建筑物照明与道路照明，通过气势恢弘的外墙照明与形式各异的道路相结合，形成静态的照明。光色可采用暖白色、冷白色、中性白等高显色性的白色调。此类道路宽度一般较小，不需要大功率的光源与很高的安装高度，具有良好显色性的、较小功率的光源和小型化的灯具尺度应为首选。灯具风格强调具有艺术人文特色，体现当地文化底蕴，形成艺术景观。

（6）与道路连接的特殊部分

这些地方包括立交桥、交通环岛、城市桥梁、人行地道、天桥等，这些地方的照明往往是整个城市照明的点睛之处，在这些地方我们可以做一些灯光小品，或者是做一些轮廓打光，使整个城市照明在这里有让人眼前一亮的感觉。在满足基本的功能照明后，这里可以成为道路照明最具想象力的地方。

3）道路照明标准

城市道路照明标准以路面平均亮度、路面亮度均匀度和纵向均匀度、眩光限制、环境比和诱导性为评价标准。

（1）路面平均亮度（L_{av}）

它是用来表示道路路面总体亮度水平的一个评价指标，是按照国际照明委员会有关规定在路面上预先设定的点上测得的或计算得到的各点亮度的平均值。机动车驾驶员行车作业时，眼睛直接感受到的是路面的亮度而不是照度。

（2）路面亮度均匀度（U_0）

道路照明设施在为路面提供良好的平均亮度的同时，却无法避免在路面的某些区域产生很低的亮度，因而，在这些区域中，障碍物与路面之间的对比值低，同时，如果视场中出现大的亮度差，会导致眼睛的灵敏度下降，以至于无法察觉出较暗区域中的障碍物。因此，为了保证路面各个区域都有足够的察觉率，要求路面上平均亮度和最小亮度之间不能相差太大。由此提出了另一个评价指标：亮度均匀度，它是指路面上最小亮度与平均亮度的比值。

（3）路面亮度纵向均匀度（U_L）

它是指同一条车道中心线上最小亮度与最大亮度的比值。如果在一条车道的路面上，反复出现亮带和暗带，会使得驾驶员心情烦躁，造成交通隐患。所以，在同一条车道中心线上最小亮度与最大亮度的差别不能过大。

（4）眩光控制

眩光是由于视野中的亮度分布范围的不适应或存在极端的对比，以致引起不舒适感觉或降低观察目标的能力的视觉现象。眩光分为失能眩光和不舒适眩光，不舒适眩光影响驾驶员视看的舒适程度，而失能眩光损害视看物体的能力，直接影响驾驶员观看物体的可靠性。

（5）环境比

道路上有很多车辆和有一定高度的物体，这些物体又要以道路外边的环境作为其背景，尤其是在弯道或曲线道路上，这些路面上的物体更要在道路周边的背景衬托下才会被看到。道路外边环境的适度照明有助于机动车驾驶员更有效地观察路面情况并及时做出判断。环境比的作用是保证道路外边有足够的照明能把物体展示出来。

（6）诱导性

道路照明的诱导性和舒适性有着同样重要的作用。诱导性分为视觉诱导和光学诱导，两者既有区别又有紧密的联系。

光学诱导指通过道路的诱导辅助设施使驾驶员明确自身的位置以及道路前方的走向。这些诱导辅助设施包括路面中线、路缘、路面标志、应急路栏等。

光学诱导指通过灯具和栏杆的排列、灯具的外形外观、灯光颜色等的变化来标识道路走向的改变或将要接近道路交叉口等特殊地点，以便驾驶员提前作出反应，提高交通安全。

明确了道路的照明等级后，就可以根据《城市道路照明设计标准》，确定道路照明各项标准值。详见表 7–6、表 7–7 所示（部分）。

机动车交通道路照明标准值 表 7–6

级别	道路类型	路面亮度			路面照度		眩光限制阈值增量最大初始值	环境比 SR 最小值
		平均亮度 L_{av} (cd/m^2)	总均匀度 U_o 最小值	纵向均匀度 U_L 最小值	平均照度 E_{av} 维持值	均匀度 U_E 最小值		
Ⅰ	快速路、主干路（含迎宾路、通向政府机关和大型公共建筑主要道路，市中心或商业中心的道路）	1.5/2.0	0.4	0.7	20/30	0.4	10	0.5
Ⅱ	次干路	0.75/1.0	0.4	0.5	10/15	0.35	10	0.5
Ⅲ	支路	0.5/0.75	0.4	—	8/10	0.3	15	—

注：1. 表中所列的平均照度仅适用于沥青路面。若系水泥混凝土路面，其平均照度值可相应降低约 30%。根据本标准附录 A 给出的平均亮度系数可求出相同的路面平均亮度，沥青路面和水泥混凝土路面分别需要的平均照度。

2. 计算路面的维持平均亮度或维持平均照度时应根据光源种类、灯具防护等级和擦拭周期，按照本标准附录 B 确定维护系数。

3. 表中各项数值仅适用于干燥路面。

4. 表中对每一级道路的平均亮度和平均照度给出了两档标准值，“/”的左侧为低档值，右侧为高档值。

人行道路照明标准值　　表 7–7

夜间行人流量	区域	路面平均照度 E_{av}（lx），维持值	路面最小照度 E_{min}（lx），维持值	最小垂直照度 $E_{v,min}$（lx），维持值
流量大的道路	商业区	20	7.5	4
流量大的道路	居住区	10	3	2
流量中的道路	商业区	15	5	3
流量中的道路	居住区	7.5	1.5	1.5
流量小的道路	商业区	10	3	2
流量小的道路	居住区	5	1	1

注：最小垂直照度为道路中心线上距路面 1.5m 高度处，垂直于路轴的平面的两个方向上的最小照度。

7.3　城市光污染的危害及防治

7.3.1　城市光污染的概念及其现状

1）“光污染”概念的提出

人工照明是人类生产和生活过程的必需，人工照明的方式也在随着生产力的发展而发展，人类由最初的利用篝火，逐渐发展到利用油灯、蜡烛、煤气灯，直到现在使用的电光源照明。现在，电光源已被广泛应用于室内外照明，城市的夜晚也日益明亮起来。然而，中国有句古语：物极必反。人工照明方式的进展标志着人类物质和精神文明的极大进步和发展。但是在城市中对人工照明盲目的、无节制的过度使用则又给人类带来了巨大的负面影响：这种“光污染”是人类对“光明”的孜孜不倦的追求过程中所生产的、始料不及的“副产品”。最先意识到这一点的是天文观测人员。20 世纪 70 年代，由于大城市街区照明普遍地过多使用高强度的灯光，导致夜空过亮，看不见星星，从而影响了天文的观测，很多天文台因此被迫停止天文观测工作，有的天文台因此搬迁。例如，1878 年始建于东京市中心的东京天文台，由于其周围的夜空亮度过高而无法进行正常的天体观测工作，先后四易其址，到 20 世纪 90 年代，天文台决定在日本本土之外（夏威夷的莫纳克亚）建 8m 口径的天文望远镜。近代天文事业发达的欧美国家不少天文台也先后多次迁址，损失巨大。为此，国际天文学会提出了“光污染”这一概念：城市室外照明使天空发亮造成对天文观测的负面影响。

由此可以看出，室外照明“光污染”最初是由于城市里采取了过度的夜景照明，直接导致夜空亮度大幅提高，从而影响了正常的天文观测工作而提出的。最初对光污染的认知范围还仅限于天文方面，其概念及外延也因此具有一定的局限性。

2）国内外城市光污染的现状

自从 20 世纪 70 年代天文学者提出光污染的概念，迄今已三十余载。城市里过度夜景照明的状况并无丝毫的改善，反而日趋严重，不仅如此，

光污染的外延也随之扩展，不再仅限于夜间。现代城市里的建筑大量采用反光率极强的装饰材料（如反射玻璃幕、金属板材等）进行外墙装修，被其反射的强烈阳光对城市居民的正常生活造成了严重的负面影响，构成了白昼的光污染。从黑夜到白昼，光染污的影响是全天候的。在人们生活的城市环境中，光污染现象可谓无处不在。国外发达国家光污染现象尤其普遍，由于过度的夜景照明而人为造成的光污染逐年增长。我国20世纪80年代以来，经济的迅猛发展促进了照明业的快速发展，各地过度地追求夜景照明，实施“亮化工程”，导致夜空光污染日益严重。经济的迅猛发展，促进了建筑业的快速发展，随之玻璃幕墙这一建筑外装修形式开始在我国各地迅速普及。城市里采用玻璃幕墙的建筑以惊人的速度，如雨后春笋般拔地而起，由此产生的光污染也日益加重。

我国环保百科全书对光污染的定义是：逾量的光辐射（包括可见光、红外线和紫外线）对人类生活和生产环境造成不良影响的现象。从这一概念即可看出，光污染已经从单纯的对天文观测的负面影响辐射到人们生活的各个方面。

7.3.2 城市光污染的分类

国际上一般将光污染分成3类，即白亮污染、人工白昼和彩光污染。不少高档商店和建筑物用大块镜面式铝合金装饰的外墙、玻璃幕墙、釉面砖墙、磨光大理石和各种涂料等形成的光污染属于白亮污染（图7-10*a*）；夜间一些大酒店、大商场和娱乐场所的广告牌、霓虹灯、施工场地的弧光灯、大城市中设计不合理的夜景照明等，强光直刺天空，使夜间如同白日，这属于人工白昼（图7-10*b*）；而舞厅、夜总会安装的彩光灯、旋转灯、家庭及室内环境的有害光源荧光灯以及闪烁的彩色光源则构成了彩光污染（图7-10*c*）。

(*a*)

(*b*)

(*c*)

图7–10　城市光污染的分类
(*a*) 白亮污染
(*b*) 人工白昼
(*c*) 彩光污染

7.3.3　城市光污染的危害与影响

由于光污染的危害是难以感知的累积效应，往往使人们忽视对它的防范。其实，光污染的危害是十分严重的，主要体现在对人体、自然环境、交通、经济和能源等诸多方面。

（1）光污染对人体健康的危害

夜晚强烈的灯光照射会扰乱人们的正常激素的形成而影响人的健康，增加某些癌症的发病几率，甚至被医学专家称为“仅次于吸烟的又一致癌根源”。

最近，医学专家开始认真关注光污染对人类健康的影响。他们认为，光污染与乳腺癌、抑郁症和其他人类疾病的发病率升高有着极大的关系。不适当的夜间人工照明灯光会扰乱人体的荷尔蒙水平，从而影响人体健康，这也是为何在工业化社会中乳腺癌的发病率要比发展中国家高5倍的原因。研究生物钟节律后，研究人员发现大多数生命都能在黑暗的环境下分泌一种叫做褪黑激素的荷尔蒙。如果长时间处在光照情况下，荷尔蒙产生节律就会紊乱，引起长期疲劳、压抑、丧失生育能力甚至引发癌症。这也是夜间倒班工作的女性，如护士、纺织女工等患乳腺癌的风险要高出一般人的原因。

为什么灯光会成为健康杀手，关键在于只有当眼睛发出“天黑了”的信号时，大脑松果体才会分泌褪黑激素。分泌过程一般开始于夜幕降临之时，晚上1至2点到达高峰，而在白天的时候则完全停止。而那些晚上在灯光下工作的人，这种荷尔蒙的分泌会大大减少，实验表明褪黑激素具有抑制癌细胞的作用。这也就可以用来解释为什么双目失明得乳腺癌的几率很低，而上夜班的女性发病率则较高，因为盲人一直保持着较高的褪黑激素分泌量。

此外，光污染对人们的眼睛也有相当大的危害。如果人长期在超出国家照明标准的强光照射的环境中工作或者学习，视网膜会受到不同程度的损害，视力会急剧下降，白内障发病率高达45%。现在不少家庭把灯光设计成五颜六色，造成室内光污染，也会造成各种眼疾，近视发病率升高，此外还会削弱婴幼儿的视觉功能，影响儿童的视力发育。

（2）光污染对自然环境的影响

同人体相仿，动、植物也有其自身生长的生物钟，夜景照明破坏了它们生物钟的节律，干扰生长周期，影响其正常休息，使动、植物的生长发育受到了阻碍。

城市照明中产生的光污染不仅破坏了优美的夜空，同时也浪费了大量的电力资源，发电产生的CO_2和NO_2等废弃物对城市环境造成严重的污染。研究表明，地球环境变暖因素的50%是由CO_2造成的，加之大量室外照明的散热，客观上造成了城市热岛效应的加剧。

（3）光污染对天文观测的影响

上文已经提到，最先提出光污染这一概念的是天文观测人员。由于

天文观测多在夜间进行，故其对天空亮度的要求是非常高的。当天空亮度10倍于自然天空亮度时，夜空在人们的视野中会失去大量的星星，现在不少大城市的夜空亮度已远远不止10倍于自然天空亮度。为躲避照明对夜间天空的污染和干扰，已使全国乃至全世界的天文观测工作付出了巨大的代价。早期兴建的天文台大多数选址在靠近市中心的地方，以求便于工作和生活。后来随着夜空室外照明的发展，天文台周围的夜空亮度的迅速提高，使不少天文台无法进行正常的天文观测工作，被迫向偏远的地区转移。

日本东京天文台先后经四次搬迁。近代天文事业发达的欧美国家也逃不脱光污染之危害。美国的加利福尼亚州和亚利桑那州，加拿大的多伦多市和安大略省，不少天文台先后多次搬址，损失巨大。最后不得不在远离本国的异国他乡去建天文观测站，如英国的天文台到澳大利亚的新南威尔士州寻找观测点，法国的天文学者到美国的夏威夷莫纳克亚修建天文台，还有西欧的西班牙和葡萄牙等四国联合到远离万里的南美智利的拉西亚建立天文观测站，原因都是这些新迁地的夜空保护较好，基本上未受光污染。

（4）光污染对城市交通的影响

由于城市夜间的光污染严重，对飞机驾驶员的视线构成干扰，对飞机的降落产生了不利影响。2002年安徽某机场就发生过一起飞机驾驶员误将机场附近的高速公路强灯光看作飞机降落时的跑道灯光而险些误降的险情。所幸发现及时，飞机迅速爬升，才避免了一场灾难。据机场高速公路路灯管理处技术科的技术人员介绍，目前高速公路上的高杆灯和低柱灯采用的灯泡大都从国外进口，高杆灯功率有1000W，而低柱灯的功率也有250W。而目前机场的目视助航灯系统所用的灯泡其功率均为200W。尽管机场跑道的灯距只有60m，高速公路上的灯距在100m以上，而当飞机在几千米或数百米的高空飞行时，飞行员难以辨别出如此小的灯距差别。

光污染对陆地交通也会产生严重的不良影响，夜间照明的眩光极易分散驾驶员的注意力，干扰驾驶员的视线，遮蔽驾驶员的视野，存在交通事故的隐患。

总之，当光污染已经成为一种新型的环境污染，不当的照明方式不仅造成了巨大的能源消耗，而且造成了严重的光污染。它的危害是多方面的，影响人群和影响程度也日趋严重。

7.3.4 城市光污染的防治

1）玻璃幕墙光污染的防治

大面积玻璃装饰的建筑，就像一面巨大的镜子。当太阳光或泛光灯照射在建筑外墙上时，形成一个强烈的副光源，严重地影响了周围居民的正常生活和过往车辆的交通安全，必须采取必要的措施加以治理。

（1）加强规划管理，合理限制玻璃幕墙的使用

城市建筑群的空间布局欠妥，特别是玻璃幕墙过于集中，反映了城市设计的不合理，城市规划缺乏管理。所以，城市设计和城市规划管理要从宏观上对使用玻璃幕墙进行控制，要从环境、气候、功能和规划要求出发，实施总量控制和管理。具体来说，在制订城市主要干道规划时，首先应当制订临街的光环境规划，限制玻璃幕墙的广泛分布和过于集中，尤其注意避免在并列和相对的建筑物上全部采用玻璃幕墙。也要考虑适当的建筑间距，控制这一地段玻璃幕墙分布的总量。绝大多数的大型建筑物包括宾馆、酒店、餐厅、文娱场所等可以采用局部玻璃幕墙，例如在建筑底层采用不反射光的石材墙或铝塑墙，对于住宅、公寓、宿舍、医院等建筑，根据它们的功能要求和节能政策，不宜采用玻璃幕墙。

鉴于玻璃幕墙产生的光污染扰民事件时有发生，国内某些城市已经出台了对玻璃幕墙合理使用的规定，用以规范、指导玻璃幕墙的生产和应用。

我国北京市已制定了城市建筑玻璃幕墙的光学性能标准，包括特殊路段的建筑不能使用玻璃幕墙、十字路口的建筑 20m 以下的高度不能使用玻璃幕墙等。

上海市为了防止和减少玻璃幕墙的反射对居住建筑和公共环境造成的不良影响及损害，规定内环线以内的建筑工程，除建筑物的裙房外，禁止设计和使用玻璃幕墙；内环和外环线之间的建筑工程，玻璃幕墙的面积不得超过外墙面面积的 40%（包括窗面积）。

（2）改变幕墙的材质

目前高科技的发展已经将幕墙的材料从单一的玻璃发展到钢板、铝板、合金板、大理石板、搪瓷烧结板等等，通过合理的设计，将玻璃幕墙和钢、铝、合金、石等材料的幕墙组合在一起，不但可使高层建筑物更加美观，还可更有效地减少幕墙反光而导致的光污染，充分发挥幕墙建材的优点。

另一方面，也可以从玻璃出发寻找光污染的解决途径。既然玻璃幕墙造成光污染的根本原因是反射率太高，那就可以采用降低玻璃反射率或改变直射光定向反射的方法来减弱光污染。

2）城市照明光污染的防治

城市照明产生的光污染主要包括夜景照明光污染，广告照明光污染及道路照明光污染。

（1）夜景照明光污染产生的主要原因是投光灯安装灯位或投射方向不合理造成大量溢射光或干扰光，应采取相应的对策以防止光污染的产生。

①严格按照建筑或构筑物的国际和国家的照明标准（包括照度、亮度标准和单位面积用电量标准）设计照明。

②根据不同建筑的功能、特征、立面的饰面材料合理选用照明方法，如：高大的现代化建筑、玻璃幕墙建筑、饰面材料反射比高于 20% 的建筑、

居民楼及钢架式塔或桥构筑物不应使用一般泛光照明，建议采用内透光或局部透光的适宜方式。

③方案设计时，按最少溢散光和干扰光的要求设计投光灯的灯位和照射方向。投光设备的安装位置要恰当，力求避免投光灯的光线射向目标建筑物以外的部位。同时，室外照明产生的干扰光不得超过 CIE 规定的标准（见表 7–5）。

④利用挡光或遮光板或其他减光方法将投光灯产生的溢散光和干扰光降低到最低的限度。

（2）城市夜晚闪亮的广告比比皆是，很多广告照明大多采用光线较强的设备，为了广告的醒目，商家把广告牌越做越大，越做越亮，由此产生的光污染也日趋严重。因此必须在城市设计过程中对灯光广告加以规定和限制，其主要有：

①为减少射向天空的光线，商厦门面上的灯光招牌应沿店面设立，不宜与店面或道路方向垂直；

②除了热闹的商业街区，应尽量避免用霓虹灯作大面积广告或招牌，以免形成眩光；

③建议使用无紫外线的钠灯来逐步替代霓虹灯；

④综合利用步行区广告灯光，在进行道路照明设计时，可适当降低道路照明灯具功率。

表 7–8 是我国 2004 年《节约能源——城市绿色照明示范工程》的评价指标中规定的广告牌的允许亮度指标。

商业街的广告和标牌的最大允许亮度 表 7–8

广告被照面的面积（m^2）	最大允许亮度（cd/m^2）
0.5	1000
2	800
10	600
>10	400

（3）道路照明光污染主要是指城市某些道路由于灯具或光源的选择不当，或安装位置、安装方式的不合理而对来往的车辆、司乘人员甚至对道旁居民的生活构成了侵扰。因此，合理的道路照明应采取有效的措施来防治光污染，主要有：

① 严格按照城市道路照明设计标准来设计道路照明；

② 灯具的配光，照射方向和灯位布置要合理，将干扰光降至最低；

③ 居民楼附近的路灯投光角度要合理，必要时应在灯具上安装遮光板。

第8章 城市声环境

对于人类，建筑原先只是一个用以遮风蔽雨的“遮蔽物”。随着人类文明的进步，尤其是现代文明的发展，人类对建筑提出了越来越多的要求，合适的大小、合理的布置、美观的外形、适宜的温度、明亮的光线等等。而安静的环境是这些众多要求中重要的一个。人们睡眠、休息、居家活动、学习、工作和社会活动都需要安静的建筑环境。但现代工业文明却带来了前所未有的噪声干扰。当今世界，地上的汽车、空中的飞机、工厂中的机器设备、工地上的施工机械、大街上拥挤的人群、住宅楼内喧闹的邻居……无不发出令人厌烦的噪声。噪声已经和水污染、空气污染、垃圾并列为现代世界的四大公害。对噪声干扰的居民投诉一直占环境污染投诉的近 1/2。

那么，什么才算安静的环境？噪声应该降低到什么水平？并不是说越安静越好、噪声应该“彻底消除”。这是因为：一方面，不要说“彻底消除”，就是想把噪声多降低一些，也往往是不可能的，有时是技术上办不到，有时是经济上不许可。另一方面，人们在不同的生活和生产活动时，例如在夜间睡眠和白天工作时，在脑力劳动和体力劳动时，能容忍不同水平的噪声。因此有必要制定合理的切实可行的噪声标准，规定不同的生活和生产环境的噪声允许水平。在建筑设计方面亦有相关的设计规范或条文。因为噪声污染是一个社会性问题，为了保护公众免遭噪声污染的权利，限制噪声污染的产生和明确法律责任，国家和地方政府制定了有关的法规。

任何一个噪声污染事件都是由三个要素构成的，即噪声源、传声途径和接收者。接收者是指在某种生活和工作活动状态下的人和场所。建筑设计中的噪声控制问题，首先要考虑接收者的情况，由建筑功能要求，确定噪声允许水平；然后调查了解可能产生干扰的噪声源的空间与时间分布和噪声特性；进而分析噪声通过什么传声途径传到接收者处，在接收者处造成多大的影响。如果在接收者处产生了噪声干扰，则考虑采取管理上的和技术上的噪声控制措施来降低接收点处的噪声，以满足允许的要求。

8.1 噪声及其计量

8.1.1 噪声和噪声源

1）噪声

人们生活在充满着声音的世界里，人们离不开声音。各种声音在人

们的生活和工作中起着非常重要的作用。悦耳动听的乐声，使人心情愉快；震耳欲聋的噪声，则使人心烦意乱。从生理学的观点讲，凡是使人烦恼不安，为人们所不需要的声音都属于噪声。然而，判断一个声音是否属于噪声，主观上的因素往往起着决定性的作用。例如，早晨收音机里播放出的音乐，理应属于乐音，但对刚下班正在酣睡的邻居，就变成了讨厌的噪声。即使是同一个人对同一种声音，在不同的时间、地点等条件下，也会产生不同的主观判断。例如，在心情舒畅或休息时，人们喜欢打开收音机听听音乐；而当心绪烦躁或集中思考问题时，往往会主动关闭各种音响设备。因此，对于一种声音，判断是否属于噪声，在很大程度上取决人耳对声音的选择以及对声音的主观判断。从物理学的观点讲，和谐的声音叫做乐声，不和谐的声音就叫做噪声。噪声就是各种不同频率和强度的声音无规律的杂乱组合。

综合上面主观和客观两方面的叙述，概括起来讲，凡是对人体有害的和人们不需要的声音统称为噪声。

2）城市中的噪声源

城市噪声的影响早在20世纪30年代前后就已引起人们的注意。1929年美国伊利诺伊州庞蒂亚克城就制定了控制噪声的法令。1939年美国纽约市首次进行了城市的噪声调查。1935年德国制定了汽车噪声标准。第二次世界大战以后，随着现代工业、交通运输、城市建设的发展和城市规模与城市人口的增长，城市噪声污染日益严重。以日本为例，从1966年到1974年全国公害诉讼事件统计，噪声年年都占第一位，达事件总数的30%以上。在我国，50年代人们还把工业噪声当作国民经济发展的标志，直到60年代中期，人们才开始认识到城市噪声问题。1966年春北京进行了第一次噪声调查，城市噪声引起了广泛的关注。进入80年代以来，我国国民经济持续高速增长，城市化进程进入加速阶段。工业、交通运输和城市建设急剧发展，城市数量、规模和人口急剧增加，城市噪声已成为城市四大环境污染之一。

城市噪声主要来自于交通噪声、工厂噪声、施工噪声和社会生活噪声。其中，交通噪声的影响最大，范围最广。近年来，对北京、上海、天津、武汉等大城市的噪声污染状况进行了调查统计，其结果见表8–1。

北京等四大城市环境噪声源分类统计表 表8–1

城市	噪声源（%）				
	交通噪声	工厂噪声	施工噪声	社会噪声	其他
北京	32	9	22	37	
上海	35	17	22	26	
天津	44	17	6	33	
武汉	37	22	6	25	10

（1）交通噪声

主要是机动车辆、飞机、火车和船舶的噪声。这些噪声源是流动的，影响面很广。

城市区域内交通干道上的机动车辆噪声是城市的主要噪声。城市交通干道两侧噪声级可达 65 ~ 75dB，汽车鸣笛较多的地方可超过 80dB。在我国，一方面交通干道噪声级高，而另一方面在城市交通干道两侧修建住宅，尤其是高层住宅，有相当的普遍性，全国城镇人口约有 16% 居住在交通干道两侧。近年来，我国高速公路和城市高架道路建设发展很快，城市机动车辆数量急剧增加，车辆噪声问题更趋严重。

道路交通噪声主要与车流量、车速和车种比（不同种类车辆如卡车、轿车等的比率）有关，也和道路状况如道路形式、宽度、坡度、路面条件等以及周围建筑物、绿化和地形状况等有关。图 8–1 给出了不同车种不同车速时噪声级的分布范围。

当航线不穿越市区上空时，飞机噪声主要是指飞机在机场起飞和降落时对机场周围的影响，它和飞机种类、起降状态、起降架次、气象条件等因素有关。图 8–2 是一架 B747 型飞机起降时噪声影响区域。飞机和机场噪声在一些发达国家是主要的噪声污染源；在我国，直到 20 世纪 80 年代中期，飞机噪声还未成问题，但随着我国民用航空事业以近 20% 的年增长率高速发展，机场建设在全国普遍展开，飞机噪声问题日益凸显。

火车噪声主要由信号噪声、机车噪声、轮轨噪声组成。其中信号噪声随汽笛所用压缩空气压力的不同有很大差别。例如距机车 10m 处，“建设型”和“解放型”蒸汽机车的汽笛噪声分别高达 132dB（A）和 128dB（A），而它们的风笛噪声较之汽笛噪声约低 30 ~ 40dB（A）。机车的轮轨噪声与列车运行速度、车厢数目、车厢的轮轴数目以及轨道的技术状态有关。实测表明，当运行速度为 60km/h 时，在距离轨道中线 5m 处的轮轨噪声约为 102dB（A），若速度加倍，噪声级将增加 6 ~ 10dB（A）。

近年来，随着列车运行速度的不断增加，铁路噪声日趋严重。例如，

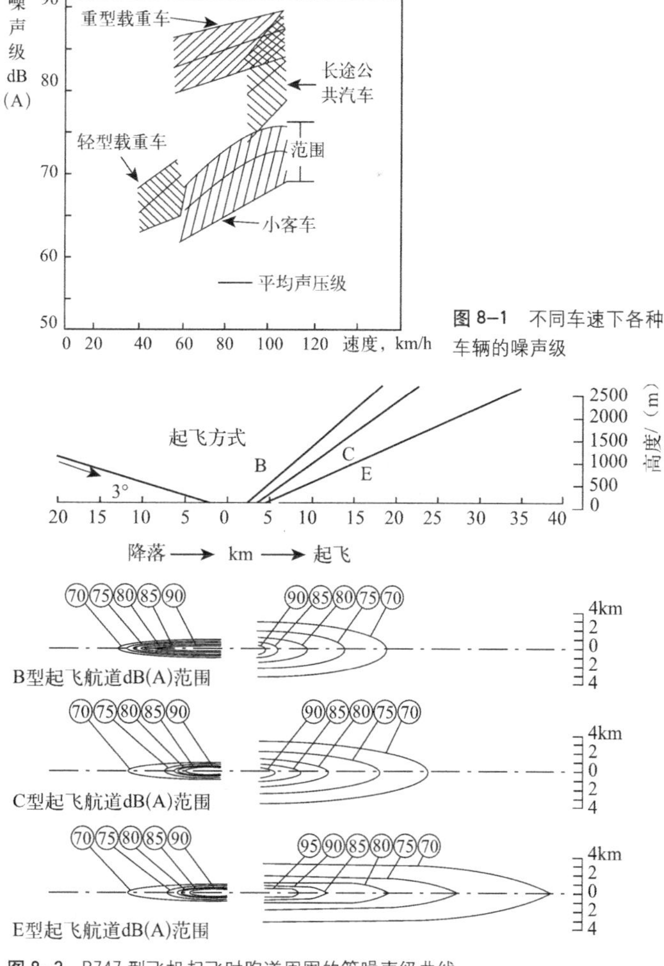

图 8–1　不同车速下各种车辆的噪声级

图 8–2　B747 型飞机起飞时跑道周围的等噪声级曲线

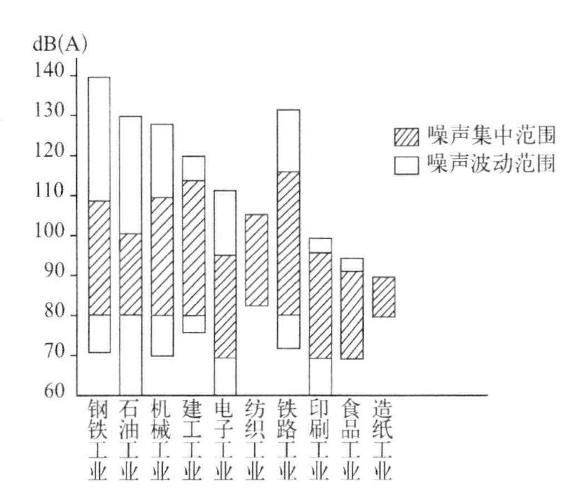

图 8–3　十类工厂车间噪声级

日本的高速列车在车速为 210km/h 的情况下，距离轨道 25m 处的噪声就高达 100dB（A）。随着城市化进程的加快，城市边缘不断扩张，很多新建的住宅小区距铁路最近端不超过 100m，火车噪声对铁路两侧的居民干扰十分严重。

船舶噪声在港口城市和内河航运城市也是城市噪声源之一。

（2）工厂噪声

城市中的工厂噪声直接给生产工人带来危害，同时也给附近的居民带来很大的干扰，工厂噪声调查结果表明，目前我国工厂车间噪声多数在 75 ~ 105dB（A）范围内，也有一部分在 75dB（A）以下，还有少量的车间或机器噪声级高达 110 ~ 120dB（A），甚至超过 120dB（A）。图 8–3 所示为我国 10 类工业企业车间噪声的声级范围。

工厂噪声，特别是地处居民区没有声学防护设施或防护设施不好的工厂发出的噪声，对居民的干扰十分严重。如机械工厂的鼓风机、空气锤、风机，发电厂的燃汽轮机，纺织厂的织布机，空调风机等。这些噪声源往往在居民区产生 60 ~ 80dB（A）、甚至到 90dB（A）的噪声。这些噪声昼夜不停，严重地影响着居民的休息。如果遇到发电厂高压锅炉、大型鼓风机、空压机排气放空操作的话，排气口附近的噪声将高达 110 ~ 150dB（A），传到居民区常常超过 90dB（A），对附近居民的生活造成严重影响。

此外，居民区内的公用设施，如锅炉房、水泵房、变电站等，以及邻近住宅的公共建筑中的冷却塔、通风机、空调机等的噪声污染，也相当普遍。

（3）施工噪声

随着城市现代化的建设的迅速发展，城市施工噪声愈来愈严重。尽管施工噪声具有暂时性，但因为施工噪声声级高，分布广，干扰也是十分严重的。有些工程要持续数年，影响时间也相当长。尤其是在城市已建成区内的反复施工，影响更为严重。近年来，我国基建规模很大，城市建设和开发更新面广量大，施工噪声扰民相当普遍，相关的环境投诉事件逐年上升。经有关单位测定统计，建筑施工机械设备的噪声级和施工场所边界的噪声级如表 8–2 和表 8–3 所示。

建筑施工机械设备噪声级 [dB（A）]　　表 8–2

机械设备名称	距离声源 10m		距离声源 30m	
	范围	平均值	范围	平均值
打桩机	93 ~ 112	105	84 ~ 103	91
铆枪	85 ~ 98	91	74 ~ 86	80
挖土机	74 ~ 99	86	65 ~ 90	76
混凝土搅拌机	79 ~ 94	86	70 ~ 85	77
固定式起重机	84 ~ 99	91	75 ~ 85	81
风机	84 ~ 104	93	75 ~ 90	84
推土机、刮土机	84 ~ 99	91	75 ~ 95	82
拖拉机	79 ~ 99	83	75 ~ 90	79
卡车	84 ~ 99	91	75 ~ 90	82

施工场所边界的噪声级 [dB（A）]　　表 8–3

场地类型	家庭住宅建筑	办公设施	给、排水筑路工程
场地清理	84	84	84
挖方工程	88	89	89
地基	81	78	88
安装	82	85	79
修整	88	89	84

（4）社会生活噪声

社会噪声主要指城市中人们生活和社会活动中出现的噪声。例如，人们的喧闹声、沿街的吆喝声、街头宣传、歌厅舞厅、学校操场、住宅楼内的住户个人装修包括家用洗衣机、收音机、电视机、缝纫机发出的声音都属于社会噪声。根据测定，家庭用的洗衣机噪声一般为 50 ~ 80 dB（A），电视机为 60 ~ 82dB（A），电风扇为 30 ~ 68dB（A），缝纫机为 45 ~ 70dB（A），高音喇叭声可以高达 140dB（A）。随着城市人口密度的增加，这类噪声的影响也在增加。

8.1.2　噪声的计量

噪声（或声音）的物理本质是振动在介质中的传播，描述声波的主要物理量有波长、频率、速度和声压、声强及声压级、声强级等。

1）波长、频率和声速

声波中两个相邻的压缩区或膨胀区之间距离称为波长。换句话说，振动经过一个周期声波传播的距离叫做波长，通常用希腊字母 λ 表示。声波通过一个波长的距离所用的时间称为周期，一般用 T 表示。

物体在 1s 内振动的次数称为频率。频率通常用 f 表示，单位为赫兹，简称赫，一般用 Hz 表示。频率 1Hz 等于 1s 内作 1 次振动。每秒钟振动的次数愈多，其频率就愈高，人耳听到的声音就愈尖，或者说音调就愈高。每秒钟振动的次数愈少，听到的声音就愈低沉，或者说音调愈低。在正常的情况下，一般人所能听到的声波频率范围为 20 ~ 20000Hz。低

于 20Hz 的称为次声，高于 20000Hz 的称为超声。在常温和标准大气压下，当频率 f=20Hz 时，相应的波长 λ=17.2m，当频率 f=20000Hz，相应的波长 λ=0.0172m。因此，人们听到的声音的波长一般在 1.72cm 和 17.2m 之间。

通常，在噪声控制这门学科中，把声波的频率分为三个频段：800Hz 以下的叫低频声，800 ~ 1000Hz 的叫做中频声，1000Hz 以上叫高频声。声波频率的概念是非常重要的，因为控制高频率噪声和控制低频噪声的技术措施存在着很大的差别。

振动在介质中传播的速度叫声速，一般用 c 表示。在任何一种介质中，声速随介质的弹性和密度的不同而改变，声音在空气中的传播速度还随空气温度的升高而增加，随空气温度的下降而减小，空气的温度每变化 1℃，声速约变化 0.6m/s，在 20℃气温下，空气中声速约为 344m/s。空气中的声速可以按照下式计算：

$$c = 331.4\sqrt{1+\frac{t}{273}} \approx 331.4 + 0.607t \qquad (\text{m/s}) \tag{8-1}$$

式中 t 为空气的温度（℃）。

声波的波长 λ，频率 f 或周期 T 与声速 c 之间存在如下的关系：

$$c=\lambda f \qquad (\text{m/s}) \tag{8-2}$$

或

$$c=\lambda/T \qquad (\text{m/s}) \tag{8-3}$$

以上两式是波长、频率（或周期）与声速之间的基本关系式，它们具有普遍的意义，对任何一类波都是适用的。

2）声压、声强和声功率

当没有声波存在时，空气处于静止状态，这时大气的压强为一个大气压。当有声波存在时，局部空气被压缩或发生膨胀，形成疏密相间的空气层向外扩散，被压缩的地方压强增加，产生膨胀的地方压强减小，这样就在大气压上增加了一个压力变化。这个叠加上去的压力是由声波引起的，所以称为声压，常用 P 表示。声压与大气压相比是极微弱的。声压的大小与物体的振动状况有关，物质振动的幅度愈大，则压力的变化也愈大，因而声压也愈大，我们听起来就愈响，因此声压的大小表示了声波的强弱。

衡量声压大小的单位是帕斯卡，简称帕（Pa）（1Pa=1N/m^2）。

我们生活环境的压强（大气压）是 101325Pa。人耳刚刚能听到的最小声压大约为 2×10^{-5}Pa，只有环境压强的 50 亿分之一；而喷气式飞机附近声压可高达 200Pa，这是人耳短时间内能够忍受的最大声压，它也只不过是环境压强的千分之二。可见，声压与环境压强相比是相当微弱的。

声波的传播伴随着声音能量的传播。在单位时间内，通过垂直声波传播方向单位面积的声能称为声强，常用 I 表示。声强是一个矢量，只有规定了方向后才有意义。通常采用的单位是 W/m^2。

声强的大小和离开声源的距离有关，因为声源在单位时间内辐射出来的声能是一定的，离开声源的距离愈大，声波辐射的面积就愈大，通过单位面积的声能愈少，因此，声强就愈小。声强的大小可以衡量声音的强弱，这和声压一样，只不过一个是用能量的方法表示，一个是用压力的方法表示。声强愈大，声音就愈响，声强愈小，声音就愈轻。当我们向一个声源走近的时候，声源辐射面积在减小，声强增大，我们听起来就很响；而当我们渐渐远离声源时，声音便渐渐变弱，是因为辐射面积在增大，声强变小的缘故。

声源在单位时间内辐射出来的总声能称为声功率，通常用符号 W 表示，常用瓦（W）作为计量单位。声功率是表示声源特性的重要物理量，它仅仅能反映声源本身的特性，而与声波传播的距离以及声源所处的环境无关。

声强与声源辐射的声功率有关，声功率愈大，在声源周围的声强也愈大。如果一点声源在没有边界的自由场中间向四面八方均匀辐射声波，那么在离声源为 r 处的球面上各点的声强是相同的，因而声源的声功率 W 与声强 I 之间有如下关系：

$$I=W/4\pi r^2 \quad (8-4)$$

从式（8–4）可以知道，若声源辐射的声功率是不变的，那么声场中各点的声强是不相同的，它与距离的平方成反比。声功率是衡量声源辐射声能大小的重要参数，用它可以鉴定或比较各种声源。由于目前直接测量声强和声功率的仪器比较复杂和昂贵，因此在噪声治理中，常常利用声压的测量值计算得到声强和声功率。当声波以平面波或球面波传播时，声强 I 与声压 P、声速 c、空气密度 ρ 之间的关系为：

$$I=P^2/\rho c \quad (8-5)$$

利用公式（8–4）或（8–5），根据声压的测量值就可以计算出声强和声功率。

3）声压级、声强级和声功率级

如上所述，对于 1000Hz 的纯音，人耳刚刚能够感觉到的声压为 2×10^{-5}Pa，这个声压被称为“听阈”；人耳难以忍受的声压为 20Pa，这个声压被称为“痛阈”。两者的比值为 $1:10^6$，即“痛阈”声压是“听阈”声压的 100 万倍。很显然，用声压来表示声音的轻重响应太不方便了。同时，人耳对声音的感受不是与声压的绝对值成线性关系，而与它的对数值近似成正比。因此，将两个声压之比用对数的标度来表示声压的大小，即可把声压相差 100 万倍的巨大数字变得易于描述，而且也与人耳对声音的感受相符合，于是就引入了“级”的概念。

（1）声压级 L_p：

某一声音的声压级的定义是：该声音的声压 P 与参考声压 P_0 之比的对数再乘以 20，记作 L_p，单位是分贝（dB），表达式为：

$$L_p = 20\lg\frac{P}{P_0} \quad (\text{dB}) \quad (8-6)$$

式中　P_0——参考声压，取 2×10^{-5}Pa。

这样，将“听阈”声压 2×10^{-5}Pa 代入式（8–6）就可以计算出相应的声压级为 0dB。同理，将“痛阈”声压 20Pa 代入式（8–6），可以计算出相应的声压级为 120dB。由此可以看到，从“听阈”声压到“痛阈”声压由原来的 100 万倍的巨大变化范围就转换为 0 ~ 120dB 的微小变化范围了。这样一来，给我们表示声压的大小带来了很大的方便。

只要我们测量出某一声源在某一地点的声压，利用式（8–6）就可以很方便地计算出相对应的声级来，一些噪声源或噪声环境声的声压级见表 8–4。

一些噪声源或噪声环境的声压和声压级 **表 8–4**

噪声源或噪声环境	声压（Pa）	声压级（dB）
喷气式飞机附近	200	140
大型球磨机附近	20	120
织布车间	2	100
公共汽车间	0.2	80
繁华街道	0.062	70
普通谈话	0.02	60
安静房间	0.0063	50
轻声耳语	0.00062	30
农村静夜	0.000063	10
听阈	0.00002	0

（2）声强级 L_I：与声压一样，声强也可以用“级”来表示。一个声音的声强级是这个声音的声强 I 与基准声强 I_0 之比的对数再乘以 10，记作 L_I，单位是分贝（dB），表达式为：

$$L_I=10\lg\frac{I}{I_0}\qquad(\mathrm{dB})\tag{8-7}$$

式中，I_0 为基准声强，取 $10^{-12}\mathrm{W/m^2}$。它相当于声音频率为 1000Hz 时人耳能听到最弱声音的强度。

（3）声功率级 L_W

一个声源的声功率用级来表示时称为声功率级，一个声音的声功率级是这个声音的声功率与基准声功率之比的对数再乘以 10，记作 L_W，单位是分贝（dB），表达式为：

$$L_W=10\lg\frac{W}{W_0}\qquad(\mathrm{dB})\tag{8-8}$$

式中 W_0——参考声功率，取 10^{-12}W。

上述声压级、声强级和声功率级，其单位都为 dB。dB 是怎么回事？它的物理意义是什么？由上面声压级（声强级或声功率级）可以看出，dB 是一个相对单位，它没有量纲，它的物理意义是表示一个量超过另一个量（基准量）的程度。dB 并非声学上的专用单位，其他专业也有应用。它本是来源于电信工程，用两个功率的比值取对数以表示放大器的增益信噪比等，得出的单位叫贝尔。由于贝尔太大，为了实用方便，便采用贝尔的 1/10 做单位，称为分贝（dB）。声压级、声强级和声功率级，分别是以人耳对 1000Hz 纯音的听阈声压、听阈声强和听阈声功率为基准值的相对比较数量级。在声学中，dB 是计量声音强弱的最常用的单位。

（4）声级的叠加

在实际当中，经常会遇到这样的问题，在一个接收点同时有两个以上噪声传来，假定其声级均为 80dB，那么，其总声级不能等于二个 80dB 之和。这是因为声级（声压级、声强级、声功率级）是一个相对比较的“数量级”，是不能线性叠加的。

声级的叠加一般方法是：先将声级化为声能密度后再线性叠加，其后由总声能密度求出总声级，即总声强级 L_z 如下式

$$L_z = 10\lg\frac{\sum_{i=1}^{n} I_i}{I_0} \quad \text{(dB)}$$

那么当对 $I_1=I_2=\cdots\cdots=I_n$ 的 n 个相同的声音进行叠加时，其总声级为：

$$L_z = 10\lg\frac{nI_1}{I_0} = 10\lg\frac{I_1}{I_0} + 10\lg n = L_1 + 10\lg n \quad \text{(dB)} \qquad (8-9)$$

如 n=10，则 10lg$n$=10dB; 如 n=2，则 10lg$n$=3dB; 即 10 个相同的声级叠加，总声级仅比原声级增加 10dB，两个相同的声级叠加，仅比原声级增加 3dB。

声压级的叠加也可以用表 8–5 来进行。有两个声压级的差（$L_{p1}-L_{p2}$）从表中求得对应的附加值，将它加到较高的那个声压级上，即可求出两者的总声压级。当数个声压级进行叠加时，可按从大到小的顺序，反复运用这个方法逐次进行。如果两个声压级差超过 15dB，则附加值可以忽略不计。

声压级的差值与增值的关系　　表 8–5

$L_{p1}-L_{p2}$	0	0.1	0.2	0.3	0.4	0.5	0.6	0.7	0.8	0.9
0	3.0	3.0	2.9	2.9	2.8	2.8	2.7	2.7	2.6	2.6
1	2.5	2.5	2.5	2.4	2.4	2.3	2.3	2.3	2.2	2.2
2	2.1	2.1	2.1	2.0	2.0	1.9	1.9	1.9	1.8	1.8
3	1.8	1.7	1.7	1.7	1.6	1.6	1.6	1.5	1.5	1.5
4	1.5	1.4	1.4	1.4	1.4	1.3	1.3	1.3	1.2	1.2
5	1.2	1.2	1.2	1.1	1.1	1.1	1.1	1.0	1.0	1.0
6	1.0	1.0	0.9	0.9	0.9	0.9	0.9	0.8	0.8	0.8
7	0.8	0.8	0.8	0.7	0.7	0.7	0.7	0.7	0.7	0.7
8	0.6	0.6	0.6	0.6	0.6	0.6	0.6	0.6	0.5	0.5
9	0.5	0.5	0.5	0.5	0.5	0.5	0.5	0.4	0.4	0.4
10	0.4	—	—	—	—	—	—	—	—	—
11	0.3	—	—	—	—	—	—	—	—	—
12	0.3	—	—	—	—	—	—	—	—	—
13	0.2	—	—	—	—	—	—	—	—	—
14	0.2	—	—	—	—	—	—	—	—	—
15	0.1	—	—	—	—	—	—	—	—	—

8.2 噪声评价

噪声评价是对各种环境下的噪声做出其对接收者影响的评价，并用可测量可计算的评价指标来表示影响的程度。噪声评价涉及的因素很多，它与噪声的强度、频谱、持续时间、随时间的起伏变化和出现时间等特性有关；也与人们生活或工作的性质内容和环境条件有关；同时与人耳的听觉特性和人对噪声的生理和心理反应有关；还与测量条件和方法、标准化和通用型的考虑等因素有关。早在20世纪30年代，人们就开始了噪声评价的研究，自那时以来，先后提出了上百种评价方法，被国际上广泛采用的就有二十几种。下面介绍最常用的几种噪声评价方法及其评价指标：

（1）A声级 L_A（或 L_{PA}）

这是目前全世界使用最广泛的评价方法，几乎所有的环境噪声标准均用A声级作为基本评价量，它是由声级计上的A计权网络直接读出，用 L_A（或 L_{PA}）表示，单位是dB（A）。A声级考虑了人耳对不同频率声音响度的主观感受，而给以不同程度的衰减或补偿。长期实践和广泛调查证明，不论噪声强度是高是低，A声级皆能较好地反映人的主观感觉，即A声级越高，受众觉得越吵。此外A声级同噪声对人耳听力的损害程度也能对应得很好。不同倍频带中心频率对应的A计权网络修正值可由表8–6查出。

倍频带中心频率对应的A响应特性（修正值）　　表8–6

倍频带中心频率，Hz	A响应（对应1000Hz），dB	倍频带中心频率，Hz	A响应（对应1000Hz），dB
31.5	-39.4	1000	0
63	-26.2	2000	+1.2
125	-16.1	4000	+1.0
250	-8.6	8000	-1.1
500	-3.2		

对于稳态噪声，可以直接测量A声级 L_A 来评价。

（2）等效连续A声级（简称"等效声级"）L_{eq}（或 L_{Aeq}）

对于声级随时间变化的起伏噪声，其 L_A 值是变化的，不能直接用一个 L_A 值来表示。因此，人们提出了等效声级的评价方法，也就是在一段时间内能量平均的方法：

$$L_{eq}=10\lg\left[\frac{1}{t_2-t_1}\int_{t_1}^{t_2}10^{L_A(t)/10}dt\right]\quad \text{dB（A）} \tag{8–10}$$

式中　$L_A(t)$ 是随时间变化的A声级。等效声级的概念相当于用一个稳定的连续噪声，其A声级值为 L_{eq} 来等效起伏噪声，两者在观察时间内具有的能量相同。

一般在实际测量时，多半是间隔读数，即离散采样的。在读数时间间隔相等时，上式可改写为：

$$L_{eq}=10\lg\left[\frac{1}{N}\sum_{i=1}^{N}10^{L_{A(t)}/10}\right]\ \text{dB（A）} \tag{8-11}$$

建立在能量平均概念上的等效连续 A 声级，被广泛应用于各种环境噪声的评价。但它对偶发的短时的高声级噪声的出现不敏感。例如，在寂静的夜间有为数不多的高速卡车驰过，尽管在卡车驶过时短时间内声级很高，并对路旁住宅内居民的睡眠造成了很大干扰，但对整个夜间噪声能量平均得出的 L_{eq} 值却影响不大。

（3）昼夜等效声级 L_{dn}

一般噪声在晚上比白天更容易引起人们的烦恼。根据研究结果表明，夜间噪声对人的干扰约比白天大 10dB 左右。因此，计算一天 24 小时的等效声级时，夜间的噪声要加上 10dB 的计权补偿，这样得到的等效声级称为昼夜等效声级。其数学表达式为：

$$L_{dn}=10\lg\left[\frac{1}{24}(15\times10^{L_d/10}+9\times10^{(L_n+10)/10})\right]\quad \text{dB（A）} \tag{8-12}$$

式中　L_d——白天（07：00—22：00）的等效声级，dB（A）；

　　　L_n——夜间（22：00—07：00）的等效声级，dB（A）。

（4）累积分布声级 L_N

实际的环境噪声并不都是稳态的，比如城市交通噪声，是一种随时间起伏的随机噪声。对这类噪声的评价，除了用 L_{eq} 外，常常用统计方法。累积分布声级就是用声级出现的累积概率来表示这类噪声的大小。累积分布声级 L_N 表示测量时间内百分之 N 的噪声所超过的声级。例如 L_{10}=70dB，表示测量时间内有 10% 的时间噪声超过 70dB，而其他 90% 时间的噪声级低于 70dB。换句话说，就是高于 70dB 的噪声占 10%，低于 70dB 的声级占 90%。通常在噪声评价中多用 L_{10}，L_{50}，L_{90}，L_{10} 表示起伏噪声的峰值，L_{50} 表示起伏噪声的中值，L_{90} 表示背景噪声。英、美等国以 L_{10} 作为交通噪声的评价指标，而日本用 L_{50}，我国目前使用 L_{eq}。

当随机噪声的声级满足正态分布条件，等效声级 L_{eq} 和累积分布声级 L_{10}，L_{50}，L_{90} 有以下关系：

$$L_{eq}=L_{50}+\frac{(L_{10}-L_{90})^2}{60}\qquad \text{dB（A）} \tag{8-13}$$

（5）噪声冲击指数 NII

考虑到一个区域或一个城市由于噪声分布不同，受影响的人口密度不同，用噪声冲击指数 NII 来评价城市环境噪声影响的范围是比较合适的。其表示式为：

$$NII=\sum W_iP_i/\sum P_i \tag{8-14}$$

式中　$\sum W_iP_i$——总计权人口数；

W_i——某干扰声级的计权因子；

P_i——某干扰声级环境中的人口数；

$\sum P_i$——区域总人口数。

W_i 与昼夜等效声级 L_{dn} 有关，对应关系见表 8-7。

理想的噪声环境是 $NII < 0.1$。

L_{dn} 与 W_i 的关系 表 8-7

L_{dn}（dB）	W_i	L_{dn}（dB）	W_i
30~40	0.01	66~70	0.54
41~45	0.02	71~75	0.83
46~50	0.05	76~80	1.20
51~55	0.07	81~85	1.70
56~60	0.18	86~90	2.31
61~65	0.32	90 以上	2.80

（6）噪声评价曲线 *NR* 和噪声评价数 *N*

噪声评价曲线（*NR* 曲线）是国际标准化组织 ISO 规定的一组评价曲线，见图 8-4。

图中每一条曲线用一个 *N*（或 *NR*）值表示，确定了 31.5Hz ~ 8000Hz 共 9 个倍频带声压级，也可以通过下式（8-15）近似计算对应于 *N* 值的各个倍频带的声压级 L_p。

$$L_p=a+bN \quad \text{dB} \tag{8-15}$$

式中，*a* 和 *b* 为常数，其数据见表 8-8。

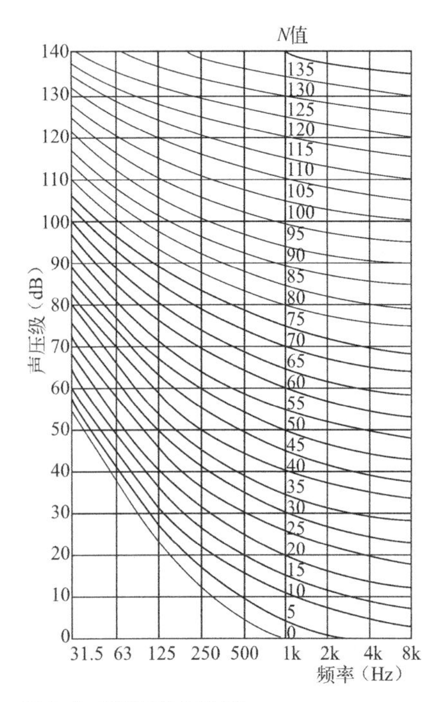

图 8-4 噪声评价曲线 *NR*

***a*；*b* 数值表** 表 8-8

倍频带中心频率（Hz）	*a*（dB）	*b*（dB）
63	35.5	0.790
125	22	0.870
250	12	0.930
500	4.8	0.974
1000	0	1.000
2000	-3.5	1.015
4000	-6.1	1.025
8000	-8.0	1.030

用 *NR* 曲线作为噪声允许标准的评价指标时，确定了某条 *NR* 曲线作为限值曲线，就要求现场实测的噪声的各个倍频带声压级均不得超过该曲线所规定的声压级值。例如剧场的噪声限值定为 *NR*25，那么如图 8-4 所示，在空场条件下测量背景噪声（空调噪声、设备噪声、室外噪声的传入等），63Hz、125Hz、250Hz、500Hz、1kHz、2kHz、

4kHz 和 8kHz 共 8 个倍频带声压级分别不得超过 55dB，43dB，35dB，29dB，25dB，21dB，19dB 和 18dB。实测了一个噪声的各个倍频带声压级值，用式（8−15）反算各自对应的 *N* 值，则取最大的一个 *N* 值（取为整数）作为该噪声的噪声评价数 *N*。也可以把实测的噪声倍频带谱曲线画到 *NR* 曲线图（图 8−4）上，取和噪声频谱曲线最接近的、*N* 值最大的一条曲线的 *N* 值作为该噪声的噪声评价数 *N*。和 *NR* 曲线相似的有 *NC* 曲线，其评价方法相同，但曲线走向略有不同。*NC* 曲线以及后来对其作了修改的 *PNC* 曲线更适用于评价室内噪声对语言的干扰和噪声引起的烦恼。*NR* 曲线是在 *NC* 曲线基础上综合考虑听力损失、语言干扰和烦恼三个方面的噪声影响而提出的。

除了上述介绍的较为普遍使用的评价方法和评价指标外，常用的还有交通噪声指数 *TNI*，噪声污染级 *NPL*，语言干扰级 *SIL* 等。在此就不再一一详述了。

8.3　噪声危害及控制标准

8.3.1　噪声的危害

城市环境噪声污染的危害是多方面的，它可以使人听力衰退，引起各种疾病；同时还影响人们正常的工作和生活，降低劳动生产率。特别强烈的噪声还能损害建筑物，影像仪器设备的正常运行。

（1）干扰睡眠和休息。睡眠是人消除疲劳、恢复体力和维持健康的一个重要条件。噪声会影响人的睡眠质量和数量，导致睡眠不足而引起的失眠、耳鸣、多梦、疲劳无力、记忆力衰退、神经衰弱等症状，老年人和病人更是如此。在长期高噪声环境下，上述症状的发病率可达到 60% 以上。

（2）损伤听力。噪声可以使人造成暂时性或持久性的听力损伤。一般说来，85dB 以下不至于危害听觉，而超过 85dB 则可能发生危险。还有一种爆震性耳聋，即当人耳突然受到 140 ~ 150dB 以上的极强烈噪声作用时，可使人耳受到急性外伤，一次作用就可使人耳聋。

（3）干扰工作和学习。对于正在学习和思考的人来说，噪声会造成他们心烦不安，劳而无获。对于正在工作的人来说，噪声会使人精力分散，注意力不集中，容易出现心烦、精神疲劳，反应迟钝，工作效率降低的现象。有人对打字、排字、速记、校对等工种进行过调查，发现随着环境噪声的增加，工作差错率逐步上升。相反，有一电话交换台，当噪声从 50dB 降低到 30dB 时，差错率可减少 42%。此外，由于噪声的心理作用，分散了人们的注意力，还容易引起工伤事故。此外，噪声还会造成儿童智力发育缓慢，胎儿畸形以及损伤建筑物等。据报告，20 世纪 50 年代一架以 1100km/h 飞行的飞机，在 60m 低空飞行时，曾使地面一幢楼房遭到破坏。工厂中的机器与城市建设中施工机械的噪声和振动，对建筑物也有不同程度的影响和破坏。

当噪声超过160dB以上时，不仅建筑物受损，发声体本身也会由于强烈的振动而损坏，在极强的噪声作用下，灵敏的自控、遥控设备会失灵。因此，近年来，对高声强的研究越来越引起人们的注意。

8.3.2　噪声允许标准和法规

噪声的危害已如上述。对于生产环境中的噪声允许到什么程度，既有噪声需要降低到什么程度，这涉及到噪声允许标准的问题。确定噪声允许标准，应根据不同场合的使用要求和经济与技术上的可能性，进行全面、综合的考虑。

噪声允许标准通常有由国家颁布的国家标准（GB）和由主管部门颁布的部颁的标准及地方性标准。在以上三种标准尚未覆盖的场所，可以参考国内外有关的专业性资料。

我国现已颁布的和建筑声环境有关的主要噪声标准有：国家标准《城市区域环境噪声标准》GB 3096—93，《民用建筑隔声设计规范》GBJ 118—88，《工业企业噪声控制设计规范》GBJ 87—85，《工业企业厂界噪声标准》GB 12348—90，《建筑施工场界噪声限值》GB12523—90，《铁路边界噪声限值及其测量方法》GB 12525—90，以及卫生部和劳动部联合颁布的《工业企业噪声卫生标准》等。此外，在各类建筑设计规范中，如《剧场建筑设计规范》、《电影院建筑设计规范》中也有一些有关噪声限值的条文。

国家标准《城市区域环境噪声标准》GB 3096—93规定了不同城市区域室外环境噪声的最高限值，见表8–9。标准条文中还规定，位于城郊和乡村的0类区域按严于表中规定值5dB执行；并规定夜间突发的噪声，其最大值不准超过标准值15dB。

城市区域环境噪声标准　　dB（A）　　表8–9

适用区域	昼间	夜间
特殊住宅区	45	35
居民、文教区	50	40
一类混合区	55	45
二类混合区、商业中心区	60	50
工业集中区	65	55
交通干线道路两侧	70	55

注：“特殊住宅”是指特别需要安静的住宅区；“居民、文教和机关区”；“一类混合区”是指一般商业与居民混合区；“二类混合区”是指工业、商业、少量交通与居民混合区；“商业中心区”是指商业集中的繁华地区；“工业集中区”是指在一个城市或区域内规划明确确定的工业区；“交通干线道路两侧”是指车流量100辆/h以上的道路两侧。

城市区域环境噪声的测量点选在居住和工作建筑物窗外1米处，平窗台高。对于住宅，大量的测量统计表明，室外环境噪声通过打开的窗户传入室内，室内噪声级大致比室外低10dB。比较《民用建筑隔声设计规范》和《城市区域环境噪声标准》就会发现，在工业区和交通干线两侧，即使环境噪声达到了标准要求，白天分别不大于 65dB 和 70dB，夜间不大于 55dB，建在这两类区域中的住宅、学校、医院和旅馆也可能满足不了这类建筑的室内噪声限值：白天低于 40 ~ 50dB，夜间低于 30 ~ 40dB。事实上，凡是建在交通干线两侧的住宅，居民普遍抱怨交通噪声的干扰。

8.4　噪声控制的原则与途径

8.4.1　噪声的传播特性

声波是机械波的一种，它具有波传播的一切共性，下面选择与本课有关的一些特性作简单介绍如下：

1）声波的反射、折射和衍射

当声波在前进过程中，遇到障碍物时就会发生反射。如果障碍物是一平面且尺寸远大于声波波长，入射到该平面上的声波的一部分就会像光线照到平面镜上一样被反射回来，其入射角等于反射角。

声波不仅遇固体产生反射，遇到液体也会反射，就是遇到含有大量蒸汽的乌云也会发生反射。在管道中传播的声音由于管道截面积的突变或出现折弯，也会使部分声音反射回来。总之，声波从一种介质传至另一种介质的分界面时，由于两种介质的物理特性（弹性、密度等）不同，或是同一介质传播条件不同（面积突变等），一部分声能被反射回去，一部分传入另一介质，两种介质的性质差别越大，或管道截面积突变越大，则反射声越强。

声波在传播中遇到不同介质的表面时，还会发生折射现象。在同一介质中，如果存在声速梯度，也会出现折射。例如，在有太阳辐射的白天，地面温度较高，因而声速大，声速随离地面高度的增加而降低。由于在空气中存在这种声速的梯度，所以在大气中会产生折射现象，使声波的传播方向向上弯曲。反之，晚上声速比空中的声速小，声速随高度的增加而增加。在晚上由于折射的缘故，声波的传播方向下弯曲，这就是为什么声音在地面上晚上要比在白天传播得更远一些的道理。此外，当大气中各点的风速不同时，声传播方向也会发生变化。当声波顺风传播时，声波传播方向向下弯曲；当声波逆风传播时，传播方向向上弯曲并产生声影区，这就是为什么逆风中难以听清声音的缘故。

声波传播中遇到小的障碍物或孔隙时，传播方向发生变化而绕过障碍的现象，叫做衍射。 由于声波具有衍射本领，所以室内开窗比不开窗更能听到邻室的谈话，墙壁上存在缝隙或孔洞，隔声性能就大大下降。

2）声波的衰减

声波在实际介质中传播时，由于扩散、吸收、散射等原因，会随着

离开声源距离的不断增加而自身逐渐减弱。这种减弱与传播距离、声波频率等因素有关。

（1）随传播距离的增加而衰减

点声源的声波传播过程中，由于波阵面的面积随着传播距离的增加而不断扩大，声波的能量由分布在较小的面积上逐渐扩展分布在更大的面积上，使声源的能量密度逐渐减小。这种由于波阵面扩展而引起的声强减弱的现象称为传播衰减。

对于向四周辐射声音的声源，通常可当作点声源来处理。例如，工厂的排气放空噪声，田野里的拖拉机噪声，车间里单台机床噪声等。当接受声音的地方到噪声源的距离远大于噪声源本身的大小时，这种噪声源就可以当作点声源。在这种情况下，点声源辐射球面波，若知道了距声源距离 r_1 处的声级为 L_1，那么距离声源 r_2 处的声级可以表达为：

$$L_2 = L_1 - 20\lg\frac{r_2}{r_1} \quad (\text{dB}) \tag{8-16}$$

由式（8−16）可以计算出，传播距离每增加一倍，声级减小 6dB。例如，距离机器 1m 处的声级为 105dB，那么 2m 处变成 99dB，4m 处就变成 93dB，10m 处就变成 85dB。

火车噪声、公路上机动车辆噪声、输送管道的辐射噪声等，可以看作由许多声源组成的线声源以柱面波形式向外辐射噪声。若距离这种线声源 r_1 米处的声级为 L_1，那么距离声源 r_2 米处的声级 L_2 的表达式为：

$$L_2 = L_1 - 10\lg\frac{r_2}{r_1} \quad (\text{dB}) \tag{8-17}$$

由上式可以推知，传播距离每增加一倍，声级减小 3dB。例如，距离交通干线 5m 处的声级为 90dB，则 10m 处的声级为 87dB，20m 处的声级为 84dB，40m 处为 81dB。所以，交通干线两旁的噪声污染是相当严重的。

利用声波随距离增大而衰减达到控制噪声的目的是规划与设计中常用的方法。

（2）大气吸收衰减

声波在大气中传播时，由于空气的黏滞性和热传导，使得部分声能变为热能而消耗掉。又由于声波通过时能引起气体分子碰撞，导致能量交换，从而消耗声能。经研究，这种声能的消耗与声波的频率有关。频率愈高，消耗愈大。另外，它与空气的温度、湿度、压力等因素也有关系。具体的声波衰减见表 8−10，表中的数值是每传播 100m 声压衰减的分贝数。从表 8−10 可知，高频声比低频衰减得快，对于气温为 20℃，湿度为 50% 的 4000Hz 高频声，每传播 100m 由于大气吸收造成的声级的衰减量为 2.65dB，而对于 500Hz 的高频声（如电锯声等）其衰减量只有 0.18dB。

（3）地面吸收的附加衰减

地面吸收对噪声的附加衰减量取决于地表性质、植被类型等。对于灌木丛和草地，衰减量可用式（8−18）估算。

$$\triangle L=(0.18\lg f-0.31)r \quad (8-18)$$

式中　f 表示噪声的频率，r 表示噪声在草地或灌木丛上传播的距离（m）。

对于道路交通噪声，由于公路两侧地表情况比较复杂，一般用经验公式（8−19）估算其地表附加衰减量。

$$\triangle L=\alpha\cdot 10\lg r \quad (8-19)$$

式中　r 表示噪声传播的距离（m），α 表示与地面覆盖物有关的衰减因子。接收点距地面 1.2m 时，α 可取 0.5~0.7，接收点距地面高度增加时，α 值随高度减小。

空气吸收引起的声音衰减（dB/100m）　　表 8−10

频率（Hz）	温度（℃）	相对湿度（%）			
		30	50	70	90
500	0	0.28	0.19	0.17	0.16
	20	0.21	0.18	0.16	0.14
1000	0	0.96	0.55	0.42	0.38
	20	0.51	0.42	0.38	0.34
2000	0	3.23	1.89	1.32	1.03
	20	1.29	1.04	0.92	0.84
4000	0	7.70	6.34	4.45	3.43
	20	4.12	2.65	2.31	2.14
8000	0	10.54	11.34	8.90	6.84
	20	8.27	4.67	3.97	3.63

8.4.2　控制噪声的途径

如前所述，噪声对人的健康和正常生活、工作具有严重危害影响。人类在生产生活和科学实验中，逐步认识了噪声的本质和它的各种特性，创造出不少控制噪声的措施和方法。构成一个声系统，有声源、传播途径和接受器三个环节。在确定噪声控制措施时，应从这三个环节考虑，即根治声源噪声、在噪声传播途径上采取控制措施和在接受点进行保护。

1）根治声源噪声

声源上根治噪声，是一种最积极最彻底的措施，也称为主动式噪声控制。所谓从声源上降低噪声，就是将发声大的设备改造成发声小或者不发声的设备，可以从提高加工精度和提高设备装配质量等方面来实现。目前对声源噪声的控制主要有两条途径：一是改进结构，提高其中关键部件的加工质量、精度以及装配的质量，采用合理的操作方法等，以降低声源的噪声发射功率。二是利用声的吸收、反射、干涉等特性，采用吸声、隔声、减振等技术措施，以及安装消声器等方法，以控制声源的噪声辐射。

采用各种噪声控制方法，可以收到不同的降噪效果。如将机械传动部分的普通齿轮改为有弹性轴套的齿轮，可降低噪声 15 ~ 20dB；把铆接改为焊接、把锻打改为摩擦压力加工等，一般可降低噪声

30 ~ 40dB；采用吸声处理可降低噪声 6 ~ 10dB；采用隔声罩可降低噪声 15 ~ 30dB；采用消声器可降低噪声 15 ~ 40dB。对几种常见的噪声源采取控制措施后，其降噪效果如表 8–11 所示。

声源控制降噪效果　　表 8–11

声　源	控制措施	降噪效果（dB）
敲打、撞击	加弹性垫等	10~20
机械转动部件动态不平衡	进行平衡调整	10~20
整机振动	加隔振机座（弹性耦合）	10~25
机械部件振动	使用阻尼材料	3~10
机壳振动	包裹、安装隔声罩	3~30
管道振动	包裹、使用阻尼材料	3~20
电机	安装隔声罩	10~20
烧嘴	安装消声器	10~30
进气、排气	安装消声器	10~30
炉膛、风道共振	用隔板	10~20
摩擦	用润滑剂、提高光洁度	5~10
齿轮咬合	隔声罩	10~20

2）在传声途径中的控制

如果由于条件的限制，从声源上降低噪声难以实现时，比如机器造好不能弃之不用，或从技术上或经济上考虑，暂时还不能实现从声源上把噪声降下来，这时就需要在噪声传播途径上采取措施加以控制。在噪声传播途径上所采取的防噪措施主要有：

声在传播中的能量是随着距离的增加而衰减的。因此实行“闹静分开”的设计原则，使噪声源远离安静的地方，缩小噪声的干扰范围，可以达到一定的降噪效果；

声的辐射一般有指向性，处在与声源距离相等而方向不同的地方，接收到的声音强度也就不同。低频噪声的指向性很差，随着频率的提高，指向性明显增强。因此，控制噪声的传播方向（包括改变声源的发射方向）是降低高频噪声的有效措施；

建立隔声屏障或利用自然地形，如丘陵、土坡、沟堑、森林及城市绿化或已有建筑物来阻挡噪声的传播，降低噪声的影响程度；

利用吸声材料或吸声结构，将传播中的声能吸收消耗；

在城市建设中，采用合理的城市防噪规划。

在传播途径中降低噪声是被动式噪声控制方法，但从目前的社会经济条件看，它仍是必须的方法，也是最常用的方法。

3）在噪声接受点进行防护

控制噪声的最后一类方法是在接受点进行防护。在其他措施不能实现时，或者只有少数人在吵闹的环境工作时，接收点防护乃是一种经济而有效的方法。接收点防护最主要的措施一是佩戴护耳器，二是减少在噪声中暴露的时间。常用的防噪用具有耳塞、防声棉、耳罩、头盔等。它们主要是利用隔声原理来阻挡噪声传入人耳。

合理地选择噪声控制措施是根据治理使用的费用、环境噪声允许标准、劳动生产效率等有关因素进行综合分析而确定的。在一个车间里，如噪声源是一台或少数几台机器，而车间内工人较多，一般可采用隔声罩，如车间工人较少，则经济有效的方法是采用护耳器；如车间噪声源多而分散，并且工人也较多，则可采用吸声减噪措施，如工人较少，则应设置供工人操作的隔声间。

8.5　城市声环境的规划与设计

合理的城市区域规划布局和功能区总图设计是改善城市声环境有效且经济的措施。在城市及居住区、工业区和商业区的新建、改建和扩建中，在满足基本功能和防止其他污染要求的基础上，应充分考虑设防噪声，以创造良好的市区声环境。

8.5.1　城市噪声控制

为了控制噪声，合理的城市规划应考虑以下两个方面的问题：

1）城市规划

合理的城市规划，对控制噪声有着战略性意义。在城市规划时，至少应从两个方面控制噪声：

（1）城市人口控制

城市噪声随着人口的增加而增加。现今世界各国城市噪声之所以日益严重，正是由于人口的过度集中。美国环保局发表的资料指出，城市噪声与人口密度之间有如下的关系：

$$L_{dn}=10\lg\rho+26 \quad \text{dB} \tag{8-20}$$

式中　ρ 为人口密度（人 /km^2）。

因此，严格控制人口具有重要的战略意义。

（2）合理的功能分区

按功能和性质的不同，将城市划分为若干个不同的区域，如工业区、居住区、文化区、商业区、游览区等，将工业区与居住区和文化区分开，在其间以公共和福利设施作为缓冲带或在功能区用地之间用绿化带隔离。

一个城市规划不合理，居住区、文教区等需要安静环境的区域和产生噪声污染的工业区、商业区混杂和毗邻，并被交通干线穿越，将造成严重的噪声污染，带来难以挽救的后果。因此，搞好城市规划中的合理分区，对控制城市噪声污染是非常重要的。

2）道路交通噪声控制

道路交通噪声，是城市环境噪声的主要来源，是当前城市噪声的主要控制对象。控制交通噪声，可从以下四个方面入手：

（1）控制干线距环境敏感点的距离。

随传播距离增加而衰减和在传播途中的吸收衰减是声音的根本性质，利用该性质控制路线距敏感点的距离，是交通噪声防治的根本途径。由线声源模型可知，传播距离每增大一倍，噪声级可以降低 3dB。此外，如接收点距地面高度小于 3m 时，因地面吸收的衰减也是十分显著的。交通规划中，道路选线除应满足保证行车安全、舒适、快捷、建设工程量小等原则外，还应根据环境噪声允许标准控制路线距环境敏感点的距离，最大限度地避免交通噪声扰民。

（2）合理利用障碍物对噪声传播的附加衰减

噪声传播途中遇到声障，会对声波反射、吸收和绕射而产生附加衰减，因此，在路线布设时，应尽可能地利用土丘、山岗等地形地貌，以及路旁原有林带作为屏障，使环境敏感点处于声影区内，利用路堑边坡也能起到同样的作用。还应充分利用沿街构筑物或建筑及其附属物，例如土墙、围墙、沿街的商业建筑和其他不怕噪声干扰的建筑（如仓库等），以及临街建筑的雨篷、广告牌等建筑附属物，都能起到很好的防噪作用。

（3）改善城市道路设施

改善城市道路设施，使快车、慢车、行人各行其道，不仅改善了行车条件，而且使道路交通噪声有所降低。表 8-12 列举了北京市若干条道路设施改善后的效果。

改善道路设施控制交通噪声的效果 **表 8–12**

改善道路设施	改善前噪声级（dB）					改善后噪声级（dB）				
	L_{10}	L_{50}	L_{90}	L_{eq}	$V_{eh/h}$	L_{10}	L_{50}	L_{90}	L_{eq}	$V_{eh/h}$
12m 路面加宽至 21m/ 永定门西街	79	68	60	74	408	73	69	64	70	700
增设快、慢车隔离带 / 崇文门西街	80	74	63	78	592	69	65	61	66	1576
双行线改成单行线 / 西单北大街	82	73	65	78	712	76	70	62	73	632
架设跨线天桥 / 西单北大街	83	72	64	78	540	77	71	67	74	726
建立交桥 / 阜成门大街	74	68	63	70	1124	72	68	63	68	1500

（4）修建道路声屏障

当接收点处的道路交通噪声级（实测值或预测值）大于环境噪声允许标准值时，可以在道路旁架设声屏障。声屏障越接近声源，其噪声衰减量越大，为了行车安全和道路景观，声屏障中心线距路肩边缘应不小于 2.0m。美国规定，声屏障距行车道边的最小距离（包括路肩）约 9.0m。声屏障的构造因材料不同而异。归纳起来可分为砌块类型、板体类型和生物类型三类。用预制砌块砌筑的声屏障称为砌块声屏障，砌块的种类有黏土砖、水泥混凝土、陶粒混凝土等，砌块的形状可根据声屏障形体需要制作，这种声屏障造价较低，具有高强度、耐火、耐腐蚀等性能（图 8–5）。用板型材料建造的声屏障称为板体声屏障，常用的有混凝土板、金属板、木板和高强塑料板等，其施工简单，但造价较高，多用于城市

图 8–5　砌块类型声屏障

图 8–6　板体类型声屏障

高架道路或市郊公路（图 8–6）。声屏障材料趋向自然生态类型的称为生物类型声屏障，例如在混凝土槽内填土绿化种植；在路旁堆筑土堤，在土堤表面绿化种植；或分层砌筑砌块，在砌块间绿化种植等。其优点是声学性能好，不影响环境景观。

8.5.2　居住区规划中的噪声控制

（1）居住区噪声控制

噪声在大气中传播，声音的强度将随距离的增加而衰减。对毗邻发噪区域的居住区而言，之间的防护距离应达到 1.5km，如无法达到，则应采取必要的防噪措施。具体布置时还应考虑主导风向。具体的修正结果可参考表 8–13。

噪声防护距离修正表　　　　**表 8–13**

防噪措施		修正值（km）
无防噪措施		0
住宅区标高与厂区标高之差	> 100m	– 0.5
	且有高屏障	– 1.0
有天然或人工障壁		– 0.5

（2）居住区路网规划设计中，应对道路的功能与性质进行明确的分类、分级，分清交通性干道和生活性道路。

生活性道路只允许通行公共交通车辆、轻型车辆和少量为生活服务的小型货运车辆。交通性干道主要承担城市对外交通和货运交通，应避免从城市中心和居住区域穿过，可规划成环形道，从城市边缘或城市中心边缘绕过。当必须从城市中心和居住区域穿过时，可以将其转入地下，或设计成半地下式，形成路堑式道路，如图 8–7 所示。

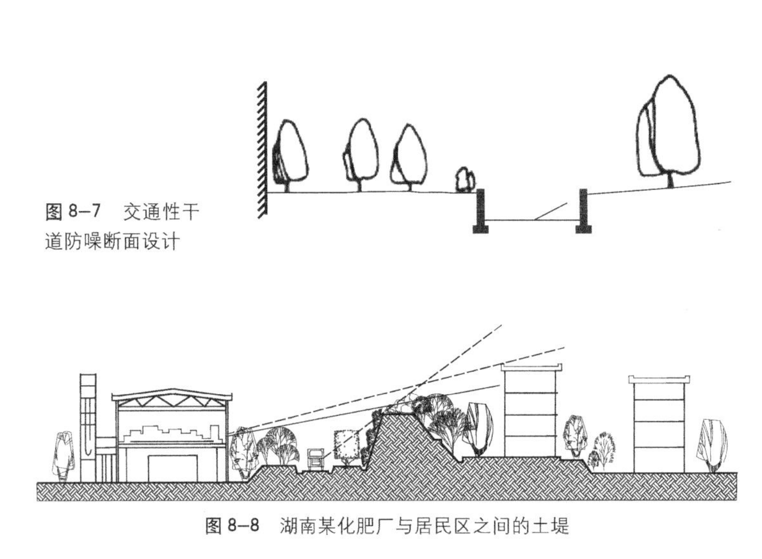

图 8–7　交通性干道防噪断面设计

图 8–8　湖南某化肥厂与居民区之间的土堤

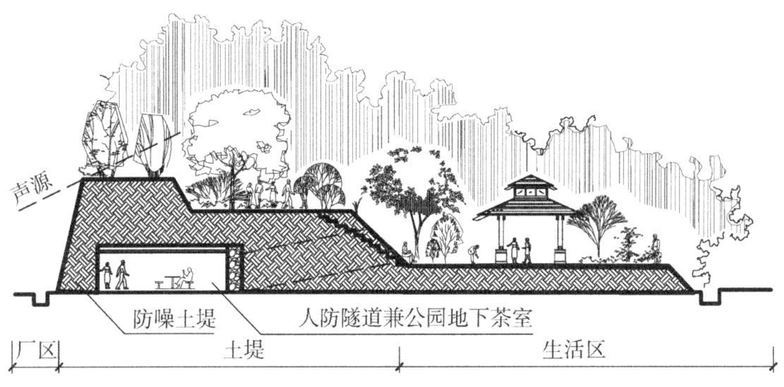

图 8–9　多功能土堤示意图

（3）利用天然或人工屏障

在发噪区域与居住区之间如果有可以利用的起伏地形和高山，就可以形成居住区的天然屏障。如果没有合适地形可用，可以修建人工土堤。居住区的土堤可采用实心和空心两种做法。实心土堤就是用土堆集而成，其做法简单，造价低廉，如与绿化结合，可提高隔声效果（图 8–8）。空心土堤是用砖砌成沟槽，用水泥浇注拱形顶板，砌筑成隧道形式。再利用泥土将隧道外层包裹起来，加以植被绿化，装扮成自然地形。这种土堤既起到防噪作用，又可与人防工程兼用。还可在土堤靠居住区的一边种植花草树木，修成条形公园，也还在其间设置游艺、小卖等服务设施，成为居民区的专属绿地，起到多功能作用（见图 8–9）。

（4）居住区内道路的布局与设计应有助于保持低的车流量和车速，例如采用尽端式并带有终端回路的道路网。并限制这些道路所服务的户数，从而减少车流量。还可将居住区道路有意识设计成曲折形，可迫使驾驶人员低速小心行驶，从而保持较低的噪声级。

（5）居住区内的锅炉房、变压器等应采取消声减噪措施，或者将它们连同商店卸货场等发噪建筑一起布置在小区边缘处，使之与住宅有适当的防护距离。中小学的运动场、游戏场最好相对集中布置，不宜设置在住宅院落内，并与住宅隔开一定的距离，或者周围加设绿带或围墙来隔离噪声。

8.5.3　临街建筑的防噪设计

（1）临街建筑应尽量采用背向道路的 U 形结构（图 8–10）。垂直道路的建筑的缺点是两侧房都比较吵闹，凹向道路的建筑，由于声的混响和反射，往往要增加噪声。

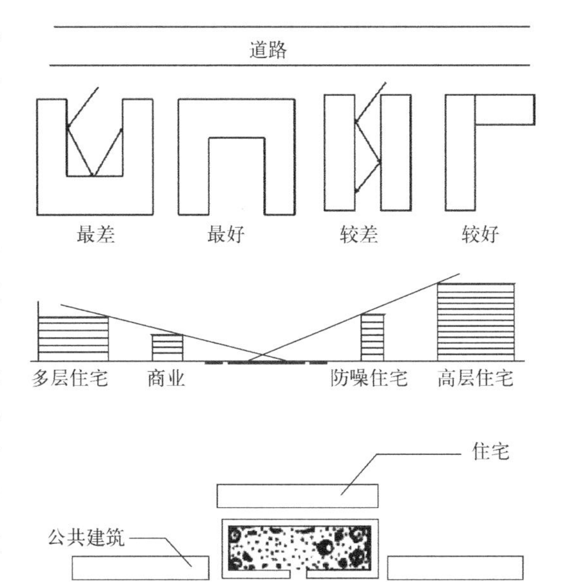

图 8–10　临街建筑的形式

图 8–11　建筑物高度随离开道路距离渐次提高

图 8–12　部分住宅后退，空地辟为绿地

（2）道路两侧的临街建筑，应尽量安排背向街道。临街建筑的房间布置也应合理。朝向道路一侧的房间应设计作为厨房、卫生间、走廊等用，在一般交通流量状况下，居住室的噪声可降低 5dB（A）。

（3）主要交通干线两侧建筑和要求环境安静的临街建筑，可适当提高建筑隔声效果，尤其是窗户的隔声效果。绝大多数建筑的墙壁隔声效果达到 40dB 以上，但实际上单层窗房间内的噪声仅比室外低 10 ~ 15dB，这主要是由于窗的隔声量不够所致。由此可见，提高窗的隔声效果是提高建筑隔声的关键。如果采用双层窗（厚度为 15cm），房间内噪声可以降低 20 ~ 25dB，比单层窗房间内噪声低 10dB。如果进一步改进窗的隔声的效果，室内噪声还可以降低，最大降噪效果可以达到 30 ~ 35dB。

（4）建筑的高度应随着离开道路距离的增加而渐次提高。防噪屏障建筑所需的高度，应通过几何声线图来确定。这时，声源所在位置可定在最外边一条车道中心处，声源高度对于轻型车辆取离地面 0.5m 处，对重型车辆取 1m。（图 8–11）当防噪屏障建筑数量不足以形成基本连续的屏障时，可将部分住宅按所需防护距离后退，留出空间可辟为绿地（图 8–12）。

8.5.4　功能区总平面内防噪设计

在功能区总平面布置中，应充分利用噪声随距离衰减，遇到障碍物反射吸收等特性，做好防噪设计，如加大防护距离，设防护屏障等。此外，更应注意平面布置的形式对小区声环境的影响。下面以大型工业区内生产用地布置为例，简单说明防噪声规划的步骤以及符合与不符合防噪要求的形式，和平面形式对控制噪声的作用。其他小区内可以类比。

1）大型工业区生产用地布置

首先摸清各工厂的噪声状况，详细了解各独立工厂总平面布置特征，在露天布置的高噪声设备，以及能造成区域性危害的噪声的声级大小，所处位置、发噪时间规律、厂区噪声水平、噪声特点等资料。

根据噪声状况，然后在工业区范围内，以类比的方法，视各独立工厂的噪声强弱划分为三类：将噪声最强和较强的工厂定为甲类，噪

声次强和较弱的工厂定为乙类，将噪声很弱和不发噪声的安静工厂定为丙类。

根据上述噪声分类，最后将最吵闹的甲类工厂远离居住区一边，位于工业盛行风向的下风侧布置；将噪声很弱或不发噪声的丙类工厂靠近居住区一边，位于生产用地盛行风向的上风布置；将吵闹程度较低的乙类工厂布置在甲类与丙类之间。为了减弱噪声的传播，在每一类工厂之间，最好设置 10 ~ 20m 宽的防噪绿体带隔离（在道路两旁，或工厂围墙内侧布置）。乙类及丙类工厂的仓库设施应集中布置在靠近噪声较强的一边，以作障壁减弱噪声。为了减少交通噪声直接干扰工厂的安静用房，生产用地范围还应考虑各独立工厂及在厂与厂之间水平运输线路的合理配置。对于其他各功能区的防噪规划，可以类比上述步骤进行。

2）不符合防噪要求的总平面布置

对于主要噪声源的相对位置而言，总平面应避免如下 5 种布置形式：

（1）周边式布置

这种布置是将高噪声设备分散布置在厂区外缘周边，是违反防噪声布置原则的。它虽然能减少高噪声声源之间的相互干扰作用，但由于高噪声包围了其他较安静的厂房，结果扩大了厂区环境的污染，尤其是对厂外环境将造成的污染更严重（图 8-13）。

（2）四合院式布置

这种布置形式与周边形式相同，但周边式是指一个工厂的环境范围而言，高噪声厂房中间有较安静的房屋。而四合院式系指某一生产功能界区的布置、高噪声源中间没有其他房屋。四合院式布置由于空间狭小，声波传播距离短，声波来回反射造成严重的污染（图 8-14）。

（3）II 字形布置（又叫半封闭式布置）

从噪声影响效果来看，这种布置与上述两种相同。它还可能在 II 字形内的建筑群之间发生干扰，起着放大噪声的作用，噪声从开口处传出之后，向开口方向的环境进行扩散。现场实地考察发现，在声级大小相同的情况下，这种布置在主观上感觉，其响应将增大 1 倍

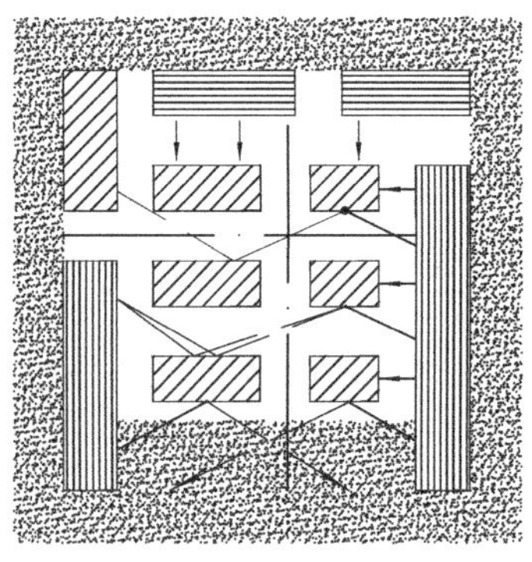

图 8-13 周边式布置

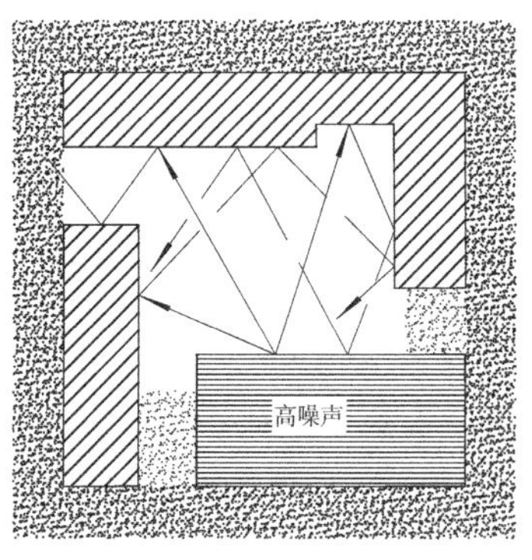

图 8-14 四合院式布置

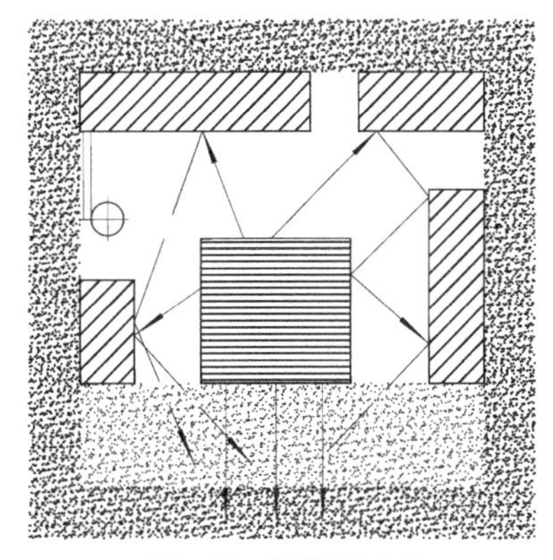
图 8–15　半封闭式布置

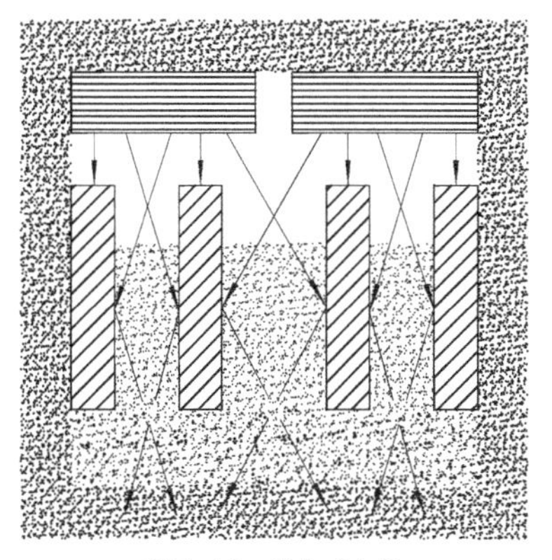
图 8–16　垂直式布置

左右（见图 8–15）。

（4）垂直式布置

在布置防噪总平面时，应避免将声级大于 90dB（A）的发声建筑与声级在 90dB（A）以下的发声建筑垂直进行布置，因为室内声级高于 90dB（A）的发声建筑，传至室外的声级仍有 80dB（A）以上，因此对这种声级高、影响大的厂房如果采取垂直式布置，将使声波与建筑物界面接触增多，造成严重的干扰（见图 8–16）。

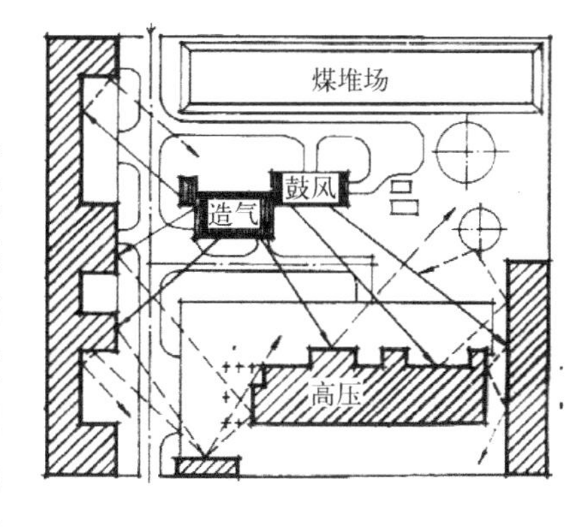

图 8–17　圆心式布置

（5）圆心式布置

这种布置形式虽然主要高噪声源都集中了，但它却被布置在厂区中央，将使噪声污染面扩大，并增加防噪工程费用，如图 8–17 所示。

3）几种符合防噪要求的布置形式

（1）警戒式布置

在工程实践中，为了避免邻近高噪声的影响，常常在面向高噪声源的布置上布置一排建筑，像一条警戒防线一样，阻挡声源辐射声波传播。而大多数建筑物采取垂直于前一建筑布置，这样可以使大多数建筑免受噪声干扰。这种布置形式适用于噪声源位于场界之外的情况（图 8–18）。

（2）突出式布置

将高噪声车间（或高噪声区）单独布置在缓冲地带，或突出在建筑群之外布置。如果在高噪声车间与其他车间之间进行防噪绿化布置，减噪效果会更加显著。这种布置方法适合于生产界区，按噪声强弱顺序排列布置（见图 8–19）。

（3）阶梯式布置

把高噪声车间集中布置在阶梯的低处，并使其靠近无居民区或其他

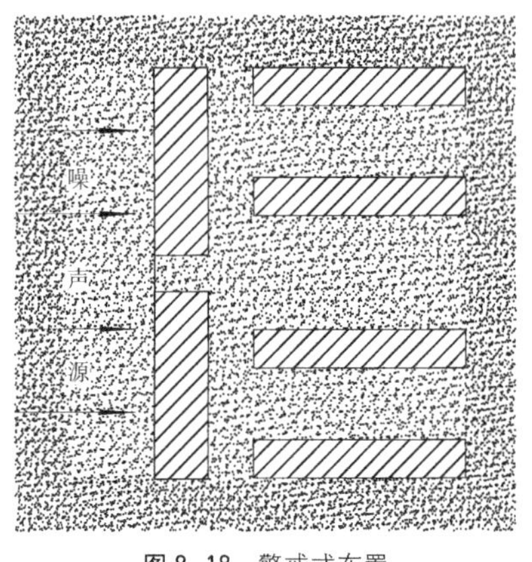

图 8–18　警戒式布置

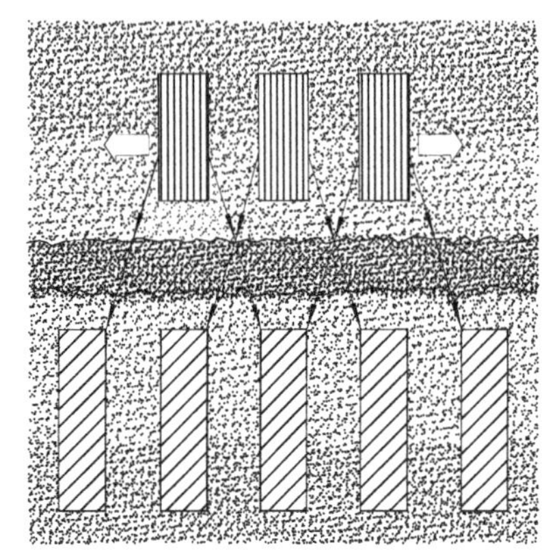

图 8–19　突出式布置

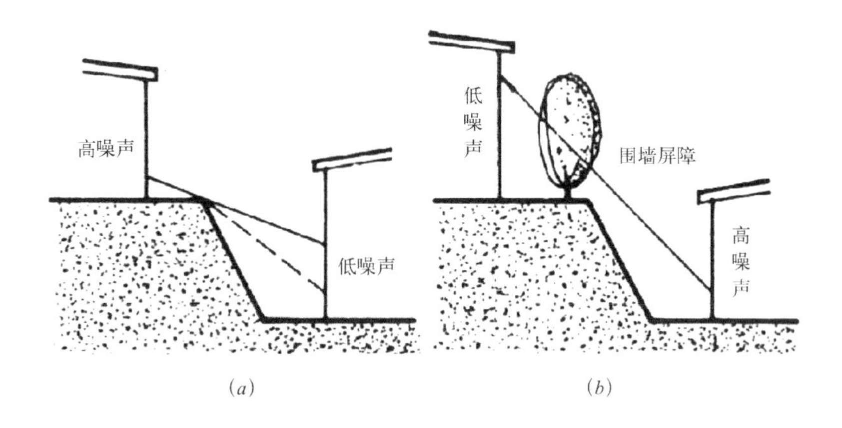

图 8–20　阶梯式布置
(a) 不好；(b) 好

安静程度要求较低的地段，而要求安静或声级较低的厂房则布置在阶梯的高处。这种布置形式的优点是噪声干扰少，比较容易满足工艺生产要求（见图 8–20）。

8.5.5　防噪绿化设计

1）绿化的防噪作用

绿化对噪声具有较强的吸收衰减作用，其机理有三：一是树皮和树叶对声波有吸收作用；二是经地面反射后树木的二次吸收；三是地面或草地本身的吸收。整个过程可用图 8–21 形象地表示。

树木的各组成部分（枝、干、叶）是决定树木减声作用的重要因素。不同的树种、组合配置方式、地面覆盖情况等对此也有一定的影响。它们产生的总的减声作用包含了噪声的重要的频率范围。

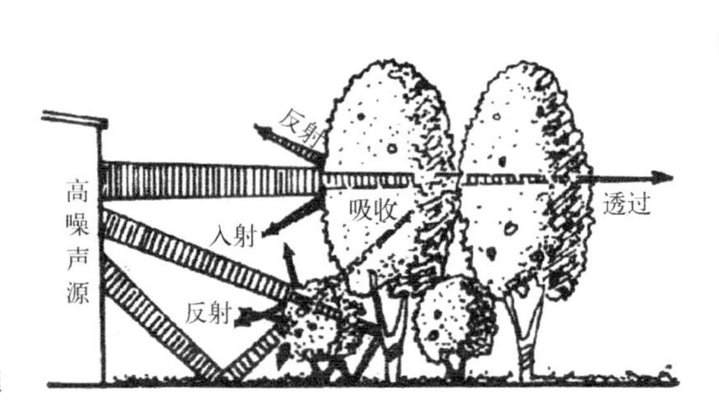

图 8–21　绿化减噪作用原理

在投射至树叶的声能中，反射、透射、吸收等各部分所占的比例，取决于声波透射至树叶的初始角度和树叶的密度。T·F·W·恩赖顿研究了树木不同部分的枝叶对声音的共振吸收。他对一株 8.5m 高的树木作了测量分析，认为就整体而言，共振频率与树枝生长的高度有关，对于较低的树枝在 300Hz 处，而上部树枝则接近 1000Hz。可见，像悬铃木一类高大浓密的树种及其大而厚、带有绒毛的浓密树叶，对高频噪声的吸收起到了较大的作用。显然，枝叶繁茂的树木带，能减弱来自高速车辆的噪声。

当声波波长大于树干的直径时，只有少量的声能被硬的树干反射。因此较低频率的声音穿过成片树林时，由散射引起的声能衰减可以忽略不计。另一方面，若声波波长小于树干直径，则声能完全被散射，也就是说，对于高频噪声，由成片树林引起的散射衰减是非常重要的。

由上述分析可知，从遮隔和减弱城市噪声的需要配置行道树时，应选用矮的常绿灌木结合常绿乔木作为主要配置方式。总宽度为 10 ~ 15m，其中灌木绿篱的宽度需要 1m，高度亦超过 1m。树木带中心的树行高度大于 10m，株间距以不影响树木生长成熟后树冠的展开为度。若不设常绿灌木篱，则常绿乔木低处的枝叶应能尽量靠近地面展开，在树木长成后便能形成整体的绿墙。

大量测试结果还表明，成片树林的减声作用与树林的宽度并不是线性关系。当林带宽度大于 35m 时，树林的减声作用就降低了。从减弱噪声的角度考虑，应将连片的树林按一定距离分为几条林带，传播的噪声在每一次遇到新的“绿墙”时，就降低一个数值，犹如每条林带重新遮挡了声音，对于总宽度相同的林带而言，这就增加了减声作用。

2）防噪绿化的布置形式

防噪绿化的形式应将防止大气污染和观赏美化功能结合起来布置。常见的布置形式有下面几种：

（1）隔声绿岛

它主要是以绿化小品为主，如工厂里的花坛、花池、假山、喷泉、花架等。绿岛的形状有圆形、方形、三角形等基本形式，以及这些形式的各种组合体。

隔声绿岛主要是为起到隔断单向声源向安静场所或行人传播，以改善噪声对人的心理效应而设置的。除花坛、花池有一定消声效果外，其他形式的消声效果很有限。

实测隔声绿岛的隔声效果见图 8–22 和图 8–23。图中，噪声经 15m 宽的岛状夹竹桃丛可减低 16dB（A）；噪声经 13m 宽假山喷泉与花架组合空间可减低 11dB（A）。

（2）块状绿地

它是常见的一种绿化形式，尤其是工厂的绿化。由于室外工程管线、

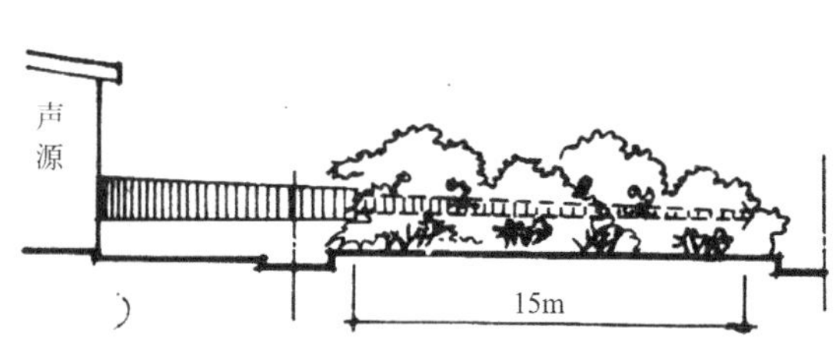

图 8–22　岛状夹竹桃丛的减噪效果

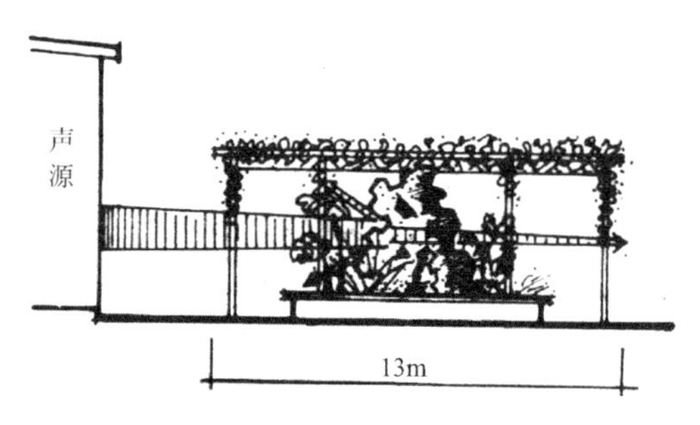

图 8–23　假山喷泉与花架组合空间的消声效果

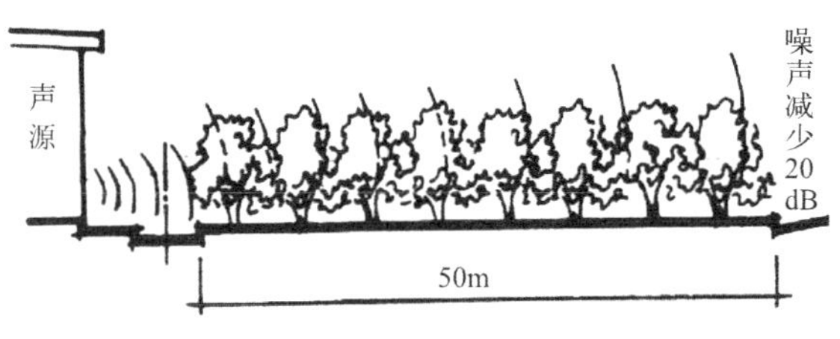

图 8–24　以紫荆、花叶李、樱花为主的块状花丛绿地

道路、建构筑物布置的影响，使绿地中断而不连续，因而形成面积不大、长度和宽度都有限的一块块的绿化地。块状绿地有的很宽，但以窄的块状绿地为多见。块状绿地的实测隔声效果如图 8–24 所示。

（3）带状绿地

带状绿地是防噪绿化的主要形式，常用于道路两旁、建筑物的周围作为区域的“隔墙”。据实测，对由雪松、水杉等树种组成的宽为 2m 的行道树带，可使高频噪声衰减 5 ~ 8dB（A）。

第 9 章 利用气候信息改善城市环境

9.1 城市气候环境图集

城市气候环境图集 Klimaatlas 一词来源于德语。在德语中，Klima 和 Atlas 分别是“气候”和“地图集”的意思。Klimaatlas 从一般角度来说并非特殊的专业用语，但自从鲁尔地区市镇村联盟（KVR）在 1970 年代初期通过红外线热图像、以杜伊斯堡为对象绘制了这种 Klimaatlas 以来，随着近年来大众环境意识的提高，在日本和欧洲有越来越多的城市组织绘制这种地图。并将从中得到的气候环境研究成果用于展开大气污染防治对策和城市环境规划。

9.1.1 城市气候环境图集的目的和构成

1）城市气候环境图集的绘制目的

每个城市以土地利用（又称土地覆盖）和地形的相互作用为基础，形成了各自所特有的气候。城市气候环境图集的绘制目的即是以气候学的视点分析所研究的对象区域并将结果用以区域整体的环境保护以及寻求节能型城市规划与建筑设计的最佳答案。城市气候环境图集的定义为：基于上述目的，城市规划负责人、建筑师、当地居民、研究人员等，在进行城市规划或建筑设计等活动时，可以共同用来作为工具的相关环境地图集。其主要目的是为建筑和城市的环境规划提供气候信息。在德国和日本，公众及业内人士对城市大气污染现状及规划对策以及是否有目的地将新鲜空气导入城市等环境目标的实施极为关注，促使城市规划管理和建设部门根据不同城市区域的地形、土地利用特征的不同，制定出不同的具体计划和改善目标。例如，日本西南诸省就提出了环境改善如下目标：

Ⅰ热环境的改善，特别是针对湿热气候下城市化带来的夏季夜间气温上升的改善对策，表现为人工制冷耗能量削减及其所带来的二氧化碳排放量削减。

Ⅱ大气污染改善对策，主要表现为汽车、工厂排放的氧化氮及光化学氧化物的减少。

德国 1987 年实施的建设法典中，有关环境保护、自然管理、气候等方面的条例也将气候分析图作为其制定依据之一。如图 9-1 所示气候分析图与景观规划图都是德国城市规划部门制定地区详细规划时所需的最基本资料。

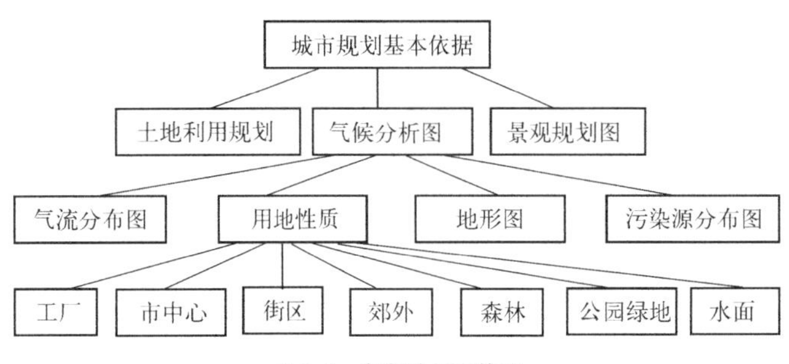

图 9-1 气候分析图体系

2）城市气候环境图集的构成

城市气候环境图集的研究对象一般以行政区域单位（方圆 10~30km）划分，地图的比例尺采用 1/10000 至 1/50000。

一般来说，Klimaatlas 基本由以下三种图集构成：

Ⅰ气候要素的基础分布图，由气候调查结果或计算结果（热/风环境、空气质量、日照等）构成；

Ⅱ气候分析图（或气候解析图），由考虑热环境评价、大气污染评价的气候分析结果的地图构成。其目的是使城市气候专家能将气候分析结果清晰地传达给市民或城市规划负责人；

Ⅲ决策和建议用地图。

也有很多时候不再专门绘制Ⅲ号提案地图。Ⅱ中的气候分析图基本可以满足要求。Ⅰ中按不同气候要素而收集了基础分布图的地图集有时也被称作气候环境图集。这里所说的气候环境图集是指考虑到用于城市规划和建筑设计等用途的地图集。从这个意义上讲，最重要的还是气候分析图。气候分析图是气候分析专家为了在城市规划和建筑设计中应用气候调查的结论，而将要点以地图的形式表现出来的成果。同时这种地图也被专家们用以向市民或城市规划者、建筑师提出气候学视点的方案。

9.1.2 气候分析图的内容及应用（以斯图加特市为例）

1）斯图加特与鲁尔地区的气候分析图

斯图加特市被山丘环绕，风力较弱，经常会产生逆温现象，大气污染已成为斯图加特市进一步发展所面临的严峻问题。斯图加特及其周边城市联盟的气候环境图集中，包含图 9-2 所示的气候分析图与图 9-3 所示的制定计划使用的指示图两种。另外，图 9-4 所示的鲁尔地区市镇村联盟（KVR）的修托克博士所总结的综合气候作用图，共汇集了周边 25 个自治体的报告书的内容。这些图面所收集的气候调查结果，是在 1/25000 或 1/50000 的国土基本地图上，综括了以下四个项目：Ⅰ气候灰色块（气候环境图集）；Ⅱ根据气候特征进行的地形分类；Ⅲ气流交换；Ⅳ人为污染源的位置和污染范围。

Ⅰ气候灰色块（用背景色表示）

气候灰色块表示的是最小的气候空间单位。在斯图加特市气候分析图上，分为水面、空地（未被耕地或牧草地覆盖的土地）、森林、公园绿地、田园城市、郊外、城市、市中心、中小工厂、工厂和轨道设施共 11 种。在鲁尔地区气候分析图上，是指水面、森林、公园、住宅区、城市和市

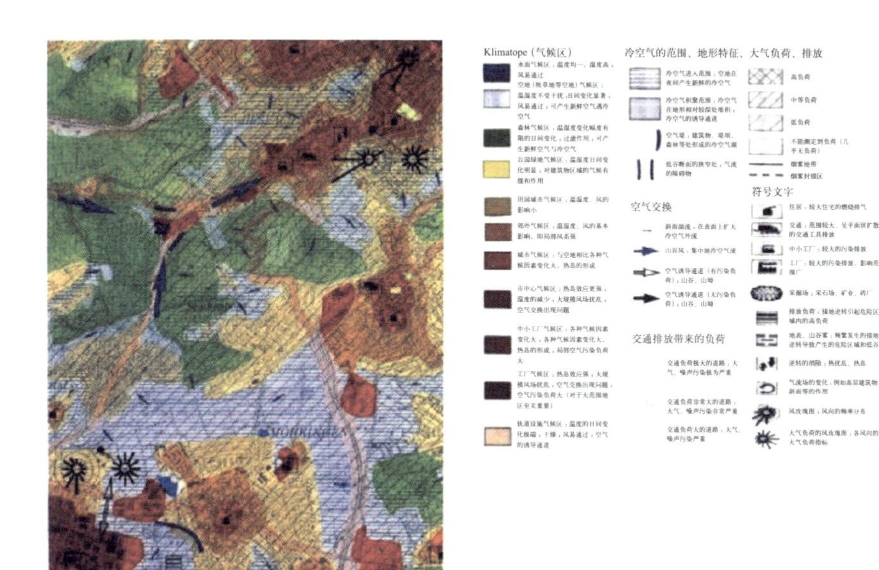

图 9–2　斯图加特气候分布图

图 9–3　斯图加特规划指导图

中心共 6 种。它们表示了以气候特征为基础的土地利用形式。由于土地利用与气温及地表温度的关系已经为人们所熟知，在这个意义上，也可以认为气候灰色块用空间划分来表现地表附近的温度环境。

Ⅱ 根据气候特征进行地形分类（用特有图标或颜色表示范围）

在鲁尔地区气候分析图上，采用 5 种分类来表示地形特征：低洼地（对应气候特征：冷流触地逆转、多雾），峡谷（对应气候特征：山谷风），平缓的山顶（对应气候特征：通风良好），斜面（对应气候特征：对风场有很大影响），轨道设施（对应气候特征：昼夜温差大）。与此相对，在斯图加特气候分析图上则显示了冷气流的产生地与积累范围、冷气流流动遇到的障碍物的位置和范围与地势起伏之间的关系。这两种

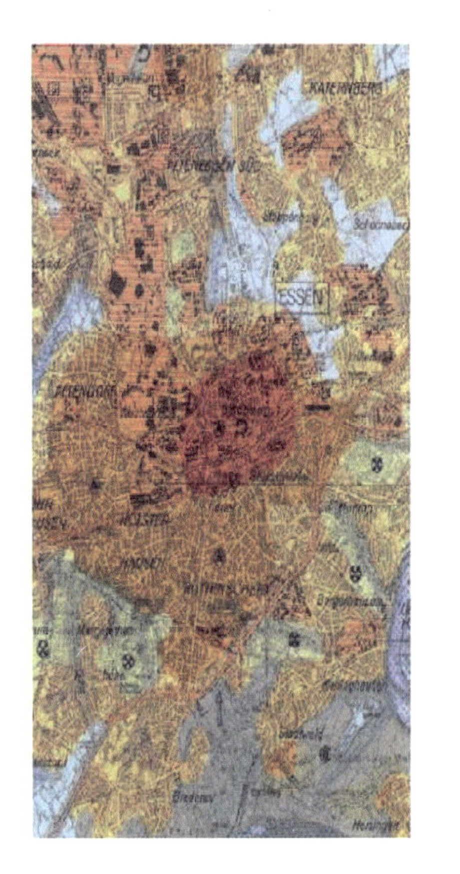

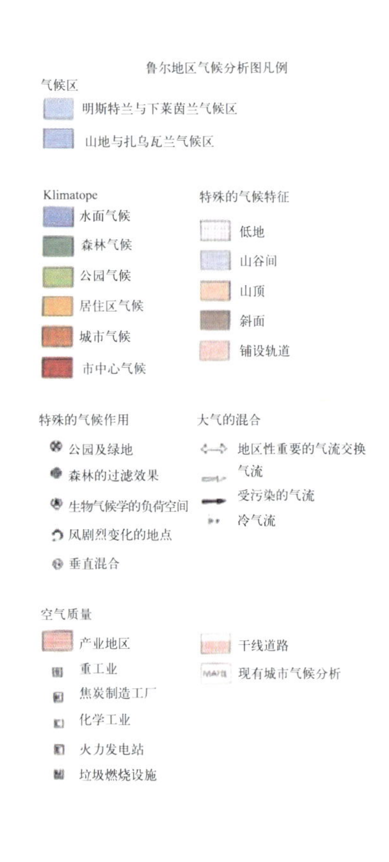

图 9–4　鲁尔地区气候分析图

类型都重在表现基于地形的气候特征，并充分考虑到了地形与大气污染的关系。

Ⅲ 气流交换（用箭头表示）

在斯图加特气候分析图上，标出了斜风、由山谷风系形成的冷气流，峡谷或山坳的通风道；在鲁尔地区气候分析图上也用箭头显示了局部地区空气变换的通道和冷空气通道，以及被污染空气的流通路径等。

Ⅳ 人为污染源的位置与污染的范围（用符号文字表示道路工厂等）

在斯图加特气候分析图上，道路交通污染负荷的影响范围分为三个等级表示，而大气污染分为四个等级来表示。在鲁尔地区气候分析图上也同样使用符号文字标示工厂等人为污染源的位置与污染的范围。

鲁尔地区的报告书中只记载了各项环境气候信息，而没有生成规划的指示图。斯图加特的“规划用指导图”中，将地域粗略划分为自然地域和居住区域。自然地域又根据气候作用的重要性划分为三个等级，居住区域划分为四个等级，来表示土地高度的利用和建筑物密度的允许程度。另外，大气污染及噪声污染严重的道路用粗线特别标示出来。这些 Klimaatlas 中的记号和背景的表现方法已约定成俗，在已经出版的《VDI3787 规格》中对这些记号和背景色有详细的描述。

2）气候分析图在城市规划中的应用

城市环境图集在城市总规和详规以及区域建设的诸多环节都可用来指导方案以助于城市环境的改善。图 9–5 是斯图加特市塞尔梅涅卡地区详细规划中使用城市气候分析图来修正方案的一例。如图，建筑物布置在南斜面，建筑物北侧的森林作为冷空气的供给源。为确保冷空气有效的流动，将最初的 A 方案 (左图) 中的小型绿化带扩大为最终的 B 方案（ 右图 ）中宽达 50 ~ 60m 的绿地。

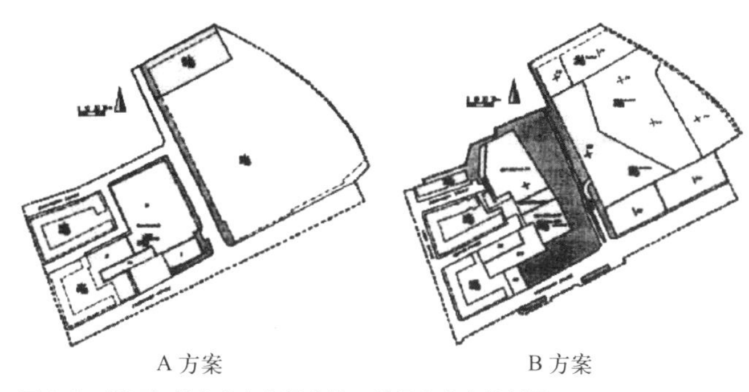

图 9–5　斯图加特市塞尔梅涅卡地区使用 B 方案的例子

"斯图加特 21 计划"是指对市中心约 100ha 的区域进行开发的计划。这部分区域是将斯图加特市中央火车站及相关铁道的轨道移至地下后形成的。开发预定区域位于盆地且为城市中心,风速小,大气污染自净能力较弱，可以预想到机动车尾气排放会带来的大气污染和夏季热岛效应的增强。城市规划管理部门在气候分析图所提供的冷气流分布图的基础上进行了多次实验和模拟，最终形成了如图 9–6 所示的规划建议图，即将规划地区的主要换气路径（ 风道 ）和夜间冷气流的方向等在规划中需考虑的要点在图上标示出来，用作规划设计竞标时的附属参考资料。如今在日本，在大型公共建筑设计时气候分析所形成的规划建议图也作为竞标参考资料被充分利用。今后，通过利用 GIS，行政部门在进行诸如上述的区域开发计划或既有街区街道规划时，也可以并且应该在地区详细规划中灵活应用这些信息。

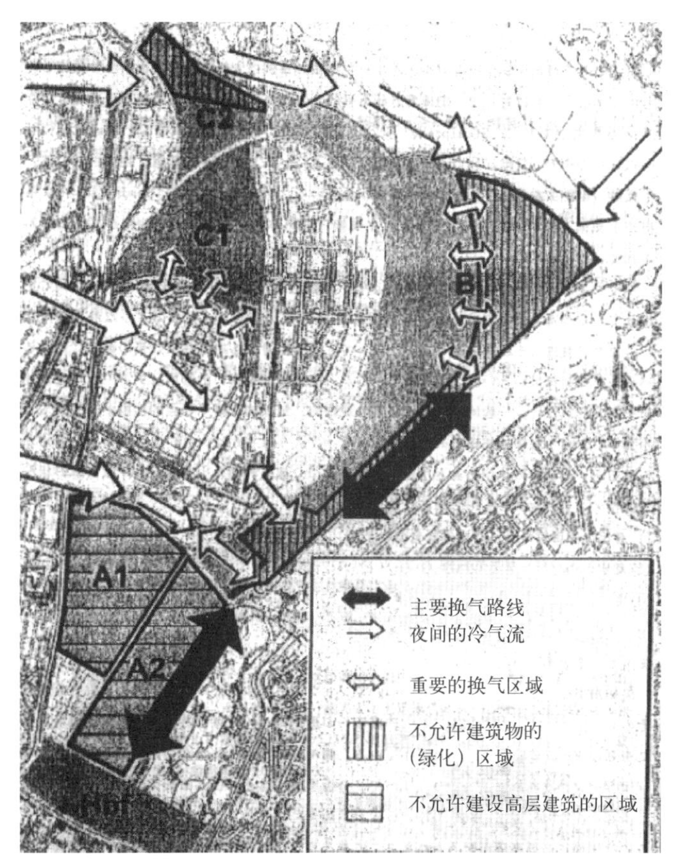

图 9–6　斯图加特市 21 世纪规划建议图（部分）

9.1.3　气候分析图的绘制方法

1）气象数据的收集和分析

在研究城市的热环境和空气环境时，有时还需要了解大气污染物质浓度和能耗量分布，但这里我们一般只将焦点放在气候分析上。气候分析分为两个步骤：一是收集气象观测数据并通过对其分析把握现状；二是为防止普通的气象数据不够全面不够详细，或为对应外界情况变化而进行的分布或未来预测。用于把握现状的气象观测数据有两种来源，以气象部门为代表的公共机构发布的固定定期的观测数据或绘制者通过独自测定而得到的数据。用于详细分布或未来气候预测的方法大致也可分为两种：利用风洞对物理模型进行的模型实验；利用由热力学或流体力学理论导出数值模型进行的数值实验。

以日本为例，气象观测数据中具有代表性的是气象厅设置的AMeDAS（Automated Meteorological Data Acquisition System）得到的数据。AMeDAS是自动观测降水量、气温、风向、风速、日照时间各测定项目，将其在线收录进地区气象观测中心，就地编辑并向各气象台发布的系统。每边17km的四方区域内就有一个观测降水量的观测点，全国共有1300处。在这些观测点中，每边长21km的四方区域内有一处可以进行全项目观测的观测点，全国约有840处。AMeDAS会将统计处理后的数据以CD-ROM的形式公开发行。其他公共机关发布的气象观测数据还包括地方自治体等独立设置的公害监测站得到的测定数据。地方自治体等测得的数据常会收录进该自治体出版的报告书内。转化为公开出版物后的这些数据一般条理清晰，可信度也很高且明晰易懂。绘制Klimaatlas的时候需要得到一个对象区域气象数据的分布状态，有时只靠固定观测点得到的数据不能满足条件，还需要Klimaatlas绘制者本人进行独立的测定。在进行独立测定时，最重要的是要明确需要什么样的数据。根据不同的目的，决定了不同的测定地点、所使用探测器的应答性以及收录数据的时间间隔等。

上述收集取得的气象数据需根据要绘制的Klimaatlas进行分析。其首要条件是绘制Klimaatlas的目的必须明确。例如，是以夏季为研究对象的Klimaatlas，还是以夜间为研究对象的Klimaatlas，可以根据季节或时间来划分。相应地以年间、季度、月份、旬、昼间、时刻等平均值的数据处理为中心。除此之外还有以强风灾害为对象等极端数据的Klimaatlas。在这种情况下，要对某统计时间段内超过预定危险率的概率等进行统计处理。另外还有如计算年度变化的比例、以日比较差作为对象等满足特定目的的统计处理也是必要的。

2）通过实验进行分布预测

在进行有关气象的预测时，物理模型即实际城市的缩小比例模型并不常用。使用物理模型可以理想地近似表现需要再现的现象，但在包含热现象的情况下却很难保证其相似性。包含热与气流的气象现象一般可以用含热流体力学方程式表现，但由于其中的格拉斯霍夫数这一重要参数与长度的立方成比例，而在缩小模型中要想与此相符合几乎是不可能的。所以，通过缩小模型进行现象的再现实质上没有定量性的意义。

在不含热或可以忽略热的现象中，问题主要是气流，所以一般会进行风洞实验。比起气温等其他气象要素来，风的局部性非常强，所以需要求得特别详细的分布状况，在这种意义上，应该说需求和供给达成了一致。即使是在风洞模型实验中也不能避免关于相似性的问题。但幸运的是，我们知道在这种实验中最重要的参数——紊流雷诺数，在几乎所有的空间中都会自动接近定值，使得风洞模型实验数据具有相当高的可靠性。

数值模拟是最近开始正式实用化的一种预测方法，是指使用从支配气象现象的热力学或流体力学方程得到的数值模型、用计算机对气象现象进行数值型的再现。这种想法其实由来已久，最初在 1922 年为理查德逊所用，但实际开始发挥作用是在大容量计算机开始使用之后。现在商用的计算流体力学程序（CFD）数量很多，可谓处于繁盛状态，使用者可根据各自的具体情况加以选用。

9.2　盆地城市——旭川市气候分析图应用简介

9.2.1　旭川市概况

旭川市地处接近北海道中心部的上川盆地，严寒多雪（图 9–7）。最寒冷时期可达到 -25℃以下，而炎热时期的最高气温可达到 35℃，年气温差较大，是典型的内陆型积雪寒冷盆地城市，年合计积雪量超过 6m。

旭川市面积约 74700ha，市区面积约 7700ha，人口集中地区约 6600ha，属于中等规模城市，现有人口约 37 万人。旭川市始于明治二十三年（1890 年）旭川、神居、永山三村的设立。1892 年屯田兵植入开始后，1896 年设在札幌的陆军第 7 师团本部于明治三十三年（1900 年）开始移至旭川，将其作为该师团的屯驻地并开始城市开发。2000 年开始转化为核心城市。

图 9–7　旭川雪景

1902 年，上川测候所观测到了日本最低气温的官方记录 -41℃。气温达到 -30℃以下后，不仅是酒类，就连防冻液也会凝固。很多入住者在开发当初因严寒而丧命，但随着城市化的进程市街地区的气温逐年上升，最近的 50 年中平均气温约上升了 2.5 ~ 3 度。市民对于严寒气候下的这种城市气温上升多持欢迎态度，可实际

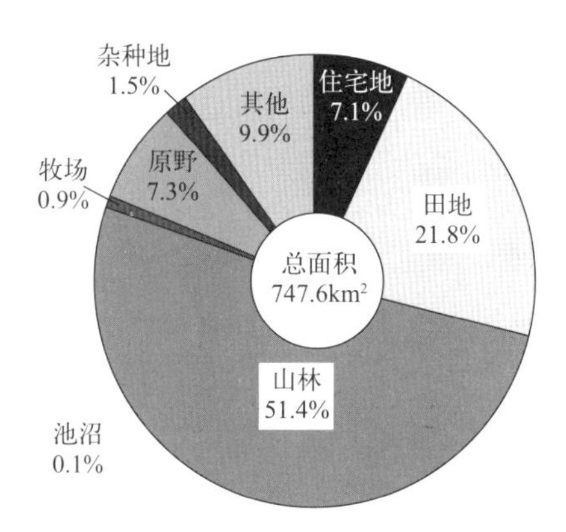

图 9–8 旭川土地利用面积比（1996 年）

上随着热岛形成而愈发明显的空气污染，同生态系统的破坏一起对市民的健康构成严重的威胁。

流经上川盆地的四条大河合流于市街区中心，这也是旭川的地理特征之一。在人们的观念中，北海道是自然景观丰富、植被繁茂的地方，而实际上除了城市边缘地区和附近的山峦有着丰富的背景绿化之外，为减少除雪的障碍和管理上的麻烦，市内街区的绿化很少（可参考图 9–8 所示的旭川土地利用面积比）。

9.2.2 旭川城市气候调查

城市热岛现象是夏季闷热感增强的原因之一，人们对热岛效应的关注也多集中于这一点上。然而问题并不仅仅局限于气温的升高。城市排热引起的热对流现象造成了包围城市的温暖气团，并使污染物质滞留于其内部，使城市空气环境显著恶化，形成滞留在城市上空的“粉尘穹顶”。从医学角度来看，空气污染被认为是引起哮喘等呼吸系统疾病和特应性皮炎等过敏现象的诱因之一，特别是在积雪寒冷地区，冬季期间大量排热造成了“城市穹顶（粉尘穹顶）”，城市地区空气环境显著恶化。对于盆地城市，由于地形特征，显然会形成比平原地带更严重的热污染和污染空气滞留。为保持城市热环境及空气环境的健康、使下一个世纪能够继承一个空气清新、生存舒适的环境，有必要了解城市热污染、空气污染的现状，并以其改善方针为基准重新认识城市规划。

1）气温分布观测

随着能耗量的增大，世界主要城市的气温都在不断上升中。在旭川同样也有这种倾向。观测点分别设在旭川市内 35 所中小学校和北海道东海大学旭川校舍，再加上旭川市管理下的 6 所气象观测点，共计 42 处。从 1998 年 6 月观测至 1999 年 12 月共计 1 年零 5 个月。观测结果统计如下：

（1）夏季气温变化与分布（1998 年 7 月）

图 9–9 显示的是观测点 1、2（市街区中心部代表点）、观测点 23、34（市街区边缘部代表点）、观测点 24、25（郊外代表点）等三个地点夏季的气温变化。市街区中心部的气温比郊外要高 3 ~ 3.5℃，这种倾向在清晨的最低气温上表现得比中午更加明显。

图 9–10 显示了该市同时期最热日中午的气温分布等温线。市中心街区气温明显升高。

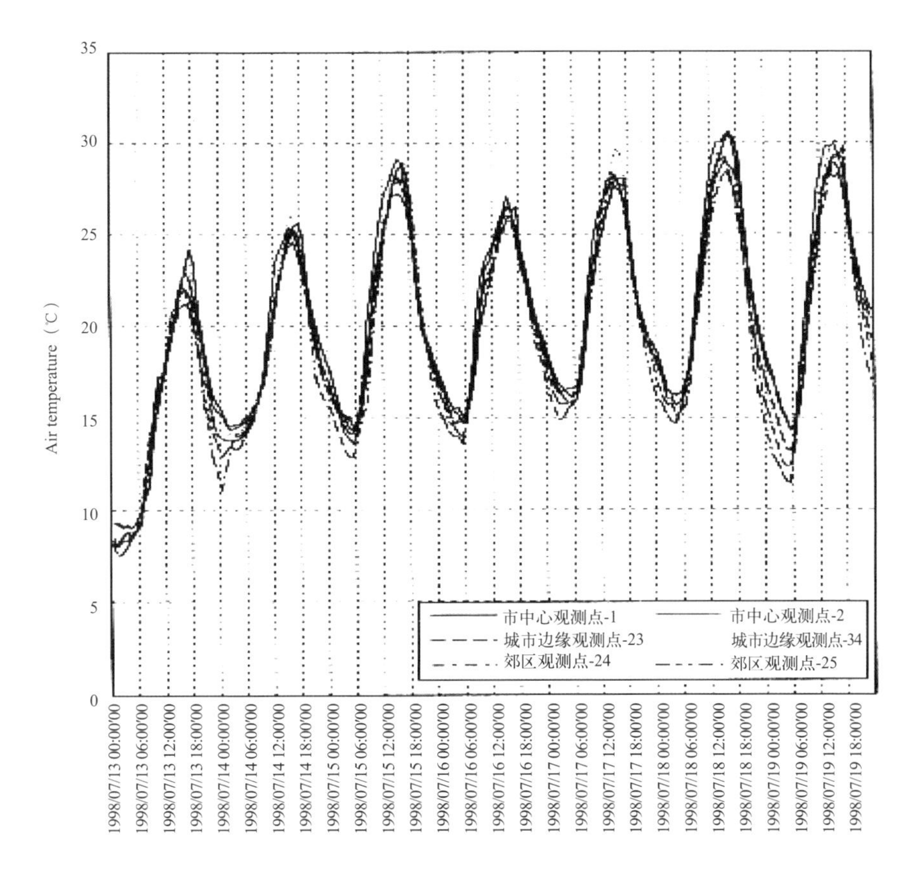

图 9–9　代表测点夏季气温变化（1998.7.13 ~ 1998.7.19）

（2）冬季气温变化与分布（1999 年 2 月）

图 9–11 显示的是前述三个地点的冬季气温变化。中心区和郊外的气温差和夏季一样有从深夜向清晨逐渐扩大的倾向。越接近市街区中心部气温越高的倾向与夏季观测结果相比并无太大变化，但与郊外的最大温差扩大到了 9℃以上。

（3）热岛强度

图 9–12 显示了观测点 1（市中心代表点）与观测点 25（郊外代表点）每月最大温差的年度变化。越接近最寒冷期，城市和郊外的温度差（城市内外温度差）越大，最大气温差可达到 10℃以上，这与冬季期间家庭采暖和路面加热带来的排热有很大关系。由人口推测旭川市热岛强度最大值为 3 ~ 3.5℃，和实际观测结果中夏季及中间期的气温差相近，而在最冷日达到 9℃。由于冬季期间的人均排热量要大于日本其他城市，热岛强度正日渐扩大。

2）空气质量调查

根据旭川市管理下的 6 所气象观测点的空气质量数据，对威胁市民健康的 NO_2、SO_2 浓度进行调查，结果表明市中心的大气污染浓度比起郊外要高出很多。

（1）气温与污染浓度的年变化

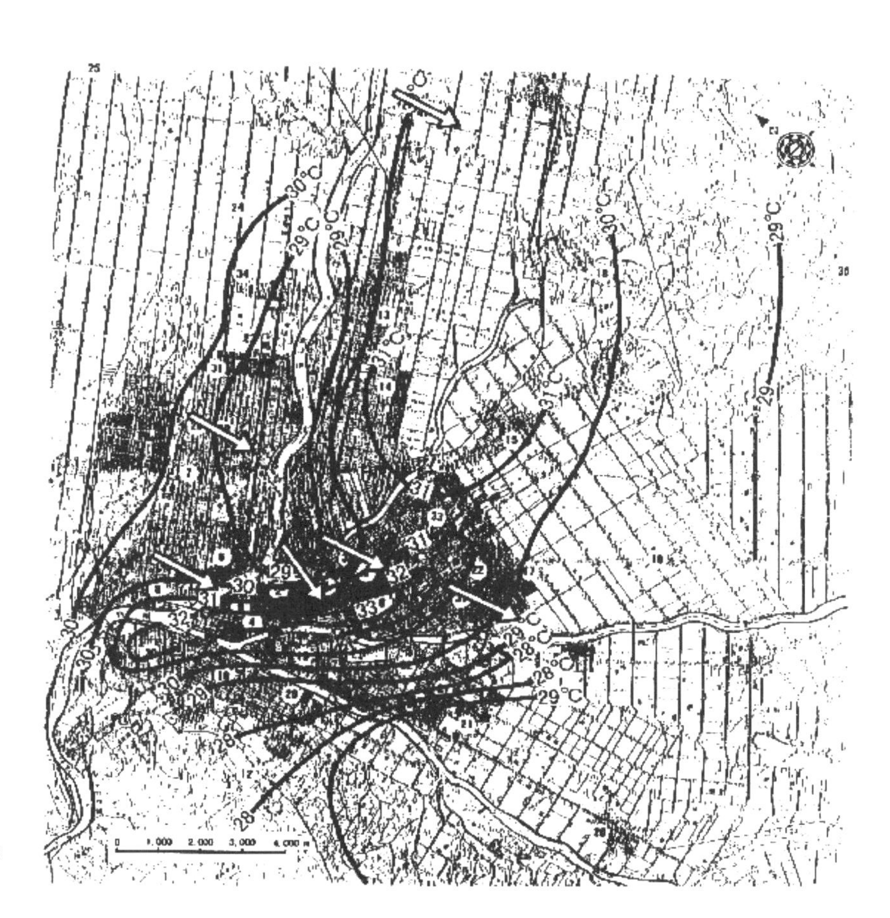

图 9-10 夏日中午等温线图（1998.7.18.15:00）

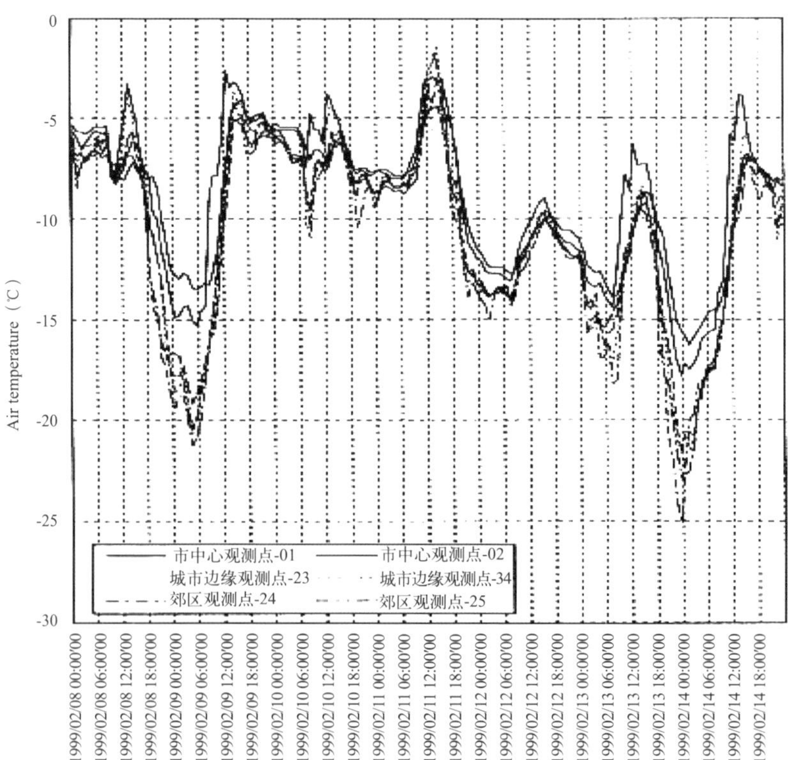

图 9-11 代表测点冬季气温变化(1999.2.8～1999.2.14)

图 9–12　城市测点与郊区测点最大温差的年变化

图 9–13 显示的是观测点 36（市中心）、观测点 41（郊外）NO_2、SO_2 的平均浓度的年变化。可以看出污染浓度值有冬季高、夏季低的倾向。

旭川的空气质量在冬季恶化的倾向很强，其原因是采暖以及汽车排气的增加以及与夏季时相比大气稳定度更高。如将远郊几乎没有人为活动影响的气温视为该地区的基础气温，可以发现，远郊基础气温越低，城市地区的污染浓度就越大。

（2）风与污染浓度

图 9–14、图 9–15 分别表示了观测点 36（市中心）、观测点 41（郊外）在冬季（1999 年 2 月）风力强的时期和风力弱的时期污染浓度值随时间的变化。风力弱时，汽车排气造成 NO_2 在市中心地区的浓度常常大大超

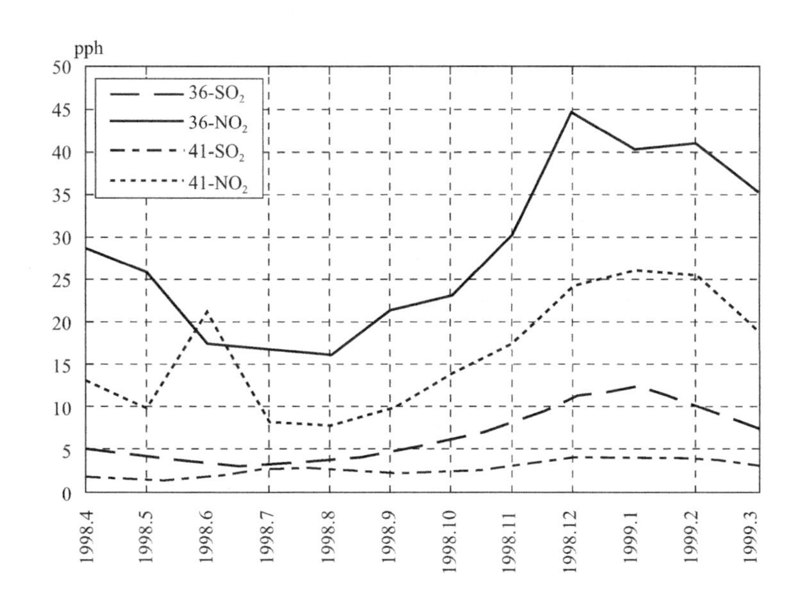

图 9–13　污染物浓度的年变化

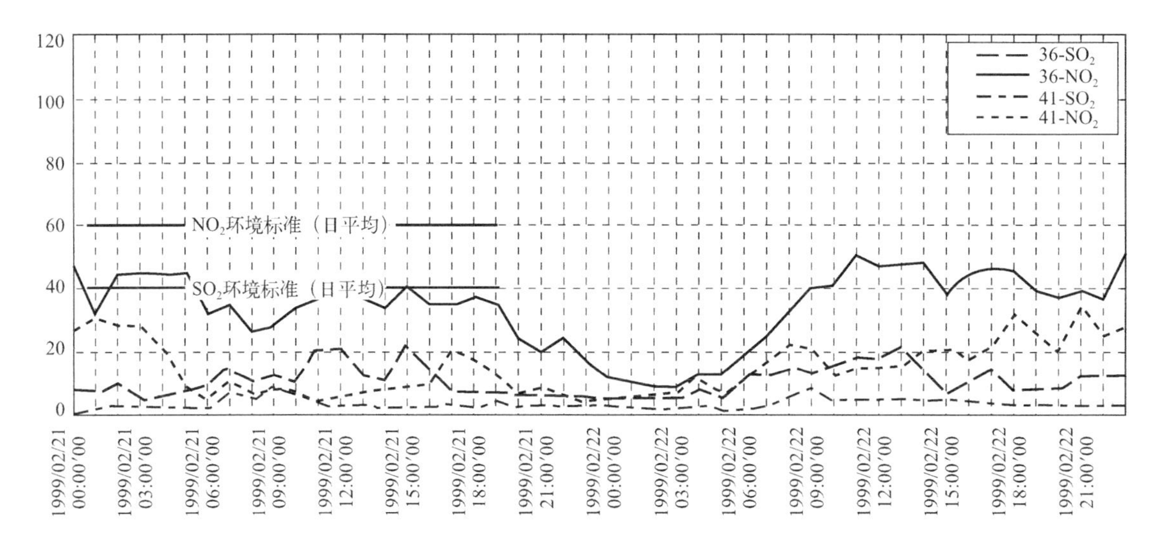

图 9-14　强风时污染物浓度（ppb）日变化（日平均风速 2.0m/s 以上）

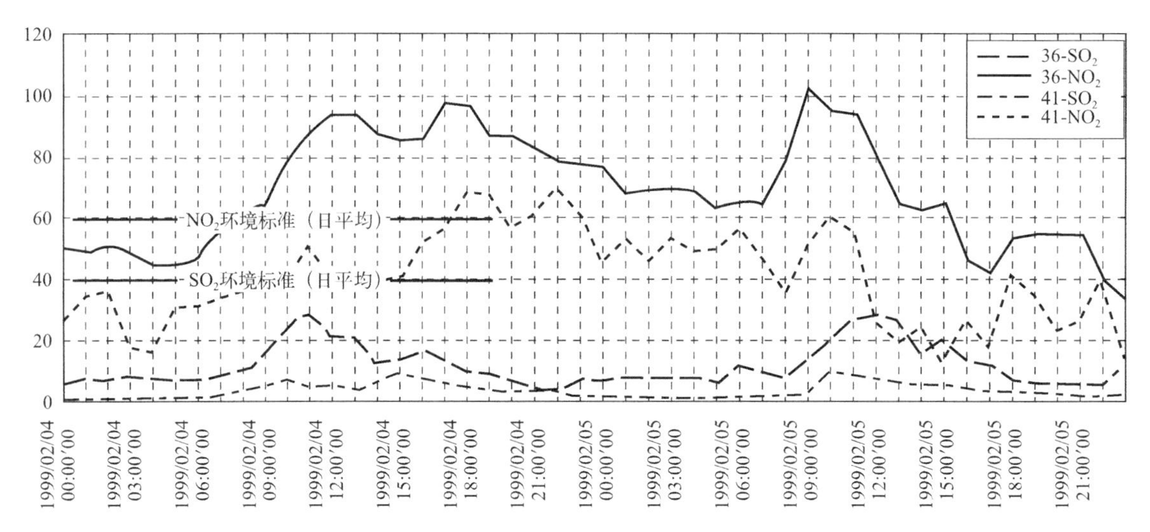

图 9-15　弱风时污染物浓度（ppb）日变化（日平均风速小于 1.0m/s）

过环境标准值，特别是在交通量较大的早晨和傍晚时间观测到的浓度非常高。通过对照气温分布图，可以确定高温地区出现高浓度污染多发生在交通量大的时间段内。被山峦环绕的盆地全年风力较弱，城市地区空气流通状况不佳，故空气质量的恶化愈发成为城市发展面临的严峻问题。

3）城市风道

根据前述 6 处气象观测点的风向、风速数据，对该市夏季和冬季的风道特征把握进行了尝试。图 9-16 左图所示为 6 处气象观测点夏季一个月的风向频率（风玫瑰图），总观测数中有 33% 风速未满 0.6m/s，空气流动平稳。以此为根据画出右侧的城市夏季风道，可见旭川夏季风道主

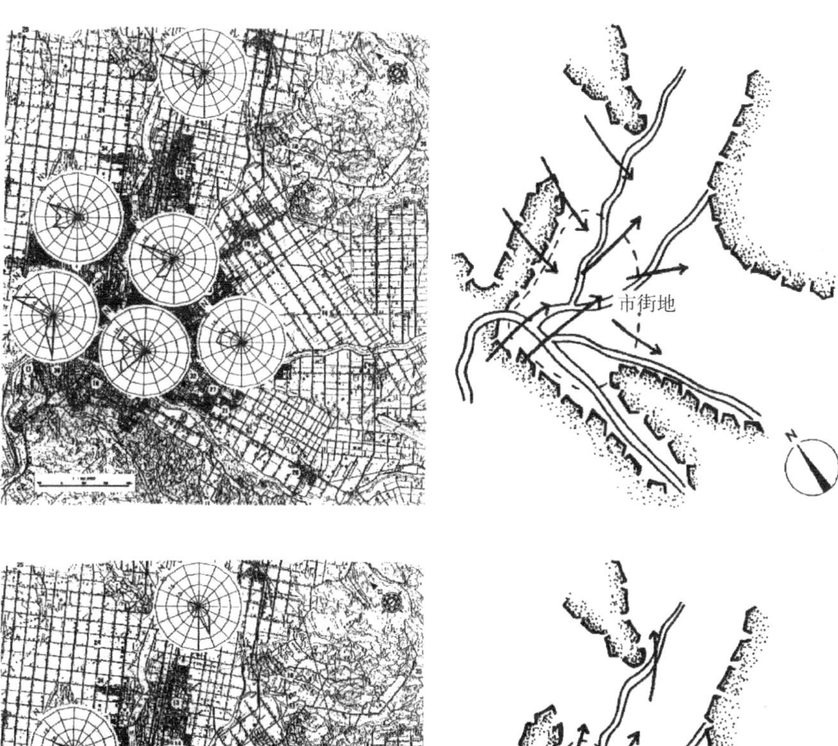

图 9–16　旭川夏季风玫瑰图与风道图

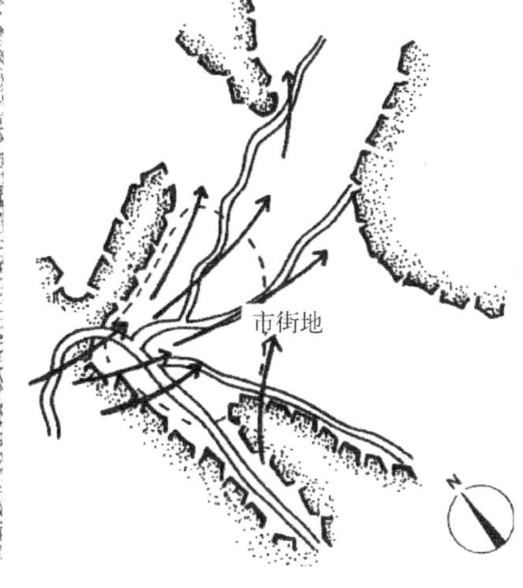

图 9–17　旭川冬季风玫瑰图与风道图

要有沿河流方向和从西北山丘吹向市街区的两个主要风向。

图 9–17 左图为 6 处气象观测点冬季一个月期间的风玫瑰图，总观测数中有 37% 风速未满 0.6m/s，空气流动缓慢。从右侧的风道图可以看出，旭川冬季风道以西风为主要风向，时而与从南部吹来的风合流。

9.2.3　基于气候调查的旭川市城市规划提案

在积极推进环境协调型城市建设的德国，有关地区性空气质量、温湿度、风等的气候调查是城市规划事业的基本项目之一。特别是在与旭川地形特征相同的斯图加特，其“风道”计划已作为改善城市地区热环境、空气环境的政策，成为世界的典范。

根据通过本调查得到的结果，将降低旭川市热污染和空气污染的计划归纳为以下四项：

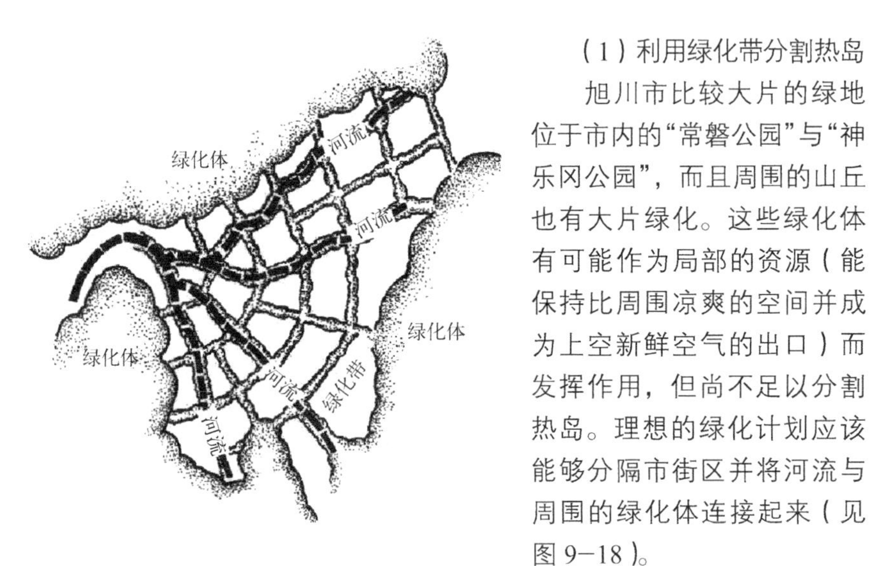

图 9-18　利用河流和绿化带分割市区

（1）利用绿化带分割热岛

旭川市比较大片的绿地位于市内的“常磐公园”与“神乐冈公园”，而且周围的山丘也有大片绿化。这些绿化体有可能作为局部的资源（能保持比周围凉爽的空间并成为上空新鲜空气的出口）而发挥作用，但尚不足以分割热岛。理想的绿化计划应该能够分隔市街区并将河流与周围的绿化体连接起来（见图 9-18）。

（2）保护城市的换气通道

推进更加详尽的“风道”计划，必须拆除城市主要风道上的障碍物，保护城市的换气通道。有必要对不妨碍风道的城市规划与建筑设计或促进城市换气的绿化带的配置及路线进行深入探讨。

（3）控制排热排气

在寒冷地区必须推进建筑物的隔热，控制不必要的能耗，强力控制进入市中心街区的汽车数量。对必要的道路限行，并大力发展城市公共交通及地下交通。

集中紧凑的街道布置可减少对汽车的依赖，在促进日常生活圈内徒步移动的同时，也使人们更加亲近自然。适度的社区规模有利于创造丰富的户外活动，从而增加人们户外行走的兴趣，建筑理论家亚历山大提出七千人是较为理想的社区规模。在考虑创设以河流和绿化带分割的小规模生活圈时，这一点可以作为参考。

（4）亲近水面与绿化的环境改造

城区的绿化比自然绿化需要更多精力来维持和管理。理想的绿化规划不仅要有惠及城市全体的宏观绿化效果，还要使人们通过日常的视觉和触觉感受到绿化的魅力。亲身体验到绿荫下的舒适凉爽和水畔的乐趣，可以培养爱护自然的情操。

起源于德国的“市民田园”可以作为一种城市环境改良和环境教育的模式加以推广。作为周末的休息场所，“市民田园”一般由 50 个大小约为 160 ~ 300m^2 的院子组成，一般由政府经营，也有民间经营的。和使用者签好租赁合同后，经营者可以提供栽培植物所需的工具和休息用的桌椅及简单的厨房等，此外，还有集会室、带有卫生间的俱乐部以及孩子们的游乐场等场所，市政府经营的“市民田园”原则上是公开对外开放的，人们可以在里面享受绿色的快乐。

9.3　高密度城市——大阪市气候分析图应用简介

大阪夏季炎热、日照强、降水量少，再加上大阪市及多数卫星城市密集在大阪平原的状态，使大阪成为日本屈指可数的炎热城市之一。位于大阪市的大阪管区气象台 8 月历年平均气温（1961 年至 1990 年的平均值）是 28.2℃，排在全日本第 2 位（最高为冈山县）。不仅如此，大阪地区的热环境每年都在进一步恶化。为在酷暑中创造舒适健康的城市环境，不能采取依赖空调等人工制冷的方法，而是必须找出城市化是在什么样的过程中对城市热环境施加影响，探索有效利用自然环境对策的可能性。

9.3.1　大阪地区概况

（1）地形

如图 9－19 所示，大阪府北侧为北摄山系，东至东南侧被海拔约 600m 至 1000m 的山峦包围。其中央是广大的大阪平原，西南至西侧是开阔的大阪湾。环绕平原的山峦在三处断开，从平原上看就像开了三个窗口。最大的“窗口”是沿淀川东北方向延伸至京都盆地，与纪伊水道一起成为主要的通风道。再进一步向东，是沿大和川延伸至奈良盆地的“窗口”，北向则是沿猪名川延伸至能势盆地的“窗口”。四周环山有着很长的海岸线，这种地形特征对该地区的气候形成独特的影响。

（2）人口及土地利用

大阪地区人口约 880 万人（1997 年统计值），占全国总人口的 7%。但是该地区的面积只有 1893km^2，占日本总面积的 0.5%，人口密度超过 4500 人 /km^2，是日本全国人口密度平均值的 14 倍，处于非常高密度的状态。

二十年间，大阪地区住宅用地、工商业用地等城市性使用面积约增加了 35%，而农业用地和森林用地各减少约 40% 和 10%，到 1997 年为止，大阪地区面积的约 40% 为城市性用地。特别是农业用地向住宅用地的转化十分显著。另外，城市街区面积占大阪府面积的 50%（1991 年），而城市公园的面积仅占 2%（40km^2）。平原地区和海拔较低的丘陵地带已经几乎全部转化为城市性用地，近年来更是从千里

图 9－19　大阪地形概况

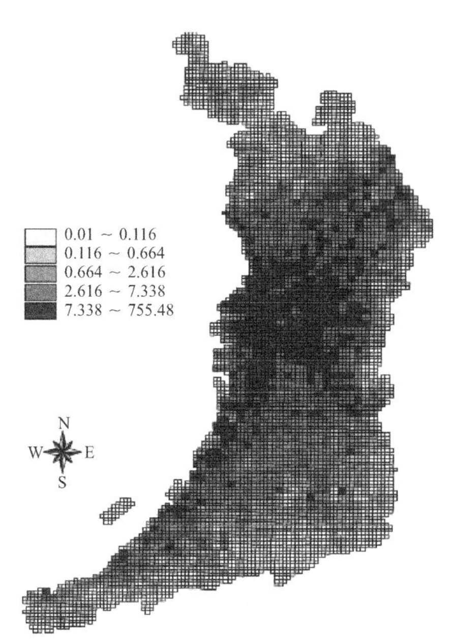

图 9–20　人工排热分布（8 月，W/m²）

丘陵、泉北丘陵向更远的丘陵地区进行着开发。

（3）能耗量和人工排热

根据能量守恒定律，城市消耗的能量绝不会消灭，最终必然要以排热的形式释放到大气中。这样，能耗量的增加就意味着向大气中排热的增加。以民生、产业、交通部门各不同设施的能源使用量为基础，按潜热、显热、水体排出等各类分别统计的人工排热时间空间分布推算结果，如图 9–20 所示，可以看出显热特别集中发生在市中心和大阪湾沿岸的工业地带。

9.3.2　大阪地区的气象特征

据大阪地区气象台公布的数据，自有数据记录的 1890 年起，100 年里，大阪地区年平均气温上升了 1.5℃，特别是自 1950 年以后急速上升。1950 年以后恰好是城市开发向郊外扩展、能耗量迅速增大的时期，这说明城市化对于城市升温有很大的影响。热带夜日数（日最低气温在 25℃以上的总天数）也在 1950 年以来迅速增加。一般来说热带夜日数的增加会加大对空调的依赖，引起热环境的恶化，进一步增加能耗量，陷入不断的恶性循环之中。所以，制定改善城市热环境的对策迫在眉睫。

1）风环境的特征

当地主要的风特征是在被太平洋高气压覆盖而气压梯度较小的状态下产生的海陆风。白天，海面温度低于陆地温度，以这种温度差为原动力产生的由海洋吹向内陆的海风；相反，夜间海面温度高于陆地温度，陆风从内陆吹向海面。在大阪地区，典型的海陆风占全年的 30%，仅有一般风而没有海陆风的时间约占 40%，一般风与海陆风交替的时间占 30%。大阪地区的海风分为两种：从大阪湾吹入沿岸地区的小规模海风和通过纪伊水道从太平洋吹入内陆地区的大规模海风。夏季上午，小规模海风从大阪湾沿与海岸线垂直方向吹入沿岸地区；下午，大规模海风从伊纪水道沿西南方向吹入内陆地区。对大气污染监测局近五年监测数据进行统计，7 月份晴天风向频率分布较为规律，上午 8 点至 10 点之间大阪平原中央地区和泉州地区分别出现西向和西北向成分的风；而在下午 1 点至 4 点之间，主要为西至西南方向的风，整个大阪地区被大规模海风所支配；午夜 1 点至凌晨 6 点之间主要是陆风，特别是临近山峦处山体表面温度降低，沿斜面吹下的“山风”（冷气流）也带来一定影响。

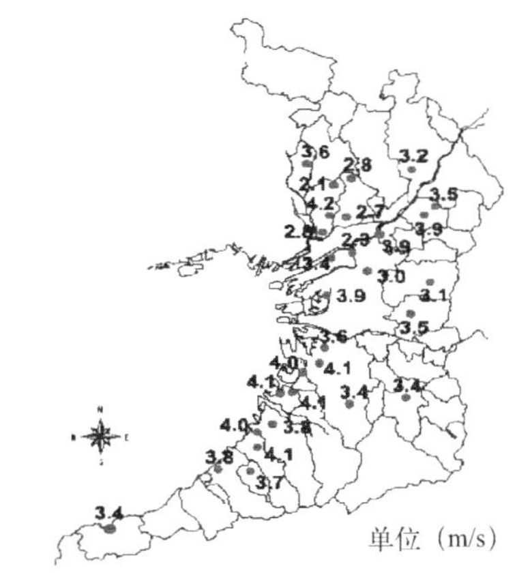

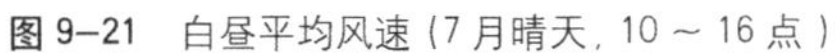

图9–21 白昼平均风速（7月晴天，10～16点）

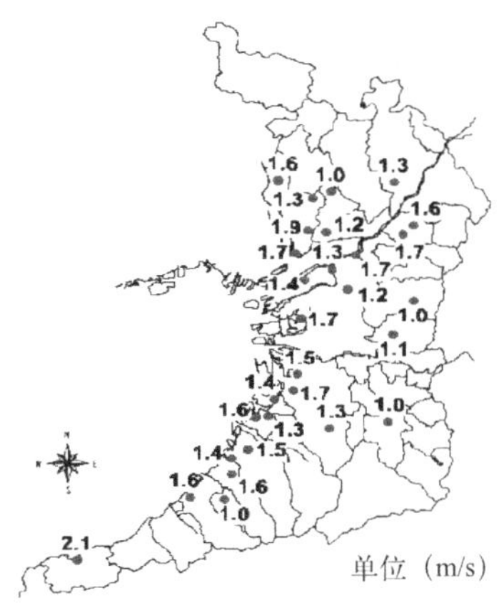

图9–22 夜晚平均风速

图9–21、图9–22分别显示了大阪地区夏季白天和夜晚的平均风速分布。白天，海岸地区和海风通过的沿岸风速可以达到3.5~4m/s，而在内陆地区受到地面摩擦的影响，风速降低到2.0～3.5m/s。图9–23显示的是沿岸地区的大阪市大正区和内陆地区的吹田市的风速日变化，从图中可以看出海风对内陆地区的影响较弱。另外还可以发现，到了夜间几乎整个地区的风速会降低1.0～2.0m/s。图9–24是在接近大阪府市中心地区距地面120m高处（大阪塔）和距地面18m高处（市区内3处测点平均值）所测风速的比较结果。距地面高120m处的风速约是市区中心地面18m高处风速的2倍。可以看出，即使是在高密度的市中心地区，上空的风力也是很强的。

2）气温分布特征

对大阪地区大气污染监测局提供的监测数据进行分析，7月晴天日早晨（取一天内观测到最低气温的凌晨5时）和中午的气温（取一天内观测到最高气温的午后2时）分布分别如图9–25、图9–26所示。从早晨的气温分布可以看出，受大阪湾影响气温较高的海岸地区和因辐射冷却气温较低的内陆地区的对比，与以大阪市为中心热岛效应带来的升温倾向相重叠。早晨市中心与郊外的气温差约为1～2℃。白天的气温分布则是在海岸地区受带来海上低温空气的海风影响，温度较低，而从大

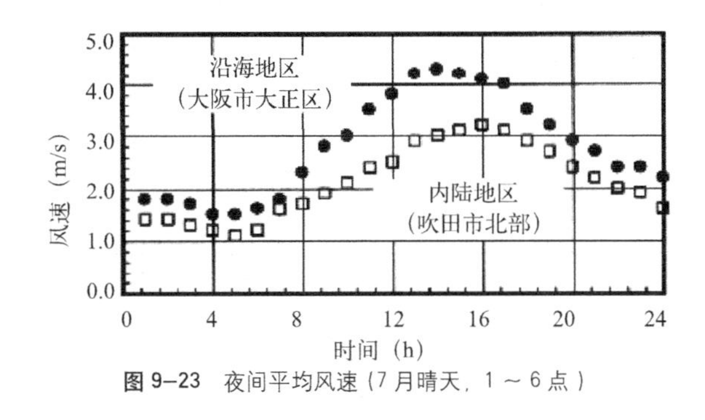

图9–23 夜间平均风速（7月晴天，1～6点）

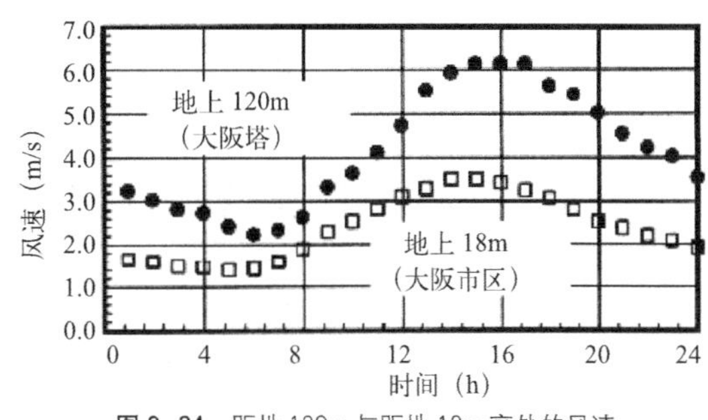

图9–24 距地120m与距地18m高处的风速

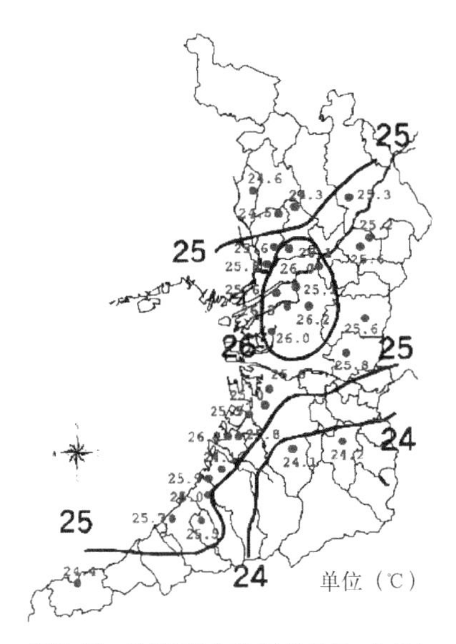

图 9–25　早晨气温分布（7 月晴天，5 点）

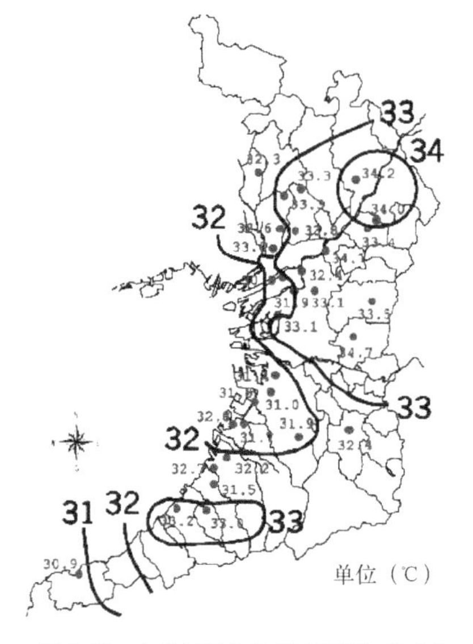

图 9–26　白天气温分布（7 月晴天，2 点）

阪市中心地区到北摄地区、从东大阪到大和川水系上流内陆地区的陆地表面，因比海面升温值大而温度较高。白天，内陆地区与海岸地区的温差约增大 3℃。

大阪地区内 30 个测点的气温与测定点周边各热环境关联要素在不同天气、昼夜条件下的关系如表 9–1 所示。表中的数值表示的是对气温与各关联要素的关系进行回归分析时的相关系数。白天（下午 2 时）晴天时与海岸距离有很大关系，而与其他要素无关。如前所述，在沿岸地区，晴天白天海风对气温的冷却作用显著；在内陆地区，日照加热地表面及人工排热的影响，使海岸地区与内陆地区的温度差很大。这样，阴天时与海岸距离的相关性就消失了。另一方面早晨（凌晨 5 时）的倾向大大不同于白天，与海岸距离之外的各要素相关性较强，这些要素如 NVI（Normalized Vegetable Index 绿化率）、人工排热、容积率等即是显示该地区土地覆盖情况或利用状况的指标。由于夜晚大气稳定，这种地区开发情况的差异，即表面温度、蓄热程度、人类活动程度会对气温有所影响。海岸距离在白天的相关性最强，而在夜晚则不能成为气温分布的决定因素。从以上结果还可以看出，地表面在夜晚释放的显热变化状态和人工排热显热对城市升温化有很大影响。

气温与各要素的相关系数　　　　表 9–1

热环境相关要素	白天（午后 2 时）		早晨（凌晨 5 时）	
	晴天	阴天	晴天	阴天
距海岸距离	0.62	0.20	0.17	0.35
NVI	0.22	0.24	0.56	0.54
人工排热	0.30	0.17	0.62	0.57
容积率	0.14	0.20	0.69	0.65

3）各种不同规模的气象观测实例

整个大阪地区气温分析所使用的数据主要于建筑物的屋顶测定，是地表面释放的热量在某种程度上扩散、混合的结果。与此相对，在建筑物屋顶高度之下的空间，由于扩散不明显，所以会更直接地受到该地点土地覆盖情况与人工排热的影响。室外人体步行、滞留空间几乎集中于地面上不到 2m 的薄层内，所以有必要探讨地表面附近的温度分布和形成机制。另外，在进行城市规划或建筑设计时，有必要对多大范围的土地使用（绿地等）、有何种程度的降温效果进行事前整理。像这样，对各种不同规模进行分析、通过整理规模大小与气温变化的关系，使城市热环境的构造进一步明确。以下将约 10m 至 100m 左右的规模定义为“近邻规模”，约 100m 至数千米的规模定义为“地区规模”，将数千米至数十千米以上定义为“城市规模”。前述大阪地区的分析结果大致相当于“城市规模”。

对与“地区规模”分析相对应的大阪市内中心区大规模公园（大阪城公园、靭公园）及河流（土佐堀川、堂岛川、淀川）与其周边街区气温分布进行测定。在上述的地区内每隔 100m 至 200m 设置观测点，对合计 100 处的气温进行统计平均。测试结果显示白天（下午 2 点）建筑物和道路等被照面与阴影面的表面温度差很大，受到局部气流影响，气温分布有分散的倾向，但在绿地和河流附近平均气温比起市区内要低约 1.5℃。早晨（凌晨 4 时）与白天相比地表面温差趋于同一，气温分布变动小，绿地的平均气温比市区内低约 1℃。

测试结果根据季节可能会有些变化，但在几乎完全都市化的大阪市内，也观测到了比预想中大的气温差。大阪市内 11 处校园内观测到的数据中，下午 2 时、下午 4 时分别有 2.1℃、1.4℃的温差。在此项观测中，较低温度是在周边绿化较多的地点测得的。在更小的“近邻规模”中，建筑物或沥青路面等与绿地之间也存在 1 ~ 3℃左右的温度差。也就是说，即使是公园、行道树这种小规模的绿化，也可以对街区和地表面附近的热环境缓和起到一定的作用。

9.3.3　考虑气候要素的城市规划指标

在目前为止，从以上的分析中可以看出三个结论：绿化具有很好的热环境改善效果；存在明显的海陆风；夜晚要特别注意人工排热的影响。根据上述情况，对于考虑到大阪气候特点的城市规划方针尝试提出了几个方案。

（1）推行绿化

由于“地区规模”和“近邻规模”的绿化也具有明显的气候缓和机能。考虑到热岛缓和的实现性，这种“地区规模”和“近邻规模”的绿化是很重要的。在像大阪这种高密度地区，绿地的扩大是有限的，可增加树木的主要场所是公园、街道、公共空地等。在大阪市，对于这种规模的

图 9–27　大阪市内的行道树

绿化非常重视，在 1964 年至 1993 年的约 30 年内，行道树乔木增加至 5.5 倍（16 万棵），灌木约增加至 68 倍（450 万棵）；公园乔木增加至 4.1 倍（28 万棵），灌木增加至 8.3 倍（270 万棵）。这当然并非仅仅以缓和热岛为目的，同时也满足了市民们接触自然和审美的需求。在城市规划中如果仅单纯以缓和热岛为目的推行绿化是有一定限度的，但若以与城市景观设计相融合的形式主张热岛对策方针，则可以达到现实性的效果。

考虑“城市规模”的绿化情况，例如，为改善热环境使大阪市不出现热带夜，推算表明有必要将现在的绿化率从 5% 提高到 30%，并将人工排热（现状假定为 35W/m^2）减半。从这个推算结果可以看出，要想降低“城市规模”的气温需要非常大规模的绿化。大阪市的道路面积是 19%，因此道路绿化即使是从城市整体的角度来看也占有很重要的位置，图 9–27 显示了大阪市内代表性道路——御堂筋的绿化情况。另外，市街区中停车场所占面积较大，沥青表面的室外停车场对热环境极为不利，若像欧洲那样采用“在小街区间每隔一定距离布置草坪的构造”对热环境的改善也是有效的。在已经成为市街区的地区，要想提高绿化率，采取“近邻规模”和“地区规模”的绿化积累可以说是最具现实性的方针。在大阪市整个地区，街区的绿化率是 21%，实质上宏观绿化率正取决于这些地区。如前所述，近 20 年来农业用地正加速转化为住宅用地，所以在郊外也有可能发生热岛现象。不仅要改善市中心的绿化，更重要的是要从热环境的角度重新审视郊区现存的山林田园的作用，控制热环境问题向周边扩大。建设新城区时绿化率的设计是很重要的。另外，今后有必要强化城市周边地区有关气候环境的观测体制。

（2）利用风的特征

大阪市的海陆风很强，其特征比较明确，所以在城市规划和建筑设计中考虑海陆风的风向是改善热环境的有效手段。如图 9–24 所示，越到上空风力越强，特别是在高层建筑中可以很容易地导入风。但要注意海风的风向，必要时在窗面垂直设置导风板，则可以使空气流入室内达到舒适效果。以风向和风速的信息为基础，在施工之前的规划阶段进行慎重的考虑配置，则有望取得理想的效果。在夜晚，特别是内陆地区，山谷等地形影响较大，风的局部性较强。这样就需要参考本章所介绍的信息，对规划地区进行详细调查，以有效地运用夜晚的风的特征。

（3）削减人工排热

对于人工排热带来的气温升高，一般有如下两种缓和措施：减少地区的排热量；调整排热的形态或时间。

减少排热量意味着减少能耗量，不仅可以缓和热岛现象，对于防止大气污染和地球温室效应也是有效的，故应作为首要讨论对象。调整排热形态意味着将向大气的显热排放转化为潜热或水体排出。特别是关于制冷采暖能耗方面，除了以房间空调为代表的显热排放之外还有各种供选择的可能方式，如通过使用河、海水的地区冷暖气向水体排热、通过蒸发式冷却塔转化为潜热等。在城市中心区等能耗大的地区，可以考虑将上述方针作为热岛对策。但是，潜热或水体排热也会分别以不同的形式给环境带来负担，所以有必要慎重探讨合适的分担比例。另外，如表 9-1 所示，人工排热对气温的影响在夜间或早晨更为严重，故可以考虑将部分人工排热时间调整到白天。

（4）控制交通总量

城市规划与大气污染问题有着密切的联系。特别是必须将城市规划与其所决定的道路、工厂等污染源的分布、排放量和大气污染规模相联系地考虑。纵观日本大气污染的历史，1960 年代以工厂的烟囱及楼房的烟囱排放的煤灰与二氧化碳带来的工厂型大气污染为主；这种 SO_2 污染的规模范围约为距产生源 10km。到了 1970 年代，因推进控制工厂排放方针，煤灰与 SO_2 的排放量有所减少，现在整个大阪地区 SO_2 排放已达到环境标准。

从 1970 年代开始大气污染的中心转移为 NO_X（氧化氮：NO 与 NO_2 的混合物）。NO_X 不仅来自工厂和楼房，也来自汽车排放。针对工厂和楼房的排放量和 SO_2 一样在 1970 ~ 1985 年推行了抑制对策，而在汽车排放 NO_X 方面，由于家用车普及、汽车数量随道路建设而增加，抵消了汽车单体的减排效果。结果导致现在汽车排放的 NO_X 比工厂排放还要多。NO_X 的 90% 以上以 NO 形式排出，其余为 NO_2。而 NO 会被大气中的 O_3 迅速氧化成 NO_2，故一般大气中的 NO_X 中 50% 至 75% 是 NO_2。NO_2 的首要产生源在地面上，所以在产生源附近也就是交通量大的地方浓度最高。此外，在干线道路附近的浓度也较高。污染基本为城市规模，范围可扩大到数十千米。目前，大阪的 NO_2 排放达标程度并不理想，沿路设置的汽车排气测定仪的信息表明有恶化趋势。

NO_2 可通过大气中的光化学反应转化成臭氧。汽车尾气和挥发性有机溶剂的烃类也参与了这种化学反应。臭氧被白天的海风从大阪带到内陆地区的奈良县、京都府、滋贺县，污染规模涉及超过 50km 外的地区。在大阪有些地方，最多每年有 90 多天可达到光化学氧化物（其中 90% 以上是臭氧）的污染环境标准。考虑臭氧对策，有必要从整个地区的级别上控制 NO_X 和烃类的排放量。NO_2 在大气中进一步被氧化，转化为硝酸或硝酸化合物，溶于云或雨水，变成酸雨或酸雾。酸雨污染规模可达

到数千公里。

随着道路建设和汽车数量的增加，在 1980 ~ 1994 年的 14 年间大阪交通量增加了 1.5 倍，整个京阪城市圈内的公共汽车乘客数在 1970 ~ 1990 年的 20 年内减半。铁路乘客的比例基本无变化。像大阪这种高密度的地区的城市规划尤其需要控制汽车交通总量，在城市规划上要极端重视电车、公共汽车等公共交通工具的合理配置，同时大力发展安全而良好的城市步行道、自行车道。这样不仅能控制城市内的污染，最终也能控制臭氧、酸雾、酸雨等大范围的污染。

第10章 城市环境质量评价

环境质量评价是随着近十几年来人们对保护环境重要性认识的不断加深而提出的新概念。环境质量评价，是指采用数量化的手段对环境各要素进行分析，综合客观存在和主观反映及相互影响等因素，对环境进行定量的描述。环境质量评价按地域要素、时间等可分为许多类，城市环境质量评价是其中的一大类。鉴于建筑设计、总图设计、城市规划等专业性质与环保专业不同，因此，本书在简单介绍环境质量评价的基础上，着重介绍大中型建设项目的环境影响评价。

10.1 环境质量评价

10.1.1 必要性

环境质量评价是认识环境的一种科学方法。在发达国家虽然早已遇到环境污染问题，但在60年代末以前，没有认识到环境问题是一个整体性的综合问题，因而采取头痛医头、脚痛医脚式的单方面治理，不但效果不大，污染反而加重。因此需要从整体上了解环境的状况。

改善环境、保护环境的基础是首先要认识环境。可以通过模拟分析，预测后期的环境质量状况，这就需要采用环境质量评价的方法。我国环保法规定，在进行新建、改建和扩建工程时，必须提出对环境影响的报告书。城市规划条例中，规定城市总图规划必须包括城市环境质量评价图。近年来，我国全面开展了环境评价工作，几乎所有的城市都有了环境质量评价图，所有的大中型建设项目亦预先进行了环境影响评价。著名的“三峡”工程经多次反复论证才做结论，其原因之一就是对大坝建起后自然环境和区域性气候影响的预测上存在分歧意见。

10.1.2 环境质量评价分类

环境质量评价，按分类依据的不同，可分为表10−1所示的几种。

环境质量评价分类 表10−1

分类依据	评价种类
按发展阶段分类	环境质量回顾评价，环境质量现状评价，环境影响评价（预断评价）
按环境要素分类	大气环境评价，水质环境评价，环境噪声评价，生物环境评价
按区域类型分类	城市环境质量评价，风景区环境质量评价，工业区环境质量评价，基建项目环境影响评价等

表10-1中的现状评价的目的在于通过调查、分析，了解环境污染的现状，并找出造成污染的原因和机理，做出评价。而影响评价是根据污染源和环境要素的变化，通过模拟实验和数值计算，预测污染浓度在时空方面的可能变化，达到指导现时污染物的排放和控制环境质量在未来的发展变化趋势。

10.1.3 环境质量评价的一般方法和步骤

1）背景调查

即了解评价地区环境要素的分布状况，其中包括水文、地质、地貌、气候等自然条件，也要考虑风俗习惯等社会因素。

2）污染源调查

即确定污染源的位置、性质、数目，污染源排放污染物的种类、排放量等。对于环境影响评价，可以利用现有的资料和设计图纸进行确定。

3）确定污染物的浓度和分布

确定污染物的浓度和分布可采用检测方法或模拟计算方法。其中现状评价必须通过检测，而影响评价可在现有资料基础上进行模拟分析。这一步是环境质量评价的关键，其工作量最大，如果污染物的浓度值误差较大，将直接影响评价结果的可靠度。

4）选择评价参数

确定选用哪些污染参数进行评价，和上面确定污染物浓度分布同步进行。对于不同的评价对象和目的，评价参数是不同的，如对于居住区、疗养区，正常情况下，影响环境优劣的主要参数是大气污染、噪声污染等。而对于郊区农村，以水体污染、土壤污染为主要影响参数。

5）确定评价参数的权系数

由于评价所选择的参数对环境的影响程度大小不同，不同的污染物对人体健康和生物的危害程度不同，所以要确定各参数的加权系数。确定的方式可根据经验，也可采用调查询问方法。

6）确定环境质量指数

（1）确定单项环境要素的质量指数 Q_j

$$Q_j=\sum_{i=1}^{m} W_i \cdot P_i \tag{10-1}$$

式中 W_i——第 i 项参数的权系数；

P_i——第 i 项参数的污染指数，$P_i=C_i/C_{Bi}$；

C_i——第 i 项参数的浓度值；

C_{Bi}——第 i 项参数的标准浓度值。

（2）确定环境综合评价质量指数 Q

$$Q=\sum_{j=1}^{n} W_j \cdot Q_j \tag{10-2}$$

式中 W_j——第 j 项单项环境要素权系数；

Q_j——第 j 项单项环境要素质量指数。

7）编制环境质量评价图

质量评价图可以形象且定量化地表示一个地区环境的质量状况，它可以是单项环境要素评价图，也可以是综合质量评价图，编制大致分为下面几步：

（1）环境指数分级

将环境质量指数在可能取值范围内划分为若干个数值段，每一段代表一级，通常分为4~6个级别。

（2）画出网格平面图

将所评价地区按一定比例绘制成平面图，并按适当的大小分成网格，每一网格代表一个区域单元。

（3）绘制评价图

注明每一网格所处环境质量指数“级”，然后将处在相同级别的网格涂上相同颜色，其他不同级别的分别涂上不同的颜色，以示区别。这样就绘出了该地区环境质量评价图。图上既可以是单项环境要素，也可以是综合评价．可以按绝对值也可按相对值。

10.2　建设项目环境影响评价

基本建设项目环境影响评价，是从保护城市环境乃至整个自然环境的目的出发，对基本建设项目进行可行性研究，通过综合评价、论证和选择最佳方案，使之达到布局合理，对自然环境的有害影响较小，使对环境造成的污染和其他公害得到控制。

10.2.1　必须进行环境影响评价的基本建设项目的范围

（1）一切对自然环境产生影响或排放污染物对周围环境质量产生影响的大中型工业基本建设项目；

（2）一切对自然和生态平衡产生影响的大中型水利枢纽、矿山、港口和铁路交通等基本建设项目；

（3）大面积开垦荒地、围湖围海和采伐森林的基本建设项目；

（4）对珍稀野生动物、野生植物等资源的生存和发展产生严重影响，甚至造成绝灭危险的大中型基本建设项目；

（5）对各种生态类型的自然保护区和有重要科学价值的特殊地质、地貌地区产生严重影响的基本建设项目。

对以上范围内的基建项目，在进行了环境影响评价后，必须提交环境影响报告书。

10.2.2　环境影响报告书的基本内容

1）建设项目的一般情况

建设项目名称、建设性质；

建设项目地点；

建设规模（扩建项目应说明原有规模）；

产品方案和主要工艺方法；

主要原料、燃料、水的用量和来源；

废水、废气、废渣、粉尘、放射性废物等的种类、排风量和排放方式；

废弃物回收利用、综合利用和污染物处理方案、设施和主要工艺原则。

职工人数和生活区布局；

占地面积和土地利用情况；

发展规划。

2）建设项目周围地区的环境状况

建设项目的地理位置（附位置平面图）；

周围地区地形地貌和地质情况，江河湖海和水文情况，气象情况；

周围地区矿藏、森林、草原、水产和野生动物、野生植物等自然资源情况；

周围地区的自然保护区、风景游览区、名胜古迹、温泉、疗养区以及重要政治文化设施情况；

周围地区现有工矿企业分布情况；

周围地区的生活居住区分布情况和人口密集、地方病等情况；

周围地区大气、水的环境质量状况。

3）建设项目对周围地区的环境影响

对周围地区的地质、水文、气象可能产生的影响，防范和减少这种影响的措施，最终不可避免的影响；

对周围地区自然资源可能产生的影响，防范和减少这种影响的措施，最终不可避免的影响；

对周围地区自然保护区等可能产生的影响，防范和减少这种影响的措施，最终不可避免的影响；

各种污染物最终排放量，对周围大气、水、土壤的环境质量的影响范围和程度；

噪声、震动等对周围生活居住区的影响范围和程度；绿化措施，包括防护地带的防护林和建设区域的绿化专项环境保护措施的投资估算。

4）建设项目环境保护可能性技术经济论证意见。

10.2.3 环境影响评价方法

环境影响评价，在过去，由于在我国开展时间不长，往往由环境保护专业人员进行。随着经济建设的不断加快，需要建筑设计、总图设计、城市规划等专业人员共同参与编制和审核环境影响评价报告书。下面对环境影响评价的方法做一些简单介绍。

大中型建设项目的环境影响评价一般按图 10-1 所示程序图进行。

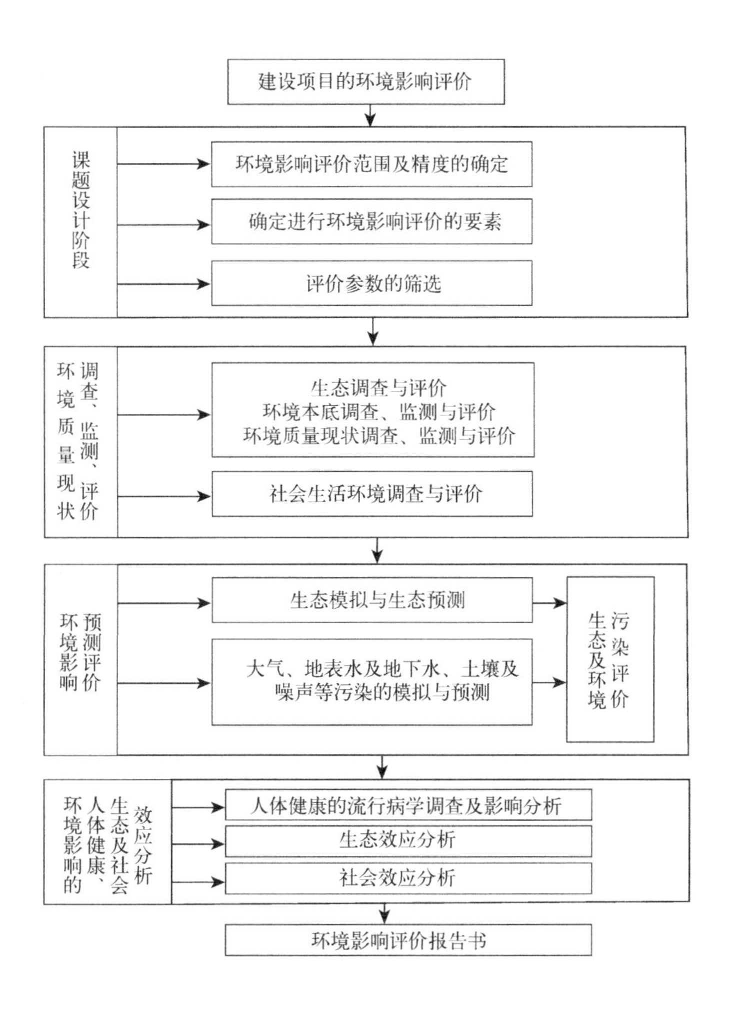

图 10–1 建设项目环境影响评价方框图

图 10–1 所示的是一般程序，并不是每个大中型项目均要按此步骤进行。如果该地区已进行过现状评价，则图 10–1 中的第二个方框可省略，如果需进行评价的建设项目仅向大气排放污染气体，则评价环境要素仅选大气污染一项。评价中的主要工作量在于按照当地的自然环境条件进行模拟、实验、分析、预测。具体方法请参阅本章第三节环境影响评价实例。本书前面章节中的高斯扩散模式、噪声随距离的衰减等都是常用的分析计算方法。

10. 3 环境影响评价实例

10.3.1 建筑项目影响评价实例

1）开发规划的概要

规划用地位于东京都港区，地基面积大约为 2.1ha 左右。拆除拥有 6000 职工的三田工厂，建设新的总面积为 14.6 万 m^2 的日本电气公司总部大楼。其楼高 180m，层数为 43 层（其中包括地下 4 层），停车位有 420 个，主要用途为办公用房，工作人员约 6000 人，工期从 1985 年至

1989 年。此建筑物比港区已有的最高建筑物（楼高 165m）还要高 15m。

2）环境影响评价结果

在东京环境影响评价条例中，对高层建筑物的界定条件是楼高 100m 以上且总面积在 10 万 m^2 以上，所以日本电气公司总部大楼项目是符合该条例的案例。该项目评价书的提出和受理时间为 1985 年 2 月。

除了一般的预测、评价项目之外，还包括了超高层大楼计划中对日照遮挡、电波影响、风灾、景观、原有工厂拆除及新楼建设施工的土壤污染、地形地质等的预测和评价项目。

在此仅就其中 EA 要点中的风灾评价进行简单的介绍。建筑物最初设计成箱型，但是考虑到对周边环境的影响，以风灾对策为主题，对建筑物进行了包括基本形状在内的各种形状造型的基础试验。结果认为在建筑物上开风洞，并将这些风洞集中的效果好。同时考虑到作为办公楼的规划，最后敲定采取图 10–2 中 C 和 D 的折中方案，确定为有风洞的超高层大楼的建筑形状。再经过对气象观察资料及周边地区土地利用状况的分析，决定将风洞朝南北方向开口。风洞的位置设计在 13 层至 16 层，高约 15m，宽 35m（见图 10–2），并且在建筑物的周边实施以常青树为主的大规模绿化方案。该项目在环境影响评价（基本设计阶段）前，就实施了项目的早期环境规划事先评价（基本构思阶段），取得了良好的效果。

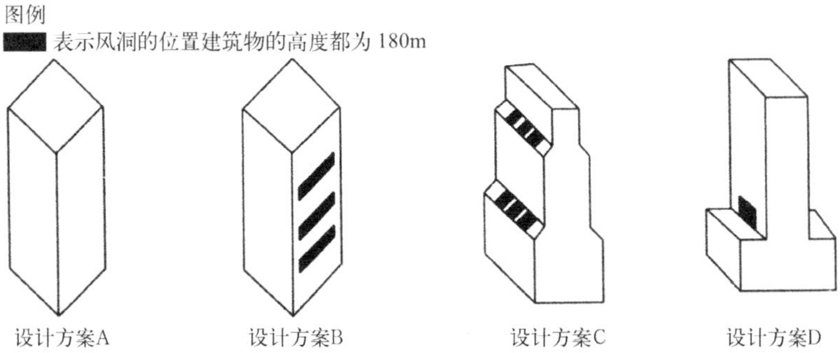

图例
表示风洞的位置建筑物的高度都为 180m

设计方案A　设计方案B　设计方案C　设计方案D

图 10–2　风洞造型试验方案示意

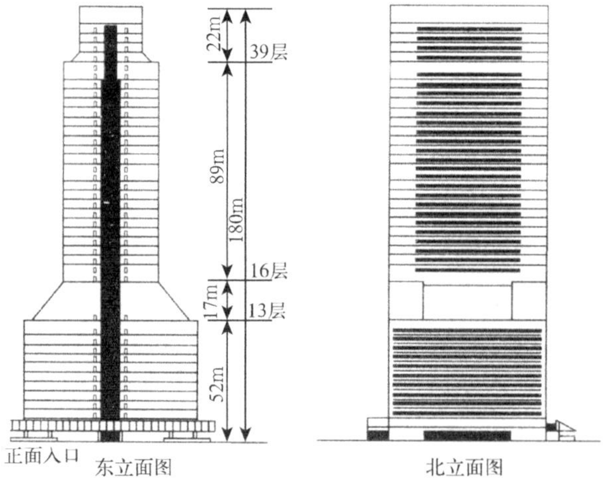

22m　39层　89m　180m　16层　17m　13层　52m

正面入口　东立面图　北立面图

图 10–3　C 方案东立面和北立面

10.3.2　建设项目环境影响评价实例

陈长和及黄建国等人对兰州第二热电厂进行了大气环境影响评价。作为实例，下面作全面介绍。

1）兰州市区自然条件和大气污染现状

兰州市区位于黄河河谷盆地地区，盆地东西两端长10km，南北以群山为界，最宽6km，东西两端峡口宽不足1km，南山坡度陡峭，相对高度300~500m，皋兰山峰顶高约600m，北山坡度转缓，相对高度约200m。

兰州地形特殊，冬季逆温层厚，静风频率高，不利于污染物的扩散稀释，这是造成兰州严重污染的气象条件。历年各季气象资料如表10−2。

历年各月平均气象资料　　表10−2

月份	1	4	7	10	备注
温度（℃）	6.8	11.9	22.6	9.7	37年平均
相对湿度（%）	60	47	60	68	37年平均
有烟日数（d）	24.9	11	6.2	13.4	23年平均
雾日数（d）	0.5	0.33	0.4	1.7	36年平均
静风频率（%）	79	45	49	69	24年平均
平均风速（m/s）	0.4	1.4	1.2	0.6	24年平均
盛行风向	ENE	ENE	ENE	ENE	24年平均
7时逆温厚度（m）	672	399	356	453	10年平均
19时逆温厚度（m）	210	78	109	164	10年平均

市区人口密集，仅黄河以南人口就占兰州市的46%，市内取暖锅炉和采暖小煤炉，主要集中在盆地西南部，绝大部分烟囱高度小于20m，据1978年冬季燃煤调查估算，每天总排放量SO_2为22.4t，粉尘31.9t，其中生活耗煤占总量的2/3，是污染物的主要来源。市区设有四个监测点，每年取暖季节连续检测5d，其结果如表10-3。人口密集的盆地西南部为重污染区。

5年冬季（1978～1982年）污染物日平均浓度　　表10−3

地点	南关什字	铁路局	盘旋路	兰州钢厂
SO_2（mg/m^3）	0.288	0.266	0.138	0.105
飘尘（mg/m^3）	1.82	1.70	1.38	1.73

修建兰州第二热电厂，对兰州市区大气污染的治理将起重要作用，鉴于兰州地处河谷盆地，选择理想厂址比较困难，综合考虑技术经济交通运输等方面的因素，所选的10余个厂址中，焦家湾厂址建厂条件较好，

故确定焦家湾为二热厂址。

热电厂规划容量 20 万 kW，建 210m 高烟囱一座，本评价按燃煤含硫分 0.5%，灰分 14.2%，电厂全装抽汽式机组，除尘效率 95%；按 20 万 kW 负荷运行计算，每小时烟囱排出 SO_2 为 1200kg，烟尘 900kg。

热电厂厂址位于市区东南侧，离市区中心 5.5km，离南山脚约 1km。根据气象资料，厂址大体上位于市区上风向，又加盆地内气流复杂，热电厂的排放物对城市影响程度如何？主要影响地区和时间？高烟囱排放代替分散的低矮烟囱，效益如何？这是一系列必须慎重作出回答的问题。为此决定进行热电厂大气环境影响试验。

2）兰州第二热电厂大气扩散试验总结

（1）实验概况

试验目的：在兰州河谷盆地内，冬季气象条件下，兰州第二热电厂 210m 高烟囱排放废气对城市大气环境的影响。

试验任务：为作出第二热电厂对城市环境影响的可能程度和主要影响地区的估计，必须：

a. 通过气象观测了解厂区附近和市区气象状况；

b. 通过专门试验，估计烟流轨迹和大气扩散参数；

c. 通过六氟化硫扩散实验，了解不同气象条件下污染物浓度分布。

六氟化硫扩散实验，以热电厂烟囱位置为源点，释放源高 400m，试验共进行了 20 次，在厂区附近到市区，半径 7km 内，布置了 8 道弧 68 个地面采样点，5 条空中垂直采样线，采样高度达 465m，每次连续释放 1~4.5h，采样 1.5~5h，共获得地面浓度值 6284 个，空中浓度值 1545 个。

（2）逆温层

厂里地势空旷，居民密度稀。从试验期间逐时平均温度看，该地 18 时即出现明显贴地逆温，然后逐渐加厚，到次日 4 时，厚度为 500m，4 时后逆温层开始从底部消散，到 14 时在 400m 附近尚有残余等温层，以后则完全消散。有时阴天，16 时 400m 左右仍可维持薄层逆温。

陆院测点，位于靠近市中心的居民稠密区，边界层温度层结与厂区有明显差异，试验期间夜间底层逆温底高平均保持在 150m 左右，10 时以后，逆温逐渐消散，14 时已消散无遗，与厂区温度对比来看，除 14 时相近外，其余各时市区均高于城郊 1~2℃，陆院与兰州气象站地面气温相比也有类似结果，这些现象反映了城市热岛效应。

（3）低空气流

根据厂区、陆院、黄河铁桥 3 个点的低空风观测，可得到如下结果：

a. 厂区风向风速：厂区低空风向以偏东风和偏西风为主，400m 高度的风频，在 0 时到 12 时偏西风占优势，而在 14~22 时偏东风占优势。

兰州冬季多静稳天气，风速小，高度 300m 处，平均风速为 1.3m/s。风速最大值出现在 18~20 时，在这一时段，300m 高度风速大于 3.0m/s 的机会为 22%。

b.3 点低空风：夜间和早上风速较小，高度 250m 以下，厂区以偏西风为主，而陆院则偏东风占优势，这表明夜间和早上城市和郊区之间低空气流比较复杂，但在 300m 以上，两地的风向逐渐趋于一致。

在午后偏东风条件下，3 点低空风向大体一致，但陆院与黄河铁桥的风速均大于厂区。

c. 下沉气流：在 SF_6 扩散试验中，空中垂直采样线的资料提供了空中烟羽中心线的高度，平均值如表 10-4；午后中性层结条件下，烟羽向西输送的同时，其中心高度显著降低。由表 10-2 结合在下风 2km 处地面轴线浓度达到最大的事实，可以认为烟羽下沉的最低点平均在 2km 处，然后随下风距离的增加而有所回升。

烟羽中心线平均高度 表 10-4

稳定度	源高（m）	下风距离（km）		
		1	2	3
中性	400	289m（10 次平均）	235m（1 次）	320m（5 次平均）
稳定	400	411m（5 次平均）		

在厂址上空进行了下沉运动随高度变化的探测，1980 年 1 月 18 日 15:50 ~ 16:30，40min 内连续释放了理论升速为 200m/s 的测风气球 30 个，用 3 对双经纬仪跟踪这些气球并定出实际升速。由此算得 40min 内的平均下沉速度如表 10-5，表中负号表示变速向下，下沉运动在 300m 以上出现，500m 以上显著增加，700m 处下沉速度达到最大值。

3 个低空气象观测站的风也反映了下沉运动的存在，午后中性条件下市区陆院与黄河铁桥风速线比较一致，但明显大于厂址的风速，试验期间 16 时平均东风分量如表 10-6。由于南北分量很小，市区东风分量大于厂址，这意味着厂址至市区之间气流是水平辐散的，即存在着下沉气流，700m 以下强辐散与表 10-5 中 700m 处强下沉对应。

下沉速度随高度变化 表 10-5

高度（m）	100	300	500	700
垂直速度（m/s）	0.24	0.00	-0.08	-0.38

16 时平均东风分量的比较（u_H 陆院、u_P 厂址） 表 10-6

高度（m）	100	200	300	400	500	600	700	800
u_H（m/s）	1.4	1.6	2.0	2.5	2.0	2.7	2.4	2.4
u_H-u_P（m/s）	1.1	0.8	0.8	1.1	1.4	1.0	0.8	0.4

定高气球与平衡气球也表明，在午后中性条件下，在厂址西部存在一个下沉气流区。

d. 大气扩散：对近 400m 的高架源的扩散，按温度递减率划分大气稳定度比较合理，试验期间夜间清晨多逆温，下午一般为近中性弱递减。因此稳定度可划分为 D、E 二类，指标如下：

D（中性）　　$r > 0.55℃/100m$

E（稳定）　　$r \leqslant 0.55℃/100m$

从地面采样数据看，在稳定条件下，地面 SF_6 浓度很小，接近于本底值。以下主要讨论中性条件下的扩散。

根据 SF_6 扩散试验，定高气球、平衡气球的资料分析，得到中性条件下 σ_y、σ_z 接近于 Briggs 城市扩散参数。在计算扩散时，SF_6 扩散试验的结果，在中性条件下：

$$\sigma_y=13.02x^{0.4163} \qquad \sigma_z=7.56x^{0.406} \tag{10-3}$$

在中性或接近于中性时，地面浓度很大，原因是气流下沉和较大的扩散。在这种条件下的浓度估算是评价该热电厂大气环境影响的关键。由于难以计算下沉气流，由此用大量地面采样资料来反推扩散公式中的参数。

引入参数 M，令

$$M=\frac{1}{\sigma_z}e-\frac{H^2}{2\sigma_z^2} \tag{10-4}$$

国家规定允许 SO_2 一次浓度为 $0.5mg/m^3$，日平均浓度为 $0.15mg/m^3$。电厂 SO_2 排放量为 1200kg/h，据此，在扩散试验中，把 SF_6 浓度大于 $2.7\times10^{-10}mg/m^3$ 定为电厂运行后的超标浓度。

在 20 次试验中有 8 次出现超标浓度，1981 年 1 月 4 日下午第 11 次试验采到最大地面浓度 81.8×10^{-10}，超标 29 倍，超标范围最大是 1 月 19 日下午的第 20 次试验，超标的采样点 28 个，超标面积 $10.5km^2$。

总的情况是：早晨稳定条件下没有大浓度，基本不超标，但下午近中性的 11 次试验中，有 6 次地面采到大浓度，且有较大的超标面积。

把 20 次试验的累计超标次数统计后得出电厂运行后主要污染区位于电厂西边 1~4km 间，向北延伸 1~3km 的梯形区域内，面积约 $7km^2$。

电厂 210m 高烟囱，加上烟气抬升，估计烟云高度可以达到 430m，在下沉气流中烟气抬升的估算有困难，采取比较保守的数据，按第六章所介绍的适用于不同条件下的模式，利用 30d 实测的低空气象资料，计算得到 1h 平均浓度和日平均浓度，由此得到日平均浓度超标频率及月平均浓度分布。污染最严重的火车站东南方靠近南山的地区，日平均浓度超标频率达 23%，30d 平均浓度最大达到 $0.088mg/m^3$。

为了解试验时期的污染气象条件对历年同期状况的代表性，将试验期内的东风频率及稳定度与历年同期进行了分析对比。

统计了近 10 年中兰州气象台 300m 和 480m 高度的 7 点和 19 点测风资料。发现在 1980 年 12 月和 1981 年 1 月东风频率（指偏东风的 7 个方位）

为 68%，较近 10 年同期平均的东风频率高 6%，说明试验期间市区处于厂区下风向的机会较正常年份略多。

根据厂区近 5 年 12 月份地面气象资料，按帕斯奎尔方法进行了稳定度分类，发现 1980 年 12 月各类稳定度出现的频率及风向、风速、稳定度的联合频率与 5 年平均情况趋于一致。

3）热电厂对城市大气环境的影响

（1）根据甘肃省监测站 1978 年统计，市区（黄河南部分）冬季 SO_2 日排放量 22.4t，尘 31.9t。其中 2/3 由冬季取暖和生活燃煤所引起，这些污染物通过低矮烟囱排放，在冬季逆温、小风气象条件下，污染物在近地面空气中积聚，形成冬季严重的大气污染。1978~1982 年冬季城关区检测主要污染物的总平均范围如下：颗粒物 0.87~2.83mg/m^3；全部超过国家规定标准，二氧化硫 0.075~0.38mg/m^3，特别是铁路局 5 年均值 0.266mg/m^3。

（2）在焦家湾机场建第二热电厂集中供热以取代分散的采暖锅炉，通过燃低硫低灰煤和高效除尘措施并利用 210m 高烟囱排放以减轻热电厂对城市大气环境的影响。按 20 万 kW 负荷计算，热电厂的排放量为 $SO_2$1.2t/h，尘 0.9t/h。

210m 烟囱加上烟气在逆温层中的浮力抬升，估计烟云高度可达 430m，夜晚和早上由于逆温层抑制扩散，并且 430m 高度风速较地面显著增加，因而有利于烟云漂移到远处，烟气对城关区的影响较小。再则由于夜晚和早上厂区逆温条件下 400m 高度偏西风占优势，市区处于下风向的机会较小。

（3）在夜间和早上低空（主要指 300m 以下）陆院多东风而厂区多西风，城郊之间气流比较复杂，烟气应避免进入这一高度范围，烟源有效高度 430m 大体上可以符合这一要求。

（4）从 20 次 SF_6 扩散试验的地面浓度看，早上稳定条件下没有大浓度，基本不超标；但下午近中性的 11 次试验中，有 6 次地面才到了大浓度，且有较大超标面积。从超标地区看，电厂运行后主要污染区位于厂西边南山 1~4km 间向北延伸 1~3km 的梯形区域内，面积约 7km^2。

根据实测的大气扩散参数和相应的扩散模式，计算了 1980 年 12 月内 30d 的电厂 SO_2 地面浓度分布，计算结果表示，电厂排放的 SO_2 引起的污染情况如下：在厂区以西、皋兰山以北，王家庄以东，盘旋路以南，面积约 8km^2 的区域内，100d 内会有 3d 出现 SO_2 日平均浓度超过国家标准，在电厂以西 1km 到火车站靠近南山根的区域内有 1km^2 的面积 100d 内会有 10d 浓度超过国家标准。在污染最严重的区域，100d 内会有 23d 日平均浓度超过国家标准，月平均浓度达到 0.088mg/m^3。

（5）比较热电厂引起的 SO_2 污染与城关区的污染现状，如表 10-7 所示。

热电厂引起的 SO_2 污染与市区现状的比较　　表 10–7

地点	南关什字	铁路局	盘旋路	兰州钢厂	
采暖季 5 年监测平均值（mg/m³）	0.288	0.266	0.138	0.105	
热电厂 1980 年 12 月估算值（mg/m³）	0.088	0.015	0.010	0.007	0.088（最大污染区）

可以看到，在大部分地区内热电厂所引起的 SO_2 污染是小的。在电厂取代大部分供热锅炉的情况下会使冬季市区空气质量明显改善。但在局部地区，主要指电厂西 1km 到火车站靠近南山一带，午后不利气象条件下仍将出现浓度超标。

（6）甘肃省环保研究所分析了热电厂高烟囱排放取代目前分散的低矮烟囱对控制兰州市冬季污染的效果。分析表明，从长时间，大范围看，集中供热明显优于分散供热，整个集中供热区内从日平均 SO_2 浓度普遍超标降到最大日平均浓度不到 0.100mg/m³，大部分地区的浓度还会显著地小于这一数值。

10.4　建筑寿命周期评价方法

寿命周期评价（LCA，life cycle assessment）主要是制造业为开发对环境影响小的产品而进行环境影响综合评价的一种方法。它是对产品的制造、流通、消费和供应及废弃物整个寿命周期进行的环境影响评价。

实际上，LCA 这一用语虽然是对全过程进行环境影响评价，但并没有被纳入到环境词语之中。现实中的 LCA 随着系统边界设定的不同，其评价的对象范围也千差万别，但在概念上，LCA 所追求的目标是对整体进行综合的评价，所以应该尽量直接或间接地收集所有的环境影响因素。因此，在生产过程中，包括原材料资源的取得或发掘、能源的取得或发掘、资源运输以及在制造工程的环境影响和材料消耗等的评价，还有与产业相关的间接环境影响评价，包括了范围广泛的评价对象；在流通过程中，不仅有卡车运输所带来的大气污染或 CO_2 排放，而且也包括了伴随包装产生的废弃物、保管设施的建设、道路港湾等固定资产的配套等对象。对于工业消费品，还包括其消费过程中对环境的影响评价。例如，若适用容器装载中的中性洗涤剂，会造成水质污浊，其废弃过程包括从容器成为废弃物开始，或者被再资源化、或者被中间处理、或者被焚烧处理，最终到填埋场等一系列的环境影响评价。这种以全过程为对象，综合评价不相同情况的环境影响就是 LCA 的目的。

LCA 评价说起来虽然很简单，但是像建筑那样，由于其寿命周期要持续很长时间，因此可以将其使用年限作为整个寿命周期，对相当建筑每一年耗损量的影响量进行评价。建筑物在使用期间，对冷暖设备所产生的能源消耗（运行时的消耗）的标准是根据建筑设计而定，其寿命周期构成的因素比较复杂。而且废弃后对环境影响也要考虑在内，但是对于部分再生利用或者再次资源化时的评价以及废弃时因处理方法不同所带来的对环境影响的差别等，在建设策划阶段就考虑对其评价会非常困难。例如在建筑物的拆除废弃阶段，由于包含着很多不确定因素，细致严密的评价就会变得非常困难。就 LCA 的程序来说，首先应决定评价的范围，实施定量评价，并对其结果进行寿命周期解释，进行综合评价。

10.4.1　建筑 LCA 和环境负荷数据库和生命周期评价软件

在进行建筑 LCA 评价时，需要给出全部建筑材料的每单位消耗量的环境负荷。正确的环境影响评价应该事先准备可靠的基础数据作为环境负荷基准量。例如现在正在尝试利用日本产业关联基本表分析环境影响基准量的本藤、外冈等人的研究，它详细、真实地分析了实际状态，可以利用本藤等人 2002 年发表的采用 1995 年产业关联基本表对诱发 CO_2 排放量进行分析，该分析结果还包括因国外因素所带来的影响。

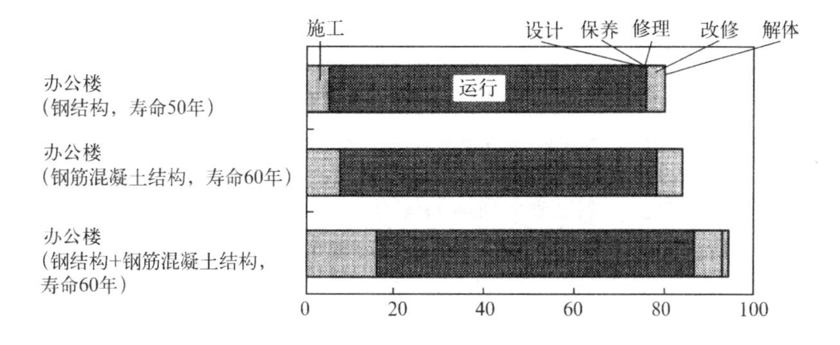

图 10–4　建筑物用途类别、结构类别的 CO_2 排放量现状的计算例（1990 年）

图 10–4 是以建筑部门产业关联表作为基础资料，根据建筑物用途、结构类别，用 LCA 方法分析日本 CO_2 排放现状的实际例子，可以说反映日本现状的平均情况。其背景有建设时的排放和运行时的排放（见图 10–5）。所谓运行时的排放主要包括冷暖设备，伴随卫生设备或者照明等能源消耗的排放，特别是由电力消耗所带来的火力发电厂的间接排放。从 LCA 的结果来看，节能是减少 CO_2 排放的关键所在，通过图中显示的数据也可以看出。

利用现有的环境负荷指标也能够计算出 SO_2、NO_X（本藤等人 1998 年的报告）、CH_4 和 CFC、HCFC、HFC 等冷冻机的冷媒的排放量，因此是可以进行评价的。关于水质和废弃物的发生质量，虽也有研究案例，但精度较低。尤其是对于拆除建筑物产生废弃物阶段的环境影响项目，只进行 CO_2 的评价是不完整的，重要的是建设废弃物中间处理的二噁英及其他有害物质排放或者废弃物最终填埋的环境影响等。从建筑 LCA 的本质上来说，应该平行地对多样性环境影响项目进行评价。

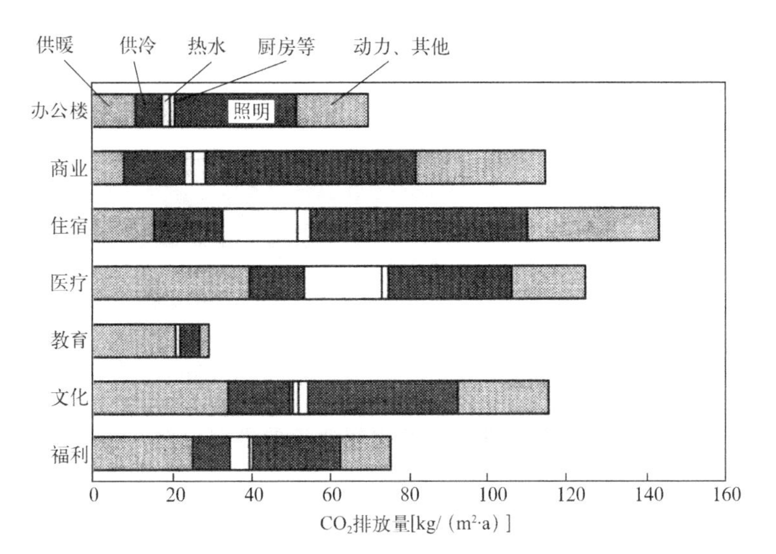

图 10–5　建筑物运行时每楼面面积的 CO_2 排放量（1990 年）

生命周期评价软件考虑的是从生产到消亡的全过程，专门帮助使用者对建筑营建作出评价。许多研究机构致力于这一项工具的发展，尤其在英国在欧洲、北美洲等国家。实际上对结构专业人员来说，从事 LCA 和对方案设计进行优化选择所需要的是被简化了的 LCA 工具。对于由 100 种不同类型材料组成的建筑中的每种材料，我们都需要一套数据来表明，在生命周期各个阶段包含在材料之中的环境负荷。这些负荷包括：耗能（包含运输耗能）、CO_2、SO_2、氮氧化物和释放的其他气体、微粒、固体等等。通常“从产生到出工厂大门”整个阶段的信息被成为生命周期过程清单（LCL）。

为了评价一个完整的生命周期，我们需要 LCI 数据和生命周期剩余阶段的所有的信息。这些包括运输到基地，建立基地和营建；建筑寿命周期内的使用、维护、更新；在使用期结束时毁坏与拆除；再利用时的运输、循环或处理。由于从数据到执行这项分析必然有很多需要，因此，LCA 强调特殊的环境负荷研究——有代表性的能量消耗和温室效应具有的潜能（释放 CO_2）。

世界各地的专业人员都在致力于这一领域的研究，各专业组织建立联系，共同开发实践中的 LCA——一项有效的、简化的 LCA 工具。

10.4.2　LCA 评价制度和办公建筑的 LCA 研究

与建筑物的 LCA 一样，人们日常生活的 LCA 也有可能被作为评价对象。图 10-6 就是以日本东京为例，根据已编制的因生活所诱发的排放评价指标（HLCE: human life cycle emission），对 CO_2 的排放量进行的计算。“环境家庭账”等只是对消费支出部分作出了环境影响评价，其实对于固定资产的损耗即住宅建设和城市基础设施等，也可设定其寿命，并作为相当于年度折旧份额计算在内；而工作单位排放的 CO_2 中也可将办公大

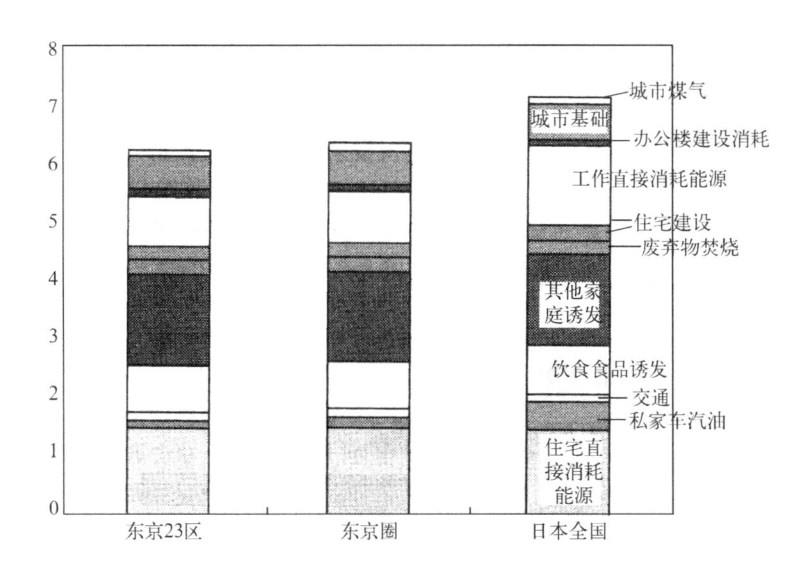

图 10–6　HLCE（生活 LCA）计算实例

楼的建设和运行用能源份额算进去。公共交通用燃料比私家用车少。此外，来自食品和其他生活用品的制造运输的诱发排放也很大。使用 HLCE 对生活方式的不同形态进行评价，实现生活费用最小化的时代正在来临。

作为这个发展过程的预先准备阶段，英国环境署钢结构研究所（SCI）已经完成了办公建筑的 LCA 比较性研究。因为至 1994 年计划开始时，并没有合适的 LCA 模式运用于建造业中，在不同程序中必须使用生命周期不同阶段的可靠信息。英国 SCI 的两位专家已经对研究提出了完整的结果，并对信息作出了总结。

（1）研究细节。LCA 的研究将视点转向了两类办公建筑，简单的四层建筑（建筑 A）和更专门化的 8 层带中庭的建筑（建筑 B）。将两类建筑更换成 5 种不同的结构体系，并结合使用各种服务设施。它的范围从自然通风到不同种的机械系统或全空调。在所选择的结构类型中，对理论上寿命期为 60 年的建筑需考虑生命周期过程的 CO_2 和能量，HVAC 的周期性更新，并以原有模式进行改善和更替。由于数据不够可靠，生命周期之中的营建和毁坏阶段并未被纳入到考虑因素之中。这两个阶段 CO_2 和能量，与总生命周期的其余阶段相比是微不足道的。排除这两个阶段，就是该方法的主要方面。

（2）结果。这项研究的结果对与建筑业相关的每个人都是至关重要的，因为它是基于几个成比例值的量化计算，如下所述：

①最初包含的 CO_2、能量值。

②寿命期内，新增加的能量和 CO_2 值。

③对于所有以上的结构和服务设施的选择，生命周期运作的能量和 CO_2 值。

表 10–8~ 表 10–12 提供了典型的能量和 CO_2 结果（所有能量是相对于传导能量的原始能量的形式来体现）。

四层建筑中最初包含的能量和 CO_2（建筑 A 平面 48m×13.5m） 表 10–8

建筑的组成部分	包含的能量（GJ/m^2）	包含的 CO_2（kg/m^2）
主要的建筑结构、基础和楼板	2.6	241
建筑的其余部分，包括维护层、隔断、服务设施和最后完成部分	6.3	482

不同结构体系下，最初结构所包含的能量和 CO_2 的变化（建筑 A） 表 10–9

结构体系类型	包含的能量（GJ/m^2）	包含的 CO_2（kg/m^2）
A1 钢铁架、预制混凝土板、薄板梁	2.6	251
A2 钢框架、复合梁板结构	2.6	241
A3 现浇钢筋混凝土框架和梁板结构	2.5	286
A4 钢框架、格型梁复合板结构	2.9	59
A5 钢框架、预制混凝土空心构件	2.7	333

超过 60 年使用期的供热通风部分运作的能量和 CO_2 的比较
（建筑 A，将结构变为 A2） 表 10–10

供热、通风系统的类型	包含的能量（GJ/m^2）	包含的 CO_2（kg/m^2）
供热和自然通风	12.7	724
供热和机械进风、排风	36.0	
通过吊顶通风	36.0	2239
加强板之间的热传导	36.2	2235

在不同结构体系下，供热通风部分的运作能量和 CO_2 的变化
（建筑 A，服务系统 2） 表 10–11

结构体系类型	运作的能耗（GJ/m^2）	包含的 CO_2（kg/m^2）
A1 钢铁架、预制混凝土板、薄板梁	35.9	2233
A2 钢框架、复合梁板结构	36.0	2239
A3 现浇钢筋混凝土框架和梁板结构	35.9	2234
A4 钢框架、格型梁复合板结构	36.0	2240
A5 钢框架、预制混凝土空心构件	35.8	2232

总的生命周期数据中的能量和 CO_2 的比较 表 10–12

组成	能量（GJ/m^2）	CO_2（kg/m^2）
在钢框架、楼板和基础上最初包含的能量和 CO_2	2.6	241
剩余结构部分最初包含的能量和 CO_2	6.3	482
在寿命期内增加的能量和 CO_2（更新等）	14.6	1091
采光和小型动力运作的能量和 CO_2	33.6	295
供热与通风运作的能量和 CO_2	36.0	2239

建筑 B 的结果与 A 相似。

（3）物质的循环与再利用。在 LCA 过程中的任一阶段，所考虑的重要方面是物质流，包括该系统的任何物质循环方式。

钢的制造可分为两种过程——基本有氧高炉或电弧炉。前者使用的是铁矿，焦炭和少量的废钢；后者使用的是回收的废钢。两种不同过程导致了物质流、能量流和释放的截然不同的过程清单数据。但所产生的物质是相同的。因此，这种 LCA 研究认为从铁矿中生产的原钢与从废钢生产的第二代钢产品之间存在着差异。这像钢这样的多阶段的生命周期材料包含了不同的能量值，见表 10−13 示。

钢材所包含的能量值 **表 10−13**

钢的类型	包含能量的物质（GJ/t）
原钢（来自于原材料）	25.5
循环使用或第二代钢（来自于废钢）	17.3
多次循环利用的钢	18.9

这项研究中，是将 25.5GJ/t 的数值用于建筑中钢组成成分的计算。

（4）材料运输。对于这项研究计划的另一重要方面是有关物质运输的详细资料的缺乏，它包括原材料、已生产的产品和组成成分。运输是生命周期各阶段必须考虑的主要因素。

如果能够对位置、使用路线、运输方式、油的消耗、载重量、返回途中的状况（满载、空载及其他）、交通工具的效率等详尽的了解，就能够多作出精确的计算。这将可获得包含能量、CO_2 和其他各种消耗的精确值。但事实上却存在着一些问题。

在英国必须采用平均数值。

当运输部分某种程度不够可靠时，以上的 LCI 数据就必须重新计算。

研究人员已经对 70 多种结构材料进行调查，表 10−14 表明了 LCA 计算所得的一些结果。

运输产生的包含能量和 CO_2 的实例 **表 10−14**

材料	包含的能量		包含总的 CO_2（kg/t）
	运输部分的能量（GJ/t）	总值（GJ/t）	
现浇混凝土	0.06	0.84	119
普通砖	0.05	5.8	490
木材	3.8	13	1644
钢结构	0.44	25.5	2030
石膏板	0.14	2.7	180
铝	0.33	200	29200

10.4.3　关于使用 LCA 评价方法的建议

环境的生命周期评价为将比较方法论用于量化建筑的生命周期内的能量和 CO_2 概况提供了便利条件。这种方案已被用于比较一系列结构类型和服务设施选择的运作情况。比较的结果表明了互成比例的关系：初始阶段和生命周期中包含的能量之间的关系；初始阶段和生命周期中所包含的 CO_2 和生命周期中运作的能量 /CO_2（对于理论上寿命期超过 60 年的建筑）。

尽管倡导可持续性社会发展的愿望很强，但许多人还停留在 20 世纪产业技术型的社会思维里进行错误的议论，使得目前在很多 LCA 评价方法使用中，仅仅停留在对排放量的比较评价的事例很多，其实还可以考虑对健康影响进行 LCA 评价。现在很多事例只是比较一下所计算出的 CO_2 排放量的多少，它与原来的 LCA 的宗旨相差很远。应该评价的项目并不仅仅是环境影响。随着人们对环境影响的关心程度不断增加，在得到社会上的广泛认可后，对于以往形态的地球环境问题、气候变化和臭氧层破坏、沙漠化等地球规模的环境问题、或是 POPs（长期残留性有机污染物质）等也会加速对地球规模的污染问题，此外再利用和废弃物问题，还有资源枯竭问题，这些问题都与追求资源循环社会有着千丝万缕的联系，所以要求我们同时考虑多方面的环境影响。

以下的建议是针对具体方案的发展和研究结果的分析：

（1）发展一项方法将包含的能量和 CO_2 及运作中能量和 CO_2 的营建活动，结合到完整的生命周期评价之中（LCA），这可以对那些环境影响的建筑的完整生命周期前景做出估价。

（2）LCA 法能在建筑设计阶段使用，使设计者了解生命周期过程中的结构材料或服务设施选择的效果。

（3）针对两类建筑，在不同结构体系下，在以下方面有大的变化：

①包含的能量和 CO_2 值。

②运作中的能量和 CO_2 值。

③总生命周期中的能量和 CO_2 值。

（4）大型多层商业建筑的营建（如建筑 B）比专门性的、复杂程度低的、采用自然通风的底层办公建筑（如建筑 A）的营建耗费的能量多。

（5）研究中发现，自然通风的办公建筑的运作中能量消耗大约是三种机械性服务设施能耗的 1/3，释放 CO_2 对应值也为 1/3。

（6）采光和其他运作能量消耗大约与机械 HVAC 系统的能耗相同。

（7）两类建筑的运作数量比较有益于英国建造业的作出良好的实践选择。

（8）对于各种结构类型和服务设施的选择，总生命周期的能量与 CO_2 数值是建筑寿命初始阶段的最初的能量、CO_2 的许多倍，甚至可达到 10~15 倍。

（9）对建筑 A 来说，当运作能量等于初始包含的能量时，它的周期一般是 8 年（通过机械通风）或 11 年（通过自然通风）；对于使用空调器的建筑 B，它的周期是 4~5 年。到建筑 A 的寿命结束时，总的生命周期能耗在最佳和最差的结构类型之间只相差了 1.3%，建筑 B 相差 2.1%。

（10）尽管该研究中所有的变化都较小，却存在一种普遍的趋势，混凝土结构的 CO_2 释放量（使全球变暖的潜能）会略高些。

这项研究的总结论或对现代办公建筑的相关点如下所列：

（1）耗能量和 CO_2 释放量可作为生命周期评价的相关环境参量；

（2）钢结构办公建筑的环境运作（根据包含的能量、CO_2 和运作中的能量、CO_2）与混凝土结构的办公建筑相比，并无明显的差异；

（3）现代混凝土办公建筑与钢结构办公建筑相比，在被动式热运作之中，并不存在运作中的能量效益；

（4）与运作能量相比，包含能量的相关值现已用于评价，这可辅助评价由建筑结构而生产的未来隐含的那部分能量；

（5）比较性的生命周期评价现已存在，可更进一步发展成其他的 LCA 研究。

最后，可得出一些关于生命周期方法在将来使用中的结论。在 SCI 计划中，LCA 方法可用于：

（1）为建筑系统的能量和环境改善提供最佳的机遇。

（2）为钢结构建筑创造一种能量和环境模式，这种基于科学事实之上的模式消除了那些认为钢是不利环境的建筑材料的社会偏见。

（3）对钢的循环利用作出评价。

（4）满足一些欧洲国家要确定出生态标志的需要。

主要参考文献

[1] 陈启高. 建筑热物理基础 [M]. 西安：西安交通大学出版社，1991.

[2] 刘加平. 建筑物理 [M]. 第三版. 北京：中国建筑工业出版社，1999.

[3] 周淑贞，束炯. 城市气候学 [M]. 北京：气象出版社，1994.

[4] 何强，井文涌，王翊亭. 环境学导论 [M]. 第三版. 北京：清华大学出版社，1985.

[5] 王如松，周启星，胡耳冉. 城市可持续发展的生态调控方法 [M]. 北京：气象出版社，2000.

[6] 唐永銮，曾星舟. 大气环境学 [M]. 广州：中山大学出版社，1988.

[7] 陈汝龙. 环境工程概论 [M]. 上海：上海科学技术出版社，1986.

[8] 吴熊勋. 环境生物物理基础 [M]. 北京：中国环境科学出版社，1989.

[9] 同济大学,重庆建筑工程学院. 城市环境保护 [M]. 北京:中国建筑工业出版社，1982.

[10] 都市环境学教材编辑委员会. 城市环境学 [M]. 北京：机械工业出版社，2005.

[11] 西安建筑科技大学绿色建筑研究中心. 绿色建筑 [M]. 北京:中国计划出版社，1999.

[12] 朱颖心. 建筑环境学 [M]. 北京：中国建筑工业出版社，2005.

[13] 林波荣，李莹，朱颖心. 利用改进的 CTTC 模型对住区热环境进行预测与评价 [C]. 中国建筑学会建筑物理分会第八届年会论文集，2000.

[14] 陈玖玖，赵彬，李先庭，等. 建筑布局对小区热环境影响的数值分析 [J]. 暖通空调 ,2004，(8).

[15] 刘加平. 城市热岛与建筑热工设计 [J]. 西安冶金建筑学院学报，1992，24(2).

[16] 刘加平. 关于室外综合温度 [J]. 西安冶金建筑学院学报，1993，25(2).

[17] 孟庆林，胡文斌，张磊，张玉. 建筑蒸发降温基础 [M]. 北京：科学出版社，2006.

[18] 陈自新，苏雪痕，刘少宗，古润泽. 北京城市园林绿化生态效益的研究 [J]. 中国园林，1998，14 (3).

[19] 林波荣. 绿化对室外热环境影响的模拟研究 [D]. 北京：清华大学，2004.

[20] 霍小平，吴晓冬. 寒冷地区高层低密度住区风环境探讨 [J]. 城市问题，2009，(12).

[21] 黄海. 城市绿地小气候环境效应和绿化策略研究 [D]. 陕西:西北农林科技大学，2008.

[22] 河田佑二，吉田伸治，大岡龍三. 樹冠の光学的深さ、葉面積密度の簡易法の提案 [C]. 日本建築学会大会学術講演梗概集 (北陸)，2002.

[23] 下條正貴，吉田伸治，大岡龍三．街路樹の樹冠についての光学的深さ、葉面積密度、入射角度特性の実測 [C]．日本建築学会大会学術講演梗概集（東海），2003.

[24] 戴熠，金为民．我国现行城市绿地分类标准解析 [J]. 上海交通大学学报，2007.

[25] 赵敬源．城市街谷夏季热环境及控制机理研究 [D]．陕西：长安大学，2007.

[26] 王琪．绿化对夏季室外热环境影响的实验研究 [D]．陕西：长安大学，2010.

[27] 刘向峰．透明蓄水围护结构生态原理分析与技术应用设计 [J]．天津：天津大学，2004.

[28] 孟庆林．建筑外表面被动式蒸发冷却热过程研究 [J]．华南理工大学学报，1997，(1).

[29] Fazia Ali-Toudert, Helmut Mayer. Numerical study on the effects of aspect ratio and orientation of an urban street canyon on out door thermal comfort in hot and dry climate[J]. Building and Environment，2006，41.

[30] Xianting Li, Zhen Yu, Bin Zhao, Ying Li. Numerical analysis of outdoor thermal environment around buildings[J]. Building and Environment，2005，40.

[31] Ahmed S. Muhaisen, Mohamed B Gadi. Effect of courtyard proportions on solar heat gain and energy requirement in the temperate climate of Rome[J]. Building and Environment，2006，41.

[32] Ahmed S. Muhaisen. Shading simulation of the courtyard form in different climatic regions[J]. Building and Environment，2006，41.

[33] I. Rajapaksha, H. Nagai, M. Okumiya. A ventilated courtyard as a passive cooling strategy in the warm humid tropics[J]. Renewable Energy，2003，28.

[34]（日）市街地风研究会．市街地风的研究 [M]．东京：オ一弘社，昭和 53 年.

[35] 钟珂，亢燕铭，王翠萍．城市街口规划设计与城市大气环境的关系 [J]．中国环境科学，2001，21.

[36] 钟珂，亢燕铭，王跃思．城市绿化对街道空气污染物扩散的影响 [J]．中国环境科学，2003，23.

[37] S. Sharple, R. Bensalem.Airflow in courtyard and atrium buildings in the urban environment-a wind tunnel study[J]. Solar Energy，2001，70.

[38] Xiaomin Xie, Zhen Huang, Jiasong Wang, ect. The impact of solar radiation and street layout on pollutant dispersion in street canyon[J]. Building and Environment，2005，40.

[39] Shuji Fujii, Hiun Cha, Naoki Kagi,ect. Effects on air pollutant removal by plant absorption and adsorption[J]. Building and Environment，2005，40.

[40] I. Mavroidis1, R.F. Grif.ths, D.J. Hall. Field and wind tunnel investigations of plume dispersion around single surface obstacles[J]. Atmospheric

Environment，2003，37.

[41] A.M. Mfula, V. Kukadia, R.F. Grif.ths, D.J. Hall. Wind tunnel model of urban building exposure to outdoor pollution[J]. Atmospheric Environment，2005，39.

[42] Jian Hang, Mats Sandberg, Yuguo Li . Age of air and air exchange efficiency in idealized city models[J]. Building and Environment，2009，43.

[43] Skote M, Sandberg M, Westerberg U. Numerical and experimental studies of wind environment inanurbanmorphology[J]. .Atmospheric Environment，2005，39.

[44] 王胜良. 高架道路附近气态污染物浓度时空分布的研究 [D]. 上海：东华大学，2003.

[45] 上原清，松本幸雄，林诚司，等. 通风の考虑した沿道高浓度对策的の检讨—1/100 大缩尺模型を用いた风洞实验 [J].（日）大气环境学会志，2006，41.

[46] 陈辰. 街道地面热力条件和建筑密度对交通污染物扩散的影响 [J]. 上海：东华大学，2010.

[47] 寇力. 城市街区建筑物附近空气质量的研究 [J]. 上海：东华大学，2009.

[48] 王胜良. 高架道路附近气态污染物浓度时空分布的研究 [J]. 上海：东华大学，2003.

[49] 詹庆旋. 建筑光环境 [M]. 北京：清华大学出版社，1994.

[50] 柳孝图. 建筑物理 [M]. 第三版. 北京：中国建筑工业出版社，2000.

[51] 彭海英. 具有地域文化特色的城市夜景观设计研究 [D]. 西安：西安建筑科技大学，2007.

[52] 高磊. 居住区光环境设计研究 [D]. 西安：西安建筑科技大学，2007.

[53] 王振. 城市光污染防治对策研究 [D]. 上海：同济大学，2007.

[54] 绿色照明工程实施手册 [S]. 北京：中国建筑工业出版社，2003.

[55] 王晓燕. 城市夜景观规划与设计 [M]. 南京：东南大学出版社，2000.

[56] 万敏. 城市夜景观发展综述 [J]. 规划师，2002，(11).

[57] 杨春宇，陈仲林. 中国城市照明设计研究 [J]. 灯与照明，2004，(3).

[58] 程宗玉，吴蒙友. 城市广场灯光环境规划设计 [M]. 北京：中国建筑工业出版社，2004.

[59] 汪建平. 道路照明 [M]. 上海：复旦大学出版社，2005.

[60] 崔元日. 防止光污染保护夜天空 [J]. 灯与照明，2005，(1).

[61] 雷格·威尔逊. 光污染与城市照明 [J]. 光源与照明，2005，(1).

[62] 刘旭升. 玻璃幕墙的质量控制与光污染的危害与防治对策 [J]. 新材料新装饰，2004，(6).

[63] 刘淑莉，杨立伟. 浅谈光污染对人体带来的危害 [J]. 中华临床与卫生，2004，(3).

[64] 秦佑国，王炳麟. 建筑声环境 [M]. 北京：清华大学出版社，1998.

[65] 张玉芬. 道路交通环境工程 [M]. 北京：人民交通出版社，2004.
[66] 陈克安等. 声学测量 [M]. 北京：科学出版社，2005.
[67] 中国环境科学学会环境工程学会. 环境噪声控制工程 [M]. 北京：中国建筑工业出版社，1987.
[68] 王文奇 , 江珍泉. 噪声控制技术 [M]. 北京：化学工业出版社，1987.
[69] 杜功焕等. 声学基础 [M]. 南京：南京大学出版社，2001.
[70] 日本建築学会. 都市環境のクリマアトラス—気候情報を活かした都市づくり—[C]. 東京：ぎょうせい，2000.